全国普通高等学校机械类"十二五"规划系列教材

机 械 原 理

主　编　纪莲清　朱贤华
副主编　王君玲　李　锋　解占新
　　　　黄跃飞　向国权　孙艳萍　马　军
参　编　吴　超　刘　刚　郭志强

华中科技大学出版社
中国·武汉

内 容 简 介

本书是为了满足高等学校机械原理教学需要，由富有教学经验的七所院校的任课教师联合编写而成的。

全书共分 14 章，内容包括绪论、机构的结构分析、平面机构的运动分析、平面机构的力分析、机械的效率和自锁、机械的平衡、机械的运转及其速度波动的调节、平面连杆机构及其设计、凸轮机构及其设计、齿轮机构及其设计、轮系及其设计、其他常用机构、机器人机构及其设计、机械传动系统的方案设计。每一章后附有思考题及练习题。

本书可作为高等学校机械类专业本科学生教材，也可供其他专业师生和工程技术人员参考。

图书在版编目(CIP)数据

机械原理/纪莲清,朱贤华主编.—武汉：华中科技大学出版社,2013.8(2025.2重印)
 ISBN 978-7-5609-8900-6

Ⅰ.①机… Ⅱ.①纪… ②朱… Ⅲ.①机构学-高等学校-教材 Ⅳ.①TH111

中国版本图书馆 CIP 数据核字(2013)第 092750 号

机械原理 纪莲清 朱贤华 主编

策划编辑：俞道凯
责任编辑：刘　飞
封面设计：范翠璇
责任校对：李　琴
责任监印：徐　露

出版发行：华中科技大学出版社(中国·武汉)　　电话：(027)81321913
　　　　　武汉市东湖新技术开发区华工科技园　　邮编：430223
录　　排：华中科技大学惠友文印中心
印　　刷：广东虎彩云印刷有限公司
开　　本：787mm×1092mm　1/16
印　　张：20
字　　数：534 千字
版　　次：2025 年 2 月第 1 版第 13 次印刷
定　　价：49.80 元

本书若有印装质量问题，请向出版社营销中心调换
全国免费服务热线：400-6679-118　　竭诚为您服务
版权所有　侵权必究

全国普通高等学校机械类"十二五"规划系列教材

编审委员会

顾　问：**李培根**　华中科技大学
　　　　林萍华　华中科技大学

主　任：**吴昌林**　华中科技大学

副主任：（按姓氏笔画顺序排列）
　　　　王生武　邓效忠　轧　钢　庄哲峰　吴　波　何岭松
　　　　陈　炜　杨家军　杨　萍　竺志超　高中庸　谢　军

委　员：（排名不分先后）
　　　　许良元　程荣龙　曹建国　郭克希　朱贤华　贾卫平
　　　　丁晓非　张生芳　董　欣　庄哲峰　蔡业彬　许泽银
　　　　许德璋　叶大鹏　李耀刚　耿　铁　邓效忠　宫爱红
　　　　成经平　刘　政　王连弟　张庐陵　张建国　郭润兰
　　　　张永贵　胡世军　汪建新　李　岚　杨术明　杨树川
　　　　李长河　马晓丽　刘小健　汤学华　孙恒五　聂秋根
　　　　赵　坚　马　光　梅顺齐　蔡安江　刘俊卿　龚曙光
　　　　吴凤和　李　忠　罗国富　张　鹏　张禹君　柴保明
　　　　孙　未　何　庆　李　理　孙文磊　李文星　杨咸启

秘　书：
　　　　俞道凯　万亚军

全国普通高等学校机械类"十二五"规划系列教材

序

  "十二五"时期是全面建设小康社会的关键时期,是深化改革开放、加快转变经济发展方式的攻坚时期,也是贯彻落实《国家中长期教育改革和发展规划纲要(2010—2020年)》的关键五年。教育改革与发展面临着前所未有的机遇和挑战。以加快转变经济发展方式为主线,推进经济结构战略性调整、建立现代产业体系,推进资源节约型、环境友好型社会建设,迫切需要进一步提高劳动者素质,调整人才培养结构,增加应用型、技能型、复合型人才的供给。同时,当今世界处在大发展、大调整、大变革时期,为了迎接日益加剧的全球人才、科技和教育竞争,迫切需要全面提高教育质量,加快拔尖创新人才的培养,提高高等学校的自主创新能力,推动"中国制造"向"中国创造"转变。

  为此,近年来教育部先后印发了《教育部关于实施卓越工程师教育培养计划的若干意见》(教高[2011]1号)、《关于"十二五"普通高等教育本科教材建设的若干意见》(教高[2011]5号)、《关于"十二五"期间实施"高等学校本科教学质量与教学改革工程"的意见》(教高[2011]6号)、《教育部关于全面提高高等教育质量的若干意见》(教高[2012]4号)等指导性意见,对全国高校本科教学改革和发展方向提出了明确的要求。在上述大背景下,教育部高等学校机械学科教学指导委员会根据教育部高教司的统一部署,先后起草了《普通高等学校本科专业目录机械类专业教学规范》《高等学校本科机械基础课程教学基本要求》,加强教学内容和课程体系改革的研究,对高校机械类专业和课程教学进行指导。

  为了贯彻落实教育规划纲要和教育部文件精神,满足各高校高素质应用型高级专门人才培养要求,根据《关于"十二五"普通高等教育本科教材建设的若干意见》文件精神,华中科技大学出版社在教育部高等学校机械学科教学指导委员会的指导下,联合一批机械学科办学实力强的高等学校、部分机械特色专业突出的学校和教学指导委员会委员、国家级教学团队负责人、国家级教学名师组成编委会,邀请来自全国高校机械学科教学一线的教师组织编写全国普通高等学校机械类"十二五"规划系列教材,将为提高高等教育本科教学质量和人才培养质量提供有力保障。

当前,经济社会的发展,对高校的人才培养质量提出了更高的要求。该套教材在编写中,应着力构建满足机械工程师后备人才培养要求的教材体系,以机械工程知识和能力的培养为根本,与企业对机械工程师的能力目标紧密结合,力求满足学科、教学和社会三方面的需求;在结构上和内容上体现思想性、科学性、先进性,把握行业人才要求,突出工程教育特色。同时,注意吸收教学指导委员会教学内容和课程体系改革的研究成果,根据教学指导委员会颁布的各课程教学专业规范要求编写,开发教材配套资源(习题、课程设计和实践教材及数字化学习资源),适应新时期教学需要。

教材建设是高校教学中的基础性工作,是一项长期的工作,需要不断吸取人才培养模式和教学改革成果,吸取学科和行业的新知识、新技术、新成果。本套教材的编写出版只是近年来各参与学校教学改革的初步总结,还需要各位专家、同行提出宝贵意见,以进一步修订、完善,不断提高教材质量。

谨为之序。

国家级教学名师
华中科技大学教授、博导
2012 年 8 月

前　　言

为了满足高等学校机械原理课程教学改革的需要,在总结长期教学实践经验的基础上,郑州轻工业学院、长江师范学院、沈阳农业大学、青岛理工大学、晋中学院、江西理工大学和昆明学院共七所院校的任课教师联合编写了这本《机械原理》教材。

"机械原理"是研究机构及机械运动设计的一门重要技术基础课,作为机械类的主干课程,它的任务主要是使学生掌握机构学和机械动力学的基本理论、基本知识和基本技能,培养学生初步拟订机械运动方案,具备分析和设计基本机构的能力。按照这一要求,本书由三部分内容组成:第一部分是机械的动力设计和分析(第1～7章),主要介绍机构的结构分析、运动分析和力分析,并介绍机械运转过程中速度波动的调节问题及机械运转过程中所产生的惯性力系的平衡问题;第二部分主要介绍常用机构的分析与设计(第8～13章),包括各种常用机构的类型、特点、功能及运动设计方法;第三部分为机械传动系统的方案设计(第14章),主要介绍机械传动系统的方案设计的内容、方法、步骤等。

参加本书编写的有:郑州轻工业学院的纪莲清(第1章),长江师范学院的朱贤华(第8章),沈阳农业大学的王君玲(第2章),青岛理工大学的李锋(第13章),晋中学院的解占新(第3章),江西理工大学的黄跃飞(第9、14章),郑州轻工业学院的向国权(第5、6章),昆明学院的孙艳萍(第4章),郑州轻工业学院的吴超(第7章)、马军(第10章)、郭志强(第11章),晋中学院的刘刚(第12章)。本书由纪莲清和朱贤华任主编,王君玲、李锋、解占新、黄跃飞、向国权、孙艳萍和马军任副主编。由纪莲清负责全书的统稿工作。

在本书的编写过程中,编者参阅了其他版本的同类教材和相关技术标准、文献资料等,在此对其编著者表示衷心的感谢!由于编者的水平所限,书中难免存在不当及错漏之处,敬请使用和参考本书的广大师生和读者不吝赐教。

编　者
2013 年 6 月

目 录

第 1 章 绪论 ·· (1)
　1.1　本课程的研究对象及内容 ·· (1)
　1.2　机械原理课程的地位与作用 ·· (3)
　1.3　学习本课程的目的和方法 ·· (3)
　1.4　机械原理学科发展现状简介 ·· (5)
　　思考题及练习题 ·· (5)

第 2 章 机构的结构分析 ·· (7)
　2.1　机构结构分析的内容 ·· (7)
　2.2　机构的组成 ·· (7)
　2.3　机构运动简图 ·· (11)
　2.4　机构具有确定运动的条件 ·· (14)
　2.5　平面机构自由度计算 ·· (15)
　2.6　计算平面机构自由度时应注意的事项 ·································· (15)
　2.7　机构的组成原理、结构分类及结构分析 ································ (19)
　　思考题及练习题 ·· (23)

第 3 章 平面机构的运动分析 ·· (26)
　3.1　机构运动分析的任务、目的和方法 ···································· (26)
　3.2　用瞬心法作机构的速度分析 ·· (27)
　3.3　用矢量方程图解法作机构的速度及加速度分析 ·························· (30)
　3.4　用解析法作机构的运动分析 ·· (35)
　　思考题及练习题 ·· (41)

第 4 章 平面机构的力分析 ·· (45)
　4.1　机构力分析的任务、目的和方法 ······································ (45)
　4.2　构件中惯性力的确定 ·· (46)
　4.3　运动副中摩擦力的确定 ·· (49)
　4.4　不考虑摩擦时机构的力分析 ·· (53)
　*4.5　考虑摩擦时机构的力分析 ··· (58)
　　思考题及练习题 ·· (59)

第 5 章 机械的效率和自锁 ·· (61)
　5.1　机械的效率 ·· (61)
　5.2　机械的自锁 ·· (63)

思考题及练习题 ………………………………………………………… (67)

第 6 章 机械的平衡 ………………………………………………………… (70)
6.1 机械平衡的目的及内容 ……………………………………………… (70)
6.2 刚性转子的平衡计算 ………………………………………………… (71)
6.3 刚性转子的平衡试验 ………………………………………………… (74)
*6.4 挠性转子平衡简介 …………………………………………………… (76)
6.5 平面机构的平衡设计 ………………………………………………… (77)
思考题及练习题 ………………………………………………………… (82)

第 7 章 机械的运转及其速度波动的调节 ………………………………… (85)
7.1 概述 …………………………………………………………………… (85)
7.2 机械运动方程式 ……………………………………………………… (85)
7.3 机械运动方程式的求解 ……………………………………………… (90)
7.4 稳定运转状态下机械的周期性速度波动及其调节 ………………… (92)
7.5 非周期性速度波动及其调节 ………………………………………… (99)
思考题及练习题 ………………………………………………………… (99)

第 8 章 平面连杆机构及其设计 …………………………………………… (103)
8.1 平面连杆机构及其传动特点 ………………………………………… (103)
8.2 平面四杆机构的类型和应用 ………………………………………… (103)
8.3 平面四杆机构的工作特性 …………………………………………… (109)
8.4 平面连杆机构的设计 ………………………………………………… (113)
8.5 多杆机构 ……………………………………………………………… (121)
思考题及练习题 ………………………………………………………… (130)

第 9 章 凸轮机构及其设计 ………………………………………………… (138)
9.1 凸轮机构的应用和类型 ……………………………………………… (138)
9.2 从动件运动规律设计 ………………………………………………… (141)
9.3 凸轮轮廓曲线的设计 ………………………………………………… (146)
9.4 凸轮机构基本尺寸的确定 …………………………………………… (153)
*9.5 高速凸轮机构设计简介 ……………………………………………… (157)
思考题及练习题 ………………………………………………………… (158)

第 10 章 齿轮机构及其设计 ………………………………………………… (162)
10.1 齿轮机构的特点及类型 …………………………………………… (162)
10.2 齿轮的齿廓曲线 …………………………………………………… (163)
10.3 渐开线齿廓及其啮合特点 ………………………………………… (164)
10.4 渐开线标准直齿轮的基本参数和几何尺寸 ……………………… (167)
10.5 渐开线直齿圆柱齿轮的啮合传动 ………………………………… (171)
10.6 渐开线齿廓的切制原理及根切现象 ……………………………… (176)

10.7 渐开线变位齿轮 …………………………………………………………… (181)
10.8 渐开线直齿圆柱齿轮的传动设计 …………………………………………… (185)
10.9 斜齿圆柱齿轮传动 …………………………………………………………… (187)
10.10 直齿锥齿轮传动 …………………………………………………………… (193)
10.11 蜗杆传动 …………………………………………………………………… (197)
*10.12 其他齿轮传动简介 ………………………………………………………… (200)
思考题及练习题 ………………………………………………………………… (203)

第11章 轮系及其设计 …………………………………………………………… (206)
11.1 轮系及其类型 ………………………………………………………………… (206)
11.2 定轴轮系的传动比 …………………………………………………………… (208)
11.3 周转轮系的传动比 …………………………………………………………… (211)
11.4 混合轮系的传动比 …………………………………………………………… (214)
11.5 轮系的功用 …………………………………………………………………… (216)
11.6 轮系的效率 …………………………………………………………………… (221)
11.7 轮系类型选择及设计的基本知识 …………………………………………… (224)
11.8 其他行星齿轮传动简介 ……………………………………………………… (229)
思考题及练习题 ………………………………………………………………… (232)

第12章 其他常用机构 …………………………………………………………… (237)
12.1 棘轮机构 ……………………………………………………………………… (237)
12.2 槽轮机构 ……………………………………………………………………… (241)
12.3 擒纵机构 ……………………………………………………………………… (247)
12.4 凸轮式间歇运动机构 ………………………………………………………… (248)
12.5 不完全齿轮机构 ……………………………………………………………… (249)
12.6 星轮机构 ……………………………………………………………………… (251)
12.7 非圆齿轮机构 ………………………………………………………………… (252)
12.8 螺旋机构 ……………………………………………………………………… (254)
12.9 万向铰链机构 ………………………………………………………………… (256)
12.10 组合机构 …………………………………………………………………… (258)
12.11 含有某些特殊元器件的广义机构 ………………………………………… (263)
思考题及练习题 ………………………………………………………………… (265)

第13章 机器人机构及其设计 …………………………………………………… (267)
13.1 概述 …………………………………………………………………………… (267)
13.2 工业机器人操作机的分类及主要技术指标 ………………………………… (267)
13.3 机器人操作机的运动分析 …………………………………………………… (271)
13.4 机器人操作机的静力和动力分析 …………………………………………… (276)
13.5 机器人操作机机构的设计 …………………………………………………… (276)

思考题及练习题……………………………………………………………………(278)
第 14 章　机械传动系统的方案设计 …………………………………………………(279)
　　14.1　概述……………………………………………………………………………(279)
　　14.2　机械工作原理的拟订…………………………………………………………(280)
　　14.3　执行机构的运动设计和原动机选择…………………………………………(281)
　　14.4　机构的选型和变异……………………………………………………………(284)
　　14.5　机构的组合……………………………………………………………………(288)
　　14.6　机械传动系统方案的拟订……………………………………………………(290)
　　思考题及练习题……………………………………………………………………(296)
附录 ……………………………………………………………………………………(298)
　　机械原理重要名词术语中英文对照表……………………………………………(298)
参考文献 ………………………………………………………………………………(307)

第1章 绪　　论

1.1 本课程的研究对象及内容

1.1.1 本课程的研究对象

机械原理(theory of machines and mechanisms)又称机器理论与机构学,其研究对象是机械,而机械(machinery)是机构(mechanism)与机器(machine)的总称。因此机械原理是研究机构和机器的运动及动力特性,以及机械运动方案设计的一门技术基础课,是机械设计理论和方法学科中的重要分支,对于机械的设计、制造、运行、维修等方面都有十分重要的作用。

在日常生活和工程实践中经常可见各种机器,如缝纫机、洗衣机、拖拉机、起重机、发动机、计算机等,虽然其构造、用途和性能特点各不相同,但从它们的组成、运动和功能等方面看,机器具有如下几方面的共同特征。

组成:一种人为实物组合的装置。

运动确定性:组成的各部分之间具有确定的相对运动。

功、能关系:用来完成有用功、能量转换或处理信息,以代替或减轻人类的劳动。

凡同时具备上述三个特征的实物组合体就称为机器,如各种机床通过变换物料的状态做功,起重机通过搬运物料做功,发电机或电动机用来转换能量,计算机用来变换或处理各种信息等。而仅具有机器前两个特征的则称为机构(mechanism)。从结构和运动的观点来看,机器和机构并无区别。机器中的机械运动大多是通过各种机构来实现的,一部机器可以包含一个机构,也可以由若干个机构组成,如图1.1所示的内燃机,由齿轮机构、凸轮机构、连杆机构

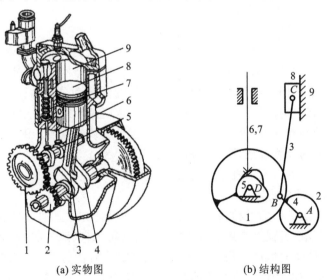

(a) 实物图　　　　　　　　　　　　　(b) 结构图

图 1.1　内燃机

1,2—齿轮;3—连杆;4—曲柄;5—凸轮轴;6,7—阀门推杆;8—活塞;9—气缸

等组成。图 1.2 所示的工件自动装卸装置由带传动机构、蜗杆传动机构、凸轮机构和连杆机构等组成。因此，机构是机器的重要组成部分。

一台完善的现代化机械一般由原动机、传动机构、执行机构和控制系统四部分组成。原动机用于提供动力，如电动机、内燃机、液压缸及气动缸等；传动机构将原动机的运动和动能传递给执行机构，主要用来变速、改变运动规律和形式及传递动力；执行机构利用机械能来改变作业对象的性质、状态、形状或位置等，用于实现机器特定的功能；而控制系统则通过使控制对象改变其工作参数或运行状态，使动力系统、传动机构和执行机构彼此协调运行。组成机器的几部分之间的关系见图 1.3。

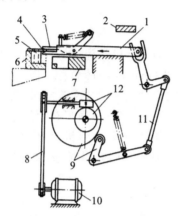

图 1.2 工件自动装卸装置

1—滑杆；2—挡块；3—动爪；4—定爪；5—工件；
6—装配夹具；7—工件载送器；8—带传动机构；9—凸轮机构；
10—电动机；11—连杆机构；12—蜗杆传动机构

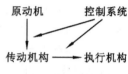

图 1.3 机器的组成关系

1.1.2 本课程的研究内容

机械原理主要研究以下几方面内容。

1. 机构分析和类型综合

机构分析包括机构的结构分析、运动分析和力分析。机构的结构分析即研究机构的组成原理、机构运动的可能性及机构具有确定运动的条件。通过结构分析，对组成机构的杆组进行分类，便于系统地建立机构运动和力的分析方法。机构的运动分析即研究在给定原动件运动条件下，分析机构中其他构件上某些点的轨迹、位移、速度及加速度等运动特性，这不仅是了解现有机械运动特性的必要手段，更是设计新机械时不可或缺的重要步骤。机构的力分析，即研究机构各运动副中力的计算方法、摩擦及机械效率等问题。

通过机构类型综合可以探索机器创新的一些方法。

2. 常用机构的分析与设计

主要介绍各种常用机构的类型、特点、功能及运动设计方法。机器的种类虽然繁多，但其主要机构类型却很有限，工程上常用的有齿轮机构、凸轮机构、连杆机构、螺旋传动机构、带传动或链传动机构、各种间歇运动机构及上述各种机构的组合。另外，本书对机器人机构也作了简要的介绍。机构运动设计将为机械传动系统的方案设计打下必要的运动学基础。

3. 机器动力学

机器动力学主要研究在已知力作用下机械的真实运动规律，即分析机器在运转过程中各构件的受力情况及这些力的做功情况；其次研究机械运转过程中速度波动的调节问题以及机械运转过程中所产生的惯性力系的平衡问题，通过上述研究，找到合理设计及改善机械动力性能的途径。通过本内容的学习，将为机械传动系统的方案设计打下必要的动力学基础。

4. 机构的选型及机械运动系统设计

机构的选型主要介绍在进行具体机械设计时机构的类型选择、组合、演化等设计的内容、过程、设计思想和设计方法，重点是执行系统的原理方案设计。

机械运动方案设计包括两方面内容。

1) 机械运动简图的类型综合

根据机械所要完成的一系列执行动作选择适宜的执行机构类型，组合成机构系统。

2) 机械运动简图的尺度综合

按各执行动作具体运动要求对各执行机构进行尺度综合，必要时还可改变机构的类型。

1.2 机械原理课程的地位与作用

1.2.1 机械原理课程的地位

机械工业是国民经济的基础，运动方案的设计和更新直接影响机械产品或设备设计的成败、优劣以及生产效率的高低，而产品设计和开发过程中最关键、最难的便是功能原理创新。作为机械类的主干课程，机械原理正是研究机构及机械运动设计的一门重要的技术基础课，它的任务主要是使学生掌握机构学和机械动力学的基本理论、基本知识和基本技能，培养学生能初步拟订机械运动方案，具备分析和设计基本机构的能力。可见，要进行机械的创新设计，机械原理知识是不可缺少的，是十分重要的。

1.2.2 机械原理课程的作用

机械原理研究的是所有机械的共性问题，比基础课更接近工程实际，比专业课知识面更宽、适应性更广，在专业课和基础课之间起着承上启下的作用。

本课程在于培养学生在信息技术时代条件下的综合设计能力、创新设计能力和工程实践能力。

本课程强调工程教育的科学化，着眼于培养站得高、看得远，能进行总体策划和系统设计的工程技术人员。

1.3 学习本课程的目的和方法

1.3.1 学习本课程的目的

1. 为学习机械类有关专业课打下理论基础

作为机械类各专业的同学，在今后的学习和工作中会遇到各种各样特殊机械的设计及使用方面的问题，而机械原理正是研究各种机械共性的课程，学好本课程可为学习机械类相关专业课及分析、设计各种特殊机械打好工程技术的理论基础。

2. 为机械产品的创新设计打下良好基础

现代世界各国的竞争表现为综合国力的竞争。作为世界加工厂的我国,机械制造业已成为国民经济的支柱产业之一,这就需要设计制造出大量的、种类繁多的、性能优良的新机械来装备各行各业,为国民经济高速发展创造条件。产品是否具有创新性,很大程度上取决于机械总体方案设计,这也正是机械原理课程所学习的主要内容。而开发新机器的创造型设计人才,其机械原理的知识必不可少。

3. 为现有机械的合理使用和革新改造打下理论基础

了解机械的性能才能最大限度地发挥其潜力。通过对机械的机构分析、运动与动力学分析,不仅可了解机械的性能,更合理地使用机械,而且可对现有机械提出革新改造,进一步改善机械的性能或扩大其使用范围。机械的结构分析、运动与动力学分析正是机械原理课程的主要学习内容。

1.3.2 学习本课程的方法

根据机械原理课程的特点和作用,应掌握相应的学习方法,才能事半功倍。

1. 掌握各种典型机构的结构特点、分析和设计方法

机器的种类虽然繁多,但其主要机构类型却很有限,只要知道了组成机器的各个机构的性能特点,就不难对该机器进行分析。所以,分析改造现有机械或设计新机械的前提是掌握各种典型机构的结构特点、分析和设计方法。

2. 掌握机械运动简图的画法,习惯于用运动简图来认识机构和机器

实际的机械种类繁多,形状各异,但都由一个或多个机构组成。而机构各部分的运动是由原动件的运动规律、该机构中构件的连接类型和机构的运动尺寸决定的,而与构件的外形、断面尺寸、组成机构的零件数目及固联方式等无关,所以只要根据机构的运动尺寸,按规定的符号表示构件及构件之间的连接,将机构的运动传递情况表示出来,即绘制出机构运动简图(kinematic diagram of mechanism),就能使了解机构的组成及对机械进行运动和动力分析变得十分简便。

3. 深刻理解课程中的基本概念,注意将理论力学的知识与本课程学习灵活结合

高等数学、物理、理论力学、工程制图等是机械原理的先修课,其中理论力学与本课程的学习关系最为密切。机械原理是把理论力学中的有关原理应用到实际机构的分析中,所以在学习本课程时,一方面应注意理论力学知识在机构分析中的应用,另一方面还应注意机构分析有其自己的特点,应灵活掌握。

4. 全面掌握课程中的基本研究方法

本课程学习中将应用到转换机架法、机构演化法、等效法等多种机构分析方法,目的都是为了简化机构的分析。只有很好地掌握了这些分析方法,才会使该课程的学习变得简单而有效。

5. 要善于将内容前后联系、融会贯通,也要善于将课程的分析方法和实际相结合

机械原理是一门与工程实际密切相关的课程,因此学习本课程时应注重理论联系实际。其在内容安排上是按照先讲解机构的结构分析、运动分析、力分析、效率和自锁等机构基本分析理论,再讲解机械的平衡及运转速度波动调节等动力学知识,接着讲解平面连杆机构、凸轮机构、齿轮及齿轮系和其他常用机构的组成、性能特点及设计方法,落脚点在最后的机械系统方案设计。学习时要善于将前后内容联系、消化吸收、灵活运用,才能达到创新设计的能力。

6. 复习有关例题，归纳总结解题思路

课程的每一重点内容都配备了相关的例题，例题是具有代表性的。学习时应善于从例题中发现规律，进行归纳整理，帮助自己深入理解概念、掌握重点、提高认识，达到事半功倍的学习效果。

7. 重视逻辑思维能力培养的同时，加强形象思维能力的培养

机械原理研究的内容较之前所学的基础课更接近于工程实际，要理解掌握本课程的一些内容，要解决工程实际问题，要进行创造性设计，单靠逻辑思维已远远不够，还必须提升形象思维能力。不仅平时要加强形象思维能力的培养，而且学习本课程时应注重形象思维能力的锻炼。

1.4 机械原理学科发展现状简介

1.4.1 机械原理学科的发展

机械原理学科与机械设计及相关学科联系密切，是机械工程和现代科学技术发展的重要基础。由于电子学、信息科学、计算机技术、生物科学向机械设计及理论学科的渗透和结合，使机械原理学科已向现代化方向迈出一大步。一方面使传统机构学中的典型机构，如连杆机构、凸轮机构、间歇运动机构、组合机构等在分析和设计方法上有很大发展，计算机辅助设计和优化设计也有很大发展。另一方面，在机器人机构、微机构、广义机构、可控机构、机构系统设计、机构动态设计等方面均有不少新的研究成果。这些方面的深入研究为现代机器的设计提供了更广泛的基础。

1.4.2 近代机械概念的扩展

近年来，在多自由度、多闭环的多杆机构以及开式链机构中，组成机构的机件已不能再简单地视为刚体，柔性构件、气体、液体等也可参与实现预期的机械运动。

利用光电、电磁物理效应，实现能量传递或运动转换或实现动作的一类机构，应用也日益广泛。例如，采用继电器机构实现电路的闭合与断开；电话机采用磁开关机构，提起受话器时，接通线路进行通话，当受话器放到原位时就断路等。

机器内部包含了大量的控制系统和信息处理、传递系统。

在某些方面，机器不仅可以代替人的体力劳动，而且还可以代替人的脑力劳动。除了工业生产中广泛使用的工业机器人，还有应用在航空航天、水下作业、清洁、医疗以及家庭服务等领域的"服务型"机器人。

因此，包括液压、气动、电磁、电子、光电等非机械传动元件的广义机构研究及微处理器控制的智能组合机构的研究正成为今后相当长时间内研究的热点。

思考题及练习题

1.1 说明机构与机器的异同。

1.2 何谓机构？现代机构与传统机构有什么区别。

1.3 何谓机器？机器有哪些特征？

1.4 为什么说机械运动方案就是机构系统方案？
1.5 何谓机械系统？从机构学的角度来说，机械系统应如何定义？
1.6 什么是执行动作和执行构件？
1.7 试列举三个机构实例，并说明其功用、结构。
1.8 试列举三个机器实例，说明其组成、功用。
1.9 学习机械原理课程时应注意掌握哪些方法？

第2章 机构的结构分析

2.1 机构结构分析的内容

机构是具有确定运动的实物的组合体,任意拼凑的实物组合体不能称之为机构。研究机构的组成原理及表达方法对于分析现有机构和设计新机构具有重要意义。本章的主要内容有以下几个方面。

1) 研究机构的组成及机构运动简图的画法

即机构包含哪几个部分,各部分如何连接。为了了解机构,并对机构进行分析与综合,必须研究如何用简单的线条和符号把机构的结构状况和运动关系表达出来,即绘制机构运动简图,它是研究机构特性的工具。

2) 研究机构具有确定运动的条件,计算机构的自由度

机构要能正常工作,必须具有确定的运动,这就需要研究机构具有确定运动的条件,即通过计算机构的自由度,判断机构是否具有确定的运动。

3) 研究机构的组成原理及结构分类

目的是搞清楚按何种规律组成的机构能满足运动确定性的要求。研究机构的组成原理,有利于创造新机构;而根据组成原理,将各种机构进行结构分类,有利于对机构进行运动及动力学分析和结构设计。

2.2 机构的组成

2.2.1 构件

任何机器都是由许多实物单元组合而成的,这些实物单元多为单独制造加工,我们把这些基本单元称为零件。

如图 2.1 所示的自行车就是由车架、车轮、脚踏、链轮、车闸、车把、车座等一系列零部件组成,在这些零件中,有的是作为一个独立的运动单元体而运动的(如链轮),有的则常常由于结构上和工艺上的需要,而将几个零件刚性地连接在一起,作为一个功能整体而运动,如图 2.1 中的车轮就是由外胎、内胎、钢圈、辐条和轴支撑架等零件组成的,这些零件分别加工制造,但是当它们装配成车轮后则作为一个整体参与运动,内部各零件不产生相对运动。这些刚性地连接在一起的零件共同组成一个独立的运动单元体。机器中每一个独立的运动单元体称为一个构件(link)。构件可以是一个零件,也可以是多个零件的组合。

构件是组成机构的基本要素之一。从制造、加工角度来看,机器是由零件组成的;从实现预期运动和功能的角度来看,也可以说任何机器都是由若干个构件组合而成的。

图 2.1 自行车及车轮的组成

2.2.2 运动副

1) 运动副的定义

构件连接组成机构,但连接不能是刚性的,它要求两个构件直接接触,并能产生一定的相对运动。我们把这种连接成的机构称为运动副(kinematic pair),而把两构件上直接参与接触而构成运动副的点、线或面称为运动副元素(pairing element)。例如轴与轴承的配合(见图2.2),滑块与导轨的接触(见图2.3),两齿轮轮齿的啮合(见图2.4)等,都构成了运动副。它们的运动副元素分别为圆柱面和圆孔面、棱柱面和棱槽面及两齿廓曲面。运动副是组成机构的又一基本要素。

图 2.2 转动副　　　　　图 2.3 移动副　　　　　图 2.4 齿轮副

2) 运动副的分类

一个构件所具有的独立运动的数目(或是确定构件位置所需要的独立参变量的数目)称为构件的自由度(degree of freedom)。两构件在未构成运动副之前,空间内每个构件具有6个相对自由度。当两构件构成运动副之后,构件的独立运动将受到限制,自由度随之减少。运动副对构件自由度的限制称之为约束(constraint of kinematic pair)。两构件构成运动副后所受到的约束数最少为1,最多为5。

运动副常根据其引入约束的数目进行分类,把引入一个约束的运动副称为Ⅰ级副(class Ⅰ pairs),引入两个约束的运动副称为Ⅱ级副,依此类推,分别为Ⅲ级副、Ⅳ级副和Ⅴ级副。

运动副还常根据构成运动副的两构件的接触情况进行分类。两构件通过点或线接触而构成的运动副称为高副(higher pair,如图2.4所示的运动副);通过面接触而构成的运动副称为低副(lower pair,如图2.2和图2.3所示的运动副)。

运动副还可根据构成运动副的两构件之间的相对运动形式来进行分类。把两构件之间只构成相对转动关系的运动副称为转动副或回转副(revolute pair),如图2.2所示;相对运动只为移动关系的运动副称为移动副(sliding pair),如图2.3所示;相对运动为螺旋运动的运动副称为螺旋副(helical pair),如图2.5所示;相对运动为球面运动的运动副称为球面副(spherical pair),如图 2.6 所示。

此外,还可根据构成运动副的两构件名称来分类,如齿轮副(见图 2.4)、凸轮副(见图 2.7)、螺旋副(见图 2.5)等。

图 2.5　螺旋副

图 2.6　球面副

图 2.7　凸轮副

为了便于表示运动副和绘制机构运动简图,运动副常常用简单的图形符号来表示(见《机械制图　机构运动简图符号》(GB 4460—1984))。表 2.1 所列即为常用运动副的类型及其代表符号。

表 2.1　常用运动副的类型及其代表符号

名　称	类型	示　意　图	基本符号	自由度	引入约束数	
					转动	移动
球与平面副	空间Ⅰ级高副			5	0	1
圆柱与平面副	空间Ⅱ级高副			4	1	1
球与圆柱副	空间Ⅱ级高副			4	0	2
球面副	空间Ⅲ级低副			3	0	3
平面与平面副	平面Ⅲ级低副			3	2	1

续表

名　称	类型	示　意　图	基本符号	自由度	引入约束数	
					转动	移动
球销副	空间Ⅳ级低副			2	1	3
圆柱套筒副	空间Ⅳ级低副	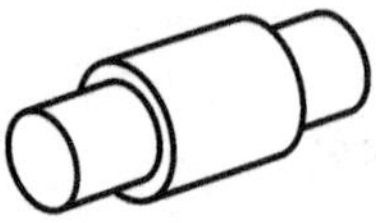		2	2	2
平面高副	平面Ⅳ级高副		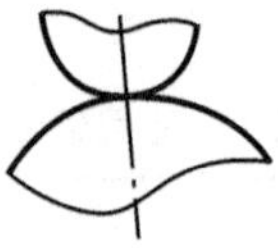	2	2	2
移动副	平面Ⅴ级高副	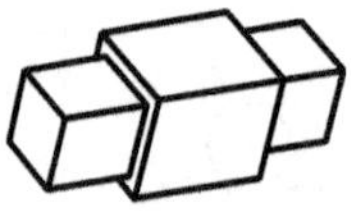	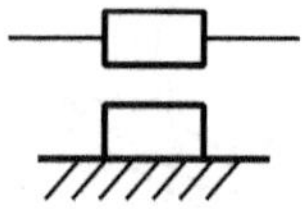	1	3	2
转动副	平面Ⅴ级低副		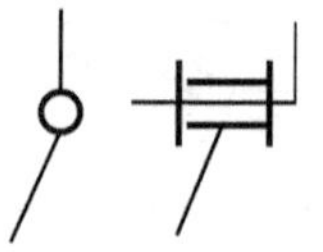	1	2	3
螺旋副	空间Ⅴ级低副	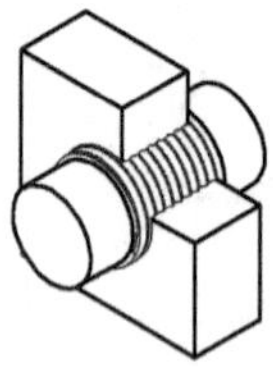	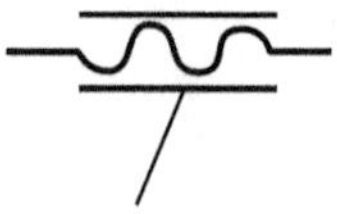	1	2或3	3或2

2.2.3　运动链

构件通过运动副的连接而构成的可相对运动的系统称为运动链(kinematic chain)。如果组成运动链的各构件构成了首末封闭的系统,如图 2.8(a)所示,则称其为闭式运动链(closed kinematic chain),简称闭链。如果组成运动链的构件未构成首末封闭的系统,如图 2.8(b)所示,则称其为开式运动链,简称开链(open kinematic chain)。在机械中一般的运动链多为闭链,开链多用在机械手中。

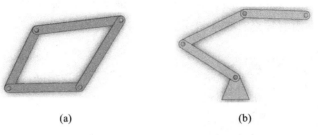

图 2.8 运动链

2.2.4 机构

如果将运动链中的一个构件固定作为参考系,另一个或几个构件按给定的运动规律相对于固定构件运动,若其余构件都具有确定运动时,此运动链称为机构。机构中固定不动的构件称为机架(fixed link);承接外力并按给定运动规律运动的构件称为原动件(driving link,或称为主动件),常在其上画表示运动方向的箭头;其余随原动件运动的构件称为从动件(drived link)。

一般情况下,机架相对于地面是固定不动的,但若机械是安装在车、船、飞机等上时,那么机架相对于地面则可能是运动的。从动件的运动规律取决于原动件的运动规律和机构的结构及构件的尺寸。

按照运动中各构件是否在一个平行平面内运动,机构可分为平面机构和空间机构。所有构件都在一个平行平面内运动的机构称为平面机构,如图 2.9(a)所示;机构中至少有一构件不在相互平行的平面上运动或至少有一构件能在三维空间中运动的机构称为空间机构,如图 2.9(b)所示。其中平面机构应用最为广泛。本书重点讨论平面机构的问题。

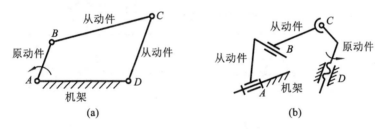

图 2.9 机构的组成

2.3 机构运动简图

2.3.1 运动简图

实际机构往往是由外形和结构都很复杂的构件所组成。但机构中各构件的运动只取决于原动件运动规律、运动副的类型和机构的运动尺寸(各运动副相对位置尺寸),与构件的外形(高副机构的运动副元素除外)、断面尺寸、组成构件的零件数目、固联方式及运动副的具体结构等无关。因此,为了便于研究机构的组成原理和运动,可以不考虑构件、运动副的外形和具体构造,只用简单的线条和规定的符号代表构件和运动副,并按比例确定各运动副的位置,以表示机构的组成和传动情况,这种能够表达机构运动特性的简明图形称为机构运动简图

(kinematic diagram of mechanism)。如图2.10(b)就是图(a)所示夹持手机构的机构运动简图。机构运动简图与原机构具有完全相同的运动特性。

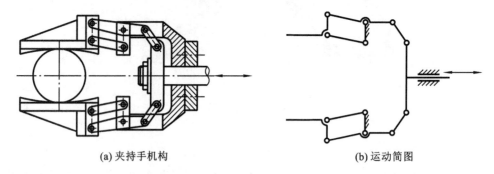

(a) 夹持手机构　　　　　　　　　(b) 运动简图

图 2.10　夹持手机构及其运动简图

如果只是为了表明机械的结构状况,也可以不按严格的比例来绘制简图,通常把这样的简图称为机构示意图。

平面机构中常见构件及机构的表达方法如表2.2所示。

表 2.2　常用构件及机构表达符号(GB 4460—1984)

名　称	常　用　符　号
机架	
同一构件	
两副构件	
多副构件	
平面高副	
齿轮机构	

续表

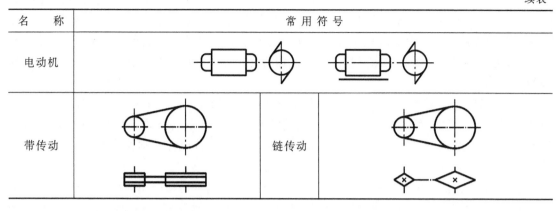

名　　称	常 用 符 号		
电动机			
带传动		链传动	

2.3.2 运动简图的绘制

在绘制机构运动简图时,首先要分析机械的运动原理和结构组成,确定其原动件、机架、执行构件(execute link or output link,即直接执行生产任务的构件或最后输出运动的构件),原动件到执行构件的运动传递路线。沿着运动传递路线,逐一分析每个构件间相对运动的性质,从而确定运动副的类型和数目以及它们所在的相对位置(如转动副中心的位置、移动副导路的方位和平面高副接触点的位置等)。

其次,选择一个合适的视图平面。选择时应以能简单、清楚地把机构的运动情况表示出来为原则。通常可选择机械中多数构件的运动平面为视图平面,必要时也可选择两个或两个以上的视图平面。再选择机械运动的一个一般位置(在这个位置最好能看到所有的构件和运动副),选取适当的比例尺,定出各运动副的相对位置,用各运动副的代表符号、常用构件和机构的运动简图符号和简单的线条,将各部分画出。

最后,从原动件开始,按运动传递顺序标出各构件的编号和运动副的代号。在原动件上标出箭头以表示其运动方向,即可得到机构运动简图。

下面举一个例子来具体说明机构运动简图的画法。

例 2.1 绘制图 2.11(a)所示牛头刨床机构运动简图。

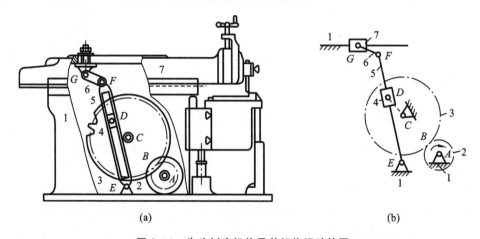

图 2.11　牛头刨床机构及其机构运动简图
1—机架;2,3—齿轮;4—滑块;5—摇杆;6—连杆;7—刨头

解 首先,分析机构的组成、动作原理和工作过程。由图 2.11(a)可知,此机构由机架 1、齿轮 2、齿轮 3、滑块 4、摇杆 5、连杆 6 和刨头 7 共七个构件组成。齿轮 2 绕 A 点连续转动,经齿轮 3 和铰接在齿轮 3 上的滑块 4 带动摇杆 5 绕 E 点往复摆动,再经杆 6 带动刨头 7 往复直线运动,实现刨削。由牛头刨床机构的工作过程可知,原动件为齿轮 2,执行构件为刨头 7,其余为传动部分。

其次,确定运动副的类型。顺着运动传递路线可以看出,齿轮 2 和齿轮 3 分别与机架 1 构成转动副,齿轮 2 和齿轮 3 之间高副接触,齿轮 3 和滑块 4 构成转动副,滑块 4 和摇杆 5 构成移动副,摇杆 5 和连杆 6 构成转动副,连杆 6 和刨头 7 构成转动副,刨头 7 和机架 1 构成移动副。

最后,选择视图平面和比例尺,将机构放在一般位置,测量运动副间的尺寸,确定各运动副的位置,用表达构件和运动副的规定简图符号绘制出机构运动简图。在原动件上标示其运动方向,绘制的机构运动简图如图 2.11(b)所示。

2.4 机构具有确定运动的条件

为了按照一定的要求进行运动的传递及变换,当机构的原动件按给定的运动规律运动时,该机构其余构件的运动一般也都应是完全确定的,即每给原动件一个位置,从动件都应有唯一的一个位置与之对应。此时,称此机构具有确定运动。一个机构在什么条件下才能实现确定的运动呢?下面分析几个例子。

在图 2.12 所示的曲柄滑块机构中,若给定其一个独立的运动参数,如构件 AB 的角位移规律,则不难看出,每给构件 AB 一个位置,根据各构件的运动尺寸,都能唯一确定构件 BC 及滑块的位置,从动件的运动便可完全确定。

图 2.13 所示的铰链五杆机构,若也只给定一个独立的运动参数,如构件 1 的角位移规律,当构件 1 占有位置 AB 时,构件 2、3、4 可以占有位置 BCDE,也可以占有位置 $BC'D'E$,或其他位置。但是,若再给定另一个独立的运动参数,如构件 4 的角位移规律,则不难看出,此机构各构件的运动便完全确定了。

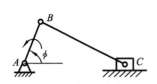

图 2.12 曲柄滑块机构

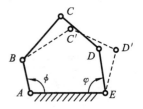

图 2.13 五杆机构

机构具有确定运动时所必须给定的独立运动参数的数目,称为机构的自由度(degree of freedom of mechanism),常以 F 表示。

由于一般机构的原动件都是和机架相连的,对于这样的原动件,一般只能给定一个独立的运动参数。所以在此情况下,为了使机构具有确定的运动,则机构的原动件数目应等于机构的自由度的数目。这就是机构具有确定运动的条件。当机构不满足这一条件时,若机构的原动件数目小于机构的自由度,机构的运动将不完全确定;若原动件数目大于机构的自由度,则将导致机构中最薄弱环节的损坏。

2.5　平面机构自由度计算

平面机构的自由度取决于机构中活动构件的数目以及连接各构件的运动副类型和数目。一个自由的构件在平面内具有 3 个自由度，一个平面低副引入 2 个约束，一个平面高副引入 1 个约束。设机构中具有 n 个活动构件，P_L 个低副，P_H 个高副，则机构的自由度为

$$F = 3n - 2P_L - P_H \tag{2.1}$$

式中：F——平面机构的自由度；

n——平面机构中活动构件数；

P_L——平面机构中的低副个数；

P_H——平面机构中的高副个数。

例 2.2　计算图 2.12 所示曲柄滑块机构的自由度。

解　此机构中 $n=3$，$P_L=4$，$P_H=0$，

则 $F = 3n - 2P_L - P_H = 3\times3 - 2\times4 - 0 = 1$

给定一个原动件，机构具有确定运动。

例 2.3　计算图 2.13 所示五杆机构的自由度。

解　此机构中 $n=4$，$P_L=5$，$P_H=0$，

则 $F = 3n - 2P_L - P_H = 3\times4 - 2\times5 - 0 = 2$

给定两个原动件，机构具有确定运动。

例 2.4　计算图 2.11(b)所示牛头刨床机构的自由度。

解　此机构中 $n=6$，$P_L=8$，$P_H=1$，

则 $F = 3n - 2P_L - P_H = 3\times6 - 2\times8 - 1 = 1$

给定一个原动件，机构具有确定运动。

2.6　计算平面机构自由度时应注意的事项

在计算机构的自由度时，还有一些应注意的事项必须正确处理，否则得不到正确的结果。

2.6.1　复合铰链

三个或三个以上的构件在同一处以转动副相连接，就构成了所谓的复合铰链（compound hinges）。如图 2.14(a)所示的就是 3 个构件组成的复合铰链，由图(b)可以看出，它实际为两个转动副。同理，由 m 个构件组成的复合铰链，共有 $(m-1)$ 个转动副。

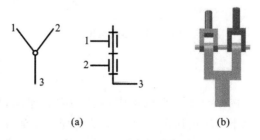

图 2.14　复合铰链

在计算机构的自由度时,应注意机构中是否存在复合铰链。

例 2.5 计算图 2.15 和图 2.16 所示机构的自由度。

解 图 2.15 中 C 处有三个构件构成转动副,所以为复合铰链,此处实际运动副数目应为 2 个,则该机构中 $n=5, P_L=7, P_H=0$,则
$$F=3n-2P_L-P_H=3\times 5-2\times 7-0=1$$

图 2.16 中 B、C、D、F 处都是三个构件构成的转动副,所以均为复合铰链,每处实际运动副数均为 2 个,则该机构中 $n=7, P_L=10, P_H=0$,则
$$F=3n-2P_L-P_H=3\times 7-2\times 10-0=1$$

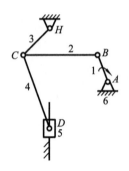

图 2.15 冲压机构

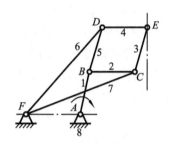

图 2.16 锯木机机构

2.6.2 局部自由度

在图 2.17(a)所示的滚子从动件凸轮机构中,为了减少高副元素的磨损,在从动件 3 和凸轮 1 之间安装了一个滚子 2,滚子 2 绕其自身轴线是否转动,并不影响其他构件的运动,这种不影响整个机构运动的局部运动的自由度称为局部自由度(passive degree of freedom)。在计算机构自由度时应将其除去不计。如图 2.17(b)所示,把滚子 2 看成是和构件 3 焊在一起的一个构件,该机构的自由度为
$$F=3n-2P_L-P_H=3\times 2-2\times 2-1=1$$

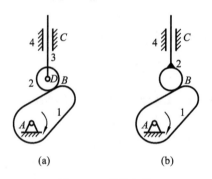

图 2.17 凸轮机构

2.6.3 虚约束

例如,在图 2.18(a)所示的平行四边形机构中,连杆 BC 作平动,BC 线上各点的轨迹,均为圆心在 AD 线上而半径等于 AB 的圆周。为了保证连杆运动的连续性和增加 BC 杆的刚度,在机构中增加了一个构件 GH 和两个转动副 G、H,GH 平行且等于 AB,显然构件 5 和两

个转动副 G、H 的加入对该机构的运动并不产生任何影响。但此时按式(2.1)计算机构的自由度却变为

$$F=3n-2P_L-P_H=3\times 4-2\times 6-0=0$$

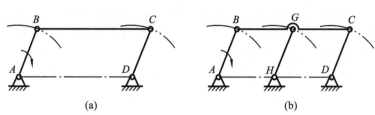

图 2.18 平行四边形机构

这是因为增加一个活动构件(引入了 3 个自由度)和两个转动副(引入了 4 个约束)等于多引入了一个约束,而这个约束对机构的运动未起到真正的约束作用。在机构中,这些对机构的运动实际上不起约束作用的约束称为虚约束(redundant constraint)。在计算机构的自由度时应将这类虚约束除去。所以在去掉构件 GH 及其代入的运动副 G、H 后,该机构的自由度为

$$F=3n-2P_L-P_H=3\times 3-2\times 4-0=1$$

给定一个原动件,机构具有确定运动。

常见的虚约束有以下几种情况。

(1) 当两构件组成多个移动副,且导路互相平行或重合时,则只有一个移动副起约束作用,其余都是虚约束。如图 2.19(a)所示 D 和 D' 两处的移动副,其中一个为虚约束。

(2) 当两构件构成多个转动副,且转动轴线互相重合时(见图 2.19(b)),则只有一个转动副起作用,其余转动副都是虚约束。如图 2.19(b)所示 D 和 D' 两处的转动副,其中一个为虚约束。

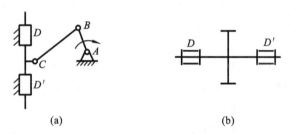

图 2.19 两构件在多处组成平面低副

(3) 如果两构件在多处相接触构成平面高副,且各接触点处的公法线重合(见图 2.20(a)),则只能算一个平面高副,其余为虚约束。若在各接触点处的公法线方向彼此不重合时,

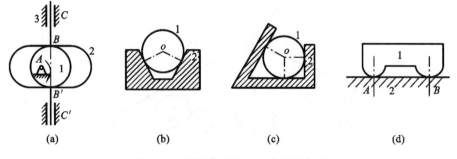

图 2.20 两构件在多处组成平面高副

就构成了复合高副,其相当于一个低副,如图 2.20(b)和(c)为转动副,图(d)为移动副。

(4) 如果机构中两活动构件上某两点的距离始终保持不变,此时若用具有两个转动副的附加构件(如图 2.21 中的 HG 构件)来连接这两个点,则将会引入一个虚约束。

(5) 在机构中,如果用转动副连接的是两构件上运动轨迹相重合的点,则该连接将带入 1 个虚约束。如图 2.22 所示的椭圆仪机构中,$\angle CAD = 90°$,$AB = BC = BD$,构件 CD 线上除 B、C、D 三点外,其余各点的运动轨迹均为椭圆。该机构中的 C 点在加转动副前后 C 点的轨迹是重合的,均沿 y 轴的直线运动,故将带入一个虚约束。若换为分析转动副 D 也可得出类似结论。

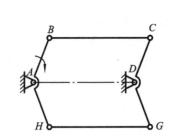

图 2.21 两点距离不变的虚约束

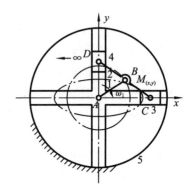

图 2.22 点的轨迹重合的虚约束

(6) 机构中不影响机构运动传递的对称或重复部分所代入的约束为虚约束。如图 2.23 所示的行星轮系,为了受力均衡,采取三个行星轮 2、2′和 2″对称布置的结构,事实上只要一个行星轮便满足运动要求,其他两个行星轮则引入两个虚约束。

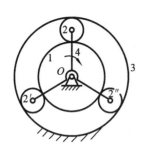

图 2.23 结构重复的虚约束

需要特别指出,机构中的虚约束都是在特定几何条件下出现的,如果这些几何条件不能满足,则虚约束就会成为实际有效的约束,从而使机构卡住不能运动。在设计过程中,是否使用及如何使用虚约束,必须对现有的生产设备、加工成本、所要求的机器寿命和可靠性等进行全面考虑。

例 2.6 计算图 2.24 所示机构的自由度,并判断机构是否具有确定运动。

解 图 2.24 中 C 处为复合铰链,此处实际运动副数目应为 2 个;J 处为局部自由度,将滚子的局部自由度去掉;E 或 E′有一个是虚约束,去掉一个虚约束;则该机构中 $n = 7$,$P_L = 9$,$P_H = 1$,则

$$F = 3n - 2P_L - P_H = 3 \times 7 - 2 \times 9 - 1 = 2$$

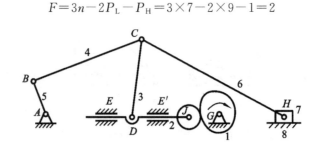

图 2.24 大筛机构

机构中只给了一个原动件,而机构的自由度为 2,原动件数目与机构自由度数目不相等,所以该机构无确定运动。若要有确定运动,需再给定一个原动件,如增加构件 5 为原动件。

例 2.7 计算图 2.25 所示机构的自由度,并判断机构是否具有确定运动。

解 图 2.25 中,构件 11 及其代入的运动副 C、D 引入一个虚约束,将其去掉;D 处为复合铰链,此处实际运动副数目应为 2 个;J 处为局部自由度,将滚子的局部自由度去掉;则该机构中 $n=10$,$P_L=14$,$P_H=1$,则

$$F=3n-2P_L-P_H=3\times10-2\times14-1=1$$

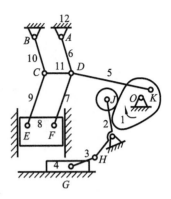

图 2.25　冲压机构

机构中给了一个原动件,原动件数目和机构自由度数目相等,所以该机构具有确定运动。

2.7　机构的组成原理、结构分类及结构分析

2.7.1　平面机构的高副低代

为了便于对含有高副的平面机构按照平面低副机构分析的方法进行分析研究,可以将机构中的高副根据一定的条件虚拟地以低副加以替代,这种高副以低副来替代的方法称为高副低代(substitute higher pair mechanism by lower pair mechanism)。

进行高副低代必须满足条件:

(1) 代替前后机构的自由度完全相同;

(2) 代替前后机构的瞬时速度和瞬时加速度完全相同。

由于在平面机构中,一个高副仅提供一个约束,而一个低副却提供两个约束,故不能简单地用一个低副直接来替代一个高副。那么如何来进行高副低代呢? 在前面的虚约束分析中我们知道,一个构件加两个平面低副则引入一个约束,正好和一个平面高副的约束相等,然后将这两个低副放到两高副构件在过接触点的曲率中心处,分别与两高副构件相连接,则能满足上述两个替代条件。

如果两个高副元素均为曲线,则附加的两个低副均为转动副,分别放在两个曲线的曲率中心,两中心之间再附加一个构件;如果两个高副元素之一为一直线,则因其曲率中心在无穷远处,应将直线元素这一端的转动副转化为移动副。常见的高副低代结构如图 2.26 中虚线部分所示。

我们把高副低代后的这个平面低副机构称为原平面高副机构的替代机构,典型的高副机构及其相应的低副替代机构见图 2.27。但需强调的是这种替代只是瞬时替代,因为当高副元素为非圆曲线时,其各处曲率中心的位置不同,替代机构的尺寸将随机构的位置不同而不同。

根据上述方法将含有高副的平面机构进行低代后,即可将其视为平面低副机构,在讨论机构组成原理和结构分析时,只需研究低副平面机构。

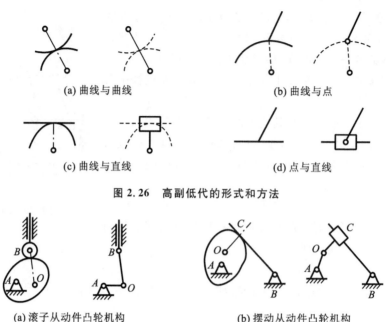

图 2.26 高副低代的形式和方法

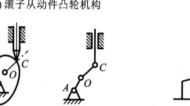
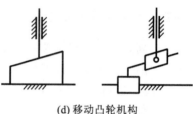

图 2.27 典型的高副机构及其相应的低副替代机构

2.7.2 机构的组成原理

如图 2.28(a)所示机构,其自由度为 1,将机架及与之相连的原动件及其运动副从机构中拆分开来,则其余构件组成一个自由度为零的构件组(见图 2.28(b)),此构件组还可以再拆成更简单的自由度为零的构件组(见图 2.28(c))。我们把最后不能再拆的最简单的自由度为零的构件组称为基本杆组或阿苏尔杆组(Assur group)。原来的机构可以看做是这些基本杆组依次连接于原动件和机架上而构成的,这就是机构的组成原理。

对于全部由低副组成的平面机构,设杆组中活动构件数为 n,低副的数目为 P_L,因为基本杆组的自由度为零,则

$$3n - 2P_L = 0$$

为保证构件数 n 和低副的数目 P_L 均为整数,则 n 只能取为 2 的倍数,P_L 取为 3 的倍数。满足此条件的构件数最少的基本杆组是 $n=2$,$P_L=3$ 的 Ⅱ 级杆组,其形式如图 2.29 所示。其次是 $n=4$,$P_L=6$ 的 Ⅲ 级杆组,其形式如图 2.30 所示。依次类推,有 Ⅳ 级杆组、Ⅴ 级杆组、……。较 Ⅲ 级杆组更高的基本杆组在实际机构中很少遇到,本书不再介绍。

在一个机构中可以包含不同级别的基本杆组。我们把包含基本杆组级别最高为 Ⅱ 级杆组的机构称为 Ⅱ 级机构;包含基本杆组级别最高为 Ⅲ 级杆组的机构称为 Ⅲ 级机构;依次类推,有 Ⅳ 级机构、Ⅴ 级机构……只包含机架和原动件的机构称为 Ⅰ 级机构,如杠杆机构、鼓风机、电动机机构等。

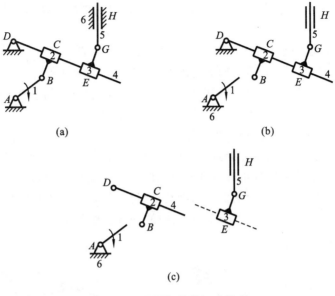

图 2.28 平面机构的组成原理

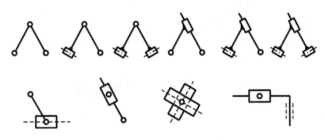

图 2.29 Ⅱ级杆组

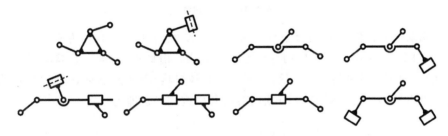

图 2.30 Ⅲ级杆组

2.7.3 机构的结构分析

机构的结构分析就是将已有机构分解为基本杆组、原动件和机架,目的是了解机构的组成,并确定机构的级别。结构分析的过程正好与由基本杆组组成机构的过程相反。机构结构分析的步骤如下。

(1) 去掉局部自由度和虚约束,计算机构的自由度。

(2) 如果机构中存在高副,进行高副低代。

(3) 拆分基本杆组。

根据自由度数目,相应地将原动件和机架及其运动副从机构中分离出来,然后从运动传递路线离原动件最远的构件开始先试拆Ⅱ级杆组,保证剩下的部分仍是一个自由度为零的杆组,不能是单独的构件或运动副；若不可能时再试拆Ⅲ级杆组或更高一级的基本杆组，直至全部拆分成基本杆组为止。

（4）根据组成机构的基本杆组的最高级别确定机构的级别。

例 2.8 计算图 2.31(a)所示机构的自由度，并确定机构的级别。

解 该机构无虚约束、局部自由度和复合铰链，$n=7$，$P_L=10$，$P_H=0$，则
$$F=3n-2P_L-P_H=3\times7-2\times10-0=1$$

构件 1 为原动件，将原动件和机架分离出来，剩下的是一个自由度等于零的杆组。如图 2.31(b)所示，从传动路线离原动件最远的构件 7 开始先试拆二杆三副的Ⅱ级杆组，余下的部分分解为构件 2、3、4 组成的构件组和构件 6 组成的一杆二副两部分，这两部分自由度均不为零。因此，试拆构件 7、6、5、4 组成的四杆六副的Ⅲ级杆组，剩下的是由构件 2 和 3 组成的Ⅱ级杆组，拆分结果如图 2.31(c)所示，由于组成机构的基本杆组的最高级别是Ⅲ级杆组，故此机构为Ⅲ级机构。

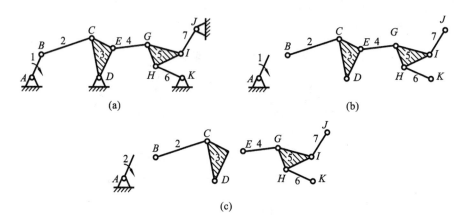

图 2.31　Ⅲ级机构

如果取原动件为构件 7，则可拆下分别由构件 1 和 2、构件 3 和 4、构件 5 和 6 组成的三个Ⅱ级杆组，如图 2.32 所示。此时机构将成为Ⅱ级机构。由此可见，同一机构因所取的原动件不同，有可能成为不同级别的机构。因此，对一个具体机构，必须指定原动件，并用箭头标示其运动方向。当机构的原动件确定后，杆组的拆法和机构的级别即为一定。

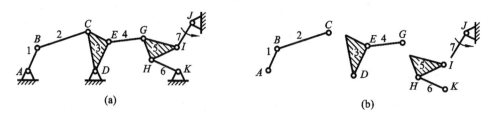

图 2.32　Ⅱ级机构

例 2.9 对图 2.33(a)所示机构进行结构分析。

解 （1）计算机构自由度　该机构无虚约束，A 处有局部自由度，E 处有复合铰链，$n=7$，$P_L=9$，$P_H=2$，则
$$F=3n-2P_L-P_H=3\times7-2\times9-2=1$$

（2）高副低代　如图 2.33(b)所示。

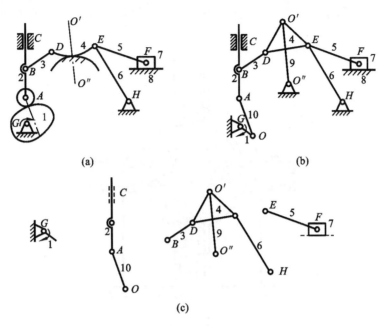

图 2.33 平面机构的结构分析

(3) 拆分基本杆组　如图 2.33(c)所示。

(4) 判断机构级别　由于组成机构的基本杆组的最高级别是Ⅲ级杆组,故此机构为Ⅲ级机构。

思考题及练习题

2.1　何谓构件？何谓运动副及运动副元素？运动副是如何进行分类的？

2.2　机构运动简图有何用处？它能表示出原机构哪些方面的特征？

2.3　何谓基本杆组？何谓机构的组成原理？它具有什么特性？如何确定基本杆组的级别及机构的级别？

2.4　为何要对平面高副机构进行高副低代？高副低代应满足什么条件？可否永久替代？

2.5　绘制题图所示两个机构的运动简图,并计算其自由度(图(a)构件 4 为机架,图(b)构件 6 为机架。)

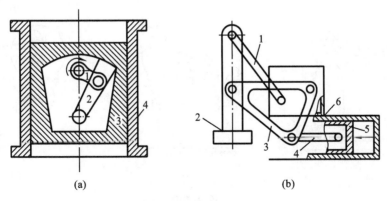

题 2.5 图

2.6 绘制题图所示的凸轮驱动式空气压缩机的机构运动简图,并计算其自由度(构件 10 为机架)。

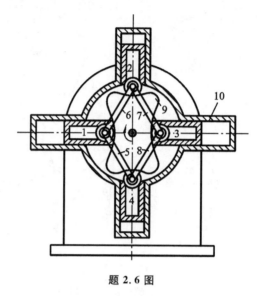

题 2.6 图

2.7 计算图示各机构的自由度,并说明注意事项。

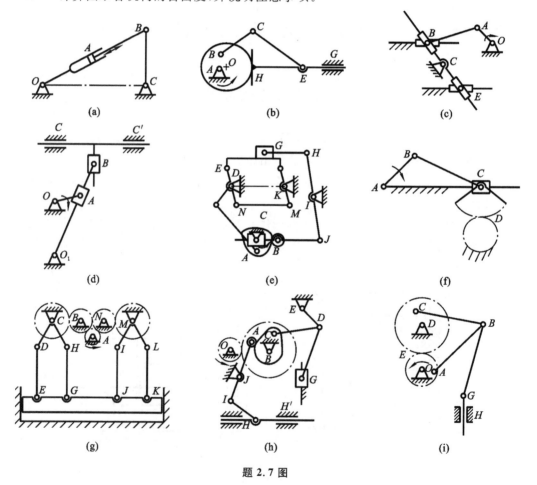

题 2.7 图

2.8 计算图示各机构的自由度,高副低代后,拆分基本杆组并确定机构的级别。

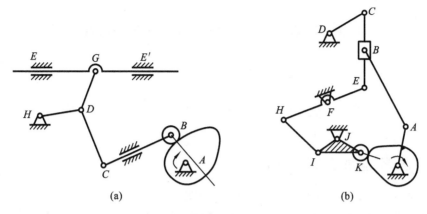

题 2.8 图

2.9 如图所示为一简易冲床的初拟设计方案。设计者的思路是:动力由齿轮 1 输入,使轴 A 连续回转;而固装在轴 A 上的凸轮 2 与杠杆 3 组成的凸轮机构将使冲头 4 上下运动以达到冲压的目的。试绘出其机构运动简图,分析其是否能实现设计意图? 若不能实现设计意图,请提出修改方案。

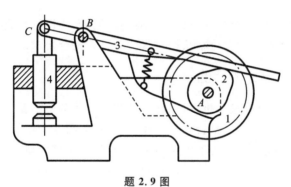

题 2.9 图
1—齿轮;2—凸轮;3—杠杆;4—冲头

第 3 章　平面机构的运动分析

3.1　机构运动分析的任务、目的和方法

3.1.1　机构运动分析的任务

机构的运动分析是指对机构的位移、速度和加速度进行分析,即根据机构的尺寸及原动件已知的运动规律,分析该机构其他构件上某些点的轨迹、位移、速度及加速度和这些构件的角位移、角速度及角加速度。

对机构进行运动分析时,将不考虑引起机构运动的外力、机构构件的弹性变形和机构运动副中的间隙对机构运动的影响,仅仅从几何角度研究在已知原动件运动规律的情况下,机构其余构件上各点的轨迹、位移、速度和加速度,以及机构中其余构件的角位移、角速度和角加速度等运动参数的确定。

机构的运动分析不但用于分析现有机械的运动性能,而且当进行新机构的综合,设计新机械时,综合的结果也需要通过运动分析来检验其性能是否符合要求。

3.1.2　机构运动分析的目的

通过对机构进行位移或轨迹分析,可以确定某些构件运动所需要的空间,判断它们运动时是否相互干涉。例如,在图 3.1 所示的 V 形发动机简图中,为了确定活塞的冲程,必须确定其上下运动的极限位置;为了确定机壳的外廓尺寸,必须确定连杆上一些外端点的运动轨迹和所需的空间范围。

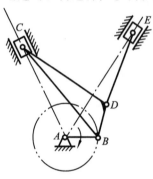

图 3.1　V 形发动机简图

通过速度分析,可以确定机构中从动件的运动速度是否合乎要求,并为进一步作机构的加速度分析和受力分析提供必要的数据。例如,设计牛头刨床的导杆机构时,为了保证加工质量,延长刀具使用寿命,提高工作效率,必须使刨刀工作行程在等速运动阶段(或近似),而空回行程在急回运动阶段。

通过加速度分析,可为惯性力的计算提供依据,尤其对高速机械和重型机械等惯性力较大的机械进行加速度分析是非常重要的。

3.1.3　机构运动分析的方法

机构运动分析的方法有图解法、解析法和实验法三种。实验法需要专门的仪器设备。本章主要介绍图解法和解析法。

图解法具有形象、直观的特点,当需要简捷直观地了解机构的某个或某几个位置的运动特性时比较方便,但对于高速机械和精密机械中的机构,用图解法作运动分析的结果往往不能满

足精度的要求。图解法常用的方法有:速度瞬心法和矢量方程图解法等。

解析法建立数学关系式时较复杂,计算工作量也较大,但借助计算机可使机构运动分析获得高精度的结果。尤其是需要精确地知道或要了解机构在整个运动循环中的运动特性时,解析法借助计算机可获得很高的计算精度,而且速度非常快。此外,通过解析法可建立各种运动参数和机构尺寸参数间的函数关系式,这更便于对机构进行深入的研究。

机构运动分析的解析法可分为两种:杆组法和整体分析法。

在杆组法中,把组成机构的基本杆组作为研究对象,分别建立各个基本杆组运动分析子程序。由于平面连杆机构都是由主动构件、机架和不同的基本杆组组成,故对其进行运动分析时,只需根据其组成原理和特点,编一个正确调用所需基本杆组子程序的主程序即可。该方法的缺点是必须首先具备各个基本杆组运动分析的子程序库。

整体分析法,即把所研究的机构置于一个直角坐标系中,自始至终都把整个机构作为研究对象。该方法不需要首先建立各个基本杆组运动分析的子程序库,故应用范围更广泛,适用于机构的运动优化综合。本书将主要介绍整体分析法。

3.2 用瞬心法作机构的速度分析

机构速度分析的图解法有速度瞬心法和矢量方程图解法。当机构(如凸轮机构、齿轮机构和简单的连杆机构等)构件数目较少时,利用速度瞬心法进行速度分析,则更为简便清楚。

3.2.1 速度瞬心

如图 3.2 所示,当任一构件 2 相对于另一构件 1 作平面相对运动时,在任一瞬时,其相对运动都可以看做是绕某一重合点的转动,该重合点称为瞬时回转中心或瞬时速度中心,简称为瞬心(instantaneous centre of velocity)。因此瞬心是该两构件上瞬时的等速重合点。瞬时,指瞬心的位置随时间变化;等速,指在瞬心这一点,两构件的绝对速度相同、相对速度为零;重合点,指瞬心既在构件 1 上,也在构件 2 上,是两构件的重合点。如果两构件之一是静止的,则其瞬心便称为绝对速度瞬心,简称绝对瞬心(absolute instantaneous centre of velocity);如果两构件都是运动的,则其瞬心称为相对速度瞬心,简称相对瞬心(relative instantaneous centre of velocity)。构件 i 和构件 j 的相对速度瞬心,一般用符号 P_{ij} 来表示。

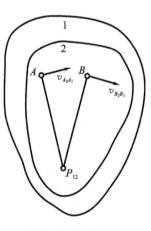

图 3.2 速度瞬心

3.2.2 机构中瞬心的数目

因为任意两构件之间都具有一个瞬心,所以根据排列组合的原理,如果一个机构是由 n 个构件(包括机架)所组成,那么它的瞬心的总数为

$$N = n(n-1)/2 \tag{3.1}$$

3.2.3 机构中瞬心位置的确定

当两构件作平面相对运动,若已知其上两点的相对速度方向,瞬心的位置便可确定。如图

3.2中,已知重合点 A_2 和 A_1 及 B_2 和 B_1 的相对速度 $v_{A_2A_1}$ 和 $v_{B_2B_1}$ 的方向,则两速度矢量垂线的交点便是瞬心 P_{12}。机构中两构件之间瞬心的具体确定方法如下。

1. 通过运动副相连的两构件瞬心的确定

1) 两构件组成转动副

两构件作相对转动时,因一构件相对另一构件是绕该转动副中心转动,其转动副中心就是它们的相对瞬心 P_{12},如图 3.3(a)、(b)所示。

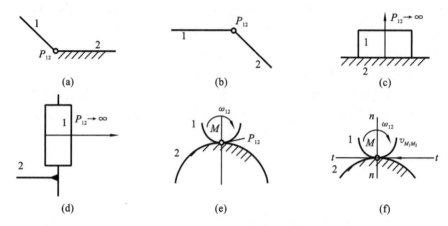

图 3.3 两构件的瞬心

2) 两构件组成移动副

两构件作相对移动时,由于它们的所有重合点的相对速度方向都平行于导路方向,所以其相对瞬心是位于导路垂直方向的无穷远处,如图 3.3(c)、(d)所示。

3) 两构件组成纯滚动的高副

两构件组成纯滚动的高副时,接触点的相对速度为零,所以接触点就是相对瞬心,如图 3.3(e)所示。

4) 两构件组成滑动兼滚动的高副

两构件组成滑动兼滚动的高副时,由于接触点的相对速度不为零,且其相对速度方向是沿切线方向,因此其相对瞬心应位于过接触点的公法线 $n-n$ 上,如图 3.3(f)所示。不过因为滚动和滑动的数值未知,所以还不能确定它是在法线上的哪一点。

2. 不直接相连的两构件瞬心的确定

如果两构件没有形成运动副,不能直接确定其瞬心时,可应用三心定理来确定。所谓三心定理(Kennedy-Aronhold theorem)即作平面相对运动的三个构件共有三个瞬心,它们位于同一直线上。现证明如下。

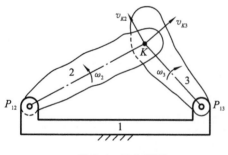

图 3.4 三心定理

如图 3.4 所示,设构件 1、2、3 彼此作平面相对运动,根据式(3.1)可知此机构共有三个瞬心 P_{12}、P_{13}、P_{23}。P_{12} 和 P_{13} 分别为构件 1 与 2 及构件 1 与 3 的瞬心,要求证明构件 2 与构件 3 之间的相对速度瞬心 P_{23} 应位于 P_{12} 和 P_{13} 的连线上。假定瞬心 P_{23} 不在直线 P_{12} 和 P_{13} 的连线上,而是位于其他任一点 K 处,则其绝对速度 v_{K_2} 和 v_{K_3} 在方向上就不可能相同,根据相对瞬心定义,点 K 不可能是构件 2 与构件 3 之间的相对速度瞬心。只有当它位于 P_{12} 和 P_{13} 连线上时,该两重合点的速度向量才能相等,所以瞬心 P_{23} 必位于 P_{12} 和 P_{13} 的连线上。至于 P_{23} 在直线 P_{12} 和 P_{13} 上的哪一点,只有当构件2和构件3的运动完全已知时才能确定。

3.2.4 瞬心在机构速度分析上的应用

1. 铰链四杆机构

在图3.5所示的铰链四杆机构中,设各杆的尺寸均为已知,主动件1以角速度 ω_1 等速回转,求构件3的角速度 ω_3、构件2的角速度 ω_2 及 C 点的速度 v_C。

由图3.5可知,该机构的转动副 A、B、C 及 D 分别是瞬心 P_{14}、P_{12}、P_{23} 及 P_{34}。由三心定理可知,构件1、2、3的三个瞬心 P_{12}、P_{13}、P_{23} 应位于同一直线上,构件1、4、3的三个瞬心 P_{14}、P_{13}、P_{34} 应位于同一直线上。该两直线 $\overline{P_{12}P_{23}}$ 和 $\overline{P_{14}P_{34}}$ 交点就是瞬心 P_{13}。因 P_{13} 为构件1及构件3的相对瞬心,即构件1及构件3上具有同一绝对速度的重合点,其速度大小为

$$v_{P_{13}} = \omega_1 \overline{P_{13}P_{14}} \mu_1 = \omega_3 \overline{P_{13}P_{34}} \mu_1$$

由上式可得

$$\omega_1/\omega_3 = \overline{P_{13}P_{34}}/\overline{P_{13}P_{14}} \qquad (3.2)$$

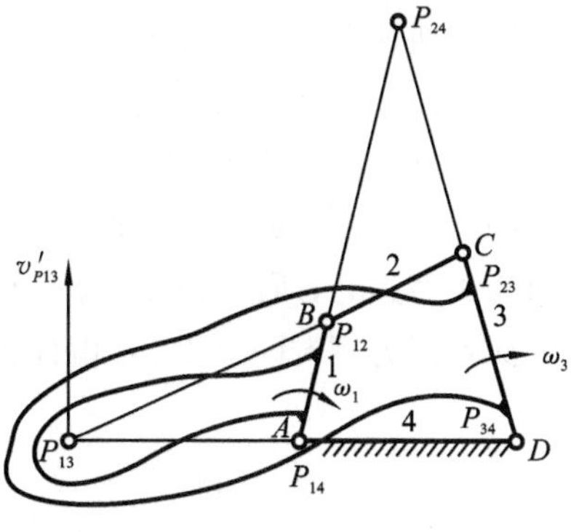

图3.5 平面四杆机构的瞬心

即可求得 ω_3。式(3.2)表明,两构件的角速度与其绝对速度瞬心至相对速度瞬心的距离成反比。如图3.5所示,P_{13} 在 P_{14} 和 P_{34} 的同一侧,因此 ω_1 和 ω_3 的转动方向相同;如果 P_{13} 在 P_{14} 和 P_{34} 之间,则 ω_1 和 ω_3 的转动方向相反。此关系可以推广到平面机构其他任意两构件 i 与 j 的角速度关系中,即

$$\omega_i/\omega_j = \overline{P_{4j}P_{ij}}/\overline{P_{4i}P_{ij}} \qquad (3.3)$$

式中 ω_i、ω_j 分别为构件 i 与 j 的瞬时角速度;P_{4i}、P_{4j} 分别为构件 i 与 j 的绝对速度瞬心;P_{ij} 为构件 i 与 j 的相对速度瞬心。因此,在已知 P_{4i}、P_{4j} 及构件 i 的角速度 ω_i 的条件下,只要定出 P_{ij} 的位置,便可求出构件 j 的角速度 ω_j。由此可得

$$\omega_2/\omega_3 = \overline{P_{34}P_{23}}/\overline{P_{24}P_{23}}$$

可求得 ω_2。因 P_{23} 在 P_{24} 和 P_{34} 之间,则 ω_2 和 ω_3 的转动方向相反。

C 点的速度即为瞬心 P_{23} 的速度

$$v_C = \omega_3 \overline{P_{23}P_{34}} \mu_1 = \omega_1 (\overline{P_{13}P_{14}}/\overline{P_{13}P_{34}}) \overline{P_{23}P_{34}} \mu_1$$

2. 曲柄滑块机构

如图3.6所示,已知构件1的角速度 ω_1 及各构件的长度、位置,求滑块 C 的速度。为求 v_C,可先根据三心定理求构件1、3的相对速度瞬心 P_{13}。

滑块3作直线移动,其上各点速度相等,因 P_{13} 是滑块上的一点,根据瞬心定义 $v_C = v_{P_{13}}$。所以 $v_C = \mu_1 l_{P_{14}P_{13}} \omega_1 = \mu_1 \overline{AP_{13}} \omega_1$,式中 μ_1 为机构长度的缩比,$\mu_1 = $ 构件长度/图上所画的构件长度,单位为 m/mm,它表示图上每1 mm代表实际长度值,在该例中 $\mu_1 = l_{AP_{13}}/\overline{AP_{13}}$,量出 $\overline{AP_{13}}$ 的长度即可求得 v_C。

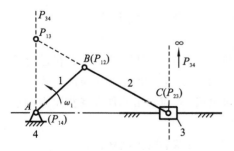

图3.6 瞬心法的应用

3. 滑动兼滚动接触的高副机构

如图 3.7 所示,转动中心 A 是构件 2 和 1 的绝对速度瞬心 P_{21},B 是构件 3 和 1 的绝对速度瞬心 P_{31}。构件 3 和 2 的相对速度瞬心 P_{32} 应在过高副两元素接触点 C 的公法线 $n-n$ 上;同时根据三心定理可知,它又应位于 P_{21} 和 P_{31} 的连线上,因此该两直线的交点就是相对速度瞬心 P_{32},其速度为

$$v_{P_{32}} = \omega_2 l_{P_{21}P_{32}} \mu_l = \omega_3 l_{P_{31}P_{32}} \mu_l$$

则
$$\omega_2/\omega_3 = l_{P_{31}P_{32}}/l_{P_{21}P_{32}} = \overline{P_{31}P_{32}}/\overline{P_{21}P_{32}} \tag{3.4}$$

式(3.4)表明,组成滑动兼滚动高副的两构件,其角速度与连心线被轮廓接触点公法线所分割的两线段长度成反比。

如图 3.8 所示的平底直动从动件凸轮机构,设已知凸轮 1 的角速度 ω_1,求从动件 2 的线速度 v_2。因凸轮 1 与从动件 2 组成滑动兼滚动高副,求解时应先确定从动件 2 和凸轮 1 的相对瞬心 P_{12}。过接触点 M 作凸轮轮廓与从动件的公法线 $n-n$,又因 P_{23} 在垂直于从动件移动方向的无穷远处,所以,过 P_{13} 作从动件移动方向的垂线,得出瞬心连线 $\overline{P_{13}P_{23}}$,它与公法线 $n-n$ 的交点即为相对瞬心 P_{12}。由此得到的关系式为

$$v_2 = \mu_l \overline{P_{12}P_{13}} \omega_1$$

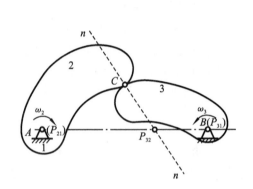

图 3.7 高副机构的速度瞬心

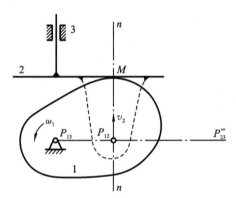

图 3.8 瞬心法的应用

通过以上分析可以看到,利用瞬心法对简单的平面机构,特别是平面高副机构进行速度分析比较简便,可求两构件的角速度比、构件的角速度及构件上某点的线速度。对构件数目较多的机构,可用画多边形的方法确定瞬心。但对构件数目繁多的复杂机构,由于瞬心数目很多,求解时就比较复杂,且作图时它的某些瞬心的位置往往会落在图样范围之外,造成作图困难,难以求解。

3.3 用矢量方程图解法作机构的速度及加速度分析

矢量方程图解法(vector graphic method)是应用理论力学中的相对运动原理。在进行速度分析和加速度分析时,首先根据速度合成定理和加速度合成定理列出机构各构件上相应点之间的相对运动矢量方程,并用一定的比例尺作出矢量多边形,从而求出构件上各指定点的速度和加速度以及各构件的角速度和角加速度。

根据不同的相对运动情况,在进行机构运动分析时,可分为以下两类问题。

3.3.1 同一构件上两点之间的速度和加速度关系

在图 3.9(a)所示的铰链四杆机构中,已知原动件 1 的瞬时位置角 φ_1、角速度 ω_1 和角加速度 α_1 的大小和方向及各构件的长度。求构件 2 的角速度 ω_2、角加速度 α_2 及其上点 C 和 E 的速度和加速度,以及构件 3 的角速度 ω_3 和角加速度 α_3。

1. 机构简图

根据原动件 1 的位置及各构件的长度,用选定的尺寸比 μ_l,作出该瞬时位置的机构运动简图,如图 3.9(a)所示。

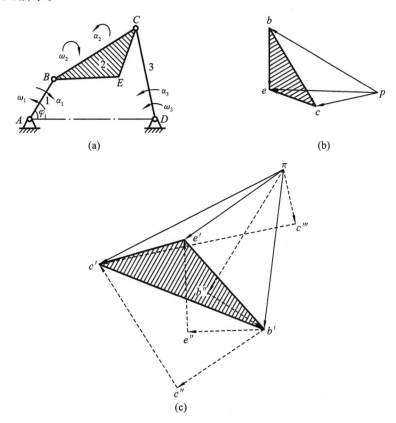

图 3.9 铰链四杆机构速度和加速度分析

2. 速度分析

因为已知原动件 1 角速度 ω_1 的大小、方向,又因构件 1 与构件 2 在 B 点以铰链相连,故 B 点的速度 v_B 大小和方向均已知。构件 2 上点 C 的速度 v_C,是基点 B 的速度 v_B 和点 C 相对点 B 的相对速度 v_{CB} 的矢量和,其矢量方程式为

$$v_C = v_B + v_{CB}$$

方向:$\perp CD$ $\perp AB$ $\perp CB$

大小: ? $\omega_1 l_{AB}$?

在上面矢量方程式中,仅 v_C 和 v_{CB} 的大小未知,故可用图解法求解。为此,取速度比长 μ_v[(m/s)/mm],它表示图上每 1 mm 代表的速度值,然后做速度矢量多边形,如图 3.9(b)所示。先任取一点 p,作矢量 $\overrightarrow{pb}$ 代表 v_B,其长度等于 v_B/μ_v,方向垂直 AB,指向与 ω_1 的转向一致;过 p 点作代表 v_C 的方向线垂直于 $\overline{CD}$,过点 b 作代表 v_{CB} 的方向线垂直于 $\overline{CB}$,两方向线交

点为 c，则矢量 $\overrightarrow{pc}$ 和 $\overrightarrow{bc}$ 分别代表 v_C 和 v_{CB}，其大小为 $v_C = \mu_v \overline{pc}$ 及 $v_{CB} = \mu_v \overline{bc}$。

同理，根据同一构件上点 E 相对点 C、点 E 相对点 B 的相对速度原理，可列出相对速度矢量方程式

$$v_E = v_B + v_{EB} = v_C + v_{EC}$$

方向：? $\perp AB$ $\perp EB$ $\perp CD$ $\perp EC$

大小：? $\omega_1 l_{AB}$? $\mu_v \overline{pc}$?

由于点 E 的速度 v_E 的大小与方向均未知，故必须借助于点 E 相对点 C 和点 E 相对点 B 的两个相对速度矢量方程式联立求解。这时中仅包含 v_{EB} 和 v_{EC} 的大小为未知，故可以用图解法求解，如图 3.9(b) 所示。过点 b 作代表 v_{EB} 的方向线垂直于 $\overline{EB}$，过点 c 作代表 v_{EC} 的方向线垂直于 $\overline{EC}$，该两方向线交于点 e，连接 pe，则矢量 $\overrightarrow{pe}$ 便代表 v_E，其大小为 $v_E = \mu_v \overline{pe}$。

构件 2 的角速度 $\omega_2 = v_{CB}/l_{CB} = (\mu_v \overline{bc})/l_{CB}$，将代表 v_{CB} 的矢量 $\overrightarrow{bc}$ 平移到机构简图上的点 C，可知 ω_2 的转向为顺时针方向。同理可得构件 3 的角速度 $\omega_3 = v_C/l_{CD} = (\mu_v \overline{pc})/l_{CD}$，将代表 v_C 的矢量 $\overrightarrow{pc}$ 平移到机构简图上的点 C，可知 ω_3 的转向为逆时针方向。

3. 加速度分析

因原动件 1 的角速度 ω_1 和角加速度 α_1 的大小、方向都已知，故点 B 的法向加速度 a_B^n 和切向加速度 a_B^t 也已知。构件 2 上点 C 的加速度，可根据相对加速度原理写出相对加速度矢量方程式

$$a_C = a_B + a_{CB}$$

或

$$a_C^n + a_C^t = a_B^n + a_B^t + a_{CB}^n + a_{CB}^t$$

方向：$C \rightarrow D$ $\perp CD$ $B \rightarrow A$ $\perp AB$ $C \rightarrow B$ $\perp CB$

大小：v_C^2/l_{CD} ? $\omega_1^2 l_{AB}$ $\alpha_1 l_{AB}$ v_{CB}^2/l_{CB} ?

式中仅有 a_C^t 和 a_{CB}^t 的大小未知，故可以用图解法求解。取加速度比长 $\mu_a [(\text{m/s}^2)/\text{mm}]$，表示图上每 1 mm 代表的加速度值，作加速度矢量多边形，如图 3.9(c) 所示。任取点 π，作矢量 $\overrightarrow{\pi b''}$ 代表 a_B^n，过 b'' 作矢量 $\overrightarrow{b''b'}$ 代表 a_B^t，连接 $\pi、b'$，矢量 $\overrightarrow{\pi b'}$ 表示 a_B。再自 b' 作矢量 $\overrightarrow{b'c''}$ 代表 a_{CB}^n，过 c'' 作代表 a_{CB}^t 的方向线 $c''c'$；从点 π 作矢量 $\overrightarrow{\pi c'''}$ 代表 a_C^n，过 c''' 作代表 a_C^t 的方向线 $c'''c'$，该两方向线 $c''c'$ 和 $c'''c'$ 相交于 c'，连接 $\pi、c'$，则矢量 $\overrightarrow{\pi c'}$ 代表 a_C，其大小为 $a_C = \mu_a \overline{\pi c'}$。

构件 2 的角加速度 α_2，其大小 $\alpha_2 = a_{CB}^t/l_{CB} = \mu_a \overline{c''c'}/l_{CB}$，将代表 a_{CB}^t 的矢量 $\overrightarrow{c''c'}$ 平移到机构简图上的点 C，可确定 α_2 的方向为逆时针方向。同理可得构件 3 的角加速度 $\alpha_3 = a_C^t/l_{CD} = \mu_a \overline{c'''c'}/l_{CD}$，将代表 a_C^t 的矢量 $\overrightarrow{c'''c'}$ 平移到机构简图上的点 C，可得 α_3 的方向亦是逆时针方向。

再根据构件 2 上 $B、E$ 两点的相对加速度原理可写出

$$a_E = a_B + a_{EB}^n + a_{EB}^t$$

方向：? $\pi \rightarrow b'$ $E \rightarrow B$ $\perp EB$

大小：? $\mu_a \overline{\pi b'}$ $\omega_2^2 l_{EB}$ $\alpha_2 l_{EB}$

上式中只有 a_E 的大小和方向未知，故可图解求解。在图 3.9(c) 中，从 b' 作矢量 $\overrightarrow{b'e''}$ 代表 a_{EB}^n，再从 e'' 作矢量 $\overrightarrow{e''e'}$ 代表 a_{EB}^t。连接 $\pi、e'$，则矢量 $\overrightarrow{\pi e'}$ 代表点 E 的加速度 a_E，其大小为 $a_E = \mu_a \overline{\pi e'}$。

4. 速度影像和加速度影像

当已知或已经求出同一构件上两点的速度或加速度后，利用速度影像（velocity image of link）或加速度影像（acceleration image of link）可以很简便地确定出该构件上其他点的速度或加速度、角速度或角加速度。

在图 3.9(b)中,由各速度矢量构成的多边形 $pbec$ 称为速度多边形(velocity vector polygon of mechanism)。在速度多边形中,点 p 称为极点,代表该构件上速度为零的点;连接点 p 与任一点的矢量便代表该点在机构图中的同名点的绝对速度,其指向是从点 p 指向该点;而连接其他任意两点的矢量便代表该两点在机构图中的同名点间的相对速度,其指向与速度的角标相反,例如矢量 $\overrightarrow{be}$ 代表 v_{EB} 而不是 v_{BE}。

对照图 3.9(a)、(b)可以看出:在速度多边形中,代表各相对速度的矢量 bc、ce 和 be 分别垂直于机构简图中的 $\overline{BC}$、$\overline{CE}$ 和 $\overline{BE}$,因此 $\triangle bce$ 和 $\triangle BCE$ 相似,且两三角形顶角字母 bce 和 BCE 的顺序相同均为顺时针方向,图形 bce 称为图形 BCE 的速度影像。当已知同一构件上两点的速度时,则该构件上其他任一点的速度便可利用速度影像与构件图形相似的原理求出。

在图 3.9(c)中,由各加速度矢量构成的多边形称为加速度多边形。在加速度多边形中,点 π 称为极点,代表该构件上加速度为零的点;连接点 π 和任一点的矢量便代表该点在机构图中的同名点的绝对加速度,其指向从 π 指向该点;连接带有角标"′"的其他任意两点的矢量,便代表该两点在机构图中的同名点间的相对加速度,其指向与加速度的角标相反,例如矢量 $\overrightarrow{b'e'}$ 代表 a_{EB} 而不是 a_{BE};代表法向加速度和切向加速度的矢量都用虚线表示,例如矢量 $\overrightarrow{b'e''}$ 和矢量 $\overrightarrow{e''e'}$ 分别代表 a_{EB}^n 和 a_{EB}^t。

在加速度多边形中:
$$a_{CB} = \sqrt{(a_{CB}^n)^2 + (a_{CB}^t)^2} = \sqrt{(l_{BC}\omega_2^2)^2 + (l_{BC}\alpha_2)^2} = l_{BC}\sqrt{\omega_2^4 + \alpha_2^2}$$

同理可得
$$a_{EB} = l_{EB}\sqrt{\omega_2^4 + \alpha_2^2}$$
$$a_{EC} = l_{EC}\sqrt{\omega_2^4 + \alpha_2^2}$$

所以
$$a_{CB} : a_{EB} : a_{EC} = l_{BC} : l_{EB} : l_{EC}$$

即
$$\overrightarrow{b'c'} : \overrightarrow{b'e'} : \overrightarrow{c'e'} = \overline{BC} : \overline{EB} : \overline{EC}$$

由此可见 $\triangle b'c'e'$ 与机构简图中 $\triangle BCE$ 相似,且两三角形顶角方向一致,$\triangle b'c'e'$ 称为 $\triangle BCE$ 的加速度影像。当已知同一构件上两点的加速度时,利用加速度影像便能很容易地求出该构件上其他任一点的加速度。

3.3.2 组成移动副两构件的重合点间的速度和加速度关系

在如图 3.10(a)所示的导杆机构中,已知原动件 1 的等角速度 ω_1、机构的位置及各构件的长度,要求构件 3 的角速度 ω_3 和角加速度 α_3。

1. 机构简图

根据机构的位置及各构件的长度,用选定的比例尺 μ_l 作出机构简图,如图 3.10(a)所示。

2. 速度分析

因为构件 2 与构件 1 用转动副相连,点 B 既是构件 1 上的点,也是构件 2 上的点,所以 $v_{B_2} = v_{B_1} = \omega_1 l_{AB}$,其方向垂直于 AB,指向与 ω_1 的转向一致;构件 2 与构件 3 组成移动副,构件 2 上点 B_2 与构件 3 上点 B_3 为组成移动副两构件的重合点,根据牵连运动为转动的速度合成定理,动点 B_3 的绝对速度等于它的重合点 B_2 的牵连速度和相对于重合点的相对速度 $v_{B_3B_2}$ 的矢量和,其矢量方程为

$$v_{B_3} = v_{B_2} + v_{B_3B_2}$$
方向: $\perp BC$ $\perp AB$ $// BC$
大小: ? $\omega_1 l_{AB}$?

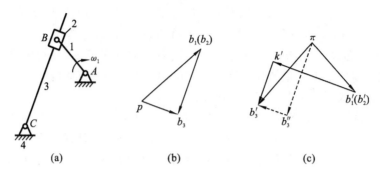

图 3.10 移动副两构件的重合点间的速度和加速度分析

式中仅 v_{B_3} 和 $v_{B_3B_2}$ 的大小为未知,故可用图解法求解。如图 3.10(b)所示,取速度比长 μ_v[(m/s)/mm],任取一点 p,过点 p 作矢量 $\overrightarrow{pb_2}$ 代表点 B_2 的速度 v_{B_2};过点 b_2 作 $v_{B_3B_2}$ 的方向线 b_2b_3,再过点 p 作 v_{B_3} 的方向线 pb_3,两方向线交于点 b_3,得速度多边形 pb_2b_3,矢量 $\overrightarrow{pb_3}$ 即代表 v_{B_3}。

构件 3 的角速度为

$$\omega_3 = v_{B_3}/l_{B_3C} = \mu_v \overline{pb_3}/l_{B_3C}$$

将代表 v_{B_3} 的矢量 $\overrightarrow{pb_3}$ 平移到机构简图上的点 B,可知 ω_3 的转向为顺时针方向。

3. 加速度分析

根据牵连运动为转动的加速度合成定理,点 B_3 的绝对加速度与其重合点 B_2 的绝对加速度之间的关系为

$$a_{B_3} = a_{B_2} + a^k_{B_3B_2} + a^r_{B_3B_2}$$

或

$$\begin{array}{ccccccc} & a^n_{B_3} & + & a^t_{B_3} & = & a_{B_2} & + & a^k_{B_3B_2} & + & a^r_{B_3B_2} \\ 方向: & B_3 \to C & & \perp B_3C & & B_2 \to A & & \perp B_3C & & // B_3C \\ 大小: & \omega_3^2 l_{B_3C} & & ? & & \omega_1^2 l_{AB} & & 2\omega_2 v_{B_3B_2} & & ? \end{array}$$

式中 $a^r_{B_3B_2}$ 为点 B_3 对点 B_2 的相对加速度;$a^k_{B_3B_2}$ 为哥氏加速度,它的大小为 $2\omega_2 v_{B_3B_2} \sin\theta$,其中 θ 为相对速度 $v_{B_3B_2}$ 和牵连角速度 $\omega_2 (=\omega_3)$ 矢量之间的夹角。对于平面机构,ω_2 矢量垂直于运动平面,而 $v_{B_3B_2}$ 位于运动平面之内,故 $\theta = 90°$,从而 $a^k_{B_3B_2} = 2\omega_2 v_{B_3B_2}$,哥氏加速度 $a^k_{B_3B_2}$ 的方向是将 $v_{B_3B_2}$ 沿 ω_2 的转动方向转 $90°$。在上面的矢量方程式中只有 $a^t_{B_3}$ 和 $a^r_{B_3B_2}$ 的大小为未知,故可用图解法求解。如图 3.10(c)所示,取加速度比例尺 μ_a[(m/s²)/mm],从任意极点 π 连续作矢量 $\overrightarrow{\pi b'_2}$ 和 $\overrightarrow{b'_2 k'}$ 代表 a_{B_2} 和 $a^k_{B_3B_2}$;然后过点 k' 作直线 $k'b'_3$ 代表 $a^r_{B_3B_2}$ 的方向线,过点 π 作矢量 $\overrightarrow{\pi b''_3}$ 代表 $a^n_{B_3}$,再过点 b''_3 作直线 $b''_3 b'_3$ 代表 $a^t_{B_3}$ 的方向线,两方向线相交于点 b'_3,连接 π、b'_3,则矢量 $\overrightarrow{\pi b'_3}$ 便代表 a_{B_3}。

构件 3 的角加速度为

$$\alpha_3 = a^t_{B_3}/l_{CB} = \mu_a \overline{b''_3 b'_3}/\mu_l \overline{CB_3}$$

将代表 $a^t_{B_3}$ 的矢量 $\overline{b''_3 b'_3}$ 平移到机构简图上的点 B_3,可知 a_3 的方向为逆时针方向。

例 3.1 图 3.11 为某机构的运动简图,已知原动件 1 以等角速度 ω_1 逆时针方向转动,机构位置及各构件尺寸,求机构在图示位置时构件 5 的速度 v_E。

解 因为构件 2 与构件 1 用转动副相连,所以 $v_{B_2} = v_{B_1} = \omega_1 l_{AB}$;构件 2 与构件 3 组成移动副的重合点,根据牵连运动为转动的速度合成定理,可写出矢量方程式

$$v_{B_3} = v_{B_2} + v_{B_3 B_2}$$

方向： ？ $\perp AB$ $//CE$

大小： ？ $\omega_1 l_{AB}$ ？

由于上式有三个未知数,而一个矢量方程式只能解两个未知数,所以上式无法解,但若能找出 v_{B_3} 的方向,则上式便可解。

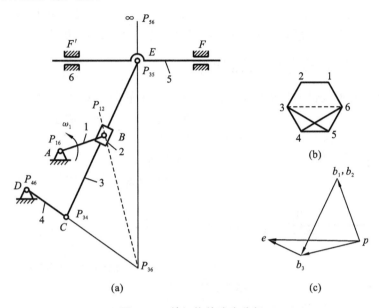

图 3.11 某机构的速度分析

如果求出构件 3 的绝对瞬心 P_{36},则 v_{B_3} 的方向便可知。可用瞬心多边形的方法求瞬心 P_{36},如图 3.11(b)所示,将机构构件按顺序号写在六边形顶角上 1,2,3,…,凡能直接求得瞬心的就在两顶点间连一短线,如 3-4 表示 P_{34},5-6 表示 P_{56},等等。现要求 P_{36},即 3-6 连线,可以看出:3-4-6 构成一个三角形;3-5-6 也构成一个三角形,就可用三心定理。在图 3.11(a)上,P_{36} 必在 P_{34}、P_{46} 连线上,同时也在 P_{35}、P_{56} 连线上,这两条线的交点就是 P_{36},即构件 3 的绝对瞬心,于是 v_{B_3} 的方向可确定为垂直于 $P_{36}B$,上述矢量方程式就可写成

$$v_{B_3} = v_{B_2} + v_{B_3 B_2}$$

方向： $\perp P_{36}B$ $\perp AB$ $//CE$

大小： ？ $\omega_1 l_{AB}$ ？

可用图解法求 v_{B_3},如图 3.11(c)所示。

点 E 的速度矢量方程式

$$v_E = v_{B_3} + v_{E B_3}$$

方向： $//FF'$ $p \rightarrow b_3$ $\perp EB$

大小： ？ $\mu_v \overline{pb_3}$ ？

用图解法求得,如图 3.11(c)所示,$v_E = \mu_v \overline{pe}$。

3.4 用解析法作机构的运动分析

用解析法作机构运动分析包括位移分析、速度分析和加速度分析三个方面的内容,其关键

问题是位移分析。建立位移方程式后,对时间分别求导一次和两次,即可得到机构的速度方程和加速度方程,解线性方程组可得到速度和加速度值。

由于所用的数学工具不同(如代数、三角、矢量、复数、矩阵等),解析的方法可分为封闭矢量多边形投影法、复数矢量法(method of complex vector)、矩阵法(matrix method)等,下面介绍一种较简便的方法,即复数矢量法。

复数矢量法是将机构看成一封闭矢量多边形,并用复数形式表示该机构的封闭矢量方程式,再将矢量方程式分别对所建立的直角坐标系取投影。现以四杆机构为例进行运动分析。

3.4.1 铰链四杆机构的运动分析

在图 3.12 所示的铰链四杆机构中,已知原动件 1 的转角为 φ_1 及等角速度为 ω_1,各构件的杆长分别为 l_1、l_2、l_3、l_4,要求确定构件 2、3 的角位移、角速度和角加速度。

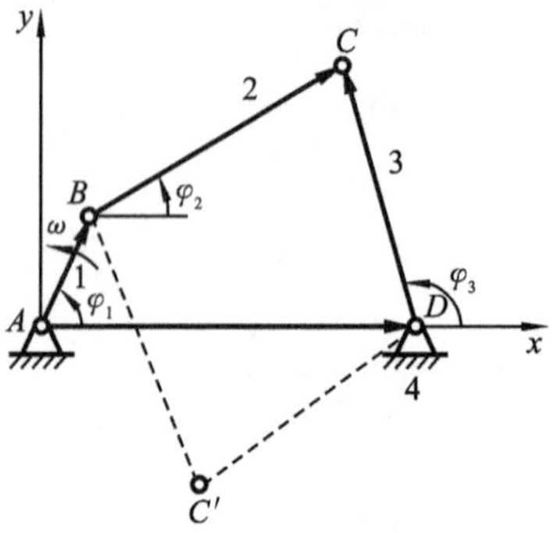

1. 位移分析

将铰链四杆机构 $ABCD$ 看做一封闭矢量多边形,如图 3.12 所示。若以 l_1、l_2、l_3、l_4,分别表示各构件的长度矢量,该机构的封闭矢量方程式为

$$\boldsymbol{l}_1 + \boldsymbol{l}_2 = \boldsymbol{l}_4 + \boldsymbol{l}_3$$

规定角 φ 应以 x 轴的正向逆时针方向度量。则以复数形式表示为

图 3.12 铰链四杆机构的运动分析

$$l_1 e^{i\varphi_1} + l_2 e^{i\varphi_2} = l_4 + l_3 e^{i\varphi_3} \tag{3.5}$$

按欧拉公式展开得

$$l_1(\cos\varphi_1 + i\sin\varphi_1) + l_2(\cos\varphi_2 + i\sin\varphi_2) = l_4 + l_3(\cos\varphi_3 + i\sin\varphi_3) \tag{3.6}$$

式(3.6)的实部和虚部应分别相等,即

$$l_1\cos\varphi_1 + l_2\cos\varphi_2 = l_4 + l_3\cos\varphi_3 \tag{3.7}$$

$$l_1\sin\varphi_1 + l_2\sin\varphi_2 = l_3\sin\varphi_3 \tag{3.8}$$

将式(3.7)和式(3.8)移项再求平方和,消去 φ_2 后得

$$l_2^2 = (l_4 + l_3\cos\varphi_3 - l_1\cos\varphi_1)^2 + (l_3\sin\varphi_3 - l_1\sin\varphi_1)^2 \tag{3.9}$$

为方便求解 φ_3,将式(3.9)改写为三角方程

$$A\cos\varphi_3 + B\sin\varphi_3 + C = 0 \tag{3.10}$$

式(3.10)中 $A = l_4 - l_1\cos\varphi_1$,$B = -l_1\sin\varphi_1$,$C = (A^2 + B^2 + l_3^2 - l_2^2)/(2l_3)$。

又因

$$\sin\varphi_3 = [2\tan(\varphi_3/2)]/[1 + \tan^2(\varphi_3/2)]$$

$$\cos\varphi_3 = [1 - \tan^2(\varphi_3/2)]/[1 + \tan^2(\varphi_3/2)]$$

代入式(3.10)得关于 $\tan(\varphi_3/2)$ 的一元二次方程式,由此解出

$$\varphi_3 = 2\arctan\left[(B \pm \sqrt{A^2 + B^2 - C^2})/(A - C)\right] \tag{3.11}$$

式(3.11)中 φ_3 有两个值,它说明在满足相同杆长的条件下,该机构有两种装配方案,根号前为"+"号的 φ_3 值适用于图 3.12 所示机构 $ABCD$ 位置的装配;根号前为"−"号的 φ_3' 值适用于图示机构 $ABC'D$ 位置的装配,究竟应取哪一个 φ_3,要根据从动件 3 的初始位置和运动连续条件来确定。

构件 2 的角位移 φ_2 可按式(3.7)、式(3.8)求得,即

$$\varphi_2 = \arctan\left[(B + l_3 \sin\varphi_3)/(A + l_3 \cos\varphi_3)\right] \tag{3.12}$$

2. 速度分析

将式(3.5)对时间求导数得

$$l_1 \omega_1 \mathrm{i} e^{\mathrm{i}\varphi_1} + l_2 \omega_2 \mathrm{i} e^{\mathrm{i}\varphi_2} = l_3 \omega_3 \mathrm{i} e^{\mathrm{i}\varphi_3} \tag{3.13}$$

将上式两边分别乘以 $e^{-\mathrm{i}\varphi_2}$，消去 ω_2 得

$$l_1 \omega_1 \mathrm{i} e^{\mathrm{i}(\varphi_1-\varphi_2)} + l_2 \omega_2 \mathrm{i} e^{\mathrm{i}(\varphi_2-\varphi_2)} = l_3 \omega_3 \mathrm{i} e^{\mathrm{i}(\varphi_3-\varphi_2)}$$

按欧拉公式展开后，取实部得

$$\omega_3 = \omega_1 [l_1 \sin(\varphi_1 - \varphi_2)] / [l_3 \sin(\varphi_3 - \varphi_2)] \tag{3.14}$$

将式(3.13)两边分别乘以 $e^{-\mathrm{i}\varphi_3}$，消去 ω_3 得

$$l_1 \omega_1 \mathrm{i} e^{\mathrm{i}(\varphi_1-\varphi_3)} + l_2 \omega_2 \mathrm{i} e^{\mathrm{i}(\varphi_2-\varphi_3)} = l_3 \omega_3 \mathrm{i}$$

取实部得

$$\omega_2 = -\omega_1 [l_1 \sin(\varphi_1 - \varphi_3) / l_2 \sin(\varphi_2 - \varphi_3)] \tag{3.15}$$

角速度为正表示逆时针方向；角速度为负表示顺时针方向。

3. 加速度分析

将式(3.13)对时间求导数得

$$-l_1 \omega_1^2 e^{\mathrm{i}\varphi_1} + l_2 \alpha_2 \mathrm{i} e^{\mathrm{i}\varphi_2} - l_2 \omega_2^2 e^{\mathrm{i}\varphi_2} = l_3 \alpha_3 \mathrm{i} e^{\mathrm{i}\varphi_3} - l_3 \omega_3^2 e^{\mathrm{i}\varphi_3} \tag{3.16}$$

将上式两边分别乘以 $e^{-\mathrm{i}\varphi_2}$，消去 α_2 得

$$-l_1 \omega_1^2 e^{\mathrm{i}(\varphi_1-\varphi_2)} + l_2 \alpha_2 \mathrm{i} - l_2 \omega_2^2 = l_3 \alpha_3 \mathrm{i} e^{\mathrm{i}(\varphi_3-\varphi_2)} - l_3 \omega_3^2 e^{\mathrm{i}(\varphi_3-\varphi_2)}$$

取实部得

$$\alpha_3 = [l_2 \omega_2^2 + l_1 \omega_1^2 \cos(\varphi_1 - \varphi_2) - l_3 \omega_3^2 \cos(\varphi_3 - \varphi_2)] / [l_3 \sin(\varphi_3 - \varphi_2)] \tag{3.17}$$

将上式两边分别乘以 $e^{-\mathrm{i}\varphi_3}$，消去 α_3 得

$$-l_1 \omega_1^2 e^{\mathrm{i}(\varphi_1-\varphi_3)} + l_2 \alpha_2 \mathrm{i} e^{\mathrm{i}(\varphi_2-\varphi_3)} - l_2 \omega_2^2 e^{\mathrm{i}(\varphi_2-\varphi_3)} = l_3 \alpha_3 \mathrm{i} - l_3 \omega_3^2$$

取实部得

$$\alpha_2 = [l_3 \omega_3^2 - l_1 \omega_1^2 \cos(\varphi_1 - \varphi_3) - l_2 \omega_2^2 \cos(\varphi_2 - \varphi_3)] / [l_2 \sin(\varphi_2 - \varphi_3)] \tag{3.18}$$

角加速度的正、负号可表明角速度的变化趋势，角加速度与角速度同号时表示加速，反之则为减速。

3.4.2 曲柄滑块机构的运动分析

1. 位移分析

在图 3.13 所示曲柄滑块机构中，已知曲柄 1 以等角速度 ω_1 转动，其长度为 l_1、转角为 φ_1 及连杆 2 的长度为 l_2，要求确定连杆 2 的转角 φ_2、角速度 ω_2 和角加速度 α_2，以及滑块的位置 x_C、速度 v_C 和加速度 a_C。

如图 3.13 所示，曲柄滑块机构的封闭矢量方程式为

$$\boldsymbol{l}_1 + \boldsymbol{l}_2 = \boldsymbol{x}_C$$

其复数形式表示为

$$l_1 e^{\mathrm{i}\varphi_1} + l_2 e^{\mathrm{i}\varphi_2} = x_C \tag{3.19}$$

按欧拉公式展开

$$l_1(\cos\varphi_1 + \mathrm{i}\sin\varphi_1) + l_2(\cos\varphi_2 + \mathrm{i}\sin\varphi_2) = x_C$$

分别取实部和虚部得

$$l_1 \sin\varphi_1 + l_2 \sin\varphi_2 = 0$$

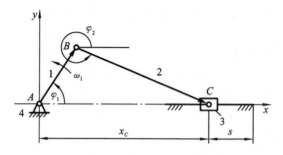

图 3.13　曲柄滑块机构的运动分析

即
$$\varphi_2 = \arcsin[(-l_1\sin\varphi_1)/l_2] \quad (3.20)$$
$$x_C = l_1\cos\varphi_1 + l_2\cos\varphi_2 \quad (3.21)$$

2. 速度分析

将式(3.19)对时间求导数得
$$l_1\omega_1 i e^{i\varphi_1} + l_2\omega_2 i e^{i\varphi_2} = v_C \quad (3.22)$$

两边乘以 $e^{-i\varphi_2}$ 后，展开后取实部得
$$-l_1\omega_1\sin(\varphi_1-\varphi_2) = v_C\cos\varphi_2$$
$$v_C = [-l_1\omega_1\sin(\varphi_1-\varphi_2)]/\cos\varphi_2 \quad (3.23)$$

取虚部得
$$l_1\omega_1\cos\varphi_1 + l_2\omega_2\cos\varphi_2 = 0$$
$$\omega_2 = (-l_1\omega_1\cos\varphi_1)/(l_2\cos\varphi_2) \quad (3.24)$$

3. 加速度分析

将式(3.22)对时间求导数得
$$-l_1\omega_1^2 e^{i\varphi_1} + l_2\alpha_2 i e^{i\varphi_2} - l_2\omega_2^2 e^{i\varphi_2} = a_C \quad (3.25)$$

两边乘以 $e^{-i\varphi_2}$，展开后取实部得
$$-l_1\omega_1^2\cos(\varphi_1-\varphi_2) - l_2\omega_2^2 = a_C\cos\varphi_2$$
$$a_C = -\{[l_1\omega_1^2\cos(\varphi_1-\varphi_2) + l_2\omega_2^2]/\cos\varphi_2\} \quad (3.26)$$

取虚部得
$$-l_1\omega_1^2\sin\varphi_1 + l_2\alpha_2\cos\varphi_2 - l_2\omega_2^2\sin\varphi_2 = 0$$
$$\alpha_2 = (l_1\omega_1^2\sin\varphi_1 + l_2\omega_2^2\sin\varphi_2)/(l_2\cos\varphi_2) \quad (3.27)$$

3.4.3　导杆机构的运动分析

在图 3.14 所示的导杆机构中，已知曲柄以等角速度 ω_1 逆时针转动，其长度为 l_1，转角为 φ_1，以及 A、C 的距离 l_4，要求确定导杆 3 的转角 φ_3，角速度 ω_3，角加速度 α_3，以及滑块在导杆上的位置 s，滑块速度 $v_{B_2B_3}$ 及加速度 $a_{B_2B_3}$。

1. 位移分析

如图 3.14 所示，该机构的封闭矢量方程式为
$$\boldsymbol{l}_4 + \boldsymbol{l}_1 = \boldsymbol{s}$$

其复数形式表示为
$$l_4 i + l_1 e^{i\varphi_1} = s e^{i\varphi_3} \quad (3.28)$$

按欧拉公式展开后分别取实部和虚部得

$$l_1\cos\varphi_1 = s\cos\varphi_3$$
$$l_4 + l_1\sin\varphi_1 = s\sin\varphi_3$$

两式相除得

$$\tan\varphi_3 = (l_1\sin\varphi_1 + l_4)/(l_1\cos\varphi_1) \tag{3.29}$$
$$\varphi_3 = \arctan[(l_1\sin\varphi_1 + l_4)/(l_1\cos\varphi_1)]$$

求得角 φ_3 后可得

$$s = l_1\cos\varphi_1/\cos\varphi_3 \tag{3.30}$$

2. 速度分析

将式(3.28)对时间求导数得

$$l_1\omega_1\mathrm{i}e^{\mathrm{i}\varphi_1} = v_{B_2B_3}e^{\mathrm{i}\varphi_3} + s\omega_3\mathrm{i}e^{\mathrm{i}\varphi_3} \tag{3.31}$$

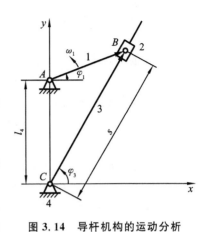

图 3.14 导杆机构的运动分析

两边乘以 $e^{-\mathrm{i}\varphi_3}$ 后展开,取实部和虚部得

$$v_{B_2B_3} = -l_1\omega_1\sin(\varphi_1 - \varphi_3) \tag{3.32}$$
$$s\omega_3 = l_1\omega_1\cos(\varphi_1 - \varphi_3)$$
$$\omega_3 = [l_1\omega_1\cos(\varphi_1 - \varphi_3)]/s \tag{3.33}$$

3. 加速度分析

将式(3.31)对时间求导数得

$$-l_1\omega_1^2 e^{\mathrm{i}\varphi_1} = (a_{B_2B_3} - s\omega_3^2)e^{\mathrm{i}\varphi_3} + (s\alpha_3 + 2v_{B_2B_3}\omega_3)\mathrm{i}e^{\mathrm{i}\varphi_3} \tag{3.34}$$

两边乘以 $e^{-\mathrm{i}\varphi_3}$ 后展开,取实部和虚部得

$$-l_1\omega_1^2\cos(\varphi_1 - \varphi_2) = a_{B_2B_3} - s\omega_3^2$$
$$-l_1\omega_1^2\sin(\varphi_1 - \varphi_3) = s\alpha_3 + 2v_{B_2B_3}\omega_3$$
$$a_{B_2B_3} = s\omega_3^2 - l_1\omega_1^2\cos(\varphi_1 - \varphi_3) \tag{3.35}$$
$$\alpha_3 = -\{[2v_{B_2B_3}\omega_3 + l_1\omega_1^2\sin(\varphi_1 - \varphi_3)]/s\} \tag{3.36}$$

例 3.2 图 3.15 所示为六杆复合式组合机构。已知:各构件的尺寸为 $l_{AB}=150$ mm, $l_{AD}=210$ mm, $l_{AF}=600$ mm, $l_{BC}=500$ mm, $l_{BE}=250$ mm, $l_{DC}=265$ mm, $\varphi_1=45°$, $BE\perp BC$, $AF\perp AD$, 原动件 1 以等角速 $\omega_1=20$ rad/s 逆时针方向回转。试用复数矢量法求解构件 4 的角速度 ω_4 和角加速度 α_4 及构件 4、5 在点 F 的相对速度 $v_{F_4F_5}$ 和相对加速度 $a_{F_4F_5}$。

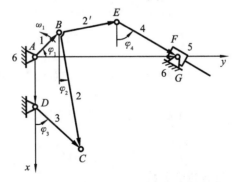

图 3.15 六杆复合式组合机构运动分析

解 1. 按封闭矢量 $ABCD$ 进行运动分析

1) 位移分析

先建立一直角坐标系,取 AD 为 x 轴,AF 为 y 轴,并标出各杆矢量及方位角,令 $l_6=l_{AD}$,

如图 3.15 所示。则 ABCD 的封闭矢量方程式为
$$l_1+l_2=l_6+l_3$$

其复数形式表示为
$$l_1\mathrm{e}^{\mathrm{i}[(\pi/2)+\varphi_1]}+l_2\mathrm{e}^{\mathrm{i}\varphi_2}=l_6+l_3\mathrm{e}^{\mathrm{i}\varphi_3} \tag{a}$$

按欧拉公式展开得
$$-l_1\sin\varphi_1+l_2\cos\varphi_2=l_6+l_3\cos\varphi_3$$
$$l_1\cos\varphi_1+l_2\sin\varphi_2=l_3\sin\varphi_3$$

消去 φ_3 得
$$(-l_1\sin\varphi_1+l_2\cos\varphi_2-l_6)^2+(l_1\cos\varphi_1+l_2\sin\varphi_2)^2=l_3^2$$

即
$$l_1^2+l_2^2-l_3^2+l_6^2+2l_1l_6\sin\varphi_1-2(l_1l_2\sin\varphi_1+l_2l_6)\cos\varphi_2+2l_1l_2\cos\varphi_1\sin\varphi_2=0$$

令
$$A=2l_1l_2\cos\varphi_1$$
$$B=-2l_2(l_1\sin\varphi_1+l_6)$$
$$C=l_1^2+l_2^2-l_3^2+l_6^2+2l_1l_6\sin\varphi_1$$

则有
$$A\sin\varphi_2+B\cos\varphi_2+C=0$$

解之可得
$$\tan(\varphi_2/2)=(-A\pm\sqrt{A^2+B^2-C^2})/(C-B)$$

代入数值得
$$\tan(\varphi_2/2)=(-106066.01\pm162824.1)/606988.73$$

由图 3.15 可知 φ_2 为正值,故解得 $\varphi_2=10.684°$,从而可得
$$\varphi_3=48.594°$$

2) 速度分析

将式(a)对时间 t 求导得
$$l_1\omega\mathrm{e}^{\mathrm{i}[(\pi/2)+\varphi_1]}+l_2\omega_2\mathrm{e}^{\mathrm{i}\varphi_2}=l_3\omega_3\mathrm{e}^{\mathrm{i}\varphi_3} \tag{b}$$

各项乘 $\mathrm{e}^{-\mathrm{i}\varphi_3}$ 后取虚部得
$$l_1\omega\sin[(\pi/2)+\varphi_1-\varphi_3]+l_2\omega_2\sin(\varphi_2-\varphi_3)=0$$
$$\omega_2=-\omega\{[l_1\cos(\varphi_1-\varphi_3)]/[l_2\sin(\varphi_2-\varphi_3)]\}=9.745\ \mathrm{rad/s}$$

取实部得
$$-l_1\omega\sin\varphi_1+l_2\omega_2\cos\varphi_2=l_3\omega_3\cos\varphi_3$$
$$\omega_3=15.218\ \mathrm{rad/s}$$

3) 加速度分析

将式(b)对 t 求导得
$$\mathrm{i}l_1\omega^2\mathrm{e}^{\mathrm{i}[(\pi/2)+\varphi_1]}+l_2\alpha_2\mathrm{e}^{\mathrm{i}\varphi_2}+\mathrm{i}l_2\omega_2^2\mathrm{e}^{\mathrm{i}\varphi_2}=l_3\alpha_3\mathrm{e}^{\mathrm{i}\varphi_3}+\mathrm{i}l_3\omega_3^2\mathrm{e}^{\mathrm{i}\varphi_3}$$

经整理后得
$$-l_1\omega^2\sin(\varphi_1-\varphi_3)+l_2\alpha_2\sin(\varphi_2-\varphi_3)+l_2\omega_2^2\cos(\varphi_2-\varphi_3)=l_3\omega_3^2$$

则
$$\alpha_2=-65.549\ \mathrm{rad/s^2}$$

2. 按封闭矢量 ABEFG 进行运动分析

1) 位移分析

为求构件 4 和构件 5 的相对速度和相对加速度,令 $l_7=l_{AG}$,则 ABEFG 的封闭矢量方程式为
$$l_1+l_{2'}+l_4=l_7$$

其复数形式表示为

$$l_1 e^{i[(\pi/2)+\varphi]} + l_{2'} e^{i[(\pi/2)+\varphi_2]} + l_4 e^{i\varphi_4} = il_7 \quad (c)$$

按欧拉公式展开后取实部得　　$-l_1 \sin \varphi - l_{2'} \sin \varphi_2 + l_4 \cos \varphi_4 = 0$

取虚部得　　$l_1 \cos \varphi + l_{2'} \cos \varphi_2 + l_4 \sin \varphi_4 = l_7$

求得　　$\tan \varphi_4 = (l_7 - l_1 \cos \varphi - l_{2'} \cos \varphi_2)/(l_1 \sin \varphi + l_{2'} \sin \varphi_2) = 1.628$

$$\varphi_4 = 58.453°$$

$$l_4 = 291.319 \text{ mm}$$

2) 速度分析

将式(c)对 t 求导得

$$il_1 \omega e^{i[(\pi/2)+\varphi]} + il_{2'} \omega_2 e^{i[(\pi/2)+\varphi_2]} + il_4 \omega_4 e^{i\varphi_4} + v_{F_4 F_5} e^{i\varphi_4} = 0 \quad (d)$$

各项乘以 $e^{-i\varphi_4}$ 后取虚部得

$$-l_1 \omega \sin(\varphi - \varphi_4) - l_{2'} \omega_2 \sin(\varphi_2 - \varphi_4) + l_4 \omega_4 = 0$$

求得　　$\omega_4 = -8.588 \text{ rad/s}$

取实部得　　$-l_1 \omega \cos(\varphi - \varphi_4) - l_{2'} \omega_2 \cos(\varphi_2 - \varphi_4) + v_{F_4 F_5} = 0$

求得　　$v_{F_4 F_5} = 4555.139 \text{ mm/s}$

3) 加速度分析

将式(d)对 t 求导得

$$-l_1 \omega^2 e^{i[(\pi/2)+\varphi]} + il_{2'} \alpha_2 e^{i[(\pi/2)+\varphi_2]} - l_{2'} \omega_2^2 e^{i[(\pi/2)+\varphi_2]} + il_4 \alpha_4 e^{i\varphi_4} - l_4 \omega_4^2 e^{i\varphi_4}$$

$$+ 2i v_{F_4 F_5} \omega_4 e^{i\varphi_4} + a_{F_4 F_5} e^{i\varphi_4} = 0$$

各项乘以 $e^{-i\varphi_4}$ 后取虚部得

$$-l_1 \omega^2 \cos(\varphi - \varphi_4) - l_{2'} \alpha_2 \sin(\varphi_2 - \varphi_4) - l_{2'} \omega_2^2 \cos(\varphi_2 - \varphi_4) + l_4 \alpha_4 + 2 v_{F_4 F_5} \omega_4 = 0$$

求得

$$\alpha_4 = [-2 v_{F_4 F_5} \omega_4 + l_1 \omega^2 \cos(\varphi - \varphi_4) + l_{2'} \alpha_2 \sin(\varphi_2 - \varphi_4) + l_{2'} \omega_2^2 \cos(\varphi_2 - \varphi_4)]/l_4$$

$$= 565.868 \text{ rad/s}^2$$

取实部得

$$l_1 \omega^2 \sin(\varphi - \varphi_4) - l_{2'} \alpha_2 \cos(\varphi_2 - \varphi_4) + l_{2'} \omega_2^2 \sin(\varphi_2 - \varphi_4) - l_4 \omega_4^2 + a_{F_4 F_5} = 0$$

求得

$$a_{F_4 F_5} = 42017.584 \text{ mm/s}^2$$

以上是针对图 3.15 所示的六杆复合式组合机构在给定位置进行的运动分析。如果要对机构在多个位置进行运动分析时，其重复计算的工作量很大，更适宜用杆组法，把组成机构的基本杆组作为研究对象，分别建立各个基本杆组运动分析子程序，借助计算机进行计算。

思考题及练习题

3.1　什么是速度瞬心？相对瞬心和绝对瞬心有什么区别？

3.2　什么是三心定理？什么样的瞬心需要用三心定理来求？

3.3　什么是速度影像？什么是加速度影像？它们在什么情况下使用？

3.4　当同一机构的原动件发生改变，其速度多边形是否改变？加速度多边形是否改变？

3.5　速度瞬心法和矢量方程图解法各有什么优缺点？各适用于什么场合？

3.6　用矢量方程图解法作机构的运动分析时，矢量方程满足什么条件才可以由已知量求出未知量？

3.7 比较用矢量方程图解法和解析法进行机构运动分析时的优缺点。

3.8 用解析法进行运动分析时，如何判断各杆的方位角所在的象限？如何确定速度、加速度、角速度和角加速度的方向？

3.9 试求机构在图示位置时的所有瞬心。

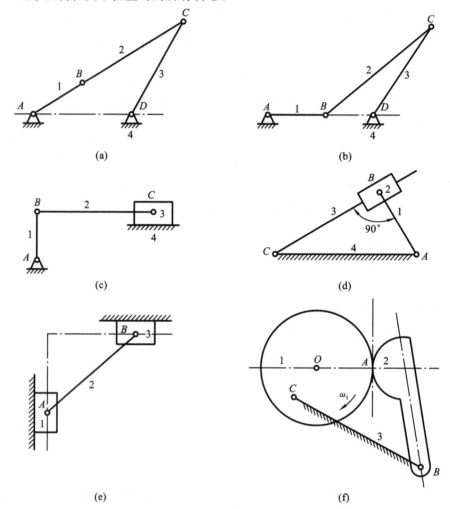

题 3.9 图

3.10 在图示四杆机构中，已知：$l_{AB}=65$ mm，$l_{BC}=l_{AD}=125$ mm，$l_{CD}=90$ mm，构件 1 顺时针转动，等角速度 $\omega_1=10$ rad/s。试用瞬心法求 $\varphi_1=15°$ 时点 C 的速度 v_C 和杆 3 的角速度 ω_3。

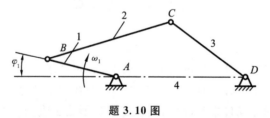

题 3.10 图

3.11 在图示摆动导杆机构中，已知 $l_{AB}=300$ mm，$l_{AC}=400$ mm，$l_{BD}=250$ mm，构件 1 以 $\omega_1=10$ rad/s，顺时针转动，试用瞬心法求机构在图示位置滑块 2 上点 D 的速度 v_D、导杆 3 的

角速度 ω_3 及角速度比 ω_1/ω_3。

3.12 在图示颚式破碎机中，$l_{AB}=l_{CE}=100$ mm，$l_{BC}=l_{BE}=500$ mm，$l_{CD}=300$ mm，$l_{EF}=400$ mm，$l_{GF}=685$ mm，$x_D=260$ mm，$y_D=480$ mm，$x_G=400$ mm，$y_G=200$ mm，$\varphi_1=45°$，$\omega_1=30$ rad/s。求构件 5 的角速度 ω_5 和角加速度 α_5。

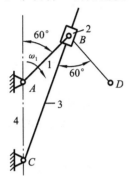

题 3.11 图

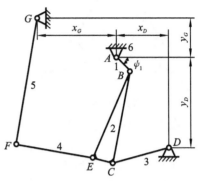

题 3.12 图

3.13 在图示曲柄摇块机构中，已知曲柄 1 以等角速度 $\omega_1=10$ rad/s 逆时针转动，$\varphi_1=45°$，$l_{AB}=30$ mm，$l_{AC}=100$ mm，$l_{BD}=50$ mm，$l_{DE}=40$ mm，求点 D、E 的速度、加速度及构件 3 的角速度和角加速度。

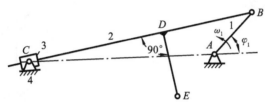

题 3.13 图

3.14 在图示机构中，已知原动件以 $\omega_1=10$ rad/s 的等角速度逆时针转动，$l_{AB}=35$ mm，$l_{AD}=85$ mm，$l_{CD}=45$ mm，$l_{BC}=50$ mm，$l_{BE}=60$ mm。试用矢量方程图解法求图示瞬时位置时点 E 的速度和加速度。

3.15 在图示机构中，已知杆 1 以等角速度 $\omega_1=10$ rad/s 顺时针转动，各杆长度 $l_{AB}=120$ mm，$l_{CD}=60$ mm，$l_{AC}=60$ mm，$l_{DE}=250$ mm，$AC \perp CE$，$\varphi_1=60°$。试用矢量方程图解法求点 E 的速度和加速度。

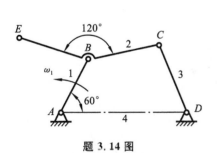

题 3.14 图

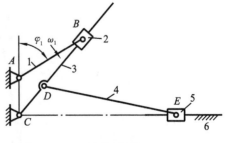

题 3.15 图

3.16 在图示机构中，已知构件 1 以等角速度 $\omega_1=10$ rad/s 逆时针转动，各杆长度 $l_{AB}=40$ mm，$l_{AE}=70$ mm，$l_{BC}=50$ mm，$l_{CD}=75$ mm，$l_{DE}=35$ mm，$l_{EF}=70$ mm，$\varphi_1=60°$。求点 C 的速度和加速度。

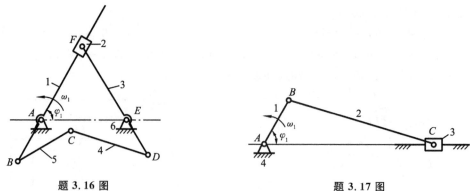

题 3.16 图　　　　　　　　　题 3.17 图

3.17　在图示曲柄滑块机构中,已知曲柄以等角速度 $\omega_1=25$ rad/s 逆时针转动,$\varphi_1=60°$,$l_{AB}=100$ mm,$l_{BC}=330$ mm。试用解析法求滑块的速度和加速度。

3.18　在图示摆动导杆机构中,已知曲柄以等角速度 $\omega_1=30$ rad/s 转动,$l_{AB}=60$ mm,$l_{AC}=120$ mm,$\angle BAC=90°$。试用解析法求构件 3 的角速度和角加速度。

3.19　在图示正切机构中,已知构件 1 以等角速度 $\omega_1=6$ rad/s 逆时针转动,$\varphi_1=30°$,$h=400$ mm。试用解析法求构件 3 的速度和加速度。

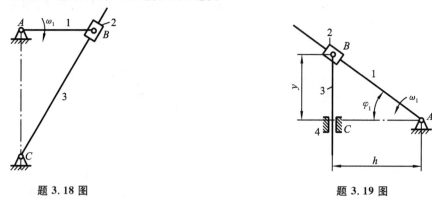

题 3.18 图　　　　　　　　　题 3.19 图

3.20　在图示冲床机构中,已知 $l_{AB}=100$ mm,$l_{BE}=400$ mm,$l_{CE}=125$ mm,$l_{DE}=540$ mm,$h=350$ mm,$y=200$ mm,构件 1 以等角速度 $\omega_1=10$ rad/s 逆时针转动,$\varphi_1=30°$。求冲头 D 的速度和加速度。

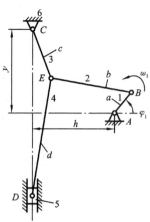

题 3.20 图

第4章 平面机构的力分析

4.1 机构力分析的任务、目的和方法

4.1.1 作用在机械上的力

在第3章平面机构的运动分析时没有考虑作用在机构上的力对机构运动的影响。实际上机构在运动过程中，其构件将受到各种力的作用，如原动力、生产阻力、重力、摩擦力和介质阻力、惯性力以及运动副中的反力等。机械运动的过程也是力的传递以及做功的过程。

作用在机构上的力，按其来源不同，有内力和外力之分。内力即机构内部运动副的反作用力，如惯性力、运动副反力（包括运动副中的摩擦力和惯性力引起的附加动压力）；外力即外部施加于机构系统的力，如原动力、生产阻力、介质阻力和重力等。若按力对机构机械运动影响的不同，又可分为如下两类。

1. 驱动力(driving force)

驱使机械产生运动的力。该力与其作用点速度的方向相同或成锐角。所做的功为正功，常称驱动功或输入功(driving work)。

2. 阻抗力(resistance)

阻止机械产生运动的力。该力与其作用点速度的方向相反或成钝角，所做的功为负功，常称为阻抗功(work of resistance)。阻力又可分为有益阻力（如刹车的摩擦阻力）和有害阻力。

(1) 有益阻力即生产阻力或工作阻力(effective resistance) 指机械在完成工作任务中要克服的阻力，如机床进行切削时的切削力、起重机吊起重物时的重力、利用摩擦来制动机械运动时的力等。克服有益阻力所完成的功称为有用功或输出功(effective work)。

(2) 有害阻力(detrimental resistance) 指机械在运转过程中所受到的无用阻力，如机械运转中运动副中产生的摩擦力及运动构件受到的空气阻力等。克服有害阻力所做的功称为有害功或称损耗功(lost work)。

特别要注意的是，上述这些力在机械运转过程中并非总是常数。在不同的机械中，这些力可能是位移、速度或时间的函数，这将在以后的有关章节中讨论。

4.1.2 机构力分析的目的

由于作用在机械上的力不仅是影响机械的运动和动力性能的重要参数，而且也是决定相应构件尺寸及结构形状等的重要依据，所以不论是设计新的机械，还是为了合理地使用现有的机械，都必须对机构的受力情况进行分析。

研究机构力分析的目的主要如下。

(1) 根据机构所受的已知外力确定各运动副中的反力(reaction of kinematic pair)。运动副中的外力即运动副中两元素接触处彼此的作用力，这些力的大小和性质对于设计和计算机构各零件的强度、决定运动副中的摩擦、磨损，确定机械的效率及其运转时所需的平均功，对于

研究机械的运转、调速,以及研究机械振动等一系列问题,都是极为重要而且必需的资料。

(2) 确定为了使机构原动件按给定规律运动时需加于机械上的平衡力(equilibrant force)或平衡力矩。平衡力是指与作用在机械上的已知外力及按给定规律运动时其各构件的惯性力相平衡的未知外力。机械平衡力的确定,对于设计新的机械及合理地使用现有机械、充分挖掘机械的生产潜力都是十分必要的。

(3) 设计自锁机构的理论基础。通过合理设计反作用力的大小及方向,可使机构实现自锁。

4.1.3 机构力分析的方法

在理论力学中已介绍了有关机构力分析的基本内容。对于平面机构,其力的分析方法主要有以下两种。

(1) 静力分析 在对机械进行力分析时,对于低速机械,由于运动构件惯性力引起的动载荷不大,故可忽略不计。这种不计动载荷而仅考虑静载荷的计算称为静力分析。

(2) 动态静力分析 对于高速及重型机械,由于其某些构件的惯性力往往很大,有时甚至比机械所受的外力还大得多,所以,在进行力分析时就必须考虑惯性力的影响,而不能忽略。这种同时计及静载荷和动载荷的计算称为动力分析。根据达朗贝尔原理,假想地将惯性力加在产生该力的构件上,则在惯性力和所有的其他外力作用下,该机构或其中构件都可以认为是处于平衡状态,因此可以用静力学的方法进行计算,这种动力计算方法称为动态静力法。

对机械进行动态静力分析时,除了应确定机构所受的所有外力(驱动力、生产阻力及重力)外,还应计算各构件在运动过程中产生的惯性力。在进行新机械的设计时,由于构件的结构形状通常尚未确定,因而应先近似估出各构件的剖面尺寸、质量和转动惯量,确定构件的惯性力后,再进行机构的力分析并进行强度校核,如不满足强度条件,可反复修正原来估计出的有关构件尺寸。

机构力分析的方法有图解几何法和解析法两种。图解几何法是运用理论力学中的力多边形和二力共线、三力汇交等知识,通过按比例作图进行求解。本章仅讨论按静定构件组进行机构动态静力分析的解析法,且不计运动副中的摩擦。

4.2 构件中惯性力的确定

确定构件惯性力的方法有一般力学方法和质量代换法。

4.2.1 一般力学方法

在机械运动过程中,其各构件产生的惯性力,不仅与各构件的质量 m_i,转动惯量 J_{si},质心 S_i 的加速度 a_{si} 及构件的角加速度 α_i 等有关,且与构件的运动形式有关。现以图 4.1(a)所示的曲柄滑块机构为例,来说明各构件惯性力的确定方法。

1. 作平面移动的构件

如图 4.1(b)中的滑块 3,假设其质量为 m_3,质心 S_3 处的加速度为 a_{S3},其作等速运动还是变速运动,惯性力的大小并不一样。

若其作等速运动,则构件 3 质心处的惯性力和惯性力矩分别为:$F_{i3}=0$,$M_{S3}=0$;

若其作变速运动,则构件 3 质心处的惯性力和惯性力矩分别为:$F_{i3}=-m_3 a_{S3}$,$M_{S3}=0$。

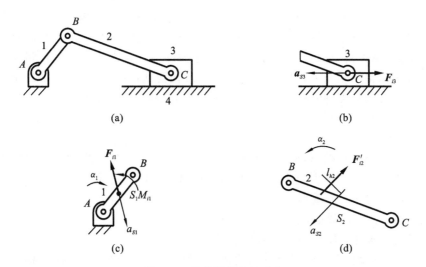

图 4.1 构件惯性力的确定

2. 绕固定轴转动的构件

如图 4.1(c)中的曲柄 1,假设其质量为 m_1,质心 S_1 处的角加速度为 α_1,加速度为 a_{S1}(此处为合成加速度,即 $a_{S1}=a_{S1}{}^n+a_{S1}{}^t$),根据其质心 S_1 与其轴线是否重合,有如下两种情况。

1) 轴线不通过质心的构件(即轴线不通过质心 S_1)

若是变速转动,则构件 1 质心处的惯性力和惯性力矩分别为:$F_{i1}=-m_1 a_{S1}$,$M_{S1}=-J_{S1}\alpha_1$;

若是等速转动,则构件 1 质心处的惯性力和惯性力矩分别为:$F_{i1}=-m_1 a_{S1}$,$M_{S1}=0$。

2) 轴线通过质心的构件(即轴线通过质心 S_1)

若是变速转动,则构件 1 质心处的惯性力和惯性力矩分别为 $F_{i1}=0$,$M_{S1}=-J_{S1}\alpha_1$;

若是等速转动,则构件 1 质心处的惯性力和惯性力矩分别为 $F_{i1}=0$,$M_{S1}=0$。

3. 作平面复合运动的构件

对于作平面运动而且具有平行于运动平面的对称面的构件(例如图 4.1(d)所示曲柄滑块机构中的连杆 BC),假设其质量为 m_2,质心 S_2 处的角加速度为 α_2,加速度为 a_{S2},其惯性力可以化为加于构件质心上的惯性力 F_{i2} 和一个力矩等于 M_{S2} 的惯性力矩,即 $F_{i2}=-m_2 a_{S2}$,$M_{S2}=-J_{S2}\alpha_2$。由理论力学的知识,惯性力 F_{i2} 和惯性力矩 M_{S2} 可以合成为一个如图 4.1(c)所示的一个总惯性力,其大小等于 F_{i2},但作用线偏移质心距离为 l_{h2},其值为

$$l_{h2}=\frac{M_{S2}}{F_{i2}} \tag{4.1}$$

偏离的方向可按照理论力学中的力系合成方法判断。

由上述可知,总反力具有如下特点:

(1) 总反力的大小同原惯性力,方向同原有惯性力的方向;

(2) 总反力矩原惯性力的垂直距离为 $l_{h2}=\dfrac{M_{S2}}{F_{i2}}$;

(3) 总反力对质心的矩同原惯性力矩。

4.2.2 质量代换法

由前可知,在用一般力学方法确定构件惯性力时,必须预先求出该构件的质心加速度及角

加速度,其计算十分烦琐。为简化起见,我们可设想把构件的质量,按一定的条件,用集中于构件上某几个选定点上的集中质量来代替,这样,只要求出这些集中质量的惯性力就可以了,而无须求惯性力矩,从而可以简化机构力的分析。这种按一定条件将构件的质量假想地用集中于若干选定点上的集中质量来代换的方法称为质量代换法(substitution method of masses)。这些选定的点称为代换点(substitutional point),而假想集中于这些代换点的集中质量称为代换质量(substitutional mass)。

1. 代换条件

在对构件进行质量代换时,应当使代换后各代换质量所产生的惯性力及惯性力矩与该构件实际产生的惯性力及惯性力矩相等。为此必须满足下列三个条件:

(1) 代换前后构件的质量不变;
(2) 代换前后构件的质心位置不变;
(3) 代换前后构件对质心的转动惯量不变。

由上可知,凡满足前两个代换条件的代换,其惯性力不变,这种代换的原构件和代换系统的静力效应完全相同,称为静代换(static substitution);凡满足上述三个代换条件的代换,其惯性力和惯性力矩都不变,这种代换的原构件和代换系统的动力效应完全相同,称为动代换(dynamic substitution)。在工程计算中,最常见的是用两个或三个代换质量进行代换,特别是两个代换质量的代换法用得最多,下面介绍用两个代换质量的代换法。

2. 两点动代换

两点动代换可以预先选定一个代换点,另一代换点和代换质量都是通过计算所得。如图 4.2(a)所示,若连杆 BC 的分布质量可用集中在 B、K 两点的集中质量 m_B 及 m_K 来代换,则根据上述三个条件,可以列出下列方程式:

$$\left.\begin{array}{r}m_B+m_K=m_2 \\ m_B b=m_K k \\ m_B b^2+m_K k^2=J_{S2}\end{array}\right\} \quad (4.2)$$

式中的 m_B、m_K、k 为三个未知量,求解该三元一次方程组,有

$$\left.\begin{array}{r}m_B=\dfrac{m_2 k}{b+k} \\ m_K=\dfrac{m_2 b}{b+k} \\ k=\dfrac{J_{S2}}{mb}\end{array}\right\} \quad (4.3)$$

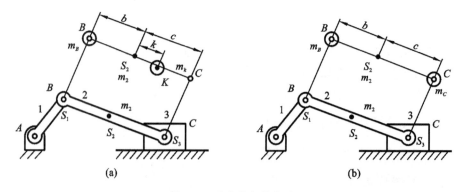

图 4.2 动代换与静代换

动代换的优点是代换后构件惯性力及惯性力偶矩不改变,其缺点是代换点及位置不能随意选择,给工程计算带来不便。

3. 两点静代换

与两点动代换不同,两点静代换是指两代换点的选择都是已知的,如图 4.2(b)所示,若连杆 BC 的分布质量可用 B、C 两点的集中质量 m_B 及 m_C 代换,并只考虑代换的前两个条件,这样可以大大简化设计,有

$$\left. \begin{array}{r} m_B + m_C = m_2 \\ m_B b = m_C c \end{array} \right\} \tag{4.4}$$

解之有

$$\left. \begin{array}{l} m_B = \dfrac{m_2 c}{b+c} \\ m_C = \dfrac{m_2 b}{b+c} \end{array} \right\} \tag{4.5}$$

静代换的缺点是由于没有考虑转动惯量,构件的惯性力偶会产生一定的误差,但一般工程设计可以接受。

4.3 运动副中摩擦力的确定

在机械运动时,运动副两元素间将产生摩擦力。一般情况下,摩擦力是有害的,如会影响机械传动效率,甚至导致机械发生自锁,破坏润滑,磨损零件。有时,摩擦力也是有益的,如可利用摩擦力做功或利用自锁工作。所以,要了解运动副中摩擦力的情况及其分析计算方法,必须考虑摩擦时运动副约束反力的确定。下面分析移动副和转动副中的摩擦力。

4.3.1 移动副中的摩擦力

1. 摩擦力的确定

如图 4.3 所示,滑块 1 和平面 2 组成移动副,滑块 1 在力 F 的作用下右移时,所受的摩擦力为

$$F_{f21} = f \cdot F_{N21} \tag{4.6}$$

式中:f 为摩擦因数;F_{N21} 的大小与摩擦面的几何形状有关。下面分情况进行讨论。

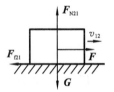

图 4.3 平面移动副中的摩擦力

1) 平面接触

当两构件沿单一平面接触时(见图 4.4(a)),则 $F_{N21} = G$,$F_{f21} = fG$。

2) 槽面接触

当两构件沿一槽形角为 2θ 的槽面接触时(见图 4.4(b)),则 $F_{N21} = \dfrac{G}{\sin\theta}$,$F_{f21} = \dfrac{f}{\sin\theta} G$。

3) 半圆柱面接触

当两构件沿一半圆柱面接触时(见图 4.4(c)),则 $F_{N21} = kG$,$F_{f21} = kfG$。其中,若两接触面为点、线接触时,$k=1$;若两接触面沿整个半圆周均匀接触时,$k=\pi/2$;其余情况下介于上述两者之间。

由上述可知,在计算运动副中的摩擦力时,不管运动副两元素的几何形状如何,均可按统一公式计算,只需引入相应的当量摩擦因数(equivalent coefficient of friction)即可。

当为单一平面接触时,$f_v = f$;

当为槽面接触时,$f_v = \dfrac{f}{\sin\theta}$;

当为半圆柱面接触时,$f_v = fk$。

由此可知,引入当量摩擦因数之后,使不同接触形状的移动副中的摩擦力计算和大小比较大为简化。因而这也是工程中简化处理问题的一种重要方法。

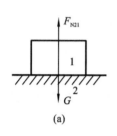
(a)

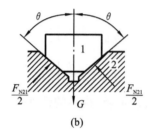
(b)

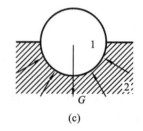
(c)

图 4.4　几种不同的摩擦面

2. 总反力方向的确定

运动副中的法向反力和摩擦力的合力称为运动副中的总反力(total reaction,见图 4.5),

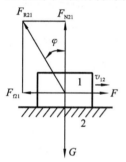

图 4.5　总反力方向的确定

以 F_{R21} 表示,总反力与法向力之间的夹角 φ 称为摩擦角(angle of friction),且大小为 $\varphi = \arctan f_v$。总反力 F_{R21} 方向可按下面的方法确定:

(1) 总反力与法向反力偏斜一摩擦角 φ;

(2) 总反力 F_{R21} 与法向反力偏斜的方向与构件 1 相对于构件 2 的相对速度 v_{12} 的方向相反。

考虑摩擦时,当总反力方向确定之后,便可很方便地对机构进行力分析,下面通过某斜面机构考虑摩擦时的力分析实例来具体说明。

例 4.1　如图 4.6 所示的斜面机构,滑块 1 在总驱动力 P 力的作用下,相对斜面 2 以速度 v_{12} 等速移动。

斜面 2 给滑块 1 的作用力有法向反力 F_{N21} 和摩擦力 F_{f21},二者的合力 F_{R21} 为斜面 2 给滑块 1 的总反力,F_{R21} 与法线方向的夹角为 φ。试分析斜面机构考虑摩擦时驱动力与阻抗力的关系。

解　(1) 正行程(滑块沿斜面上升的过程,见图 4.6(a))　根据三力平衡汇交原理,取适当的力比例尺,作出其矢量三角形,如图 4.6(c)所示,可求出考虑摩擦时的驱动力与阻抗力关系 $P = G \cdot \tan(\alpha + \varphi)$。

(2) 反行程(滑块沿斜面下降的过程,见图 4.6(b))　根据三力平衡汇交原理,取适当的力比例尺,作出其矢量三角形,如图 4.6(d)所示,可求出考虑摩擦时驱动力与阻抗力关系 $P = G \cdot \tan(\alpha - \varphi)$。

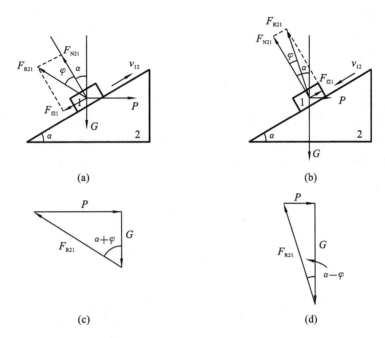

图 4.6 斜面机构考虑摩擦时的力分析

4.3.2 转动副中的摩擦力

1. 轴颈的摩擦

机器中所有的转动轴都要支承在轴承中。轴放在轴承中的部分称为轴颈，轴颈与轴承构成转动副。当轴颈在轴承中回转时，必将产生摩擦力来阻止其回转。

1) 摩擦力矩的确定

如图 4.7 所示，在驱动力偶矩 M_d 的作用下，轴颈 1 在轴承 2 中等速转动。此时转动副两元素间必将产生摩擦力以阻止轴颈相对于轴承的滑动，摩擦力对轴颈的摩擦力矩为

$$M_f = F_{f21} r = f_v G r \qquad (4.7)$$

轴颈 2 对轴承 1 的作用力用总反力 F_{R21} 来表示，$F_{R21} = -G$，故有

$$M_f = f_v G r = F_{R21} \rho \qquad (4.8)$$

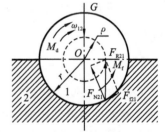

图 4.7 轴颈的摩擦

式中：$\rho = f_v r = \left(1 - \dfrac{\pi}{2}\right) f r$，其中 $f_v = \left(1 - \dfrac{\pi}{2}\right) f$，对于配合紧密且未经跑合的转动副取较大值，而对于有较大间隙的转动副则取较小值。

对于一个具体的轴颈，ρ 为一固定长度，以轴颈中心 O 为圆心，以 ρ 为半径所作的圆称其为摩擦圆（circle of friction），ρ 为摩擦圆半径。因此，只要轴颈相对于轴承滑动，轴承对轴颈的总反力 F_{R21} 将始终切于摩擦圆，且与 G 的大小相等、方向相反。

2) 总反力的方位确定

可根据如下三点来确定：

(1) 在不考虑摩擦的情况下，根据力的平衡条件，确定不计摩擦时的总反力的方向；

(2) 计摩擦时的总反力应与摩擦圆相切;

(3) 轴承 2 对轴颈 1 的总反力 F_{R21} 对轴颈中心之矩的方向必与轴颈 1 相对于轴承 2 的相对角速度 ω_{12} 的方向相反。

在对机械进行受力分析时,需要求出转动副中的总反力。

2. 轴端的摩擦

轴用以承受轴向力的部分称为轴端。如图 4.8(a)所示,当轴端 1 在止推轴承 2 上旋转时,接触面间也将产生摩擦力。摩擦力对轴回转轴线之矩即为摩擦力矩 M_f,其大小可按如下方法确定:取环形微面积 $ds=2\pi\rho d\rho$(见图 4.8(b)),设 ds 上的压强 p 为常数,则其正压力 $dF_N=pds$,摩擦力 $dF_f=fdF_N=fpds$,故其摩擦力矩 dM_f 为

$$dM_f=\rho dF_f=\rho f p ds \tag{4.9}$$

故总摩擦力矩为

$$M_f=\int_r^R \rho f p ds=2\pi f\int_r^R \rho^2 p d\rho \tag{4.10}$$

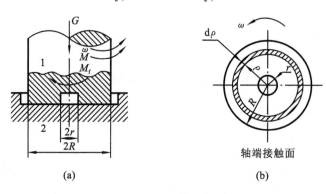

图 4.8 止推轴承的摩擦力

(1) 新轴端 即新制成的或很少相对运动的轴端和轴承。对于新轴端,其各处接触的紧密程度基本相同,这时可假定整个轴端接触面上的压强 p 处处相等,即 $p=\dfrac{G}{\pi(R^2-r^2)}=$ 常数,则

$$M_f=\frac{2fG(R^3-r^3)}{3(R^2-r^2)} \tag{4.11}$$

(2) 跑合轴端 轴端经过一定时间的工作后,称为跑合轴端。由于磨损的关系,此时轴端和轴承接触面各处的压强已不能再假定为处处相等,而较符合实际的假设是轴端与轴承接触面间处处等磨损,即近似符合 $p\rho=$ 常数的规律。则

$$M_f=2\pi f\int_r^R(\rho p)\rho d\rho=\frac{fG(R+r)}{2} \tag{4.12}$$

根据 $p\rho=$ 常数的关系,知在轴端中心部分的压强非常大,极易压溃,故对于载荷较大的轴端应作成空心的。

4.3.3 平面高副中的摩擦力

平面高副两元素之间的相对运动通常是滚动兼滑动,故有滚动摩擦力和滑动摩擦力。因滚动摩擦力一般较小,在对机构进行力分析时,一般只考虑滑动摩擦力。

平面高副中摩擦力的确定,通常是将摩擦力和法向反力合成为一个总反力来进行。如图

4.9 所示,其总反力方向可确定为:

(1) 总反力 F_{R21} 的方向也与法向反力偏斜一摩擦角;
(2) 偏斜的方向与构件 1 相对于构件 2 的相对速度 v_{12} 的方向相反。

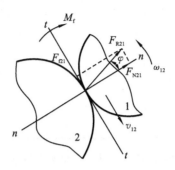

图 4.9 平面高副中的摩擦力

4.4 不考虑摩擦时机构的力分析

当机构各构件的惯性力确定后,即可根据机构所受的已知外力(包括惯性力)来确定各运动副中的反力和需加于该机构上的平衡力。但是,在进行机构力分析时,由于运动副反力对整个机构来说是内力,故不能就整个机构进行力分析,而必须将机构分解为若干个构件组,然后逐个进行分析。

不过,为了能以静力学方法将构件组中所有力的未知数确定出来,则构件组必须满足静定条件,即对构件组所能列出的独立的力平衡方程数应等于构件组中所有力的未知要素的数目。因此,先要了解构件组的静定条件,再说明用图解法作机构动态力分析的步骤和方法。

4.4.1 构件组的静定条件

欲使构件组成为静定的,则对该构件组所能列出的独立的力平衡方程式的数目,应等于构件组中所有力的未知要素的数目。而构件组是否具有此静定特性,则与构件组中含有的运动副的类型、数目,以及构件的数目有关,下面首先对各平面运动副中的反力的要素加以分析。转动副、移动副和高副中的力的已知及未知要素如表 4.1 所示。

表 4.1 不考虑摩擦时运动副中的反力

运动副类型	力 的 要 素			例 图	未知要素个数
	大小	方向	作用点		
转动副	未知	未知	过回转中心		2
移动副	未知	垂直于导路	未知		2

续表

运动副类型	力的要素			例 图	未知要素个数
	大小	方向	作用点		
高副	未知	同法线	在作用点		1

由以上分析可见，如在构件组中共含有 P_L 个低副（不论是转动副还是移动副）和 P_H 个高副，则各运动副中的反力将共有 $(2P_L+P_H)$ 个未知要素。又如该构件组中共有 n 个构件，则因对每一个作平面运动的构件都可以列出三个独立的平衡方程式，所以共可列出 $3n$ 个独立的力平衡方程。于是，当作用在该构件组各构件上的外力均为已知时，该构件组的静定条件应为 $3n=2P_L+P_H$，而当构件组中仅有低副时，则为 $3n=2P_L$。根据基本杆组的定义，则所有的基本杆组均为静定杆组。

4.4.2 用图解法作机构的动态静力分析

根据静定杆组列矢量方程式，利用矢量封闭图形进行图解。其一般步骤如下：

（1）对机构进行运动分析，求出各构件的角加速度 α 及其质心的加速度 a_S；

（2）计算各构件的惯性力，并把它们视为外力加于产生这些惯性力的构件上；

（3）确定机构动态静力分析中的起始构件（一般把作用未知外力的连架构件作为起始构件），并进行拆杆组（如有高副，应先进行高副低代）；

（4）从离起始构件最远的杆组开始进行力的计算，最后再推算到起始构件；

（5）对机构的一系列位置进行动态静力计算，求出各运动副中反力和平衡力的变化规律。

下面分别以牛头刨床机构为例来说明用图解法作机构的动态静力分析的具体步骤。

例 4.2 在如图 4.10(a)所示的牛头刨床机构中，各构件的尺寸及原动件的角速度 ω_1 均为已知。且已知牛头刨床刨头的重量 G_5，在图示位置的惯性力 F_{i5} 和刀具所受的生产阻力 F_r，其余各构件的惯性力和惯性力矩均忽略不计，求机构各运动副中的反力及需要加在原动件上的平衡力矩 M_b。

解 （1）选构件 4 为示力体（见图 4.10(b)）。因构件 4 的质量忽略不计，故可忽略惯性力及惯性力矩，在不考虑转动副摩擦力的情况下，构件 4 即为一二力杆件，作用在构件 DE 上的反力 F_{34} 和 F_{54} 分别通过两个转动副的回转中心，且大小相等、方向相反，作用线在同一条线上。又可根据生产阻力 F_r 的方向和原动件的角速度 ω_1 的方向确定构件 4 为受压二力杆，其受力分析图如图 4.10(b)所示。

（2）选构件 5 为示力体（见图 4.10(c)）。根据构件 5 的平衡条件可得

$$F_r+G_5+F_{i5}+F_{65}+F_{45}=0$$

其中：F_r、G_5、F_{i5} 的大小、方向均已知，而 F_{65} 的大小未知，方向垂直于刨头导轨，F_{45} 与 F_{54} 的方向相反，大小未知。利用图解法，选择适当的比例尺 μ_F 作力的封闭矢量多边形，如图 4.10(d)所示。由图可知

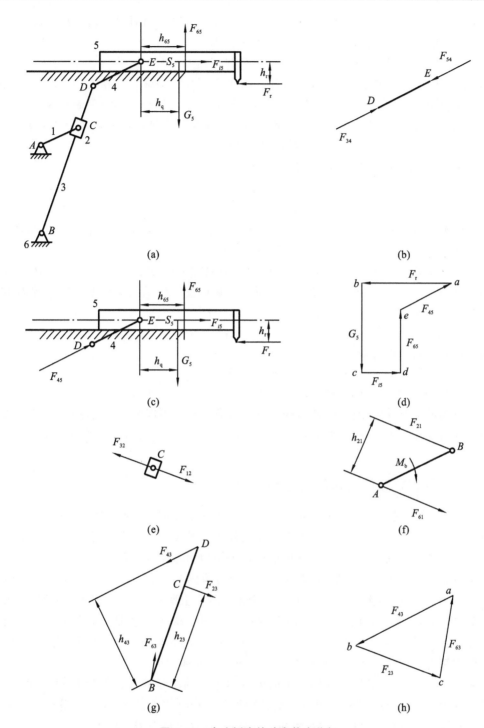

图 4.10 牛头刨床的动态静力分析

$$F_{65} = \mu_F \cdot de$$
$$F_{45} = \mu_F \cdot ea$$

根据构件 5 上的力矩平衡条件，对 E 点取力矩，由 $\sum M_E = 0$，可得

$$h_{65} = \frac{G_5 h_c + F_r h_r}{F_{65}}$$

(3) 选构件 2 为示力体(见图 4.10(e))。在不考虑滑块 2 的质量和转动副及移动副摩擦的情况下,滑块 2 为二力杆件,F_{32} 与移动副导路方向垂直,另一个力 F_{12} 与 F_{32} 大小相等、方向相反,且力的作用线在同一条通过铰链中心点 B 的直线上。

(4) 选构件 3 为示力体(见图 4.10(g))。在不考虑杆件 BD 质量和转动副及移动副中摩擦的情况下,构件 3 上受 3 个力,分别是 F_{23}、F_{43} 和 F_{63}。其中:F_{23} 与 F_{32} 方向相反,大小未知;F_{43} 与 F_{34} 大小相等、方向相反;F_{63} 的大小和方向均为未知。根据构件 3 的力矩平衡条件有

$$\boldsymbol{F}_{23}+\boldsymbol{F}_{43}+\boldsymbol{F}_{63}=0$$

对点 B 取力矩,由 $\sum M_B=0$,可得

$$F_{23}=\frac{F_{43}h_{43}}{L_{BC}}$$

利用图解法,选择适当的比例尺 μ_F 作力封闭矢量多边形,如图 4.10(h)所示。由图可知

$$F_{63}=\mu_F \cdot \overline{ca}$$

(5) 取构件 1 为示力体(见图 4.10(f))。构件 1 受平衡力矩 M_b 及运动副反力 F_{21} 和 F_{61} 的作用,其中,$F_{21}=-F_{12}=F_{32}$,大小及方向根据上述四步已经求出。根据构件 1 的力矩平衡条件,对 A 点取力矩得

$$M_b=-F_{21}h_{21}$$

又根据力平衡条件可知

$$\boldsymbol{F}_{61}=-\boldsymbol{F}_{21}$$

至此,牛头刨床机构中的全部运动副反力及平衡力矩均被求出。

进行机构的动态静力分析时,从机构中正确分离出示力体作为研究对象,把惯性力或惯性力矩视作外力加在该示力体上,然后按照理论力学的基本原则,用图解法(注意力的比例选择)进行求解。

4.4.3 用解析法作机构的动态静力分析

在实际工作中,机构力分析的精度一般可低于机构运动分析的精度。因此,在一般情况下,用图解法进行机构的动态静力分析已能满足需要。但其毕竟精度不高,当要求精度高或在机构动力综合中寻求最优解时,需用解析法进行机构的动态静力计算。

用解析法进行动态静力分析时,在建立直角坐标系的基础上,首先分别以各构件为示力体进行力分析,求出机构各构件的惯性力,然后把每个构件上所有外力,力偶矩(包括惯性力及惯性力偶矩)加到示力图上,再将每个构件上的各外力和运动副反力按选定的坐标系分解为 x 轴分量和 y 轴分量,列出每个构件的三个平衡方程式,最后再联立求解,即可取得预期结果。

下面举例说明用解析法作机构动态静力分析的步骤和方法。

例 4.3 在图 4.11(a)所示曲柄滑块机构中,构件 1 和 2 的长度分别为 L_1、L_2,构件 1、2、3 的质量分别为 m_1、m_2、m_3,经过运动分析后各构件的运动参数为已知,作用在滑块上的生产阻力为 F_3,求各运动副的反力和作用在曲柄上的平衡力矩(驱动力矩)M_b。

解 (1) 以转动副 A 为原点建立一直角坐标系,其 x 轴与机架重合,y 轴与滑块 3 的导轨垂直。

(2) 以构件 1、2、3 为示力体,分析各构件的受力,标注各力的分量,按力系平衡条件列出力的平衡方程:

$$\sum F_x=0, \quad \sum F_y=0, \quad \sum M=0$$

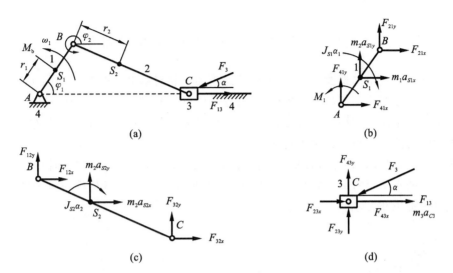

图 4.11 曲柄滑块机构的动态静力分析

对于构件 1（见图 4.11(b)）：
$$F_{41x}+F_{21x}-m_1 a_{S1x}=0$$
$$F_{41y}+F_{21y}-m_1 a_{S1y}=0$$
$$M_1-F_{21x}L_1\sin\varphi_1+F_{21y}L_1\cos\varphi_1-(-m_1 a_{S1x})r_1\sin\varphi_1+(-m_1 a_{S1y})r_1\cos\varphi_1+(-J_{S1}\alpha_1)=0$$

对于构件 2（见图 4.11(c)）：
$$F_{12x}+F_{32x}+(-m_2 a_{S2x})=0$$
$$F_{12y}+F_{32y}+(-m_2 a_{S2y})=0$$
$$F_{32x}L_2\sin\varphi_2+F_{32y}L_2\cos\varphi_2-(-m_2 a_{S2x})r_2\sin\varphi_2+(-m_2 a_{S2y})r_2\cos\varphi_2+(-J_{S2}\alpha_2)=0$$

对于构件 3（见图 4.11(d)）：
$$F_{23x}-F_{3x}+(-m_3 a_{C3x})=0$$
$$F_{23y}+F_{43y}-F_{3y}=0$$

由于 $F_{23x}=-F_{32x}$，$F_{12x}=-F_{21x}$，$F_{23y}=-F_{32y}$，$F_{21y}=-F_{12y}$，则总共有 8 个未知数，同时有 8 个方程，故该方程组可解。

(3) 可将其写成如下矩阵形式：

$$\begin{bmatrix} -1 & 0 & 0 & 0 & 1 & 0 & 0 & 0 & 0 \\ 0 & -1 & 0 & 0 & 0 & 1 & 0 & 0 & 0 \\ L_1\sin\varphi_1 & -L_1\cos\varphi_1 & 0 & 0 & 0 & 0 & 0 & 0 & 1 \\ 1 & 0 & -1 & 0 & 0 & 0 & 0 & 0 & 0 \\ 0 & 1 & 0 & -1 & 0 & 0 & 0 & 0 & 0 \\ 0 & 0 & -L_2\sin\varphi_2 & -L_2\cos\varphi_2 & 0 & 0 & 0 & 0 & 0 \\ 0 & 0 & 1 & 0 & 0 & 0 & 0 & 0 & 0 \\ 0 & 0 & 0 & 1 & 0 & 0 & 0 & 1 & 0 \\ 0 & 0 & 0 & 0 & 0 & 0 & 0 & 0 & 0 \end{bmatrix} \cdot \begin{bmatrix} F_{12x} \\ F_{12y} \\ F_{23x} \\ F_{23y} \\ F_{41x} \\ F_{41y} \\ F_{43x} \\ F_{43y} \\ M_1 \end{bmatrix} = \begin{bmatrix} m_1 a_{S1x} \\ m_1 a_{S1y} \\ -m_1 a_{S1x}r_1\sin\varphi_1+m_1 a_{S1y}r_1\cos\varphi_1+J_{S1}\alpha_1 \\ m_2 a_{S2x} \\ m_2 a_{S2y} \\ -m_2 a_{S2x}r_2\sin\varphi_2+m_2 a_{S2y}r_2\cos\varphi_2+J_{S2}\alpha_2 \\ m_3 a_{C3x}+F_3\cos\alpha \\ +F_3\sin\alpha \\ 0 \end{bmatrix}$$

该矩阵可简写为

$$[A]\cdot[F_{ij}]=[B]$$

矩阵 $[A]$、$[B]$ 均为已知，便可求出未知矩阵 $[F_{ij}]$，即可求出各个运动副的反力和作用在曲柄上的平衡力矩（驱动力矩）M_b。

*4.5 考虑摩擦时机构的力分析

当考虑到运动副中的摩擦时，移动副中的总反力与相对运动方向成$(90°+\varphi)$角，转动副中的总反力要切于摩擦圆。与静力分析相比，其总反力的方向发生了变化，但仍然符合力系的平衡条件。所以在考虑有摩擦的力分析时，只要正确判断出各构件运动副的受力方向，就可以应用理论力学中的静力分析方法解决问题。

例 4.4 如图 4.12(a)所示的曲柄滑块机构中，已知各构件尺寸和原动件曲柄的位置，作用在滑块 4 上的水平阻力 F_r，以及各运动副中的摩擦因数 f，忽略各构件质量和惯性力，求加在 B 点与曲柄垂直的平衡力 F_b。

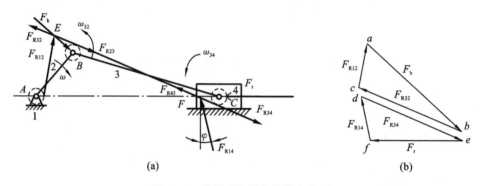

图 4.12　曲柄滑块机构的受力分析

解 （1）取合适的长度比值 μ_l(m/mm)，准确绘制给定的机构运动简图，如图 4.12(a)所示。

（2）根据轴径尺寸和摩擦因数，画出摩擦圆，如图 4.12(a)所示。

（3）根据曲柄 2 的运动方向与滑块 4 的受力方向，分析在图示位置机构中各构件的运动情况。曲柄 2 在驱动力 F_b 的作用下，顺时针转动，通过连杆 3 推动滑块 4 向右运动。

（4）分析连杆 3 的受力情况。由于忽略构件的质量，故连杆 3 为二力杆，且为受压杆。当考虑转动副摩擦力时，F_{R23} 与 F_{R43} 应分别与转动副 B、C 两点处的摩擦圆相切，且两个力在一条直线上。由于 F_{R23}、F_{R43} 切于摩擦圆后产生的摩擦力矩是阻止连杆 3 相对于曲柄 2 和滑块 4 的运动，即 F_{R23}、F_{R43} 产生的摩擦阻力矩方向应分别与 ω_{32}、ω_{34} 的方向相反，故先分析 F_{R23}、F_{R43} 的方向。

① 确定 F_{R23} 在转动副 B 处的方向。由于连杆 3 与曲柄 2 的夹角逐渐增大，故连杆 3 相对于曲柄 2 的角速度 ω_{32} 应为逆时针方向；F_{R23} 为压力，且与摩擦圆相切，产生的摩擦阻力矩阻止 ω_{32} 的运动。因此，F_{R23} 的方向应向右下方且切于转动副 B 处摩擦圆的上方。

② 确定 F_{R43} 在转动副 C 处的方向。在驱动力 F_b 的作用下，连杆 3 与滑块 4 的夹角逐渐减小，故连杆 3 相对于滑块 4 的角速度 ω_{34} 应为逆时针方向；F_{R43} 为压力，且与摩擦圆相切，产生的摩擦阻力矩阻止 ω_{34} 的运动。因此，F_{R43} 的方向应向左上方且切于转动副 C 处摩擦圆的下方。

又因 F_{R23}、F_{R43} 为一对大小相等、方向相反，作用于同一条直线的两个力，故它们的作用线是转动副 B、C 处摩擦圆的一条内公切线，如图 4.12(a)所示。

(5) 分析滑块 4 的受力情况，F_{R34} 与阻力 F_r 的交点为 F，根据滑块 4 对机架的 1 的运动方向，可知机架 1 对滑块 4 的反力 F_{R14} 与运动方向成 $(90°+\varphi)$ 角，且满足三力汇交的平衡条件，取比率 μ_F(N/mm)作力的矢量多边形，如图 4.12(b)所示，可得 $F_{R14}=\mu_F \cdot fd$，$F_{R34}=\mu_F \cdot de$。

(6) 分析曲柄 2 的受力情况，根据曲柄 2 的力矩平衡条件，对 A 点取力矩 $\sum M_A=0$，由于驱动力 $F_{R32}=-F_{R23}$，$F_{R43}=-F_{R34}$，$F_{R43}=-F_{R23}$，即可求出 F_b 的大小。在驱动力 F_b 的作用下，曲柄 2 相对于机架的角速度 ω_{21} 为顺时针方向，机架 1 对曲柄 2 的作用力 F_{R12} 应切于转动副 A 处摩擦圆，且由此产生的摩擦阻力矩阻止 ω_{21} 的变化，根据三力汇交平衡条件 $F_{R12}+F_{R32}+F_b=0$，作力的矢量多变形，如图 4.12(b)所示，可得 $F_{R12}=\mu_F \cdot ca$。

思考题及练习题

4.1 何谓质量代换法？进行质量代换的目的何在？动代换和静代换各应满足什么条件？

4.2 何谓摩擦角？移动副中总反力是如何确定的？

4.3 构件组的静定条件是什么？基本杆组都是静定杆组吗？

4.4 图示为一曲柄滑块机构的三个位置，P 为作用在滑块上的驱动力，摩擦圆摩擦角如图所示。试在图上画出各运动副反力的真实方向（构件重量及惯性力略去不计）。

4.5 图示为一双滑块机构，已知主动力 $P=100$N，摩擦角 $\varphi=15°$，用图解法求工作阻力 Q。

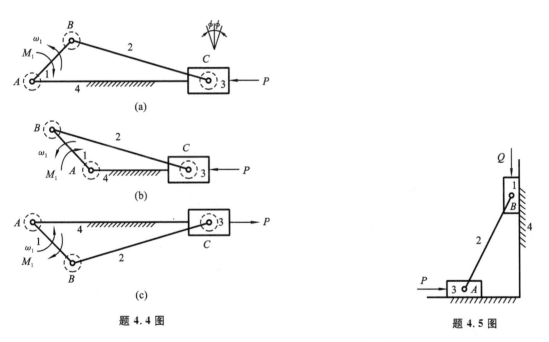

题 4.4 图　　题 4.5 图

4.6 在图示的曲柄滑块机构中，已知 $\mu_l=0.005$ m/mm，$\mu_a=75$ (m/s²)/mm，滑块重 $Q_3=21$ N，连杆重 $Q_2=25$ N，$J_{S2}=0.0425$ kg·m²，$P_r=1000$ N，重力忽略，求平衡力矩 M_b。

4.7 在图示的凸轮机构中，已知 μ_l、生产阻力 P_r，求各运动副反力和平衡力矩 M_b。

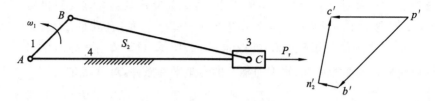

题 4.6 图

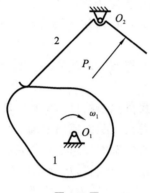

题 4.7 图

第 5 章 机械的效率和自锁

5.1 机械的效率

5.1.1 机械效率的表达形式

由第 4 章机构的力分析可知,当忽略机械中各构件的重力时,作用在机械上的力可分为驱动力、生产阻力和有害阻力三种。通常把驱动力所做的功称为驱动功(或输入功 W_d),克服生产阻力所做的功称为输出功 W_r,克服有害阻力所做的功称为损耗功 W_f。则在机械稳定运转时,有

$$W_d = W_r + W_f \tag{5.1}$$

机械的输入功和输出功的比值反映了输入功在机械中有效利用的程度,称为机械效率(mechanical efficiency),以 η 表示,即

$$\eta = \frac{W_r}{W_d} = \frac{W_d - W_f}{W_d} = 1 - \frac{W_f}{W_d} \tag{5.2}$$

用功率表达时

$$\eta = \frac{P_r}{P_d} = 1 - \frac{P_f}{P_d} \tag{5.3}$$

式中:P_d——输入功率;

P_r——输出功率;

P_f——损耗功率。

因为损耗功 W_f 或损耗功率 P_f 不可能为零,所以机械的效率总是小于 1。节能降耗是国民经济可持续发展的重要任务之一,因此应尽量减小机械中的损耗,主要是减小摩擦损耗,以提高机械的效率。

上述计算效率的公式在实际机械的效率计算中很不方便。为了便于效率的计算,效率还可以用力或力矩的形式来表达。如图 5.1 所示为一机械系统传动装置示意图,设 F 为驱动力,Q 为生产阻力,v_F 和 v_Q 分别为 F、Q 作用点处沿该力作用线方向的速度,则由式(5.3)可得

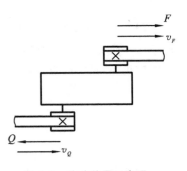

图 5.1 传动装置示意图

$$\eta = \frac{P_r}{P_d} = \frac{Qv_Q}{Fv_F} \tag{5.4}$$

式中:$P_d = Fv_F$ 为输入功率,$P_r = Qv_Q$ 为输出功率。

为了简化式(5.4),假设对于不存在摩擦损耗的理想机械(ideal machinery),有

$$\eta = \frac{Qv_Q}{F_0 v_F} = 1 \tag{5.5}$$

此时 F_0 为克服同样生产阻力 Q 的理想机械所需的驱动力,故

$$Qv_Q = F_0 v_F \tag{5.6}$$

则

$$\eta = \frac{Qv_Q}{Fv_F} = \frac{F_0 v_F}{Fv_F} = \frac{F_0}{F} \tag{5.7}$$

式(5.7)表明,机械效率等于在克服同样生产阻力 Q 的情况下,理想驱动力 F_0 与实际驱动力 F 之比值。

同理,机械的效率也可用力矩之比的形式表达,即

$$\eta = \frac{M_{F_0}}{M_F} \tag{5.8}$$

式中:M_{F_0}——理想驱动力矩;
M_F——实际驱动力矩。

综合式(5.7)、式(5.8)可知,机械效率等于在克服同样生产阻力的情况下,理想驱动力 F_0 与实际驱动力 F 或者理想驱动力矩 M_{F_0} 与实际驱动力矩 M_F 之比值。

对于理想机械,同理可得

$$\eta = \frac{Qv_Q}{Fv_F} = \frac{Qv_Q}{Q_0 v_Q} = \frac{Q}{Q_0} = \frac{M_Q}{M_{Q_0}} \tag{5.9}$$

即机械的效率等于在同样驱动力 F(或驱动力矩 M_F)的情况下,实际机械所能克服的实际生产阻力 Q(或生产阻力矩 M_Q)和理想生产阻力 Q_0(或生产阻力矩 M_{Q_0})之比值。

5.1.2 机械系统的机械效率

对于一个复杂的机械系统而言,在已知各组成机构的效率后,可以通过机构的组合形式来计算整个机械系统的效率。

1. 串联

如图 5.2 所示由 k 台机器串联组成的机械系统,其系统的总效率

$$\eta = \frac{P_k}{P_d} = \frac{P_1}{P_d} \cdot \frac{P_2}{P_1} \cdot \frac{P_3}{P_2} \cdots \frac{P_k}{P_{k-1}} = \eta_1 \cdot \eta_2 \cdot \eta_3 \cdots \eta_k \tag{5.10}$$

串联系统的总效率等于组成该系统的各个机器的效率的连乘积。由此可见,只要串联机组中任一机器的效率很低,就会使整个机组的效率很低;由于各环节的效率均小于1,故串联的级数越多,系统的效率越低。

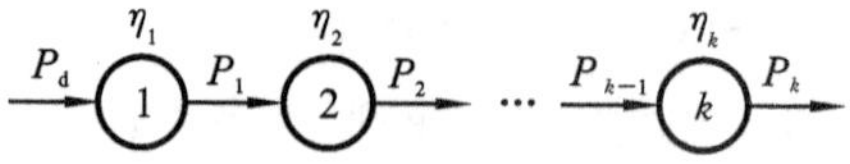

图 5.2 串联机械系统

2. 并联

由 k 台机器并联组成的机械系统,因

总输入功率为
$$P_d = P_1 + P_2 + \cdots + P_k \tag{5.11}$$

总输出功率为
$$P_r = P'_1 + P'_2 + \cdots + P'_k \tag{5.12}$$
$$= P_1 \eta_1 + P_2 \eta_2 + \cdots + P_k \eta_k$$

故系统的总效率 η
$$\eta = \frac{P_r}{P_d} = \frac{P_1 \eta_1 + P_2 \eta_2 + \cdots + P_k \eta_k}{P_1 + P_2 + \cdots + P_k} \tag{5.13}$$

可见:并联系统的总效率 η 不仅与各机器的效率有关,而且也与各机器所传递的功率有

关。若 η_{max} 和 η_{min} 分别为各机器效率中的最大值和最小值,则

$$\eta_{min} < \eta < \eta_{max}$$

当各台机器输入的功率均相等时($P_1 = P_2 = \cdots = P_k$):

$$\eta = \frac{P_1\eta_1 + P_2\eta_2 + \cdots + P_k\eta_k}{P_1 + P_2 + \cdots + P_k} = \frac{(\eta_1 + \eta_2 + \cdots + \eta_k)P_1}{kP_1}$$
$$= (\eta_1 + \eta_2 + \cdots + \eta_k)/k \tag{5.14}$$

当各台机器输入的功率均相等时,机械系统的总效率为各台机器效率的平均值。

当各台机器的效率均相等时($\eta_1 = \eta_2 = \eta_3 = \cdots = \eta_k$):

$$\eta = \frac{P_1\eta_1 + P_2\eta_2 + \cdots + P_k\eta_k}{P_1 + P_2 + \cdots + P_k} = \frac{(P_1 + P_2 + \cdots + P_k)\eta_1}{P_1 + P_2 + \cdots + P_k}$$
$$= \eta_1 (= \eta_2 = \cdots = \eta_k) \tag{5.15}$$

当各台机器的效率相等时,机械系统的总效率等于任意一台机器的效率。

3. 混联

兼有串联和并联(见图 5.3)的混联式机械系统,其总效率的求法按其具体组合方式而定。如图 5.4 所示,设串联部分的效率为 η',并联部分的效率为 η'',则系统的总效率为

$$\eta = \eta' \eta''$$

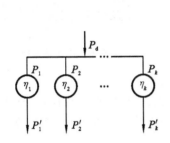

图 5.3 并联机械系统

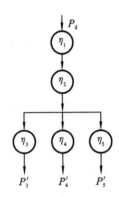

图 5.4 混联机械系统

5.2 机械的自锁

在实际机械中,由于摩擦力的存在以及驱动力作用方向的问题,有时会出现无论驱动力如何增大,机械都无法运转的现象,这种现象称为机械的自锁(self locking)。

机械的自锁现象在工程实际中具有十分重要的意义。一方面,为使机械能够实现预定的运动,在设计时就应当避免在机械所需的运动方向出现自锁;另一方面,有些机械又需要在特定的情况下具有自锁功能。如我们熟知的螺旋千斤顶,当转动把手将物体举起后,应保证无论物体的重量有多大,都不能使千斤顶反转,致使物体自行落下。也就是要求千斤顶在正常工作时具有自锁功能。这种利用自锁的机械,在机械工程中是很多的。下面就机械的自锁进行分析讨论。

1. 移动副的自锁

如图 5.5 所示,滑块 1 与平台 2 组成移动副。由 4.3 小节可知,当 F 为作用在滑块上的驱动力时,则使滑块 1 产生运动的有效分力为

$$F_t = F\sin\beta = F_n\tan\beta \tag{5.16}$$

滑块 1 所受的摩擦阻力为

$$F_f = F_{21} = F_n\tan\varphi \tag{5.17}$$

当 $\beta \leqslant \varphi$ 时，驱动力作用在摩擦角之内，总有 $F_t \leqslant F_{21}$，此时，不论驱动力 F 在其作用线方向上如何增大，其有效分力总小于因它所产生的摩擦力，此时滑块 1 总不能产生运动，即出现自锁现象。

2. 转动副的自锁

如图 5.6 所示，轴 1 与轴承 2 组成转动副。由 4.3 小节可知，设作用在轴颈处的外载荷为 Q，当力的作用线在摩擦圆之内（即 $e \leqslant \rho$）时，由于驱动力矩（$M_d = Qe$）总小于由它产生的摩擦阻力矩（$M_f = Q\rho$），故此时无论 Q 如何增大也不能使轴 1 转动，即出现自锁现象。

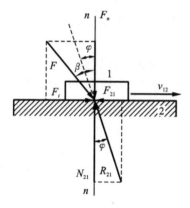

图 5.5 移动副的自锁

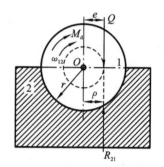

图 5.6 转动副摩擦

3. 自锁的判定

自锁的发生与作用力的大小无关，而与其驱动力作用线的位置和方向有关，即自锁的发生关键在于几何条件。在移动副中，当驱动力作用在摩擦角之内时发生自锁；在转动副中，驱动力作用于摩擦圆内时，发生自锁。

对于一般机械系统，可以通过分析组成机械的各环节的自锁条件来判断其是否发生自锁，若组成该机械的一个环节或数个环节发生自锁，则该机械必发生自锁。

由于机械自锁时，驱动力所做的功总小于或等于由它所产生的摩擦阻力所做的功，故此时机械的效率 $\eta \leqslant 0$。故也可通过令效率的表达式 $\eta \leqslant 0$ 来寻求机械产生自锁的条件。但此时，η 已没有通常效率的意义。

下面举例说明如何确定机械的自锁条件。

1) 偏心夹具

图 5.7(a)所示为一偏心夹具，1 为夹具体、2 为工件、3 为偏心圆盘。扳动手柄时，偏心盘 3 绕销轴 O 顺时针方向转动，压紧工件 2，以便对工件加工。要求取消手柄上的作用力后，夹具能可靠地自锁。图中，O 为偏心盘的回转中心，A 为偏心盘的几何中心。偏心盘的外径为 D，偏心矩为 e，偏心盘轴颈的摩擦圆半径为 ρ（图中虚线圆半径）。

当作用在手柄上的力 P 去掉后，偏心盘有沿逆时针方向转动放松的趋势，由此即可定出总反力 R_{23} 的方位。将偏心圆盘放大如图 5.7(b)所示，分别过 O 点和 A 点作 R_{23} 的平行线。要偏心夹具反行程自锁，为此就应使总反力 R_{23} 与偏心圆盘轴颈的摩擦圆（图中虚线小圆所示）相切或作用在摩擦圆之内，即应满足条件

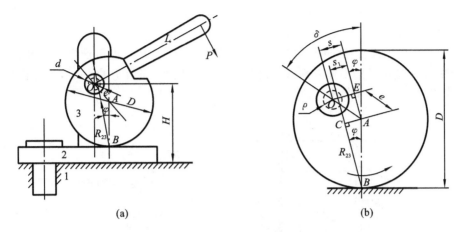

图 5.7 偏心夹具及其受力分析示意图

$$s - s_1 \leqslant \rho \tag{a}$$

由直角三角形△ABC 知

$$s_1 = \overline{AC} = (D\sin\varphi)/2 \tag{b}$$

由直角三角形△OAE 知

$$s = \overline{OE} = e\sin(\delta - \varphi) \tag{c}$$

式中角 δ 称为楔紧角,将式(b)、式(c)代入式(a),可得

$$e\sin(\delta - \varphi) - (D\sin\varphi)/2 \leqslant \rho \tag{5.18}$$

这就是该偏心夹具反行程的自锁条件。

2) 凸轮机构的推杆

图 5.8(a)所示为一凸轮机构的推杆 1,它在凸轮推动力 P 的作用下,沿着导轨 2 向上运动,设推杆和导轨之间的摩擦系数 $f=0.2$,为了避免发生自锁,试问导轨的长度 l 应满足什么条件(不计推杆 1 的重量)?

因推杆 1 在 P 力的推动下将发生倾斜,而与导轨在 A、B 两点接触,在该两点处将产生正压力 N_1、N_2 和摩擦力 F_1、F_2(见图 5.8(b))。根据所有的力在水平方向的投影和应为零的条件,有 $N_1=N_2$,根据所有的力对 A 点取矩之和应为零的条件,有

$$N_1 l = 100 P$$

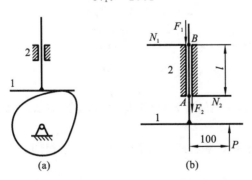

图 5.8 凸轮机构及其受力示意图

要推杆 1 不发生自锁,必需满足

$$P > F_1 + F_2 = 2fN_1 = 200fP/l \tag{5.19}$$

故

$$l > 200f = 40 \text{ mm}$$

3) 斜面压榨机

图 5.9 所示的斜面压榨机中,如在滑块 2 上施加一定的力 P,即可产生一压紧力将物体 4 压紧。图中 Q 为被压紧的物体对滑块 3 的反作用力。显然,当力 P 撤去后,该机构在力 Q 的作用下,应该具有自锁性,求其自锁条件。

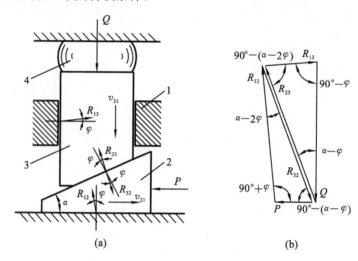

图 5.9 斜面压榨机及受力分析

为了确定此压榨机在力 Q 作用下的自锁条件,可先求出当 Q 为驱动力时,该机械的阻抗力 P。现设备接触面的摩擦因数为 f。首先,根据各接触面间的相对运动及已知的摩擦角 $\varphi = \arctan f$,将两滑块所受的总反力作出,如图(a)所示。然后分别取滑块 2 和 3 为分离体,列出力平衡方程式 $P + R_{12} + R_{32} = 0$ 及 $Q + R_{13} + R_{23} = 0$,并作出力多边形如图(b)所示,对于滑块 3,由正弦定律可得

$$\frac{Q}{\sin(90° - \alpha + 2\varphi)} = \frac{R_{23}}{\sin(90° - \varphi)} \tag{5.20}$$

对于滑块 2,有

$$\frac{P}{\sin(\alpha - 2\varphi)} = \frac{R_{32}}{\sin(90° + \varphi)} \tag{5.21}$$

即
$$Q = R_{23}\cos(\alpha - 2\varphi)/\cos\varphi$$
$$P = R_{32}\sin(\alpha - 2\varphi)/\cos\varphi$$

又因 $R_{32} = R_{23}$,故可得 $P = Q\tan(\alpha - 2\varphi)$,令 $P \leq 0$,得
$$\tan(\alpha - 2\varphi) \leq 0$$

即
$$\alpha \leq 2\varphi$$

因在这时,无论驱动力 Q 如何增大,始终有 $P \leq 0$,故 $\alpha \leq 2\varphi$ 为斜面压榨机反行程(Q 为驱动力时)的自锁条件。

又如上所述,也可令 $\eta' \leq 0$ 来求其自锁条件,所得结果相同。即令 $\varphi = 0$,即得反行程的理想驱动力为

$$Q_0 = \frac{P}{\tan\alpha} \tag{5.22}$$

则该机械反行程的效率为

$$\eta' = \frac{Q_0}{Q} = \frac{\tan(\alpha - 2\varphi)}{\tan\alpha} \tag{5.23}$$

由自锁条件 $\eta'\leqslant 0$ 可得：$\alpha\leqslant 2\varphi$ 为斜面压榨机的自锁条件。

通过以上示例可以看出，对机械进行自锁条件的分析时，其方法可归纳为：

（1）判别机械的反行程及其驱动力；

（2）对机械的反行程作考虑摩擦力的力分析，建立驱动力与反行程中阻力、摩擦角 φ 等的关系式。然后令关系式中的摩擦角 φ 为零，即得理想驱动力的关系式；

（3）令反行程的机械效率表达式 $\eta'\leqslant 0$，即可解出该机械的自锁条件。

4. 自锁的应用

机械通常有正反两个行程，其效率 η 并不相等。反行程的效率小于零的机械在反行程中会自锁，称为自锁机械，常用于各种卡具、螺栓连接、起重装置和压榨机的机械上。

自锁机械在正行程中的效率一般都较低，宜用于传递功率较小的场合。在传递功率较大的机械中，宜采用其他装置来防止倒转，以不影响机械的正行程效率。

思考题及练习题

5.1 机械效率的定义是什么？

5.2 机械效率有几种表达形式？各有什么特点？

5.3 对机械效率的力或力矩比形式的计算公式 $\eta=F_0/F=M_0/M$ 应如何理解？在使用中应注意什么问题？

5.4 何谓实际机械和理想机械？两者有何区别？

5.5 串联、并联及混联机组的效率如何计算？从中得出了什么重要结论？

5.6 机械自锁的条件？机械为什么会发生自锁现象呢？

5.7 所谓自锁机构是否就是不能运动的机构？

5.8 作用在转动副中的轴颈上的外力为一力偶矩时，也会发生自锁吗？

5.9 对于机械自锁时，其效率 $\eta\leqslant 0$ 应如何理解？

5.10 机构正、反行程的机械效率是否相同？其自锁条件是否相同？为什么？

5.11 从受力的观点来看，转动副中出现自锁的条件是什么？

5.12 如题图所示的斜面机构，当滑块 A 置于具有一定升角 λ 的斜面上，设已知斜面与滑块之间的摩擦因数 $f(f=\tan\varphi)$ 以及加于滑块 A 上的垂直载荷 Q（包括滑块本身的重量）。

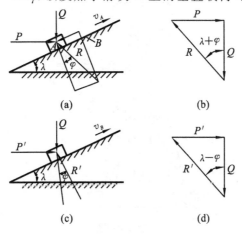

题 5.12 图

当水平力驱动滑块沿斜面等速上升时,通常称此行程为正行程;当在 Q 力作用下,滑块下滑如图(c)所示,通常称此行程为反行程。试求该斜面机构正、反行程时的效率,以及机构反行程的自锁条件。

5.13 在平面滑块机构中,若已知驱动力 F、有效阻力 Q 的作用方向和作用点 A、B,滑块 1 的运动方向如图所示。设运动副中的摩擦因数 f 和力 Q 的大小均已知,试求此机构的效率。

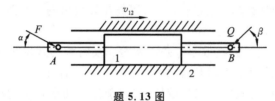

题 5.13 图

5.14 图示为一焊接用的楔形夹具,利用此夹具将两块待焊接的工件 1 和 1′ 预先夹紧。图中 2 为夹具本体,3 为楔体。如已知各接触面间的摩擦因数均为 f。试确定此夹具的自锁条件(即当工件被压紧后,楔块 3 不会自动松脱的条件)。

5.15 如图所示,滑块 2 在斜槽面中滑动。已知滑块重 $Q=100\text{N}$,平面摩擦因数 $f=0.12$,槽面角 $\theta=30°$,斜面倾角 $\lambda=30°$。试求滑块上升时驱动力 P(平行于斜面)的大小以及该斜面机构的效率。

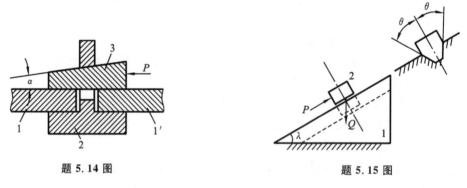

题 5.14 图   题 5.15 图

5.16 如图所示为螺旋起重装置。若手柄长 $l=200\text{ mm}$,矩形螺纹外径 $d_2=30\text{ mm}$,内径

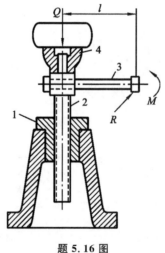

题 5.16 图

$d_1=24$ mm,螺距 $s=4$ mm,为单头螺纹。螺纹牙间的摩擦因数 $f=0.1$。若在手柄处加驱动力 $R=5$ N,能顶起重物的重量 Q 为多大?并计算该起重装置的效率,判断能否自锁。

5.17 如图所示为一带式运输机,由电动机 1 经带传动及一个两级齿轮减速器带动运输带 8。设已知运输带 8 所需的曳引力 $F=5500$ N,运送速度 $v=1.2$ m/s。带传动(包括轴承)的效率 $\eta_1=0.95$,每对齿轮(包括其轴承)的效率 $\eta_2=0.97$,运输带 8 的机械效率 $\eta_3=0.92$。试求该系统的总效率 η 及电动机所需的功率。

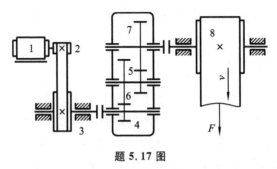

题 5.17 图

5.18 如图所示,由电动机经过带传动和圆锥-圆柱齿轮传动带动并联的工作机 A、B。设带传动的效率为 $\eta_1=0.92$,各级齿轮传动的效率均为 $\eta_2=0.96$,每对轴承的效率为 $\eta_3=0.98$,工作机 A 和 B 的功率分别为 $P_A=3$ kW 和 $P_B=2$ kW,效率均为 $\eta_A=\eta_B=0.80$,试求所需电动机的功率。

5.19 如图所示为一超越离合器,当星轮 1 沿顺时针方向转动时,滚柱 2 将被楔紧在楔形间隙中,从而带动外圈 3 也沿顺时针方向转动,设已知摩擦因数 $f=0.08$,$R=50$ mm,$h=40$ mm。为保证机构能正常工作,试确定滚柱直径 d 的合适范围。

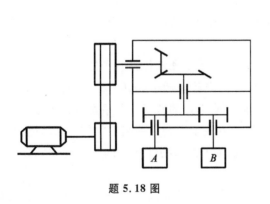

题 5.18 图

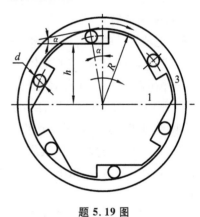

题 5.19 图

第6章 机械的平衡

6.1 机械平衡的目的及内容

6.1.1 机械平衡的目的

机械的平衡是现代机械尤其是高速及精密机械中的一个重要问题。机械在运转时,构件运动时产生的不平衡惯性力将会在运动副中产生附加的动载荷,这不仅会增加构件中的内应力和运动副中的摩擦,降低机械的效率和使用寿命。而且由于这些惯性力一般都是周期性变化的,必将引起机械的强迫振动,如其振动频率接近机械的共振频率,则不仅会使机械自身产生诸如有害振动,降低工作质量,甚至造成破坏性事故,还有可能使附近的机械及厂房建筑受到不利影响甚至破坏。

机械平衡的目的就是设法将构件的不平衡惯性力加以平衡,以消除或减小其不利影响。

6.1.2 机械平衡的内容

机械在运转时,由于各构件的结构和运动形式的不同,其所产生的不平衡惯性力不同,因而其平衡方法也不同。机械的平衡问题可分为如下两类。

1. 转子的平衡

绕固定轴转动的构件常统称为转子(rotor),如汽轮机、电动机、发电机以及离心机等机械,都以转子作为工作运转的主体。

其平衡问题按转子工作转速的高低可分为刚性转子的平衡和挠性转子的平衡。

(1) 刚性转子的平衡　刚性转子(rigid rotor)为工作转速低于$(0.6 \sim 0.75)n_{c1}$(n_{c1}为转子的一阶临界转速)、其旋转轴线产生的挠曲变形可以忽略不计的转子。其平衡方法可以通过重新调整转子上质量的分布,使其质心位于旋转轴线的方法来实现。平衡后的转子回转时,各惯性力形成一个平衡力系,抵消了运动副中产生的附加动压力。刚性转子的平衡是本章研究的主要内容。

(2) 挠性转子的平衡　挠性转子(flexible rotor)为工作转速高于$(0.6 \sim 0.75)n_{c1}$、其旋转轴线挠曲变形不可忽略的转子。由于挠性转子在运转过程中会产生较大的弯曲变形,且由此所产生的离心惯性力也随之明显增大,所以挠性转子的平衡难度将增加。这类转子的平衡原理是基于弹性梁的横向振动理论,比价复杂,需做专门研究,故本章只做简单介绍。

2. 机构的平衡(balancing of mechanism)

构件的机构作往复运动或平面复合运动时,其惯性力和惯性力矩不可能在构件内部消除,但所有构件上的惯性力和惯性力矩可合成为一个通过机构质心并作用于机架上的总惯性力和惯性力矩。因此,这类平衡问题必须就整个机构加以研究,应设法使其总惯性力和总惯性力矩在机架上得到完全或部分平衡,故这类平衡又称为机构在机架上的平衡。

6.1.3 机械平衡的方法

1. 平衡设计

在机械的设计阶段,除了要保证其满足工作要求及制造工艺要求外,还要在结构上采取措施消除或减少产生有害振动的不平衡惯性力,即进行平衡设计。

2. 平衡试验

对由于制造不精确、材料不均匀及安装不准确等非设计方面的原因,在设计阶段无法确定或消除的因素所产生的不平衡现象,需要通过试验的方法加以平衡。

6.2 刚性转子的平衡计算

为了使转子的不平衡惯性力得到平衡,在设计阶段就应通过计算,使转子达到静、动平衡。下面就刚性转子的静、动平衡分别加以讨论。

6.2.1 静平衡设计

1. 静不平衡现象

对于轴向尺寸较小的转子(宽径比 $D/b \geqslant 5$),如砂轮、飞轮、齿轮等构件,可近似地认为其不平衡质量分布在垂直其回转轴线的同一回转平面内。若转子的质心不在回转轴线上,这种不平衡现象在转子静态时即可表现出来,称为静不平衡现象(static unbalance)。静不平衡的转子转动时会产生离心惯性力。

2. 静平衡设计

对于静不平衡的转子,在设计时,需首先根据转子结构定出偏心质量的大小和方位,然后计算出为平衡偏心质量须添加的平衡质量(balancing mass)的大小及方位,最后在转子设计图上加上该平衡质量,以便使设计出来的转子在理论上达到平衡。这一过程称为转子的静平衡设计。

图 6.1(a)所示为一盘形转子,在同一回转平面上分布有三个偏心质量 m_1、m_2 及 m_3,各偏心质量的向径分别为 r_1、r_2、r_3。当转子以角速度 ω 转动时,各偏心质量所产生的离心惯性力分别为 F_1、F_2、F_3。由于 F_1、F_2、F_3 的合力不为零,故转子处于静不平衡状态。

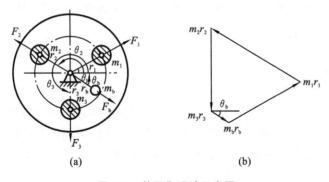

图 6.1 静平衡设计示意图

为了平衡惯性力 F_1、F_2、F_3,可在此平面内增加一个平衡质量 m_b,其向径为 r_b。若使此时的转子平衡,则应使 F_b、F_1、F_2、F_3 所形成的合力为零,即

$$F = F_1 + F_2 + F_3 + F_b = 0 \tag{6.1}$$

即
$$m\omega^2 e = m_1\omega^2 r_1 + m_2\omega^2 r_2 + m_3\omega^2 r_3 + m_b\omega^2 r_b = 0$$

消去 ω^2 得

$$me = m_1 r_1 + m_2 r_2 + m_3 r_3 + m_b r_b = 0 \tag{6.2}$$

$m_i r_i$ 为质量与向径的乘积，称为质径积(mass-radius product)。式(6.2)表明，转子平衡后，其总质心将与回转轴线相重合，即 $e=0$。

在转子设计阶段，由于 m_i、r_i 均为已知，因此可由式(6.2)求出使转子静平衡所需增加的平衡质量的质径积 $m_b r_b$ 的大小及方位，如图 6.1(b)所示。具体方法如下。

由式(6.2)可得

$$m_b r_b = -m_1 r_1 - m_2 r_2 - m_3 r_3$$

将上式向 x，y 轴投影，可得

$$(m_b r_b)_x = -\sum m_i r_i \cos\theta_i$$

$$(m_b r_b)_y = -\sum m_i r_i \sin\theta_i$$

则所加平衡质量的质径积大小为

$$m_b r_b = [(m_b r_b)_x^2 + (m_b r_b)_y^2]^{1/2} \tag{6.3}$$

而其相位角为

$$\theta_b = \arctan[(m_b r_b)_y / (m_b r_b)_x] \tag{6.4}$$

求出 $m_b r_b$ 后，即可根据转子的结构特点来选定 r_b，所需的平衡质量 m_b 的大小即随之确定，安装方向即向量图上所指的方向。为使设计出来的转子质量不致过大，一般应尽可能将 r_b 选大一些。

若转子的实际结构不允许在向径 r_b 的方向上安装平衡质量，则可在向径 r_b 的相反方向去掉一部分质量来使转子达到平衡。

3. 结论

(1) 转子产生静不平衡的原因是惯性合力不为零。

(2) 静平衡的条件：分布于转子上的各个偏心质量的离心惯性力的合力为零或质径积的向量和为零。

(3) 对于静不平衡的转子，无论它有多少个偏心质量，都只需要适当地增加(或减少)一个平衡质量即可获得平衡。因此，对于静不平衡的转子，平衡质量仅需 1 个。

6.2.2 动平衡设计

1. 动不平衡现象

对于宽径比 $D/b < 5$ 的转子，由于其轴向宽度较大，如多缸发动机的曲轴、汽轮机转子等，其质量分布在几个不同的回转平面内。这时，即使转子的质心在回转轴线上，但由于各偏心质量所产生的离心惯性力不在同一回转平面内，所形成的惯性力偶仍会使转子处于不平衡状态。由于这种不平衡只有在转子运动的情况下才能显示出来，故称其为动不平衡。

2. 动平衡设计

对于动不平衡的转子，在设计时，首先须根据转子结构确定出各个不同回转面内偏心质量的大小和位置，然后计算出为使转子达到动平衡所须增加的平衡质量的数目、大小及方位，并在转子设计图上加上这些平衡质量，以便使设计出来的转子在理论上达到动平衡，这一过程称为转子的动平衡设计。

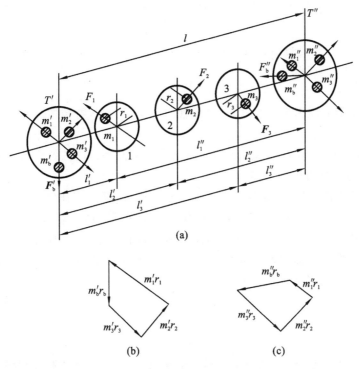

图 6.2 动平衡设计示意图

如图 6.2(a)所示,设转子上有偏心质量 m_1、m_2 及 m_3,分别分布在三个不同的回转平面 1、2、3 内,其质心的向径分别为 r_1、r_2、r_3,当转子以角速度 ω 转动时,产生的离心惯性力分别为 F_1、F_2、F_3,其大小分别为 $F_1=m_1\omega^2 r_1$,$F_2=m_2\omega^2 r_2$,$F_3=m_3\omega^2 r_3$,它们构成一空间力系,空间力系问题可转化为平面力系问题来研究。在转子的两端选定两个垂直于转子轴线的平面 T' 和 T'',并设 T' 和 T'' 相距 l,将 F_1、F_2、F_3 分别向这两个平面分解。平面 1 到 T'、T'' 的距离分别为 l'_1 和 l''_1,则 F_1 可用分解到平面 T' 和 T'' 的力 F'_1 和 F''_1 来代替,即

$$F'_1 = m'_1 r_1 \omega^2 = \frac{l''_1}{l} F_1 = \frac{l''_1}{l} m_1 r_1 \omega^2$$

$$F''_1 = m''_1 r_1 \omega^2 = \frac{l'_1}{l} F_1 = \frac{l'_1}{l} m_1 r_1 \omega^2$$

即

$$\left. \begin{array}{l} m'_1 = \dfrac{l''_1}{l} m_1, \quad m''_1 = \dfrac{l'_1}{l} m_1 \\ m'_3 = \dfrac{l''_3}{l} m_3, \quad m''_3 = \dfrac{l'_3}{l} m_3 \end{array} \right\}$$

同理得 $\quad m'_2 = \dfrac{l''_2}{l} m_2, \quad m''_2 = \dfrac{l'_2}{l} m_2 \qquad (6.5)$

对于平面 T' 有

$$m'_b r'_b + m'_1 r'_1 + m'_2 r'_2 + m'_3 r'_3 = 0$$

由上式可求得 $m'_b r'_b$ 的大小和方位,沿 $m'_b r'_b$ 方向适当选定 r'_b,即可求得平面 T' 内应加的平衡质量 m'_b。

对于平面 T'' 有

$$m''_b r''_b + m''_1 r''_1 + m''_2 r''_2 + m''_3 r''_3 = 0$$

求得 $m''_b r''_b$ 的大小和方位后,沿 $m''_b r''_b$ 方向适当选定 r''_b,即可求得平面 T'' 内应加的平衡质量 m''_b。

此时,原平面 1、2、3 内的偏心质量 m_1、m_2、m_3 就可以被平面 T'、T'' 内的平衡质量 m'_b、m''_b 所平衡,如图 6.2(b)、(c)所示。

3. 结论

(1) 产生不平衡的原因是合惯性力、合惯性力偶均不为零(特殊情况是合惯性力为零但合惯性力偶不为零)。

(2) 动平衡的条件:当转子转动时,转子上分布在不同平面内的各个质量所产生的空间离心惯性力系的合力及合力矩均为零。

(3) 对于动不平衡的转子,无论它有多少个偏心质量,都只需在任选的两个平衡平面 T'、T'' 内各增加或减少一个合适的平衡质量即可使转子获得动平衡。即对于动不平衡的转子,需要平衡质量的最少数目为 2。因此,动平衡又称为双面平衡,而静平衡则称为单面平衡。

(4) 由于动平衡同时满足静平衡条件,所以经过动平衡的转子一定静平衡;反之,经过静平衡的转子则不一定动平衡。

6.3 刚性转子的平衡试验

经过平衡设计的刚性转子,在理论上是完全平衡的,但由于制造和装配误差及材质不均匀等原因,实际生产出来的转子在运转时还会出现不平衡现象,这种不平衡现象在设计阶段是无法确定和消除的,故需要用试验的方法对其做进一步的平衡。

6.3.1 静平衡试验

径宽比 $D/b \geqslant 5$ 的刚性转子,通常只进行静平衡试验。

1. 导轨式静平衡架

图 6.3 所示为导轨式静平衡架,在使用它平衡转子时,应将两导轨调整成水平且互相平行,然后将需要平衡的转子放在导轨上让其轻轻地自由转动。如果转子上有偏心质量存在,其质心必偏离转子的旋转轴线,在重力的作用下,待转子停止滚动时,其质心必在轴心的正下方,这时在轴心的正上方任意向径处添加一平衡质量(一般为橡皮泥)。反复试验,加减平衡质量,直到转子能在任何位置保持静止为止,从而确定不平衡质量的质径积。它的主要优点是结构简单,平衡精度较高;缺点是不适用于两端支撑轴的尺寸不同的转子。

图 6.3 导轨式静平衡架

图 6.4 圆盘式静平衡架

2. 圆盘式静平衡架

图 6.4 所示为圆盘式静平衡架,其平衡方法与导轨式静平衡架相同。其优点是使用方便,

可以平衡两端轴径不同的转子。但其使用时摩擦阻力较大,平衡精度不如导轨式静平衡架。

6.3.2 动平衡试验

经过动平衡设计,理论上已平衡的径宽比 $D/b<5$ 的刚性转子,必要时还需要对已加工出的转子进行动平衡试验(dynamic balancing test),以确保其平衡精度。动平衡试验一般在专用的动平衡机上进行,工程中使用的动平衡机种类很多,其构造及工作原理虽不尽相同,但作用都是用来确定需加于两个平衡平面中的平衡质量的大小及方位。

图 6.5 所示为一种带计算机系统的动平衡机的工作原理示意图。该平衡机将传感器拾取的振动信号,经预处理电路过滤、放大后输入 A/D 转换器,进行数据采集和解算,最后由计算机给出两个平衡平面上需加平衡质量的大小和相位。

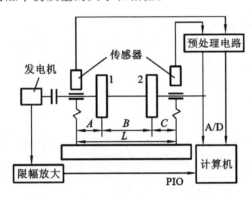

图 6.5 动平衡机工作原理示意图

6.3.3 现场平衡试验

前述所提到的转子平衡试验都是在专门的试验机上进行的。而对于一些结构尺寸很大的转子,如重达几十吨重的大型发电机转子等,要在试验机上进行平衡是不现实的。此外,有些高速转子,虽然在设计和制造阶段已经经过平衡,但由于安装运输、高温或强电磁场的影响等原因,又会产生微小的变形而造成不平衡。在这些情况下,一般可在现场通过直接测量机器中转子支架的振动,来确定不平衡量的大小和方位,进而采取措施进行平衡。

*6.3.4 转子的平衡等级和许用不平衡量

经过平衡试验的转子,仍不可避免地会有一些残存的不平衡量。如要完全消除或减小残存的不平衡量,势必会提高平衡成本。因此,应根据工作要求,对转子规定适当的不平衡量即许用不平衡量(allowable amount of unbalance)是很有必要的。对于刚性转子,以转子不平衡度与转子最大工作角速度之积作为分级的量值。即转子的平衡精度为

$$A = \frac{[e]\omega}{1000} \tag{6.6}$$

式中:$[e]$——转子的质心到回转轴线的许用偏心距;
  ω——转子转动的角速度。

考虑到技术的先进性和经济上的合理性,国际标准化组织(ISO)于 1940 年制定了世界公认的 ISO1940 平衡等级,它将转子平衡等级分为 11 个级别,每个级别间以 2.5 倍为增量,从要求最高的 G0.4 到要求最低的 G4000,单位为毫米/秒(mm/s),如表 6.1 所示。

表 6.1　各类典型转子的平衡等级和许用不平衡量

平衡等级 G	典 型 转 子
G4000	具有单数个气缸的刚性安装的低速船用柴油机的曲轴驱动件
G1600	刚性安装的大型二冲程发动机的曲轴驱动件
G630	刚性安装的大型四冲程发动机的曲轴驱动件弹性安装的船用柴油机的曲轴驱动件
G250	刚性安装的高速四缸柴油机的曲轴驱动件
G100	六缸和多缸高速柴油机的曲轴传动件；汽车、货车和机车用的发动机整机
G40	汽车车轮、轮毂、车轮整体、传动轴，弹性安装的六缸和多缸高速四冲程发动机的曲轴驱动件
G16	特殊要求的驱动轴（螺旋桨、万向节传动轴）；粉碎机的零件；农业机械的零件；汽车发动机的个别零件；特殊要求的六缸和多缸发动机的曲轴驱动件
G6.3	商船、海轮的主涡轮机的齿轮；高速分离机的鼓轮；风扇；航空燃气涡轮机的转子部件；泵的叶轮；机床及一般机器零件；普通电动机转子；特殊要求的发动机的个别零件
G2.5	燃气和蒸汽涡轮；机床驱动件；特殊要求的中型和大型电机转子；小电机转子；涡轮泵
G1	磁带录音机及电唱机、CD、DVD 的驱动件；磨床驱动件；特殊要求的小型电枢
G0.4	精密磨床的主轴；电动机转子；陀螺仪

*6.4　挠性转子平衡简介

6.4.1　挠性转子

当转子的工作转速超过一阶临界转速时，由离心惯性力引起的弯曲变形增加到不可忽略的程度，转子在运转中产生动挠度，其变形量随转速变化，这类转子称为挠性转子。

6.4.2　动挠度对平衡的影响

图 6.6 所示为单圆盘挠性转子，其不平衡偏心质量为 m，偏心距为 e，圆盘位于转轴中央。当转子以角速度 ω_0 转动时，在离心惯性力的作用下，其圆盘处的动挠度为 y_0。假设此时在转子两端的平衡平面 1、2 上相同向径 r 处各加一相同的平衡质量 $m_1 = m_2$，使得转子达到平衡，则 $F = F_1 + F_2 = 2F_1$，即

$$m(y_0 + e)\omega_0^2 = 2m_1 r \omega_0^2 \qquad (6.7)$$

由于转子的挠度 y_0 与角速度 ω_0 有关，此式只在 $\omega = \omega_0$ 时成立。当 $\omega \neq \omega_0$ 时，$y \neq y_0$，转子又将处于不平衡状态。即使在 $\omega = \omega_0$ 时，离心惯性力得到的平衡只是减少了转子的支承动反力，并没有消除动挠度所引起的转子的不平衡。

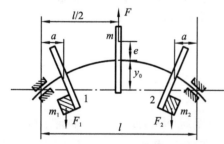

图 6.6　单圆盘挠性转子

6.4.3 挠性转子动平衡的特点

（1）由于存在着随角速度 ω 变化的动挠度 y，在一个角速度下平衡的转子，不能保证在其他转速下仍处于平衡状态。

（2）消除或减小转子的支承动反力，并不一定能减少转子的弯曲变形程度，而明显的动挠度对转子具有不利的影响。

对于挠性转子，不仅要平衡其离心惯性力，减小或消除支承动反力，还应尽量消除其动挠度。

由于挠性转子存在明显的弯曲变形，所以用刚性转子的平衡方法是不能解决挠性转子的平衡问题的，须对其进行专门的研究。

6.5 平面机构的平衡设计

如前所述，在一般的平面机构中，存在着作平面复合运动和往复运动的构件，这些构件的合惯性力和合惯性力矩不能像转子那样由构件本身加以平衡，而必须对整个机构进行平衡。具有往复运动机构的机械是很多的，如汽车发动机、活塞式压缩机、震动剪床等。这些机械的运转速度较高，所以平衡问题常常是决定产品质量好坏的关键问题之一。

当机构运动时，其各运动构件所产生的惯性力可以合成为一个通过机构质心的合惯性力和合惯性力偶矩，此合惯性力和合惯性力偶矩全部由机架承受。为了消除机构在机架上引起的动压力，就必须设法平衡此合惯性力和合惯性力偶矩。因此，机构平衡的条件是机构的合惯性力和合惯性力偶矩分别为零。但是在平衡计算中，合惯性力偶矩对机架的影响常常与外加的驱动力矩和阻抗力矩一并研究，而且由于驱动力矩和阻抗力矩的大小与机械的工况有关，单独平衡惯性力偶矩往往没有意义，故这里只分析合惯性力的平衡问题。

6.5.1 平面机构惯性力的平衡条件

如图 6.7 所示，设机构的总质量为 m，其质心 S 的加速度为 a_S，若使各构件产生的惯性力得到平衡，则机构的合惯性力应为零，即

$$F = -ma_S = 0 \tag{6.8}$$

由于式中的 m 不可能为零，故必须使 a_S 为零，即使机构总质心 S 作匀速直线运动或静止不动。又由于机构中各构件的运动是周期性变化的，故质心 S 不可能永远作匀速直线运动。

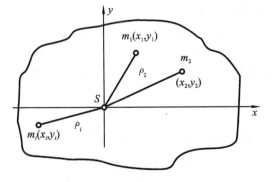

图 6.7　机构惯性力的平衡

因此,欲使合惯性力为零,只有设法使总质心 S 静止不动。下面就平面机构惯性力的完全和部分平衡分别加以讨论。

6.5.2 机构惯性力的完全平衡

1. 利用平衡质量平衡

在某些机构中,可通过在构件中添加平衡质量的方法来完全平衡其惯性力。用来确定平衡质量的方法有质量替代法、主导点向量法和线性独立向量法等,这里仅介绍质量替代法,质量替代法如 4.2.2 小节所述。

图 6.8 所示的平面四杆机构中,设活动构件 1、2、3 的质量分别为 m_1、m_2、m_3,其质心分别位于 S_1、S_2、S_3 处,试完全平衡平面四杆机构中的惯性力。因为只要求完全平衡惯性力,故可用质量静替代法先将活动构件上的质量代换为 A、B、C、D 四个点上的集中质量。

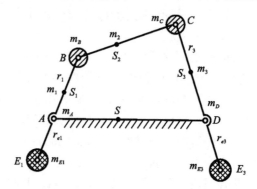

图 6.8 附加平衡质量法平衡四杆机构的惯性力

将曲柄 1 的质量 m_1 代换到 A、B 两点,可得

$$m_{1A}=\frac{l_{BS_1}}{l_{AB}}m_1, \quad m_{1B}=\frac{l_{AS_1}}{l_{AB}}m_1$$

同理,将连杆 2 的质量 m_2 代换到 B、C 两点,得

$$m_{2B}=\frac{l_{CS_2}}{l_{BC}}m_2, \quad m_{2C}=\frac{l_{BS_2}}{l_{BC}}m_2$$

将摇杆 3 的质量 m_3 代换到 C、D 两点,得

$$m_{3C}=\frac{l_{DS_3}}{l_{CD}}m_3, \quad m_{3D}=\frac{l_{CS_3}}{l_{CD}}m_3$$

由此可得 B、C 两点的替代质量分别为

$$m_B=m_{1B}+m_{2B}, \quad m_C=m_{2C}+m_{3C}$$

机构的惯性力即为 B、C 两点的惯性力。要平衡 B、C 两点的惯性力,可在构件 1、3 延长线上 r_{e1}、r_{e3} 处各加一平衡质量 m_{E1}、m_{E3},使 m_{E1}、m_B 合成后的质量位于 A 点,m_C、m_{E3} 合成后的质量位于 D 点,则

$$m_{E1}r_{e1}=l_{AB}m_B, \quad m_{E3}r_{e3}=l_{CD}m_C$$

选定 r_{e1}、r_{e3},即可求出需加的平衡质量 m_{E1}、m_{E3},即

$$m_{E1}=\frac{l_{AB}m_B}{r_{e1}}, \quad m_{E3}=\frac{l_{CD}m_C}{r_{e3}}$$

经过以上平衡,整个机构包括平衡质量在内的总质量可用位于 A、D 两点的两个质量替

代,即

$$m_A = m_{1A} + m_B + m_{E1}, \quad m_D = m_{3D} + m_C + m_{E3}$$

此时,整个机构的总质量 $m = m_A + m_D$,其总质心 S 位于 A、D 的连心线上一固定点,即 $a_S = 0$,所以机构的惯性力得到完全平衡。

图 6.9 所示的曲柄滑块机构,为了完全平衡该机构中的惯性力,首先采用质量静替代法,得到位于 A、B、C 三点的三个集中质量 m_A、m_B、m_C。

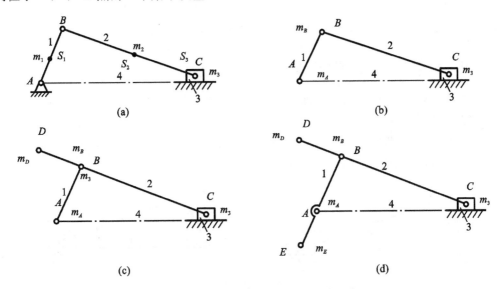

图 6.9 曲柄滑块机构惯性力的完全平衡

在构件 CB 延长线上 D 点加平衡质量 m_D,使 m_D 和 m_C 的总质心移至 B 点。

在构件 BA 的延长线上 F 点加平衡质量 m_E,使机构的总质心移至固定点 A,整个机构的惯性力达到完全平衡。

缺点:(1) 机构的惯性力虽然完全平衡了,但机构重量大大增加了;

(2) 平衡质量 m_D 安装在作平面复杂运动的连杆上,对结构不利。

2. 对称布置法

当机构本身要求多套机构同时工作时,可采用多套机构对称布置,使惯性力得到完全平衡。

图 6.10(a)、(b)所示的对称布置方法使惯性力得到完全平衡。

由于两套机构各构件的尺寸和质量完全对称,故在运动过程中,其总质心将保持不动,从而使系统的惯性力得到完全平衡。

3. 小结

(1) 利用加平衡质量法和机构对称布置法都可以使机构的惯性力得到完全平衡;

(2) 利用质量替代法,由于需装置若干个平衡质量,故会使机构的重量大大增加,尤其是把平衡质量安装在连杆上时,对结构更为不利;

(3) 利用对称布置法,虽可得到很好的平衡效果,但会使机构体积增加和结构复杂化;

(4) 在工程实际中,许多设计者宁愿采用惯性力的部分平衡法来减小惯性力所产生的不良影响。

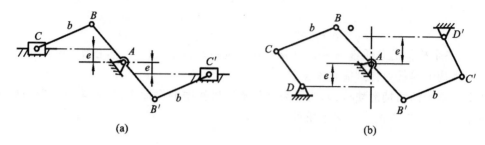

图 6.10 利用机构的对称布置平衡惯性力

6.5.3 机构惯性力的部分平衡

机构惯性力的部分平衡:只平衡机构总惯性力中的一部分。

1. 附加平衡质量法

在图 6.11 所示的曲柄滑块机构中,设活动构件的质量分别为 m_1、m_2、m_3,其质心分别位于 S_1、S_2、S_3 处,首先采用质量静替代法得到替代质量 m_A、m_B、m_C。

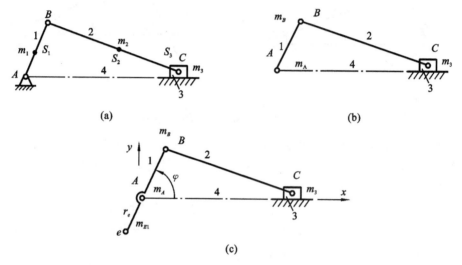

图 6.11 曲柄滑块机构惯性力的部分平衡

质量 m_A 不产生惯性力,质量 m_B 产生的惯性力可用在 AB 延长线上 E 点加一平衡质量 $m_{C'}$ 平衡。

剩余问题是如何平衡质量 m_C 所产生的惯性力。m_C 作往复运动,由机构运动分析可得 C 点的加速度 a_C 的方程式为

$$a_C \approx -\omega^2 l_{AB}\cos\varphi - \omega^2 \frac{l_{AB}^2}{l_{BC}}\cos2\varphi$$

故 m_C 所产生的往复惯性力为

$$F_C = -m_C a_C \approx m_C \omega^2 l_{AB}\cos\varphi + m_C \omega^2 \frac{l_{AB}^2}{l_{BC}}\cos2\varphi \tag{6.9}$$

只考虑一阶惯性力,舍去较小的二阶惯性力,即取

$$F_C = m_C \omega^2 l_{AB}\cos\varphi \tag{6.10}$$

为了平衡惯性力 F_C,可在曲柄 AB 延长线上 E 点再加一平衡质量 m_{E2}。m_{E2} 所产生的惯

性力在 x、y 方向的分力分别为

$$F_x = -m_{E2}\omega^2 r_e \cos\varphi \brace F_y = -m_{E2}\omega^2 r_e \sin\varphi \quad (6.11)$$

使 $m_{E2}r_e = m_C l_{AB}$，则 $F_x = -F_C$，即 F_x 可将 m_C 所产生的一阶往复惯性力平衡，但又多出一新的不平衡惯性力 F_y，它对机构也会产生不利影响，通常取

$$F_x = -KF_C = -\left(\frac{1}{3} \sim \frac{1}{2}\right)F_C$$

即

$$m_{E2}r_e = \left(\frac{1}{3} \sim \frac{1}{2}\right)m_C l_{AB} \quad (6.12)$$

上述方法只平衡了部分往复惯性力。这样，既可以减小往复惯性力 F_C，又使新惯性力 F_y 不至于太大，这对于机械的工作较为有利，且在结构设计上也较为简便。

2. 近似对称布置法

采用非完全对称布置，也可使机构的惯性力在机架上得到部分的平衡。

图 6.12 所示的滑块、曲柄摇杆机构，为了不使机构体积增大和结构过于复杂而采用的是非完全对称布置，所以只能使惯性力在机架上得到部分平衡。

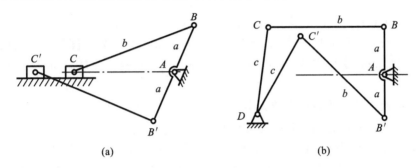

图 6.12 非完全对称布置机构

3. 加平衡机构法

通过增加平衡机构也可使机构的惯性力得到部分平衡。

如图 6.13 所示，为了平衡曲柄滑块机构中滑块 C 处的往复运动质量 m_C 所产生的一阶惯性力，也可以增加一对齿轮作为平衡机构。

只要设计时保证 $m_{e1}r_{e1} = m_{e2}r_{e2} = \dfrac{m_C l_{AB}}{2}$，就可以使曲柄滑块机构中的一阶惯性力得到平衡。

与前面所讲的用加平衡质量法来部分平衡曲柄滑块机构惯性力相比，其优点是平衡效果较好。在平衡水平方向的惯性力时，将不产生垂直方向的惯性力，但有时会造成机构尺寸加大，结构复杂。

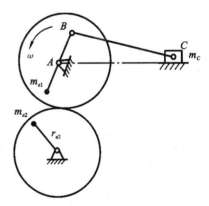

图 6.13 用齿轮机构作平衡机构

4. 结论

(1) 在进行机构结构设计时，一定要分析机构的受力状况，根据不同的机构类型选取适当的平衡方式。

(2) 在尽可能消除或减少机构的总惯性力矩的同时，还应使机构的结构简单、尺寸较小，

从而使整个机械具有良好的动力学特征。

思考题及练习题

6.1 回转构件的平衡的含义是什么？哪一类回转构件的平衡属于静平衡？

6.2 静平衡的力学原理是什么？静平衡计算中引入了一个什么样的新物理量？它与惯性力有何异同点？

6.3 在用质径积向量封闭方法确定平衡质量的质径积 W_b 时，如何确定其箭头指向？在图 6.1 中，如果将 W_b 的指向错误地由 W_1 的箭尾指向 W_3 的箭头，则该向量代表什么？从静平衡试验的过程分析，试验误差来自哪些方面？

6.4 什么是回转构件的动平衡？为什么动平衡需要在两个平衡平面上加平衡质量？

6.5 在确定了动平衡所需加的两个平衡平面内的平衡质量后，如发现该两平面无法安装平衡质量块，能否将平衡质量块加到另外的两个平面上？为什么？

6.6 什么样的回转构件需要进行动平衡试验？动平衡试验是通过测定什么参数并最终确定平衡质量的大小和方位的？

6.7 如图所示的盘形回转构件中，圆盘的半径 $r=200$ mm，宽度 $B=40$ mm，质量 $m=500$ kg。圆盘上存在两偏心质量块，$m_1=10$ kg，$m_2=20$ kg，方位如题图所示。若两支承 A、B 间的距离 $l=120$ mm，支承 B 至圆盘的距离 $l_1=80$ mm，转轴工作转速 $n=3000$ r/min。试确定：

(1) 作用在两支承处的动反力的大小；

(2) 该回转构件的质心偏离其中心多少？

(3) 为消除动反力，如何确定应加平衡质量的质径积 W_b 的大小和方位角 θ。

6.8 如图所示的盘形回转构件上，有四个位于同一平面内的偏心质量，其质量分别为 $m_1=10$ kg，$m_2=20$ kg，$m_3=8$ kg，$m_4=10$ kg。各偏心质量的质心至转轴 o 的半径分别为 $r_1=r_4=100$ mm，$r_2=200$ mm，$r_3=150$ mm。又给定平衡质量 m_b 的质心至转轴 o 的半径 $r_b=150$ mm。试确定平衡质量 m_b 的大小及方位角 θ。

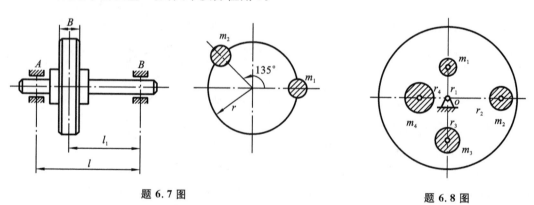

题 6.7 图 题 6.8 图

6.9 如图所示的均质圆盘中钻有四个圆孔，其直径及孔心至转轴 o 的距离分别为：$d_1=70$ mm，$r_1=240$ mm；$d_2=120$ mm，$r_2=180$ mm；$d_3=100$ mm，$r_3=250$ mm；$d_4=150$ mm，$r_4=190$ mm，各孔的方位角如图所示。现为平衡状态，若在圆盘上再钻一孔，其孔心至转轴 o 的距离为 $r_b=300$ mm。试求该圆孔的直径 d_b 的大小和方位角。

6.10 如图所示圆盘的质量为 m，经试验测得其质心 S 至转轴的距离为 e，方向如图所示，为铅垂向下。由于圆盘上不允许安装平衡质量，只能在同轴的另两个平行平面 A 和 B 上安装。试求安装在 A 和 B 平面上两平衡质量的质径积的大小和方位。

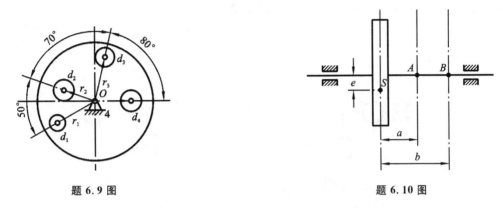

题 6.9 图　　　　　　　　　题 6.10 图

6.11 如图所示的高速水泵的凸轮轴系是由三个互相错开 120°的偏心轮所组成。每个偏心轮的质量为 0.4 kg，其偏心距为 12.7 mm。设在平衡平面 A 和 B 中各装一个平衡质量 m_A 和 m_B 使之平衡，其回转半径均为 10 mm。其他尺寸如图所示（单位为 mm）。试求 m_A 和 m_B 的大小及方位角。

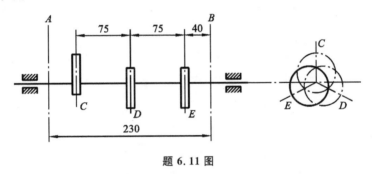

题 6.11 图

6.12 如图所示的曲轴的三个曲柄互相错开 120°，其半径均为 150 mm，折算至曲柄销上的不平衡质量为 $m_1=27$ kg，$m_2=m_3=36$ kg，其余尺寸如图所示（单位为 mm）。设在 1 号曲柄的右侧 A 面上加一平衡质量 m_A 及在均质轮 B 上去除一块材料 m_B 来达到动平衡，其回转半径分别为 $r_A=230$ mm 和 $r_B=760$ mm。试确定 m_A 和 m_B 的大小以及它们相对于 1 号曲柄的方位角。

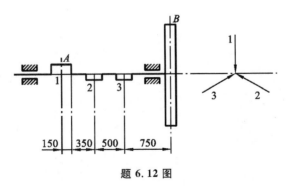

题 6.12 图

6.13 在图示的回转构件中，已知各偏心质量和向径大小分别为 $m_1=10$ kg, $r_1=400$ mm; $m_2=15$ kg, $r_2=300$ mm; $m_3=20$ kg, $r_3=200$ mm; $m_4=20$ kg, $r_4=300$ mm。其余尺寸如图所示（单位为 mm）。如取图示平面 T' 和 T'' 为平衡平面，且所加平衡质量半径 $r'_b=r''_b=500$ mm。试确定平衡质量 m'_b 和 m''_b 的大小和方位角 θ'_b 和 θ''_b。

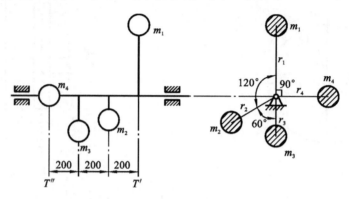

题 6.13 图

第 7 章　机械的运转及其速度波动的调节

7.1　概　　述

一般机械运转过程都要经历启动、稳定运转、停车三个阶段,如图 7.1 所示。在启动阶段(staring period of machinery),驱动功大于阻抗功,机械的速度逐渐增加;在稳定运转阶段(stead motion period of machinery),机械的平均速度一般保持稳定,但因每个瞬时的驱动功与阻抗功并不一定相等,机械的速度就会发生波动;在停车阶段(stopping period of machinery),一般驱动功为零,机械系统在阻抗功作用下,速度逐渐降低到零。

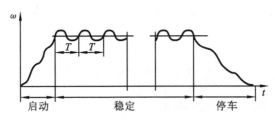

图 7.1　机械的运转过程

机械的速度波动会使运动副中产生附加的动压力,降低机械效率和工作的可靠性,引起机械振动,影响零件的强度和寿命;还会降低机械的精度和工艺性能,使产品质量下降。因此,对机械的速度波动必须进行控制,将其限制在允许范围之内,以减小上述不良影响。

一般地,机械由原动件、从动件、执行部件等多个构件组成,要分析机械的速度变化,需要对机械进行受力分析,列出全部构件的运动方程,才能考察机械的速度变化情况。这是非常麻烦的,有时候也是不必要的。人们常常关心某些构件的速度波动,例如执行构件、原动件等。按照机构具有确定运动的条件,只要知道原动件的运动规律就可以知道整个系统的运动情况。因此,只需要针对原动件或者其他关心的某个构件列出运动方程即可。这可以利用功的等效原理,把作用在其他构件上的力和力矩等效到该构件即可。

机械的速度波动一般地可分为两类,即周期性波动和非周期性波动。对于周期性速度波动,人们常利用飞轮(flywheel)来进行调节;对于非周期性速度波动,人们常利用调速器来进行调节。

这一章的重点是等效动力学模型的建立求解及速度波动的调节。

7.2　机械运动方程式

7.2.1　机器等效动力学模型

要建立机械运动方程,首先要对机械进行受力分析。由第 4 章平面机构的力分析可知,当忽略机械中各构件的重力时,作用在机械上的力可分为驱动力和阻力两大类。驱动力的变化规律一般是已知的,取决于原动机本身的机械特性(mechanical behavior),如机械中应用最广泛的电动机,其输出的力矩是转子转速的函数。阻力又分为摩擦阻力和工作阻力,摩擦阻力在本章的分析中不考虑,工作阻力的变化规律取决于机械的工艺特点,如起重机在匀速起吊重物时工作阻力近似为常数、曲柄压力机的工作阻力是执行构件位置的函数等。

对于单自由度的机械系统,给定一个构件的运动后,其余各构件的运动也随之确定。因此,可以把研究整个机械系统的运动问题转化为研究一个构件的运动问题。也就是说,可以用机械中的一个构件的运动代替整个机械系统的运动。我们把这个能代替整个机械系统运动的构件称为等效构件。

为使等效构件的运动能完全"代替"整个机械系统的真实运动,应满足以下两个条件。

(1) 等效构件具有的动能应和整个机械系统的动能相等。也就是说,作用在等效构件上的外力所做的功应和整个机械系统中各外力所做的功相等。

(2) 等效构件上的瞬时功率等于整个机械系统中的瞬时功率,即等效构件上的外力在单位时间内所做的功也应等于整个机械系统中各外力在单位时间内所做的功。

为了简化机械系统的求解过程,常取一个转动构件(或移动构件)作为等效构件(equivalent link),假想它具有等效转动惯量(equivalent moment of inertia)J_e,或等效质量(equivalent mass)m_e,其上作用有等效力矩(equivalent moment)M_e,或等效力(equivalent force)F_e。以等效构件建立的动力学模型称为等效动力学模型(equivalent dynamic models)。

7.2.2 等效转动惯量和等效质量

组成机械系统的各构件或作定轴转动,或作往复直线移动,或作平面运动,各类不同运动形式的构件动能 E_i 分别为

$$E'_i = \frac{1}{2} J_{Si} \omega_i^2$$

$$E'_i = \frac{1}{2} m_i v_{Si}^2$$

$$E_i = \frac{1}{2} J_{Si} \omega_i^2 + \frac{1}{2} m_i v_{Si}^2$$

整个机械系统的动能为

$$E = \sum_{i=1}^{n} \frac{1}{2} J_{Si} \omega_i^2 + \sum_{i=1}^{n} \frac{1}{2} m_i v_{Si}^2 \tag{7.1}$$

式中:ω_i——第 i 个构件的角速度;

m_i——第 i 个构件的质量;

J_{Si}——第 i 个构件对其质心轴的转动惯量;

v_{Si}——第 i 个构件质心处的速度。

图 7.2 等效转动构件

取如图 7.2 所示的转动件为等效构件,以角速度 ω 作定轴转动,等效转动惯量为 J_e,其动能为

$$E = \frac{1}{2} J_e \omega^2$$

按照等效构件应该满足的条件,即等效构件的动能与机械系统的动能相等,则有

$$\frac{1}{2} J_e \omega^2 = \sum_{i=1}^{n} \frac{1}{2} J_{Si} \omega_i^2 + \sum_{i=1}^{n} \frac{1}{2} m_i v_{Si}^2$$

方程两边除以 $\omega^2/2$，可求解得到该转动件的等效转动惯量为

$$J_e = \sum_{i=1}^{n} J_{Si}\left(\frac{\omega_i}{\omega}\right)^2 + \sum_{i=1}^{n} m_i\left(\frac{v_{Si}}{\omega}\right)^2 \quad (7.2)$$

如等效构件为如图 7.3 所示的移动件，其动能为

$$E = \frac{1}{2} m_e v^2$$

图 7.3 等效移动构件

由于等效构件的动能与机械系统的动能相等，则有

$$\frac{1}{2} m_e v^2 = \sum_{i=1}^{n} \frac{1}{2} J_{Si}\omega_i^2 + \sum_{i=1}^{n} \frac{1}{2} m_i v_{Si}^2$$

方程两边除以 $v^2/2$，可求解得到该移动件的等效质量为

$$m_e = \sum_{1}^{n} J_{Si}\left(\frac{\omega_i}{v}\right)^2 + \sum_{1}^{n} m_i\left(\frac{v_i}{v}\right)^2 \quad (7.3)$$

7.2.3 等效力矩和等效力

机械系统中各类不同运动形式的构件的瞬时功率可分别表示为

$$P'_i = \pm M_i \omega_i$$

$$P''_i = F_i v_{Si} \cos\alpha_i$$

$$P_i = P'_i + P''_i = \pm M_i \omega_i + F_i v_{Si} \cos\alpha_i$$

其中：M_i 和 ω_i 方向相同时取"+"号，否则取"−"号，以下相同。

整个机械系统的瞬时功率为

$$P = \sum_{i=1}^{n} \pm M_i \omega_i + \sum_{i=1}^{n} F_i v_{Si} \cos\alpha_i$$

式中：M_i——第 i 个构件上的力矩；

F_i——第 i 个构件上的力；

α_i——第 i 个构件质心处的速度 v_{Si} 与作用力 F_i 之间的夹角。

如等效构件作定轴转动，其瞬时功率为

$$P = M_e \omega$$

由于等效构件的瞬时功率与机械系统的瞬时功率相等，可得到

$$M_e \omega = \sum_{i=1}^{n} \pm M_i \omega_i + \sum_{i=1}^{n} F_i v_{Si} \cos\alpha_i$$

则等效力矩为

$$M_e = \sum_{i=1}^{n} \pm M_i\left(\frac{\omega_i}{\omega}\right) + \sum_{i=1}^{n} F_i\left(\frac{v_{Si}}{\omega}\right)\cos\alpha_i \quad (7.4)$$

如等效构件作往复移动，其瞬时功率为

$$P = F_e v$$

同理可得到

$$F_e v = \sum_{i=1}^{n} \pm M_i \omega_i + \sum_{i=1}^{n} F_i v_{Si} \cos\alpha_i$$

则等效力为

$$F_e = \sum_{i=1}^{n} \pm M_i\left(\frac{\omega_i}{v}\right) + \sum_{i=1}^{n} F_i\left(\frac{v_{Si}}{v}\right)\cos\alpha_i \quad (7.5)$$

由以上计算可知，等效转动惯量、等效质量、等效力矩、等效力的数值均与构件的速度比值

有关,而构件的速度又与机构位置有关,故等效转动惯量、等效质量、等效力矩、等效力均为机构位置的函数。

求解驱动力 F_d(阻抗力 F_r)的等效驱动力 F_{ed}(等效阻抗力 F_{er})时,可按驱动力 F_d(阻抗力 F_r)的瞬时功率等于等效驱动力 F_{ed}(等效阻抗力 F_{er})的瞬时功率来求解。求解驱动力矩 M_d(阻抗力矩 M_r)的等效驱动力矩 M_{ed}(等效阻抗力矩 M_{er})时,可按驱动力矩 M_d(阻抗力矩 M_r)的瞬时功率等于等效驱动力矩 M_{ed}(等效阻抗力矩 M_{er})的瞬时功率来求解。

综上可以得到
$$M_e = M_{ed} - M_{er}$$
$$F_e = F_{ed} - F_{er}$$

例 7.1 如图 7.4(a)所示导杆机构中各构件的长度为 $l_{AB}=150\text{ mm}, l_{AC}=300\text{ mm}, l_{CD}=550\text{ mm}$,各构件的质量为 $m_1=5\text{ kg}$(质心 S_1 在 A 点),$m_2=3\text{ kg}$(质心 S_2 在 B 点),$m_3=10\text{ kg}$(质心 S_3 在 $l_{CD}/2$ 处);各构件的转动惯量为 $J_{S1}=0.05\text{ kg}\cdot\text{m}^2, J_{S2}=0.002\text{ kg}\cdot\text{m}^2, J_{S3}=0.02\text{ kg}\cdot\text{m}^2$,驱动力 $M_1=1000\text{ N}\cdot\text{m}$。当取构件 3 为等效构件时,求构件在图示位置的等效转动惯量,转化到 D 点的等效质量以及 M_1 等效到 CD 杆上的等效力矩。

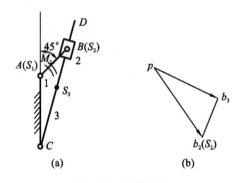

图 7.4 导杆机构

解 (a) 求等效转动惯量和转化到 D 点等效质量。

对于自由度为 1 的机构,其各构件之间的速比只取决于机构的位置,而与构件的真实速度无关,故此时等效质量和等效转动惯量为机构位置的函数。在图示位置,机构的速度多边形如图 7.4(b)所示。计算等效转动惯量应根据动能相等的条件
$$\frac{1}{2}J_{e3}\omega_3^2 = \frac{1}{2}J_{S1}\omega_1^2 + \frac{1}{2}J_{S2}\omega_2^2 + \frac{1}{2}J_{S3}\omega_3^2 + \frac{1}{2}m_2 v_{S2}^2 + \frac{1}{2}m_3 v_{S3}^2$$
$$M_D = J_{e3}/l_{CD}^2 = (2.23/0.55^2)\text{ kg} = 7.37\text{ kg}$$

(b) 求等效力矩。

根据瞬时功率相等的条件有
$$M_{e3}\omega_3 = M_1\omega_1$$
$$M_{e3} = M_1\omega_1/\omega_3 = 1000 \times 3.29\text{ N}\cdot\text{m} = 3290\text{ N}\cdot\text{m}$$

7.2.4 机械运动方程式

根据动能定理,在 dt 时间内,等效构件上的动能增量 dE 应等于该瞬时等效力或等效力矩所作的元功 dW,即
$$dE = dW$$

如等效构件作定轴转动，则有

$$d\left(\frac{1}{2}J\omega^2\right) = Md\varphi \tag{7.6}$$

如等效构件作往复移动，则有

$$d\left(\frac{1}{2}mv^2\right) = Fds \tag{7.7}$$

由式(7.6)可有

$$\frac{d\left(\frac{1}{2}J\omega^2\right)}{d\varphi} = M \tag{7.8}$$

由于等效转动惯量 J_e、等效力 F_e、等效力矩 M_e（包括等效质量 m 等这些等效量若没有特殊说明，均可以用 J、F、M 和 m 表示，不再加下标 e）及角速度 ω 均是机构位置的函数，实际上

$$J = J(\varphi), \quad F = F(\varphi), \quad M = M(\varphi), \quad \omega = \omega(\varphi)$$

整理式(7.8)，可得

$$J\frac{\omega d\omega}{d\varphi} + \frac{\omega^2}{2}\frac{dJ}{d\varphi} = M = M_d - M_r \tag{7.9}$$

由于

$$\frac{d\omega}{d\varphi} = \frac{d\omega}{dt}\frac{dt}{d\varphi} = \frac{d\omega}{dt}\frac{1}{\omega}$$

将其代入式(7.9)中可得

$$J\frac{d\omega}{dt} + \frac{\omega^2}{2}\frac{dJ}{d\varphi} = M = M_d - M_r \tag{7.10}$$

式(7.10)称为作定轴转动的等效构件的微分方程。

同理，等效构件作往复移动时，整理式(7.7)可得

$$m\frac{vdv}{ds} + \frac{v^2}{2}\frac{dm}{ds} = F = F_d - F_r \tag{7.11}$$

将 $\frac{dv}{ds} = \frac{dv}{dt}\frac{dt}{ds} = \frac{dv}{dt}\frac{1}{v}$ 代入式(7.11)可得

$$m\frac{dv}{dt} + \frac{v^2}{2}\frac{dm}{ds} = F = F_d - F_r \tag{7.12}$$

式(7.12)称为作往复移动的等效构件的微分方程。

如果对式(7.6)两边积分，并取边界条件为

$$t = t_0, \quad \varphi = \varphi_0, \quad \omega = \omega_0, \quad J = J_0$$

可得

$$\frac{1}{2}J\omega^2 - \frac{1}{2}J_0\omega_0^2 = \int_{\varphi_0}^{\varphi} Md\varphi = \int_{\varphi_0}^{\varphi}(M_d - M_r)d\varphi \tag{7.13}$$

式(7.13)称为作定轴转动的等效构件的积分方程。

式中：ω_0、ω——等效构件在初始位置、任意位置的角速度；

φ_0、φ——等效构件在初始位置、任意位置的角位移；

J_0、J——等效构件在初始位置、任意位置的等效转动惯量。

如果对式(7.8)两边积分，并取边界条件为

$$t = t_0, \quad s = s_0, \quad v = v_0, \quad m = m_0$$

可得

$$\frac{1}{2}mv^2 - \frac{1}{2}m_0v_0^2 = \int_{s_0}^{s} Fds = \int_{s_0}^{s}(F_d - F_r)ds \tag{7.14}$$

式(7.14)称为作往复移动的等效构件的积分方程。

式中：v_0、v——等效构件在初始位置和任意位置的速度；

s_0、s——等效构件在初始位置和任意位置的位移；

m_0、m——等效构件在初始位置和任意位置的等效质量。

在描述等效构件的运动时，可用微分方程和积分方程两种形式。具体应用时要看使用哪个方程更为简便。

7.3 机械运动方程式的求解

建立机械运动学方程式后，便可求解在外力作用下机械系统的真实运动规律。由于等效量可能是位置、速度或时间的函数，在不同的情况下，可适当选择积分或微分形式的运动方程式，本节以等效量是机构位置的函数，等效构件分别为转动件和移动件两种情况为例进行求解。

7.3.1 等效构件是转动件

设等效转动件的等效驱动力矩和等效阻力矩分别为 $M_d = M_d(\varphi)$ 和 $M_r = M_r(\varphi)$，等效转动惯量 $J = J(\varphi)$，来研究等效构件的运动规律，则采用能量形式的运动方程比较简单，由式(7.13)

$$\frac{1}{2}J\omega^2 - \frac{1}{2}J_0\omega_0^2 = \int_{\varphi_0}^{\varphi} M\mathrm{d}\varphi = \int_{\varphi_0}^{\varphi} (M_d - M_r)\mathrm{d}\varphi$$

得

$$\omega = \sqrt{\frac{J_0}{J}\omega_0^2 + \frac{2}{J}\left(\int_{\varphi_0}^{\varphi} M_d\mathrm{d}\varphi - \int_{\varphi_0}^{\varphi} M_r\mathrm{d}\varphi\right)}$$

在已知初值 $t = t_0$、$\varphi = \varphi_0$、$\omega = \omega_0$ 和 $J = J_0$ 时，可以求出任意位置 φ 所对应的角速度，即

$$\omega = \omega(\varphi) \tag{7.15}$$

又由于

$$\omega(\varphi) = \frac{\mathrm{d}\varphi}{\mathrm{d}t}, \quad 即 \quad \mathrm{d}t = \frac{\mathrm{d}\varphi}{\omega(\varphi)}$$

进行积分得到

$$\int_{t_0}^{t} \mathrm{d}t = \int_{\varphi_0}^{\varphi} \frac{\mathrm{d}\varphi}{\omega(\varphi)}$$

$$t = t_0 + \int_{\varphi_0}^{\varphi} \frac{\mathrm{d}\varphi}{\omega(\varphi)}$$

即

$$t = t(\varphi) \tag{7.16}$$

联立求解式(7.15)和式(7.16)，就可以得到等效构件角速度的变化规律，即

$$\omega = \omega(t)$$

对上式两边求导，就可以得到等效构件的角加速度的计算公式，即

$$\varepsilon = \frac{\mathrm{d}\omega}{\mathrm{d}t} = \frac{\mathrm{d}\omega}{\mathrm{d}\varphi}\frac{\mathrm{d}\varphi}{\mathrm{d}t} = \frac{\mathrm{d}\omega}{\mathrm{d}\varphi}\omega$$

求得了等效转动构件的角速度和角加速度以后，整个系统的真实运动情况随之可求。

7.3.2 等效构件是移动件

设等效移动件的等效驱动力和等效阻力分别为 $F_d = F_d(s)$ 和 $F_r = F_r(s)$，等效质量 $m = m(s)$，研究等效构件的运动规律时，则采用能量形式的运动方程比较简单，由式(7.14)

$$\frac{1}{2}mv^2 - \frac{1}{2}m_0 v_0^2 = \int_{s_0}^{s} F ds = \int_{s_0}^{s} (F_d - F_r) ds$$

得

$$v = \sqrt{\frac{m_0}{m} v_0^2 + \frac{2}{J} \left(\int_{s_0}^{s} F_d ds - \int_{s_0}^{s} F_r ds \right)}$$

在已知初值 $t = t_0$、$s = s_0$、$v = v_0$ 和 $m = m_0$ 时，可以求出任意位置 s 所对应的速度，即

$$v = v(s) \tag{7.17}$$

又由于

$$v(s) = \frac{ds}{dt}, \quad 即 \quad dt = \frac{ds}{v(s)}$$

进行积分得到

$$\int_{t_0}^{t} dt = \int_{t_0}^{t} \frac{ds}{v(s)}$$

$$t = t_0 + \int_{t_0}^{t} \frac{ds}{v(s)}$$

即

$$t = t(s) \tag{7.18}$$

联立求解式(7.17)和式(7.18)，就可以得到等效构件速度的变化规律，即

$$v = v(t)$$

对上式两边求导，就可以得到等效构件的加速度的计算公式，即

$$a = \frac{dv}{dt} = \frac{dv}{ds} \frac{ds}{dt} = \frac{dv}{ds} v$$

求得了等效移动构件的速度和加速度以后，整个系统的真实运动情况随之可求。

例 7.2 已知某电动机的驱动力矩为 $M_d = (1000 - 9.95\omega)$ N·m，用它来驱动一个阻抗力矩为 $M_r = 200$ N·m 的齿轮减速器，其等效转动惯量 $J_e = 5$ kg·m²。试求电动机角速度从零增至 50 rad/s 时需要多长时间？

解 力矩形式的运动方程式为

$$J(\varphi) \frac{d\omega}{d t} + \frac{\omega^2(\varphi)}{2} \frac{dJ(\varphi)}{d\varphi} = M(\varphi, \omega, t)$$

因等效转动惯量是常数，上式可简化为

$$J d\omega/dt = M_d(\omega) - M_r$$
$$dt = J d\omega / [M_d(\omega) - M_r]$$

将上式积分，可得

$$t = t_0 + J \int_{\omega_0}^{\omega} \frac{d\omega}{M_d(\omega) - M_r}$$

式中 $t = 0$，$\omega_0 = 0$，故

$$t = 5 \int_0^{50} d\omega / (1000 - 9.95\omega - 200)$$
$$= -\frac{5}{9.55} \ln \left(\frac{1000 - 200 - 9.55\omega}{1000 - 200} \right) \Big|_0^{50}$$

$=0.476$ s

即该系统电动机的角速度从零增至 50 rad/s 需 0.476 s。

例 7.3 如图 7.5 所示机构中,滑块 3 的质量为 m_3,曲柄 AB 长为 r,滑块 3 的速度 $v_3=\omega_1 r\sin\theta$,ω_1 为曲柄的角速度。当 $0°\leqslant\theta\leqslant180°$ 时,阻力 F 为常数;当 $180°\leqslant\theta\leqslant360°$ 时,阻力 $F=0$。驱动力矩 M 为常数。曲柄 AB 绕 A 轴的转动惯量为 J_{A1},不计构件 2 的质量及各运动副中的摩擦。设在 $\theta=0°$ 时,曲柄的角速度为 ω_0。试求:

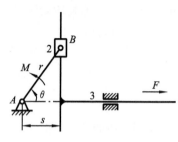

图 7.5 正弦机构

(1) 取曲柄为等效构件时的等效驱动力矩 M_d 和等效阻力矩 M_r;

(2) 等效转动惯量 J;

(3) 在稳定运转阶段,作用在曲柄上的驱动力矩 M;

(4) 写出机构的运动方程式。

解 (1) 驱动力矩 M 作用在等效构件上,且其他构件上无驱动力矩,故有

$$M_d=M$$

阻力 F 的等效阻力矩

$$M_r=Fv_3/\omega_1=Fr\sin\theta\ (0°\leqslant\theta\leqslant180°)$$
$$M_r=0\ (180°\leqslant\theta\leqslant360°)$$

(2) 等效转动惯量为

$$J=J_{A1}+M_3 r^2\sin^2\theta$$

(3) 稳定运转阶段,作用在曲柄上的驱动力矩可由 $M\cdot 2\pi=F\cdot 2r$ 得 $M=\dfrac{F\cdot r}{\pi}$

(4) 机构的运动方程式为

$$\int_0^\theta (M_d-M_r)\mathrm{d}\theta=\frac{1}{2}J(\theta)\omega^2-\frac{1}{2}J_0(\theta)\omega_0^2$$

7.4 稳定运转状态下机械的周期性速度波动及其调节

机械速度的波动可分为周期性与非周期性两大类,两类速度波动产生的原因不同,采用的调节方法也不同。机械速度波动一般用速度运转不均匀系数来衡量。

7.4.1 机械速度波动的衡量指标

图 7.6 所示为某一等效转动构件角速度随时间(转角)的变化曲线,其最大以及最小角速度分别为 $\omega_{\max}$ 和 $\omega_{\min}$,则按照平均角速度 ω_m 的概念,在一定的周期 $T(\varphi_T)$ 内,ω_m 可以表示为

$$\omega_m=\frac{\int_0^{\varphi_T}\omega\mathrm{d}\varphi}{\varphi_T}$$

在稳定工作期间,当 ω 变化不是很大时,为了计算简便,常用角速度的算术平均值来代替平均角速度,省去了积分的麻烦,即

$$\omega_m=\frac{\omega_{\max}+\omega_{\min}}{2} \tag{7.19}$$

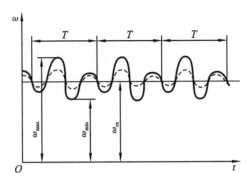

图 7.6 等效转动构件角速度随时间的变化曲线

机械的速度波动可以用绝对速度变化的最大值($\omega_{max}-\omega_{min}$)来表示。但当($\omega_{max}-\omega_{min}$)一样时,对于高速机械和低速机械来说,其速度的相对波动程度是不一样的,因此,平均速度 ω_m 也是评价速度变化的一个重要指标。就像用绝对误差和相对误差来评价误差一样,人们也可以采用速度的相对变化来反应速度的波动程度,称为速度波动系数或者速度运转不匀速系数,用 δ 来表示。δ 是机械速度的绝对变化量与平均速度的比值,可表示为

$$\delta=(\omega_{max}-\omega_{min})/\omega_m \tag{7.20}$$

对于不同的机械,根据其运转精度的不同,其速度波动的允许值[δ]是不一样的。精度要求越高的机械,一般要求[δ]越小。表 7.1 给出了常用机械的速度波动许用值,供设计时参考。一般情况下,为使机械系统在运转的过程中正常工作,所设计的速度波动 $\delta \leqslant [\delta]$。

表 7.1 机械运转速度不均匀系数 δ 的取值范围

机械名称	破碎机	冲床和剪床	压缩机和水泵	减速器	交流发电机
δ	0.10~0.20	0.05~0.15	0.03~0.05	0.015~0.020	0.002~0.003

7.4.2 周期性速度波动产生的原因及调节方法

假设存在一等效转动构件,若受到如图 7.7 所示的周期性的驱动力矩 M_d 和阻力矩 M_r。在一段时间内,当驱动力矩所做的功 W_d 大于阻力矩做的功 W_r 时,这个等效构件的角速度增加,动能增大,称 W_d-W_r 为"盈功",在图上用"+"表示;当驱动力矩所做的功 W_d 小于阻力矩做的功 W_r 时,这个等效构件的角速度减小,动能降低,称 W_d-W_r 为"亏功",在图上用"-"表示;当 W_d-W_r 达到最大值时,我们称之为最大盈亏功,用 A_{max} 表示。A_{max} 是指机械系统在一个运动循环中动能变化的最大差值,其值不一定等于系统盈功或亏功的最大值。

该等效构件是在外力(驱动力和阻力)作用下运转的,而驱动力所做的功和克服阻力所做的功并不一定总是相等的。由能量守恒定律可知:在任一时间间隔内,驱动力所做的功和克服阻力所需的功之差应等于该时间间隔内机械动能的变化量 ΔE,见图 7.7(b)。即

$$\Delta E=W_d-W_r=\int_1^2(M_d-M_r)\mathrm{d}\varphi \tag{7.21}$$

若等效力矩 M_e 和等效构件的转动惯量 J_e 的变化都是周期性的,在它们的公共周期内,驱动功等于阻抗功,机械系统动能增量为零,则等效构件的速度在公共周期的始末是相等的,机械运转的速度将呈现周期性波动。在不同的两个位置,其动能的变化量可以写成

$$\Delta E=\frac{1}{2}J_{e2}\omega_2^2-\frac{1}{2}J_{e1}\omega_1^2$$

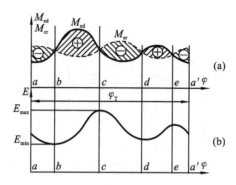

图 7.7　周期性等效转动构件的转矩与动能变化曲线

在一个周期内，呈现周期性速度波动的等效构件，其等效转动惯量变化不大，可忽略不计。上式可以写为

$$\Delta E = \frac{1}{2} J_e (\omega_2^2 - \omega_1^2)$$

把上式代入式(7.21)，可以得到

$$\Delta E = W_d - W_r = \int_1^2 (M_d - M_r) d\varphi = \frac{1}{2} J_e (\omega_2^2 - \omega_1^2) \tag{7.22}$$

在一般机械中，当等效构件或者主轴处于最大角速度 ω_{max} 时，具有动能最大值 E_{max}；反之，当等效构件或者主轴处于最小角速度 ω_{min} 时，等效系统具有动能最小值 E_{min}。对于周期性的速度波动来说，E_{max} 与 E_{min} 之差表示一个周期内动能的最大变化量，它是由最大盈亏功(从 ω_{min} 到 ω_{max} 区间为最大盈功，从 ω_{max} 到 ω_{min} 区间为最大亏功)转化而来的。

当等效构件处在最大角速度与最小角速度两个时刻时，式(7.22)可写为

$$A_{max} = E_{max} - E_{min} = \frac{1}{2} J_e (\omega_{max}^2 - \omega_{min}^2) = J_e \omega_m^2 \delta \tag{7.23}$$

由式(7.23)分析可知：

(1) 当 A_{max} 与 ω_m 一定时，δ 与等效转动惯量 J_e 成反比。

(2) 由于 A_{max} 不会为零，J_e 不可能为无穷大，所以，δ 不可能为零。也就是说，速度波动一直存在于现实的机械中，不会消失。

对于周期性的速度波动来说，当最大盈亏功一定的情况下，速度不均匀系数(coefficient of non-uniformity of operating velocity of machinery)与等效转动惯量和平均角速度成反比，增大等效转动惯量、提高平均角速度，可以减少速度不均匀系数。一般来说，工程中常在高速轴上增加转动惯量，即在高速轴上安装一个具有较大转动惯量的盘类零件的方法来降低机械的速度波动。该盘类零件称为飞轮。安装飞轮的实质就是增加机械系统的等效转动惯量。由于飞轮转动惯量很大，在系统中的作用相当于一个容量很大的储能器。当系统出现盈功时，它将多余的能量以动能的形式"储存"起来，并使系统运转速度的升高幅度减小；反之，当系统出现亏功时，它可将"储存"的动能释放出来以弥补能量的不足，并使系统运转速度下降的幅度减小。从而减小了机械系统运转速度波动的程度，获得了良好的调速效果。

7.4.3　最大盈亏功的 A_{max} 计算

计算飞轮转动惯量必须首先确定最大盈亏功(maximum increment or decrement of work)。若给出作用在主轴上的驱动力矩 M_d 和阻力矩 M_r 的变化规律，A_{max} 便可确定如下。

如图 7.8(a)所示,在 oa 区间,输入功与输出功之差为

$$A_{oa} = \int_0^a (M_d - M_r)d\varphi = \int_0^a u_M(y' - y'')dx u_\varphi = u_M u_\varphi [S_1]$$

如前所述,盈亏功等于机器动能的增减量。设 E_o 为主轴角位置 φ_0 时机器的动能,则主轴角为 φ_a 时,机器的动能 E_a 应为

$$E_a = E_o - A_{oa} = E_o - u_M u_\varphi [S_1]$$
$$E_b = E_a + A_{ab} = E_b + u_M u_\varphi [S_2]$$
$$\cdots\cdots$$
$$E_o = E_d - A_{do} = E_d - u_M u_\varphi [S_5]$$

以上动能变化也可用能量指示图表示。如图 7.8(b)所示,从 o 点出发,顺次作向量 $\overrightarrow{oa}$、$\overrightarrow{ab}$、$\overrightarrow{bc}$、$\overrightarrow{cd}$ 和 $\overrightarrow{do}$ 分别表示盈亏功 A_{oa}、A_{ab}、A_{bc}、A_{cd} 和 A_{do}(盈功为正,箭头朝上;亏功为负,箭头朝下)。由于机器经历一个周期回到初始状态,其动能增减为零,所以该向量图的首尾应当封闭。由图可知:d 点具有最大动能,对应于 $\omega_{\max}$;a 点具有最小动能,对应于 $\omega_{\min}$。a、d 两位置动能之差即是最大盈亏功 $A_{\max}$。

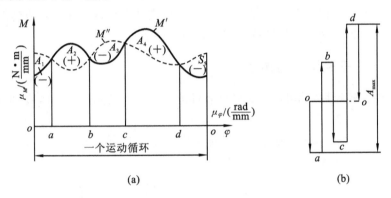

图 7.8 最大盈亏功的确定

7.4.4 飞轮转动惯量的计算

飞轮设计的关键是根据机械的平均角速度和允许的速度波动系数 $[\delta]$ 来确定飞轮的转动惯量。还以转动构件作为等效构件的例子来进行介绍。设系统的等效转动惯量为 J_e,满足速度调节所安装飞轮的等效转动惯量为 J_F,则系统总的转动惯量为 $J_e + J_F$。

由式(7.23),可得

$$A_{\max} = E_{\max} - E_{\min} = (J_e + J_F)\omega_m^2 \delta$$

又因为

$$\omega_m = \frac{\pi n}{30}$$

所以

$$J_e + J_F = \frac{A_{\max}}{\omega_m^2 \delta} = \frac{900 A_{\max}}{\pi^2 n^2 \delta}$$

故

$$J_F = \frac{A_{\max}}{\omega_m^2 \delta} - J_e = \frac{900 A_{\max}}{\pi^2 n^2 \delta} - J_e \tag{7.24}$$

为使设计的机械系统在运转过程中速度波动在允许值内,必须保证 $\delta \leqslant [\delta]$。所以式(7.24)可写为

$$J_F \geqslant \frac{900 A_{\max}}{\pi^2 n^2 [\delta]} - J_e \tag{7.25}$$

式中：J_e——系统中除飞轮外其他运动构件的等效转动惯量。若 $J_F \gg J_e$，则 J_e 可以忽略，式(7.25)可近似地写为

$$J_F \geqslant \frac{900 A_{\max}}{\pi^2 n^2 [\delta]} \tag{7.26}$$

由式(7.26)可以看出：

(1) 当 $A_{\max}$ 与 ω_m 一定时，如 $[\delta]$ 取值很小，则飞轮的转动惯量很大。所以，过分追求机械运转速度的均匀性，将会使飞轮过于笨重。

(2) J_F 不可能为无穷大，所以，$[\delta]$ 不可能为零。也就是说，利用飞轮并不能消除周期性速度波动，但可以减小速度波动。

(3) 当 $A_{\max}$ 与 $[\delta]$ 一定时，J_F 与 ω_m 的平方成反比。所以，最好将飞轮安装在机械的高速轴上。

显然按照式(7.26)的计算结果得到的飞轮的等效转动惯量比实际需要的更大一些，从满足速度波动的要求来看是更安全的。

在整个飞轮等效转动惯量的推导过程中，是假定飞轮和等效构件具有相同的转速，即假定飞轮安装在机械的等效构件上。若实际设计时，飞轮安装在机械系统的其他构件上，则需要按照等效的原则把飞轮的转动惯量换算到其安装的构件上。

7.4.5 飞轮主要尺寸的确定

飞轮转动惯量确定后，就可以确定其他各部分的尺寸。按照飞轮的构造，可分为轮形飞轮和盘形飞轮。

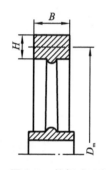

图 7.9 轮辐式飞轮机构简图

最常用的轮形飞轮是轮辐式飞轮，结构简图如图 7.9 所示。设轮缘的平均直径为 D_m，则

$$J = m \left(\frac{D_m}{2} \right)^2 = = \frac{m D_m^2}{4}$$

当按照机器的结构和空间位置选定轮缘的平均直径 D_m 之后，由上式便可求出飞轮的质量 m。设轮缘为矩形断面，它的体积、厚度、宽度分别为 $V(\text{m}^3)$、$H(\text{m})$、$B(\text{m})$，材料的密度为 $\rho(\text{kg/m}^3)$，则

$$m = V\rho = \pi D_m H B \rho$$

选定飞轮的材料与厚宽比 H/B 之后，轮缘的截面尺寸便可以求出。

对于外径为 D 的实心圆盘式飞轮，由理论力学知：

$$J = \frac{1}{2} m \left(\frac{D}{2} \right)^2 = \frac{m D^2}{8}$$

选定圆盘直径 D，便可求出飞轮的质量 m。再从

$$m = V\rho = \frac{\pi D^2}{4} B \rho$$

选定材料之后，便可求出飞轮的宽度 B。

飞轮的转速越高，其轮缘材质产生的离心力越大，当轮缘材料所受离心力超过其材料的强度极限时，轮缘便会爆裂。为了安全，在选择平均直径 D_m 和外圆直径 D 时，应使飞轮外圆的圆周速度不大于以下安全数值：

对于铸铁飞轮 $v_{\max} \leqslant 36 \text{ m/s}$；

对于铸钢飞轮 $v_{\max} \leqslant 50 \text{ m/s}$。

应当说明,飞轮不一定是机械中的专门构件。实际机械中往往用增大带轮(或齿轮)的尺寸和质量的方法,使它们兼具飞轮的作用。这种带轮(或齿轮)也就是机器中的飞轮。还应指出,本章所介绍的飞轮设计方法,没有考虑除飞轮外其他构件动能的变化,因而是近似的。由于机械运转速度不均匀系数有一个容许范围,所以这种近似设计可以满足一般机械的使用要求。

例 7.4 已知某机械一个稳定运动循环内的等效阻力矩 M_r 如图 7.10 所示,等效驱动力矩 M_d 为常数,等效构件的最大及最小角速度分别为 $\omega_{max}=200$ rad/s 及 $\omega_{min}=180$ rad/s。试求:

(1) 等效驱动力矩 M_d 的大小;

(2) 运转的速度不均匀系数 δ;

(3) 当要求 δ 在 0.05 范围内,并不计其余构件的转动惯量时,装在等效构件上的飞轮的转动惯量 J_F。

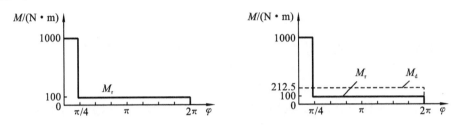

图 7.10 某机构的周期性等效阻力矩

解 (1) 根据一个周期中等效驱动力矩做的功和阻力矩做的功相等来求等效驱动力矩。

由

$$\int_0^{2\pi} M_d d\varphi = \int_0^{2\pi} M_r d\varphi$$

得

$$M_d = \frac{1}{2\pi}\left(1000 \times \frac{\pi}{4} + 100 \times \frac{7\pi}{4}\right) = 212.5 \text{ N·m}$$

(2) 直接利用下式求 δ。

$$\omega_m = \frac{1}{2}(\omega_{max} + \omega_{min}) = \frac{1}{2}(200+180) \text{ rad/s} = 190 \text{ rad/s}$$

$$\delta = \frac{\omega_{max} - \omega_{min}}{\omega_m} = \frac{200-180}{190} = 0.105$$

(3) 求出最大盈亏功后,飞轮转动惯量可利用下式求解。

$$A_{max} = (212.5 - 100)\frac{7\pi}{4} = 618.5 \text{ J}$$

$$J_F = \frac{\Delta W_{max}}{\omega_m^2[\delta]} = \frac{618.5}{190^2 \times 0.05} \text{ kg·m}^2 = 0.3427 \text{ kg·m}^2$$

例 7.5 如图 7.11 所示为作用在机器主轴上一个工作循环内的阻力矩 M_r,驱动力矩 M_d 为常数,机器的等效转动惯量 J 为常数,平均角速度 $\omega_m=10$ rad/s。试求:

(1) 驱动力矩 M_d;

(2) 主轴最大角速度 ω_{max} 和最小角速度 ω_{min} 对应的主轴转角位置 φ;

(3) 最大盈亏功 ΔW_{max};

(4) 若速度不均匀系数为 0.1,装在主轴上飞轮所需的转动惯量 J_F。

解 (1) 求 M_d。

$$M_d \cdot 2\pi = 100 \times \frac{2\pi}{3} + 100 \times \frac{\pi}{3} = 50 \text{ N·m}$$

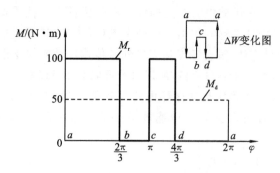

图 7.11 某机构的周期性等效阻力矩

(2) ω_{max} 对应于 $\varphi = 0°(2\pi)$，ω_{min} 对应于 $\varphi = \dfrac{2\pi}{3}$ 和 $\dfrac{4\pi}{3}$。

(3) $\Delta W_{max} = 50 \times \dfrac{2\pi}{3}$ J $= 104.72$ J

(4) 可在主轴上安装飞轮以减小速度波动，飞轮所需的转动惯量

$$J_F = \dfrac{\Delta W_{max}}{\omega_m^2 [\delta]} = \dfrac{50 \times 2\pi/3}{20^2 \times 0.1} = 2.6 \text{ kg} \cdot \text{m}^2$$

例 7.6 已知某机械一个稳定运动循环内的等效阻力矩 M_r 和等效驱动力矩 M_d 如图 7.12 所示，由其围成的各块面积代表功的大小，等效驱动力矩 M_d 为常数，$A_1 = 1500$ J，$A_2 = 1000$ J，$A_3 = 400$ J，$A_4 = 1000$ J，等效构件的平均角速度 $\omega_m = 50$ rad/s，其运转不均匀系数 $\delta \leqslant 0.05$，求：

(1) A_5 的大小；

(2) 装在等效构件上的飞轮的转动惯量 J_F；

(3) 指出 ω_{max} 及 ω_{min} 的位置。

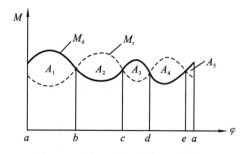

图 7.12 某机构的周期性等效力矩

解 (1) 在一个周期内，驱动力和阻力所做的功大小相等，则有

$$A_1 + A_3 + A_5 = A_2 + A_4$$

$$A_5 = 100 \text{ J}$$

(2) 用能量指示图法计算最大盈亏功 A_{max}。

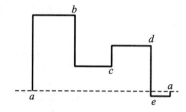

$$\Delta A_{\max}=A_1+A_5=1600 \text{ J}$$

$$J_F=\frac{\Delta A_{\max}}{\omega_m^2[\delta]}=\frac{1600}{50^2\times 0.05}\text{kg}\cdot\text{m}^2=12.8\text{ kg}\cdot\text{m}^2$$

(3) $\omega_{\max}$ 对应于 b，$\omega_{\min}$ 对应于 e。

7.5　非周期性速度波动及其调节

如果机械在运转的过程中，若等效力矩 M_e 的变化是非周期性的，则机械运转的速度波动将呈现非周期性变化，破坏机械的稳定运行。如果输入功在很长一段时间内总是大于输出功，则机械运转速度将不断升高，直至超越机械强度所容许的极限转速而导致机械损坏或者"飞车"现象；反之，如果输入功总是小于输出功，则机械运转速度将不断下降，直至停车。对于非周期性速度波动，不能依靠飞轮来进行调节，只能采用特殊的装置使输入功与输出功趋于平衡，以达到新的稳定运转。这种特殊装置称为调速器。对于选用电动机作为原动机的机械，其电动机本身有自调性，即本身就可以使驱动力矩和工作阻力矩协调一致，能自动地重新建立能量平衡关系。而对于使用汽轮机、内燃机等为原动机的机械，其调节非周期性速度波动的方法是通过安装调速器来实现的。

最常用的调速器是离心式调速器。如图 7.13 所示为该调速器的工作原理图。方框 1 为原动机 1、方框 2 为传动装置，2 带动主轴 3 转动，调速器安装在主轴上。当机械系统速度增大时，调速器加速，由于惯性离心力的作用，两离心球张开带动液压控制阀关小，进入原动机的介质减少，产生的能量降低，系统的动能下降，从而主轴的转速降低；如果转速过低，则工作过程相反。

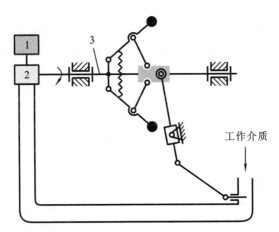

图 7.13　离心式调速器工作原理图

思考题及练习题

7.1　什么是速度波动？为什么机械运转时会产生速度波动？

7.2　机械速度波动的类型有哪几种？分别用什么方法来调节？

7.3　飞轮的作用有哪些？能否用飞轮来调节非周期性速度波动？飞轮设计的基本原则是什么？为什么飞轮应尽量装在机械系统的高速轴上？

7.4 机械运转的不均匀程度用什么来表示？飞轮的转动惯量与不均匀系数有何关系？

7.5 何为机器的平均速度和速度不均匀系数？是否选得越小越好？

7.6 是否可以用增设飞轮的方法减少非周期性速度波动？为什么？

7.7 机械的周期性速度波动调节的实质和方法是什么？能否完全消除周期性速度波动？

7.8 在建立机器等效动力学模型时，等效构件的等效力和等效力矩、等效质量和等效转动惯量是按照什么原则计算的？

7.9 什么是最大盈亏功？如何确定其值？

7.10 如何确定机械系统一个运动周期最大角速度 ω_{max} 与最小角速度 ω_{min} 所在位置？

7.11 某机械在一个稳定运动循环内作用在主轴上的阻力矩 M_r 的变化规律如图所示，周期为 2π。已知驱动力矩 M_d 为常数，主轴最大及最小角速度分别为 $\omega_{max}=200$ rad/s 及 $\omega_{min}=180$ rad/s。试求：

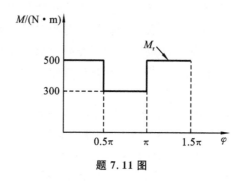

题 7.11 图

(1) 驱动力矩 M_d 的大小；

(2) 运转的速度不均匀系数 δ；

(3) 当不计其余构件的转动惯量时，装在主轴上飞轮的转动惯量 J。

7.12 图示为某机械在稳定运转一个循环中的等效阻力矩 M_r 的变化规律，其等效驱动力矩 M_d 为常数，试求：

(1) 等效驱动力矩的值；

(2) 最大盈亏功 A_{max}；

(3) 若等效构件平均角速度 $\omega=10$ rad/s，等效转动惯量 $J=2.5$ kg·m^2（含飞轮转动惯量），试计算运转速度不均匀系数 δ。

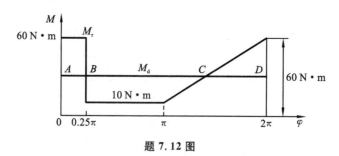

题 7.12 图

7.13 已知机器的等效阻力矩 M_r 相对于主轴转角的变化规律如图所示，其周期为 2π，等效驱动力矩 M_d 为常数；等效构件的平均转速为 2000 r/min；等效转动惯量忽略不计。若要求速度不均匀系数 $\delta \leqslant 0.1$，试求：

(1) 等效驱动力矩 M_d；

(2) 主轴最高转速和最低转速对应的转角 φ_{max}、φ_{min}；
(3) 安装在等效构件上的飞轮转动惯量 J 值。

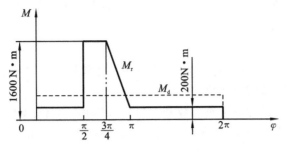

题 7.13 图

7.14 已知机组在稳定运转时期主轴上的等效阻力矩 M_r 变化曲线如图所示。等效驱动力矩 M_d 为常数，主轴的平均角速度 $\omega=10$ rad/s，为减小主轴的速度波动，现加装一个飞轮，其转动惯量 $J=0.3$ kg·m^2。试求：
(1) 等效驱动力矩 M_d；
(2) 运转速度不均匀系数 δ；
(3) 主轴的最大角速度以及最小角速度，它们发生在何处（即相应的转角）。

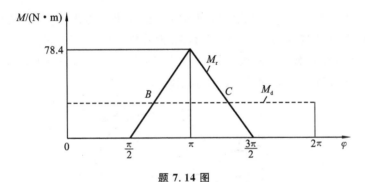

题 7.14 图

7.15 图示为某机械的传动系统。它由电动机 A 驱动，经带传动和二级齿轮减速器把动力传至输出轴 4。已知电动机的转速为 1500 r/min，各轴间的传动比为 $i_{12}=2.5$，$i_{23}=4.5$，$i_{34}=3$；各轴系的转动惯量分别为 $J_1=0.15$ kg·m^2，$J_2=0.5$ kg·m^2，$J_3=0.2$ kg·m^2，$J_4=0.3$ kg·m^2。现要求给该系统加一制动器 B，其转动惯量为 0.12 kg·m^2，当切断电动机的电源后，若要求系统在不到 2 s 的时间内停止运转。问制动器 B 安装在 2、3、4 三根轴中哪一根上

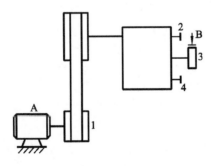

题 7.15 图

最合适？所需的制动力矩应为多大？

7.16 某机械在稳定运转时的一个运动循环中，等效阻力矩的变化规律如图所示，设等效驱动力矩为常数，等效转动惯量 $J=3$ kg·m²，主轴平均角速度为 30 rad/s，试求：

(1) 等效驱动力矩 M_d；

(2) 最大盈亏功；

(3) 要求运转速度不均匀系数为 0.05，则安装在等效构件上的飞轮转动惯量应为多少？

(4) 转速最大和最小的周期位置 φ。

7.17 图示轮系中，已知各齿轮齿数分别为 20,20,40,40，作用在轴 3 上的阻力矩 40 N·m，齿轮的转动惯量 $J_1=J_2'=0.01$ kg·m²，$J_2=J_3=0.04$ kg·m²，当取齿轮 1 为等效构件时，求轮系的等效转动惯量和等效阻力矩。

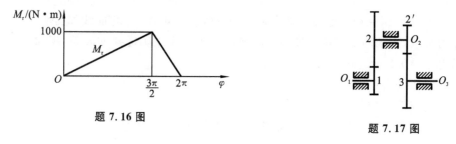

题 7.16 图

题 7.17 图

7.18 图示为由齿轮 1 和 2 组成的减速传动。已知驱动力矩为常数，从动轮上所受阻力矩随其转角变化，其变化规律为：[0°,180°]时，M_2 为常数；[180°,360°]时，$M_2=0$。若已知齿轮 1、2 的转动惯量分别为 J_1 和 J_2，齿数比为 $Z_2/Z_1=3$，主动轮转速为 n_1 r/min。试求当给定不均匀系数为 δ 时，装在主动轮上的飞轮转动惯量的大小。

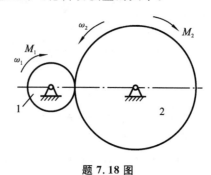

题 7.18 图

第 8 章　平面连杆机构及其设计

8.1　平面连杆机构及其传动特点

多个刚性构件由低副连接而成的平面机构称为平面连杆机构(linkage mechanism),又称为平面低副机构。

平面连杆机构主要有以下一些特点。

(1) 具有丰富的连杆曲线形状。在连杆机构中,连杆上各点的轨迹形状都不相同,其形状随着各构件相对长度的改变而改变,从而可以得到形式众多的连杆曲线,用于满足不同轨迹的设计要求。

(2) 其构件多为杆状,可用于远距离的运动和动力的传递。

(3) 运动副元素一般为圆柱面或平面,制造方便,易于保证所要求的运动副元素的配合精度,且接触压强小,便于润滑,不易磨损,适合传递较大动力。因此,广泛应用于各种机械和仪表中。

(4) 作变速运动的构件惯性力和惯性力矩难以完全平衡,不宜用于高速运动。

(5) 构件和运动副多,累积误差大、运动精度低、效率低。

(6) 设计比较复杂,难以实现精确的轨迹。

随着计算机技术和现代设计方法的发展和应用,其限制因素在很大程度上得到了改善,有效扩大了平面连杆机构的应用。

8.2　平面四杆机构的类型和应用

8.2.1　平面四杆机构基本类型及其应用

所有运动副均为转动副的平面四杆机构称为铰链四杆机构,它是平面四杆机构的基本形式。在铰链四杆机构(见图 8.1)中,构件 4 为机架,与机架以转动副相连的构件 1 和 3 称为连架杆。在连架杆中,能绕其轴线 360°回转的构件 1 称为曲柄,仅能绕其轴线往复摆动的构件 3 称为摇杆,与机架相对的连接件 2 作平面运动,称为连杆。

铰链四杆机构根据其两连架杆运动形式的不同,又可分为以下三种基本类型。

1. 曲柄摇杆机构

在平面四杆机构的两连架杆中,若一个曲柄(crank),而另一个为摇杆(rocker),则此平面四杆机构称为曲柄摇杆机构(crank-rocker mechanism)。如雷达天线俯仰角调整机构(见图 8.2)、缝纫机的脚踏板机构(见图 8.3)、钢板摆式飞剪机构(见图 8.4),其中杆 AB 均为曲柄,杆 CD 均为摇杆。

2. 双曲柄机构

若平面四杆机构的两连架杆均为曲柄,则此平面四杆机构称为双曲柄机构(double-crank

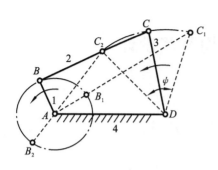

图 8.1　铰链四杆机构

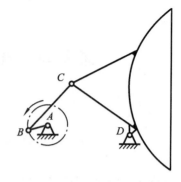

图 8.2　雷达天线俯仰角调整机构

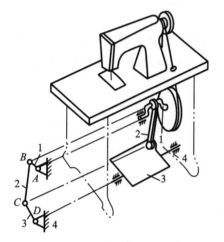

图 8.3　缝纫机的脚踏板机构

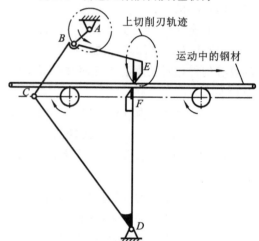

图 8.4　钢板摆式飞剪机构

mechanism)。惯性筛(见图 8.5)中平面四杆机构 $ABCD$ 即为双曲柄机构。当曲柄 2 等速回转时,另一曲柄 4 作变速回转,使筛子具有所需加速度,再利用加速度所产生的惯性力,使大小不同的颗粒在筛子上作往复运动,从而达到筛选的目的。在双曲柄机构中若两组对边的构件长度相等,则可得到平行四边形机构(parallel-crank mechanism)(见图 8.6(a)),由于这种机构两连架杆运动完全相同,故连架杆始终作平动,它的应用很广。如公共汽车开关门机构(见图 8.6(b)),摄影车的升降机构(见图 8.7),天平机构(见图 8.8),火车车轮联动机构(见图 8.9),铲斗机构(见图 8.10)等。

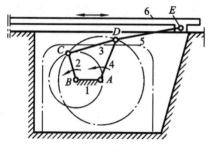

图 8.5　惯性筛

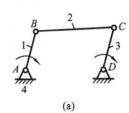

图 8.6　四边形机构

3. 双摇杆机构

若平面四杆机构的两连架杆均为摇杆,则此平面四杆机构称为双摇杆机构(double-rocker mechanism)。如电风扇摇头机构(见图 8.11),鹤式起重机构(见图 8.12),飞机起落架机构

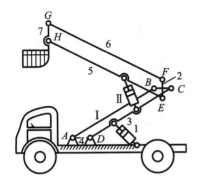

图 8.7 摄影车的升降机构

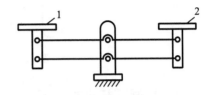

图 8.8 天平机构

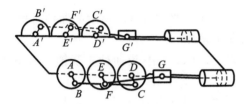

图 8.9 火车车轮联动机构

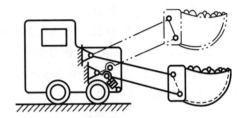

图 8.10 铲斗机构

(见图 8.13),开关分合闸机构(见图 8.14),汽车、拖拉机转向机构(见图 8.15),铸造机振实式翻转机构(见图 8.29)等。

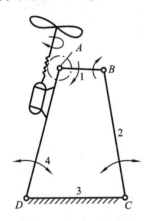

图 8.11 电风扇摇头机构

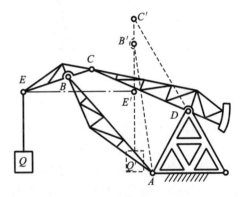

图 8.12 鹤式起重机构

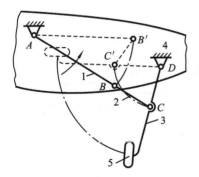

图 8.13 飞机起落架机构

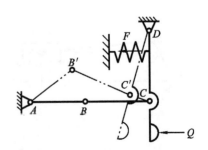

图 8.14 开关分合闸机构

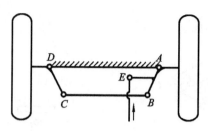

图 8.15　汽车、拖拉机转向机构

8.2.2　平面四杆机构的演变

1. 转动副转化成移动副

除上述铰链四杆机构以外，还有其他形式的四杆机构，如图 8.17(a)所示的曲柄滑块机构（slider-crank mechanism），它是由铰链四杆机构演变而成的。

在曲柄摇杆机构（crank-rocker mechanism）（见图 8.16(a)）中，当曲柄 1 绕轴 A 回转时，铰链 C 将沿圆弧往复运动。

如图 8.16(b)所示，将摇杆 3 做成滑块形式，并使其在圆弧导轨中移动，显然其运动性质未发生改变。但此时铰链四杆机构将演化成为曲线导轨的曲柄滑块机构。

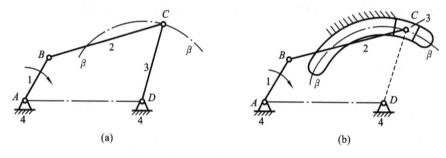

图 8.16　曲柄摇杆机构

若在曲柄摇杆机构（见图 8.16(a)）中，将摇杆 3 的长度增至无穷大，则铰链 C 运动的轨迹将变为直线，于是铰链四杆机构将演化成曲柄滑块机构（见图 8.17(a)）。若滑块的导路中心线通过曲柄回转中心，则此机构称为对心式曲柄滑块机构（centric slider-crank mechanism）（见图 8.17(b)），反之，则称为偏置式曲柄滑块机构（offset slider-crank mechanism）（见图 8.17(a)）。

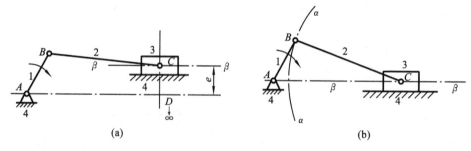

图 8.17　曲柄滑块机构

在图 8.17 所示曲柄滑块机构的基础上再进行类似演变，可得到几种具有双移动副的平面四杆机构。若将点 A 移至无穷远处,则转动副 A 演变成移动副得到双滑块机构(double-slider mechanism);也可将构件 2 与构件 3 之间的转动副 C 变成移动副得到正弦机构(scotch-yoke mechanism)(见图 8.18(b));若将转动副 B 变成移动副,则可得到正切机构(见图 8.18(c))。

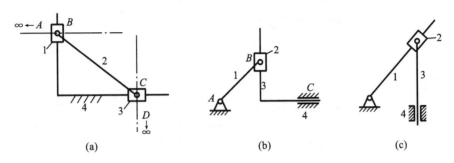

图 8.18 双移动副的平面四杆机构

2. 扩大转动副

当曲柄滑块机构的曲柄较短时(见图 8.19(a)),往往由于工艺、结构和强度等方面的需要,须将回转副 B 的曲柄销半径扩大(见图 8.19(b))至超过曲柄长度 l_1(见图 8.19(c)),使曲柄 1 变成了绕 A 点转动的偏心轮,经过这样转化而成的新机构称为偏心轮机构(eccentric mechanism)。由于偏心轮的几何中心 B 与其回转中心 A 间的距离(称为偏心距)等于曲柄长度,所以该机构各构件间的相对运动性质与曲柄滑块机构没有差别。曲柄滑块机构和偏心轮机构广泛应用于内燃机、空气压缩机、剪床、冲床及颚式破碎机等机器中。

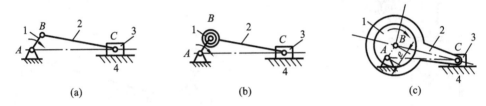

图 8.19 偏心轮机构及其演化过程

3. 取不同构件为机架

低副机构具有运动可逆性,无论哪一构件为机架,机构中各构件间的相对运动不变。但选取不同构件为机架时,却可得到不同形式的四杆机构。这种采用不同构件为机架的方式称为机构的倒置。

对曲柄摇杆机构进行倒置变换,可得到曲柄摇杆机构、双曲柄机构、双摇杆机构;对曲柄滑块机构进行倒置变换可得到转动导杆机构、摆动导杆机构、移动导杆机构(也称定块机构);对曲柄移动导杆机构进行倒置变换可得到双滑块机构、双转块机构。四杆机构的倒置变换关系可参看表 8.1。

表 8.1 四杆机构的演化关系

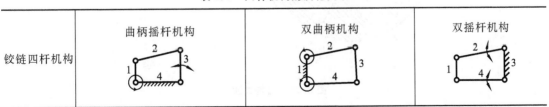

续表

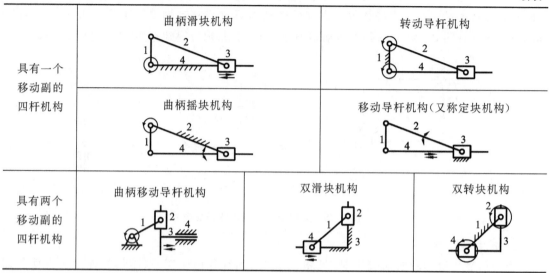

手摇唧筒(见图 8.20)则为定块机构的应用例,自卸货车的翻斗机构(见图 8.21)为曲柄摇块机构的应用实例,回转式油泵(见图 8.22)为转动导杆机构的应用实例。

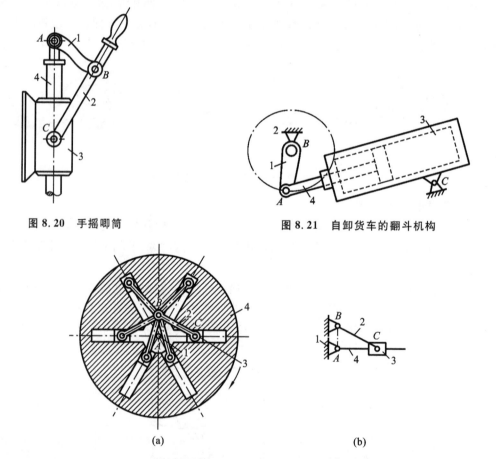

图 8.20　手摇唧筒

图 8.21　自卸货车的翻斗机构

图 8.22　回转式油泵

8.3 平面四杆机构的工作特性

平面四杆机构的工作特性是指其运动特性和传力特性。运动特性包括急回特性、运动连续性及曲柄存在条件等,而传力特性主要是指运动过程中从动件上某点的压力角和传动角、机构的死点位置及机械增益等。

8.3.1 平面四杆机构曲柄存在的条件

在工程实际中,用于驱动机构运动的原动机通常作整周转动,因此,要求机构的主动件也能作整周转动,即希望主动件是曲柄。那么在什么条件下,四杆机构中才有曲柄存在呢?现就四杆机构存在曲柄的条件加以讨论。

设平面四杆机构(见图8.23)各杆1、2、3和4的长度分别为a、b、c和d,杆4为机架,杆1和杆3为连架杆。当$a<d$时,由前面的曲柄定义可知,若杆1为曲柄,它必能绕铰链A相对机架作整周转动,这样必须使铰链B能转过点B_2和B_1两个特殊位置,此时,杆1和杆4共线。反之,只要杆1能通过与机架两次共线的位置,则必为曲柄。

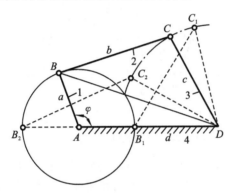

图 8.23 四杆机构曲柄存在条件

由$\triangle B_2 C_2 D$,可得
$$a+d \leqslant b+c \tag{8.1}$$

由$\triangle B_1 C_1 D$,可得
$$b \leqslant (d-a)+c \quad \text{或} \quad c \leqslant (d-a)+b$$

即
$$a+b \leqslant d+c \tag{8.2}$$
$$a+c \leqslant d+b \tag{8.3}$$

将式(8.1)、式(8.2)、式(8.3)分别两两相加,可得
$$a \leqslant c, \quad a \leqslant b, \quad a \leqslant d \tag{8.4}$$

即杆AB为最短杆。

若$d \leqslant a$,则做同样分析可得
$$d \leqslant a, \quad d \leqslant b, \quad d \leqslant c \tag{8.5}$$

分析以上各不等式,可得出平面四杆机构存在曲柄的条件是:
(1) 最短杆或者最短杆相邻杆为机架;
(2) 最短杆与最长杆长度之和小于其他两杆长度之和(又称杆长之和条件)。

上述两个条件必须同时满足，否则机构中不存在曲柄，只能是双摇杆机构。

8.3.2 平面四杆机构的急回特性

在曲柄摇杆机构（见图8.24）中，当曲柄AB为原动件作等速转动时，摇杆CD为从动件作往复变速摆动。曲柄在回转一周的过程中，与连杆BC两次共线，这时摇杆CD分别位于两个极限位置C_1D和C_2D。当曲柄AB从位置AB_1顺时针转过α_1角到达位置AB_2时，摇杆从位置C_1D摆动至C_2D，设其所用时间为t_1，则点C的平均速度为$v_1=C_1C_2/t_1$；当曲柄AB从位置AB_2顺时针转过α_2角到达位置AB_1时，摇杆从位置C_2D摆动至C_1D，设其所用时间为t_2，则点C的平均速度为$v_2=C_2C_1/t_2$。由图8.24可以看出，曲柄相应的两个转角α_1和α_2分别为

$$\alpha_1=180°+\theta, \quad \alpha_2=180°-\theta$$

显然
$$\alpha_1>\alpha_2$$

式中：θ——摇杆处于两个极限位置对应的曲柄位置线所夹的锐角，称为极位夹角（crank angle between two limit positions）。

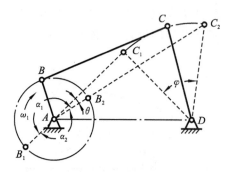

图 8.24 平面四杆机构的急回特性

根据$\alpha=\omega t$可知$t_1>t_2$，故有$v_1<v_2$。由此可知，当曲柄等速时，摇杆来回摆动的平均速度不同，一快一慢。有些机器要求从动件工作行程的速度低一些（以便提高加工质量），为了提高机械的生产工艺效率，要求返回行程的速度高一些。即应使机构的慢速运动行程为工作行程，而快速运动行程为空回行程，这种运动特性称为摇杆的急回特性（quick-return motion）。

为了表明急回运动的特征，引入机构输出构件的行程速度变化系数K。K的值为空行程的平均速度v_2与工作行程的平均速度v_1的比值，即

$$K=\frac{v_2}{v_1}=\frac{\dfrac{C_2C_1}{t_2}}{\dfrac{C_1C_2}{t_1}}=\frac{t_1}{t_2}=\frac{\alpha_1}{\alpha_2}=\frac{180°+\theta}{180°-\theta} \tag{8.6}$$

$$\theta=180°\frac{k-1}{k+1} \tag{8.7}$$

综上所述，平面四杆机构具有急回特性的条件是：
(1) 原动件作等速整周转动；
(2) 输出件作具有正反行程的往复转动；
(3) 极位夹角$\theta>0$。

可用类似方法分析得到，偏置曲柄滑块机构（见图8.25(a)）和摆动导杆机构（见图8.25(b)）的极位夹角$\theta>0$，均具有急回特性，且摆动导杆机构中还存在极位夹角与导杆摆动角相等的特点，即$\theta=\psi$。

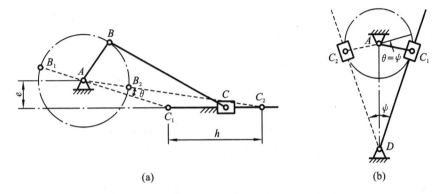

图 8.25 偏置曲柄滑块机构和导杆机构的极位夹角

8.3.3 平面四杆机构的传动角和死点

1. 传动角和压力角

在曲柄摇杆机构(见图 8.26)中,若不考虑构件的惯性力和运动副中的摩擦力等的影响,当原动件为曲柄时,通过连杆作用于从动摇杆上的力 F 沿 BC 方向,此从动杆所受的力的作用线与力作用点 C 的绝对速度 v_c 之间所夹的锐角 α 称为压力角(pressure angle)。在机构设计中,要求所设计的机构不但能实现预定的运动,而且希望运转轻便和效率高。力 F 在 v_c 方向的有效分力 $F_t = F\cos\alpha$ 愈大愈好,而 F 沿摇杆长度方向的分力 $F_n = F\sin\alpha$ 愈小愈好。由此可知,压力角愈小对机构工作愈有利。

力 F 与 F_n 所夹的锐角 γ 称为传动角(transmission angle)。由图 8.26 可知,当连杆与摇杆的夹角 δ 为锐角时,则 $\delta = \gamma$。因 $\alpha + \gamma = 90°$,故 α 愈小则 γ 愈大,对机构工作也愈有利。由于传动角可以从机构运动简图上直接观察其大小,故在机构设计中常采用 γ 来衡量机构的传动质量。当机构运转时,其传动角的大小是变化的,为了保证机构传动良好,设计时通常应使 $\gamma_{min} \geqslant 40°$;对于大功率传动机械,应使 $\gamma_{min} \geqslant 50°$。为此,需确定机构 γ_{min} 的位置,并检验 γ_{min} 的值是否超过 $[\gamma_{min}]$ 值。

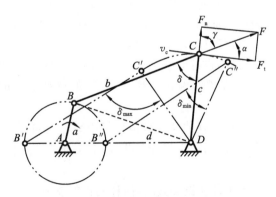

图 8.26 曲柄摇杆机构的压力角和传动角

传动角 γ 的大小随连杆与摇杆间的夹角而变化。当 $\delta < 90°$ 时,则 $\gamma = \delta$;当 $\delta > 90°$ 时,$\gamma = 180° - \delta$。所以欲求得最小传动角,必须求得 δ_{min} 与 δ_{max}。在 $\triangle BCD$ 中,BD 为 δ 角的对边,当

BD 最长与最短时则分别对应 δ 的最大值与最小值。由几何关系知，当曲柄 AB 与机架 AD 外共线时，机构处于图中 $AB'C'D$ 的位置有 δ_{max}。当曲柄 AB 与机架 AD 内共线时（见图 8.26），机构处于 $AB''C''D$ 的位置有 δ_{min}。此两位置的传动角可按下式计算。

内共线时
$$\delta_{min} = \arccos \frac{b^2 + c^2 - (d-a)^2}{2bc} \tag{8.8}$$

外共线时
$$\delta_{max} = \arccos \frac{b^2 + c^2 - (a+d)^2}{2bc} \tag{8.9}$$

当 δ_{min}、δ_{max} 均为锐角时，最小传动角 $\gamma_{min} = \delta_{min}$；当 δ_{max} 为钝角时，最小传动角 γ_{min} 为 δ_{min} 和 $180° - \delta_{max}$ 中的较小值。可见，铰链四杆机构的最小传动角必出现在曲柄与机架共线的两位置之一。

在偏置曲柄滑块机构（见图 8.27）中，曲柄为主动件时，从动件所受的推力 F 与从动件滑块 C 的速度 v_c 间的夹角为压力角 α，而力 F 与导路垂线 $y-y$ 间的夹角为传动角 γ。可见在图示 $AB'C'$ 处，有最小传动角 γ_{min}，可按下式计算，即

$$\gamma_{min} = \arccos \left(\frac{a+e}{b} \right) \tag{8.10}$$

曲柄滑块机构中，当曲柄为主动件时，最小传动角出现在曲柄与导路垂直且远离偏心一方的机构位置。

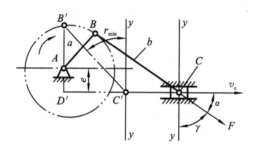

图 8.27 偏置曲柄滑块机构的传动角

2. 死点位置

缝纫机踏板机构（见图 8.3）工作时，摇杆为主动件，曲柄为从动件，当曲柄与连杆共线，摇杆通过连杆作用于曲柄的力通过曲柄回转中心（$\gamma = 0$），曲柄不能转动，机构出现"卡死"现象，机构所处的这种位置称为死点位置（dead point）。

为了保证机构继续正常运转，设计时必须设法使机构顺利地通过机构死点位置。工程上常借助于装在曲轴上的飞轮惯性顺利地通过死点位置，如缝纫机上的大带轮就兼有飞轮的作用。

工程上有时也利用机构死点位置的性质来实现某些要求。如飞机起落架（见图 8.13），当飞机着陆时机轮虽然受力很大，但因杆 1 与杆 2 共线，机构处于死点位置，机轮不能折回，从而提高了起落架工作的可靠性。

又如图 8.28 所示夹具，当工件 5 被夹紧后，四杆机构的铰链 B、C、D 处于一条直线上。在此位置，工件给夹具的反力经杆 1 通过连杆 2 传给杆 3 的回转中心 D。此力不能使杆 3 转动，因此，在所加的外力 F 去掉后，仍能夹紧工件。

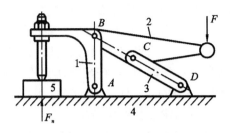

图 8.28　夹具夹紧机构原理

8.4　平面连杆机构的设计

8.4.1　平面四杆机构运动设计的基本问题

平面四杆机构的运动设计,主要是根据给定的运动条件确定机构运动的尺寸参数。生产实践中的要求是各种各样的,给的运动条件各不相同,设计方法也不相同,主要有下述设计问题。

(1) 按照给定从动件的位置设计四杆机构,称为位置设计。
(2) 按照给定点的轨迹设计四杆机构,称为轨迹设计。

设计连杆机构的方法有几何作图法、解析法和实验法三种方法。

1) 几何作图法

根据运动几何学原理,用几何作图法求解运动参数的方法。该方法直观、方便、易懂,求解速度较快,但精度不高,适用于简单问题求解或对精度要求不高的问题求解。

2) 解析法

这种方法以机构参数来表达各构件间的运动函数关系,以便按给定条件求解未知数。这种方法的求解精度高,能求解较复杂的问题。随着计算机的广泛应用,这种方法正在得到逐步推广。

3) 实验法

利用各种图谱、表格及模型或实验作图试凑等来求得机构运动参数。此种方法直观简单,但求解精度较低,适用于近似设计或参数预选。

8.4.2　平面四杆机构的几何作图法设计

1. 根据连杆给定位置设计四杆机构

图 8.29 所示为振实式翻转机构,它是用一个铰链四杆机构来实现两个工作位置的翻转。在图中实线位置 I,砂箱 7 与翻台 8 固连,并在振实台 9 上振实造型。当压力油推动活塞 6 时,通过连杆 5 使摇杆 4 摆动,从而将翻台与砂箱转到虚线位置 II。然后,托台 10 上升接触砂箱,解除砂箱与翻台间的紧固连接并起模。

现给定与翻台固连的杆 3 的长度 $l_2 = BC$ 及其两个位置 B_1C_1 和 B_2C_2,要求确定连架杆的固定铰链中心 A 和 D 的位置,并求出其余三杆的长度 l_1、l_3 和 l_4。由于连杆上 B、C 两点的轨迹分别为以 A、D 为圆心的圆弧,所以 A、D 必分别位于 B_1B_2 和 C_1C_2 的垂直平分线上。设计步骤如下:

(1) 根据给定条件,绘出连杆 3 的两个位置 B_1C_1 和 B_2C_2;

(2) 分别连接 B_1 和 B_2、C_1 和 C_2,并作 B_1B_2、C_1C_2 垂直平分线 b_{12}、c_{12};

(3) 由于 A、D 两点可分别在 b_{12}、c_{12} 两直线上任意选取,故有无穷多个解。在实际设计时还可以考虑其他辅助条件,例如最小传动角、各杆尺寸所允许的范围或其他结构上的要求等等。本机构要求 AD 两点在同一水平线上,且 $AD=BC$。根据这一附加条件,即可唯一确定 A、D 的位置,并作出位于位置 I 的所求四杆机构 AB_1C_1D。

若给定连杆三个位置(见图 8.30),要求设计四杆机构,其设计过程与上述基本相同。由于 B_1、B_2、B_3 三点位于以 A 为圆心的圆弧上,故运用已知三点求圆心的方法,作 B_1B_2 和 B_2B_3 的垂直平分线,其交点就是固定铰链中心 A。用同样方法,作 C_1C_2 和 C_2C_3 的垂直平分线,其交点便是固定铰链中心 D。AB_1C_1D 即为所求的四杆机构。

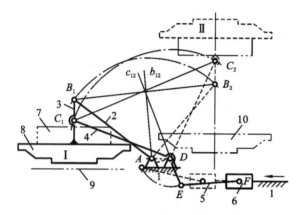

图 8.29 铸造机振实式翻转机构

1—机架;2—摇杆 AB;3—连杆 BC;
4—摇杆 CDE;5—连杆 EF;6—滑块;
7—砂箱;8—翻台;9—振实台;10—托台

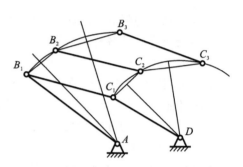

图 8.30 按给定连杆三位置设计四杆机构

2. 按照给定两连架杆的对应位置设计四杆机构

在平面四杆机构(见图 8.31)中,已知:连架杆 1 所处的位置 φ_1、φ_2、φ_3 及长度 l_1 和连架杆 3 上的 DE 线段所处三个对应位置 Ψ_1、Ψ_2、Ψ_3 及机架 AD 长度 l_4。设计的关键在于确定铰接点 C 在杆 3 上的位置,从而确定出连杆 BC 的长度 l_2 和连架杆 3 的长度 l_3。其设计步骤如下:

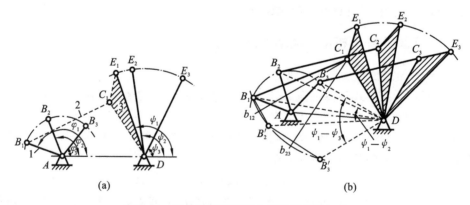

图 8.31 按给定两连架杆位置设计四杆机构

(1) 按照给定条件确定固定铰链 A 和 D,并绘出连架杆 1 的三个位置 AB_1、AB_2 和 AB_3 及连架杆 3 上的线段 DE_1、DE_2 和 DE_3 三个位置;

(2) 连接 DB_2 及 DB_3,并将 DB_2 和 DB_3 分别绕 D 点逆时针转过 $\Psi_1-\Psi_2$ 角及 $\Psi_1-\Psi_3$ 角,得 B_2' 和 B_3' 点;

(3) 作 B_1B_2'、$B_2'B_3'$ 两线段的中垂线 b_{12} 和 b_{23},两中垂线 b_{12} 和 b_{23} 相交于 C_1,C_1 则为所求的铰链 C 在连架杆 3 上的位置;

(4) AB_1C_1D 即为所求的四杆机构。

3. 按照给定行程速度变化系数设计四杆机构

在设计具有急回运动特性的四杆机构时,通常按实际需要先给定行程速度变化系数 K 的数值,然后根据机构在极限位置的几何关系,结合有关的辅助条件来确定机构运动简图的尺寸。

1) 曲柄摇杆机构

已知:摇杆长度 l_3,摆角 ψ 和行程速度变化系数 K。设计的实质是确定铰链中心点 A 的位置,从而定出其他三杆的尺寸 l_1、l_2 和 l_4。其设计步骤如下:

(1) 由给定的 k,按式(8.7)求出极位夹角 θ;

(2) 如图 8.32 所示,任选固定铰链点 D 的位置,由摇杆长度 l_3 和摆角 ψ,作出摇杆两个极限位置 C_1D 和 C_2D;

(3) 连接 C_1 和 C_2,并作 C_1M 垂直于 C_1C_2;

(4) 作 $\angle C_1C_2N=90°-\theta$,$C_2N$ 与 C_1M 相交于 P 点,由图可见 $\angle C_1PC_2=\theta$;

(5) 作 $\triangle PC_1C_2$ 的外接圆,除 $\overset{\frown}{C_1C_2}$ 和 $\overset{\frown}{EF}$ 外,在圆周上任取一点 A 作为曲柄的固定铰链中心。连接 AC_1 和 AC_2,因同一圆弧的圆周角相等,故 $\angle C_1AC_2=\angle C_1PC_2=\theta$;

(6) 因极限位置处曲柄与连杆共线,故 $AC_1=l_2-l_1$,$AC_2=l_2+l_1$,从而得曲柄长度 $l_1=(AC_2-AC_1)/2$,连杆长度 $l_2=(AC_2+AC_1)/2$。由图可得 $l_4=l_{AD}$。

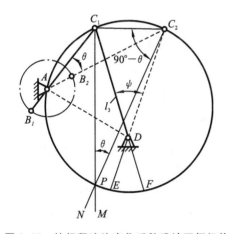

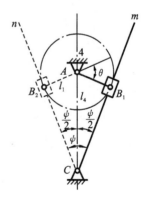

图 8.32 按行程速比变化系数设计四杆机构　　图 8.33 按行程速比系数设计导杆机构

由于 A 点是在 $\triangle C_1PC_2$ 的外接圆上任意选择的点,所以若仅按行程速度变化系数 K 来设计四杆机构,可得无穷多的解。A 点位置不同,机构传动角的大小也不同。如果欲获得良好的传动质量,可按照最小传动角最优或其他辅助条件来确定 A 点的位置。

2) 摆动导杆机构

已知：机架长度 l_4 和行程速度变化系数 K。

由图 8.33 可知，摆动导杆机构的极位夹角 θ 等于导杆的摆动角 Ψ，所需确定的尺寸是曲柄长度 l_1，其设计步骤如下：

(1) 由已知行程速度变化系数 K，按式(8.7)求出极位夹角 θ（即摆角 Ψ）；
(2) 任选固定铰链中心 C 的位置，以夹角 Ψ 作出摇杆的两条极限位置线 Cm 和 Cn；
(3) 作摆角 Ψ 的角平分线 AC，取 $AC = l_4$，得固定铰链中心 A 的位置；
(4) 过 A 点作导杆极限位置的垂线 AB_1（或 AB_2），即得曲柄长度 $l_1 = AB_1$。

3) 曲柄滑块机构

在偏置曲柄滑块机构（见图 8.27）中若已知滑块上铰链 C 两个极限点的位置 C_1、C_2 之间的距离 h（行程），偏距 e 及行程速度变化系数 K，设计此偏置曲柄滑块机构。参照曲柄摇杆机构的求解方法，容易确定出曲柄的固定铰链 A 的位置，进而求得机构的运动学尺寸。

8.4.3 平面四杆机构的解析法设计

平面四杆机构的解析法设计有位移法、轨迹法、速度法、加速度法、代数几何法、封闭矢量四边形投影法、位移矩阵法、焦点曲线求解法、点位还原法等多种方法，下面简要介绍代数几何法、封闭矢量四边形投影法。

1. 按照连杆给定位置设计四杆机构——代数几何法

已知连杆的三个位置 B_1C_1、B_2C_2、B_3C_3（见图 8.34(a)），试设计四杆机构。其问题的实质是分别根据 B、C 铰链点的三个对应位置确定固定铰链 A、D 的坐标值。

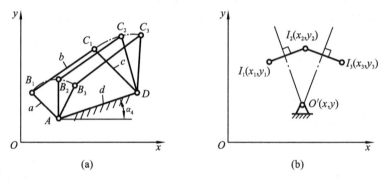

图 8.34 连杆的三个位置

已知某点 I 的三位置坐标（见图 8.34(b)），$I_1(x_1,y_1)$、$I_2(x_2,y_2)$、$I_3(x_3,y_3)$，其转动中心 O' 的坐标值 (x,y)。根据转动半径不变，即有

$$\left.\begin{array}{l}(x_1-x)^2+(y_1-y)^2=(x_2-x)^2+(y_2-y)^2\\(x_1-x)^2+(y_1-y)^2=(x_3-x)^2+(y_3-y)^2\end{array}\right\}$$

联立解此方程组，得

$$x=\frac{(y_2-y_1)(y_3-y_1+x_3-x_1)-(y_3-y_1)+(y_2^2-y_1^2+x_2^2-x_1^2)}{2[(x_3-x_1)(y_2-y_1)-(x_2-x_1)(y_3-y_1)]}$$

$$y=\frac{y_2^2-y_1^2+x_2^2-x_1^2}{2(y_2-y_1)}-\frac{(x_2-x_1)x}{(y_2-y_1)} \tag{8.11}$$

$O'I_1$ 的杆长 l_1 及其方向 α_1 分别为

$$l_1 = \sqrt{(x-x_1)^2 + (y-y_1)^2}$$
$$\alpha_1 = \arctan\frac{(y-y_1)}{(x-x_1)} \tag{8.12}$$

将 B、C 点的位置坐标分别代入式(8.11),可得到 A、D 的坐标值 (x_A, y_A) 及 (x_D, y_D)。将构件两端铰链位置 1 的坐标值代入式(8.12),可得各杆长 a、b、c、d 及对应位置 1 各杆的方向角 α。

2. 按照两连架杆的对应位置设计四杆机构——封闭矢量四边形投影法

对于曲柄滑块机构(见图 8.35),已知 φ_i、$s_i(i=1,2,3)$ 三对应位置,试设计该机构。

由环路 $ABCD$ 可得其投影方程为

$$a\cos\varphi_i + b\cos\delta_i = s_i \tag{8.13}$$
$$a\sin\varphi_i + b\sin\delta_i = e_i \tag{8.14}$$

联立式(8.13)、式(8.14),经整理后得

$$p_0 s_i \cos\varphi_i + p_1 \sin\varphi_i + p_2 = s_i^2,$$
$$p_0 = 2a, \quad p_1 = 2ae, \quad p_2 = b^2 - a^2 - e^2 \tag{8.15}$$

将 φ_i、$s_i(i=1,2,3)$ 分别代入式(8.13)、式(8.14),求出 p_0、p_1、p_2,再计算出 a、b、e。

由图 8.36(a)可得滑块 C 点的位置坐标为

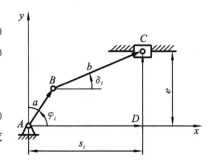

图 8.35 曲柄滑块机构

$$x = r\cos\varphi + l\cos\alpha \tag{8.16}$$
$$y = e = \sin\varphi - l\sin\alpha \tag{8.17}$$

由式(8.17)可得

$$\cos\alpha = \sqrt{1-\sin^2\alpha} = \sqrt{1 - \left(\frac{\gamma}{l}\sin\varphi - \frac{e}{l}\right)^2}$$

令 $\lambda = \frac{r}{l}$, $\delta = \frac{e}{l}$,且当 λ 与 δ 均较小时($\lambda \leqslant 0.4$,$\delta \leqslant 0.4$),可将上式展开取近似值,并代入式(8.16)后得

$$x \approx r\cos\varphi + l\left(1 - \frac{1}{2}\lambda^2\sin^2\varphi + \lambda\delta\sin\varphi - \frac{1}{2}\delta^2\right) \tag{8.18}$$

滑块的行程长度为

$$H = C_1C_2 = \sqrt{(l+r)^2 - e^2} - \sqrt{(l-r)^2 - e^2} \approx r\left(2 + \frac{\delta^2}{1-\lambda^2}\right) \tag{8.19}$$

由此式可知,偏置曲柄滑块机构的滑块行程 H 大于两倍曲柄长度 $2r$。而对心曲柄滑块机构(见图 8.36(b))滑块行程 H 等于两倍曲柄长度 $(2r)$。

滑块 C 点的位移(即离开右端极限位置 C_1 的距离)为

$$s = \sqrt{(l+r)^2 - e^2} - x \tag{8.20}$$

式中 x 可用公式(8.16)或近似公式(8.18)代入,但应注意,当滑块在 C_1 位置时,$\phi \neq 0$;只有对心曲柄滑块机构,当滑块在 C_1 位置时,$\phi = 0$。

将式(8.20)分别对时间 t 进行一次和二次微分,得滑块的速度和加速度方程为

$$V = ds/dt = r\omega(\sin\varphi + \cos\varphi\tan\alpha) \approx r\omega\left(\sin\varphi + \frac{1}{2}\lambda\cos2\varphi - \delta\cos\varphi\right) \tag{8.21}$$

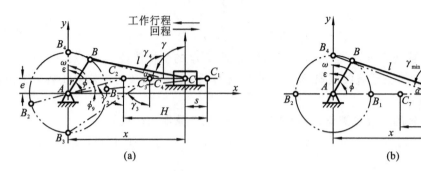

图 8.36 曲柄滑块机构

$$a = \frac{dv}{dt} = r\omega^2(\cos\varphi - \sin\varphi\tan\alpha + \frac{\cos^2\varphi}{\cos^3\alpha}) + r\varepsilon(\sin\varphi + \cos\varphi - \delta\cos\varphi)$$

$$\approx r\omega^2(\cos\varphi + \lambda\cos2\varphi + \delta\sin\varphi) + r\varepsilon(\sin\varphi + \frac{1}{2}\lambda\sin\varphi - \delta\cos\varphi) \tag{8.22}$$

式中 ω 和 ε 为曲柄的角速度和角加速度。

对于对心曲柄滑块机构,滑块的平均速度为

$$v_p = \frac{2r\omega}{1000\pi} = \frac{rn}{15000}(\text{m/s}) \tag{8.23}$$

式中:r——曲柄的长度,mm;

n——曲柄的转速,r/min。

对心曲柄滑块机构中,当曲柄以等角速度转动时,滑块的最大速度 $v_{\max}$ 一般发生在行程中点附近,而其最大加速度 $a_{\max}$ 则发生在行程的始末处,其值分别为

$$v_{\max} \approx 1.04rn(1+\lambda^2) \times \sqrt{1-\lambda^2}10^{-4}(\text{m/s}) \tag{8.24}$$

$$a_{\max} \approx 1.1rn^2(1+\lambda)10^{-5}(\text{m/s}) \tag{8.25}$$

图 8.37 表示对心曲柄滑块机构的滑块位移、速度和加速度曲线。

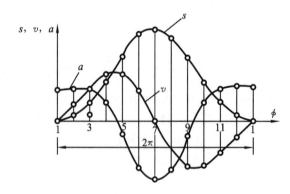

图 8.37 对心曲柄滑块机构的滑块位移、速度和加速度曲线

(1) 滑块的行程速比系数。

在对心曲柄滑块机构中,滑块工作行程与回程时的曲柄转角相等,均为 180°,故行程速度变化系数 $K=1$。而偏置曲柄滑块机构则具有急回运动特性,故行程速度变化系数为

$$K = \frac{180° + \varphi_g}{180° - \varphi_g} = \frac{180° + \arcsin\left(\frac{\delta}{l-\lambda}\right) - \dfrac{\arcsin\left(\dfrac{\delta}{l+\lambda}\right)}{180°}}{180° - \arcsin\left(\frac{\delta}{1-\lambda}\right) + \arcsin\left(\frac{\delta}{l+\lambda}\right)} \tag{8.26}$$

(2) 曲柄存在条件。

曲柄存在条件为：连杆长度 $l \geqslant$ 曲柄长度 $r+$ 偏距 e。如不满足此条件，则为摇杆滑块机构。

(3) 传动角与死点。

由图 8.36(a)可见，当曲柄主动时，传动角 γ 即连杆 BC 与滑块移动方向的垂线间夹角。在工作行程中有两处可能出现最小传动角，其值为

$$\gamma_4 = \arccos \frac{r-e}{l} = \arccos(\lambda - \delta) \tag{8.27}$$

$$\gamma_2 = \arccos \frac{e}{l-e} = \arccos\left(\frac{\delta}{1-\lambda}\right) \tag{8.28}$$

而在回程时，可能出现的最小传动角为

$$\gamma_3 = \arccos \frac{r+e}{l} = \arccos(\lambda + \delta) \tag{8.29}$$

在对心曲柄滑块机构中，最小传动角发生在 $\varphi = 90°$ 时，$\gamma_{min} = \arccos\lambda$。应当注意，在设计时曲柄转向与偏置方向应合理安排，尽量使整个工作循环中的最小传动角出现在回程中。一般建议工作行程时，$[\gamma] \geqslant 60°$，回程时 $[\gamma] \geqslant 45°$。以此许用值代入式(8.27)、式(8.28)和式(8.29)，可得

$$\lambda - \delta \leqslant 0.5, \quad \delta/(1-\lambda) \leqslant 0.5, \quad \lambda + \delta \leqslant 0.7$$

表 8.2 中列出不同 λ 与 δ 时曲柄滑块机构的特性，供设计时选用。

对于 $l > e + r$ 的曲柄滑块机构，当曲柄主动时，不存在死点。对于摇杆滑块机构，如摇杆主动，则在连杆位于滑块移动方向的垂线位置时，出现死点。如机构中滑块主动，则在连杆与曲柄（或摇杆）的共线位置，出现死点。故此时一般应在从动曲柄上加装飞轮，利用其惯性顺利通过死点。

曲柄滑块机构的主要特性如表 8.2 所示。

表 8.2 曲柄滑块机构的主要特性

	偏距与连杆长度之比	曲柄与连杆长度之比	滑块行程与曲柄长度之比	行程速度变化系数	滑块工作行程		滑块最大加速度与 rn^2 之比	最小传动角 γ_{min}	
					平均速度与 rn 之比	最大速度与平均速度之比			
	$\delta = e/l$	$\lambda = r/l$	H/r	K	v_p/rn $\times 10^{-5}$	v_{max}/v_p	a_{max}/rn^2 $\times 10^{-5}$	工作行程	回程
对心曲柄滑块机构	0	0.1	2	1	6.67	1.50	1.20	84°	
		0.2				1.60	1.30	78.5°	
		0.3				1.63	1.40	72.5°	
		0.4				1.71	1.55	66.5°	
		0.5				1.79	1.65	60°	

续表

	偏距与连杆长度之比 $\delta=e/l$	曲柄与连杆长度之比 $\lambda=r/l$	滑块行程与曲柄长度之比 H/r	行程速度变化系数 K	滑块工作行程 平均速度与 rn 之比 v_p/rn $\times 10^{-5}$	滑块工作行程 最大速度与平均速度之比 v_{max}/v_p	滑块最大加速度与 rn^2 之比 a_{max}/rn^2 $\times 10^{-5}$	最小传动角 γ_{min} 工作行程	最小传动角 γ_{min} 回程
偏置曲柄滑块机构	0.1	0.1	2.010	1.01	6.67	1.58	1.2	83.5°	78.50
		0.2	2.010	1.02	6.68	1.59	1.3	83°	72.5°
		0.3	2.011	1.04	6.56	1.63	1.4	78.5°	66.5°
		0.4	2.012	1.06	6.50	1.65	1.55	72.5°	60°
		0.5	2.014	1.09	6.43	1.77	1.65	66.5°	53°
		0.6	2.016	1.12	6.33	1.85	1.75	60°	45.5°
	0.2	0.1	2.042	1.02	6.75	1.57	1.25	77°	72.5°
		0.2	2.044	1.05	6.67	1.58	1.35	75.5°	66.5°
		0.3	2.046	1.09	6.55	1.61	1.45	73.5°	60°
		0.4	2.050	1.14	6.43	1.66	1.55	70.5°	53°
		0.5	2.057	1.19	6.30	1.74	1.70	66.5°	45.5°
	0.3	0.1	2.098	1.04	6.85	1.57	1.25	70°	66.5°
		0.2	2.101	1.09	6.72	1.58	1.35	68°	60°
		0.3	2.108	1.19	6.60	1.59	1.50	64.5°	53°
		0.4	2.119	1.22	6.42	1.64	1.60	60°	55.5°
	0.4	0.1	2.184	1.05	7.11	1.53	1.30	63°	60°
		0.2	2.192	1.12	6.90	1.53	1.40	60°	53°

8.4.4 平面四杆机构的实验法设计

连杆机构运动时,连杆作平面运动,连杆上各点的轨迹为各种不同的曲线,这种曲线称为连杆曲线。

连杆曲线是多种多样的,工程上常利用连杆曲线上的某些点来完成一定的工作。如图 8.38 所示的搅拌机,利用连杆 2 上 E 点的轨迹曲线 β 的特点搅匀容器中的混合物。

在生产实践中,常出现按给定的连杆曲线设计四杆机构的问题。这类问题比较复杂,下面仅就实验法作简单介绍。

1. 直接实验法

图 8.39 所示 $ABMCC'C''D$ 为一实验装置,$BMCC'C''$ 为一个长度和夹角可调的构件,图中 m-m 为给定的连杆曲线,要求设计一四杆机构,连杆上某点运动轨迹为 m-m 曲线。设计时将实验装置的曲柄 AB 回转中心置于图中选定的 A 处,给定一组 BM、BC、BC'、BC'' 长度及夹角,然后令 M 点沿轨迹 m-m 运动,当曲柄 AB 绕 A 点转动时,连杆上 C、C' 和 C'' 点将在图中绘

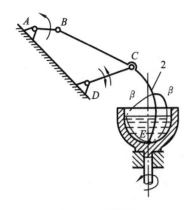

图 8.38 搅拌机

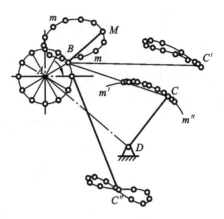

图 8.39 实验装置

出不同形状的曲线,在这些曲线中找出圆弧或与圆弧相接近的曲线 $m'\text{-}m'$,即可求出其曲率中心 D。若以 $ABCD$ 作为四杆机构,则当曲柄 AB 转动时,连杆上 M 点的轨迹为 $m\text{-}m$ 或接近 $m\text{-}m$,所以 $ABCD$ 就是所求的四杆机构。如在连杆上 C、C' 和 C'' 点的轨迹中,找不到圆弧或与圆弧接近的曲线,此时可以改变连杆长度或连杆间的夹角,重做上述实验,直到满意为止。

2. 图谱法

借助于连杆曲线图谱设计四杆机构的方法称为图谱法。

连杆曲线图谱是利用实验方法编制的连杆曲线图册。图 8.40 所示为绘制连杆曲线的模型机构简图,该机构为平面四杆机构,其各杆长度可以调整,在相当连杆的不透明的薄板上,钻有代表连杆上各点位置的小孔。绘制时将机架 AD 固定在图板 S 上,图板上贴有感光纸,当机构运动时,透过小孔的光线使感光纸感光,即绘出连杆上各点的曲线。通过改变四杆机构各杆的相对尺寸,即可得到不同杆长比的连杆曲线族,将这些连杆曲线编制成册,就得到连杆曲线图谱。图 8.41 所示为连杆曲线图谱实例。

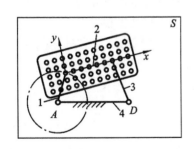

图 8.40 绘制连杆曲线的模型机构

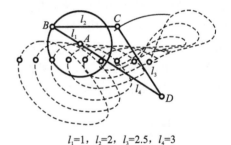

$l_1=1$,$l_2=2$,$l_3=2.5$,$l_4=3$

图 8.41 连杆曲线图谱

设计时先从图谱中查到与给定曲线相似的连杆曲线,然后根据图谱中标注的机构各杆的长度比值,再按比例确定所需的机构实际尺寸。

8.5 多杆机构

四杆机构结构简单,设计制造比较方便,但在工程实际中,当四杆机构的运动性能不能满足工作需要时,可采用多杆机构来实现。

8.5.1 多杆机构的特点

1. 可获得较小的运动所占空间

例如,当汽车车库门的启闭机构采用四杆机构时,库门运动要占据较大的空间位置,且机构的传动性能不理想。若采用六杆机构(见图 8.42),上述情况就会获得很大改善。

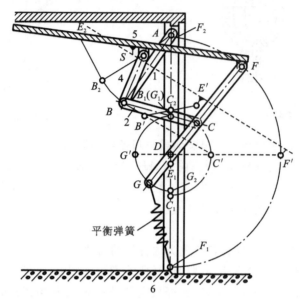

图 8.42 六杆机构

2. 取得有利的传动角

当从动件的摆角较大或机构的外廓尺寸或铰链布置的位置受到限制时,采用四杆机构往往不能获得有利的传动角。如图 8.43(a)所示窗户启闭机构,若用曲柄滑块机构,虽能满足窗户启闭的其他要求,但在窗户全开位置,机构的传动角为 0°,窗户的启闭均不方便。若改用六杆机构(见图 8.43(b)),则问题可获得较好解决,只要扳动小手柄,就可使窗户顺利启闭。又如,图 8.44(a)所示的为摆动型洗衣机的搅拌机构,图 8.44(b)为其机构运动简图,由于输出摇杆 FG(搅拌轮)的摆角很大,用曲柄摇杆四杆机构时其最小传动角将很小,采用图示六杆机构即可使这一问题获得圆满解决。

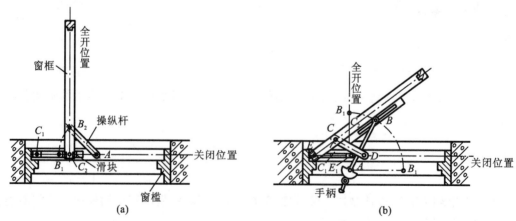

图 8.43 窗户启闭机构

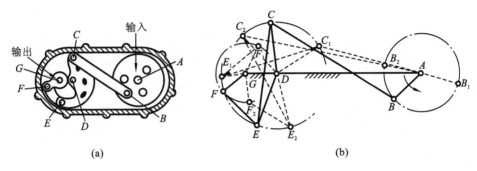

图 8.44 摆动型洗衣机的搅拌机构

3. 可获得较大的机械利益

图 8.45 所示为广泛应用于锻压设备中的六杆肘杆机构,其在接近机构死点时,可获得很大的机械利益,以满足锻压工作的需要。

4. 改变从动件的运动特性

图 8.46 所示的 Y52 插齿机构的主传动机构采用了六杆机构,不仅可满足插齿的急回运动要求,且可使插齿在工作行程中得到近似等速运动,以满足切削质量及刀具耐磨性的需要。图 8.5 所示的惯性筛六杆机构,不仅有较大的行程速度变化系数,且在运转中的加速度变化幅度大,可提高筛分效果。

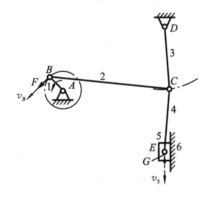

图 8.45 六杆肘杆机构

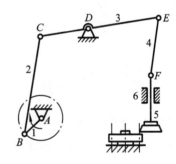

图 8.46 Y52 插齿机构

5. 实现机构从动件带停歇的运动

在原动件连续运转的过程中,其从动件能作一段较长时间的停歇,且整个运动是连续平滑的,可利用多杆机构的如下两种方法来实现。

(1) 利用连杆曲线上的近似圆弧或直线部分实现运动停歇,其又有单停歇和双停歇之分。如图 8.47 所示为具有单停歇运动的六杆机构,E 点连杆曲线 $\widehat{\alpha\alpha}$ 段为近似圆弧,圆心在 F 点。杆 4 的长度与圆弧的半径相等,当 E 点在 $\widehat{\alpha\alpha}$ 曲线上运动时,从动件 5 将处于近似的停歇状态。图 8.48 所示为利用具有一段近似直线 $\alpha\alpha$ 的连杆曲线来实现单停歇的六杆机构。

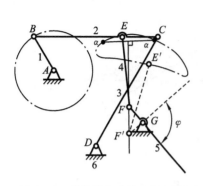
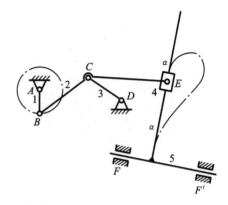

图 8.47 单停歇运动的六杆机构　　　　图 8.48 实现单停歇的六杆机构

图 8.49 所示为一个具有双停歇的六杆机构，它是利用一个具有两段近似圆弧 $\overset{\frown}{\alpha\alpha}$ 及 $\overset{\frown}{\beta\beta}$（两者半径相等）的连杆曲线来实现的。两段圆弧 $\overset{\frown}{\alpha\alpha}$ 及 $\overset{\frown}{\beta\beta}$ 的圆心分别在 F、F' 点，设计时铰链 G 应在 FF' 的中垂线上选定。图 8.50 所示则为利用具有两段近似直线 $\alpha\alpha$ 及 $\beta\beta$ 的连杆曲线来实现双运动停歇的。设计时，应取这两直线的交点为铰链 F 的位置。

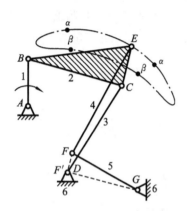
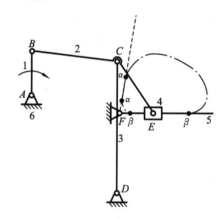

图 8.49 有双停歇的六杆机构　　　　图 8.50 利用连杆曲线实现双运动停歇

（2）利用两个四杆机构在极位附近串接来实现近似的运动停歇。如图 8.51(a) 所示，其前一级为双曲柄机构，当主动曲柄 AB 匀速转动时，从动曲柄 CD 的转速 ω_3，按图 8.51(b) 所示规律变化，在 $\alpha=210°\sim280°$ 范围内 ω_3 较小。后一级为曲柄摇杆机构，当其处于极位附近时，从动摇杆 FG 的速度接近于零。若让曲柄摇杆机构在某一极位时与前一级机构在 ω_3 的低速区串接（见图 8.51(a) 为与下极位 F'' 串接），就可使从动摇杆 FG 获得较长时间的近似停歇（见图 8.52(c)）。

6. 扩大机构从动件的行程

图 8.52 所示为一钢料推送装置的机构运动简图，采用多杆机构可使从动件 5 的行程扩大。

7. 使机构从动件的行程可调

某些机械根据工作的需要，要求其从动件的行程（或摆角）可调。例如，在图 8.53 所示的机械式无极变速器主传动所用的多杆机构中，当将构件 6 调到不同位置时（调整后，用锁紧装置使之固定不动），可使从动件 5 得到不同大小的摆角。

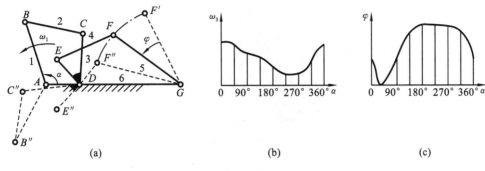

图 8.51 双曲柄机构

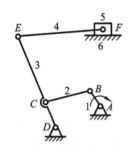

图 8.52 钢料推送机构

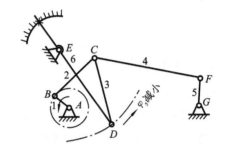

图 8.53 机械式无极变速器多杆机构

8. 实现特定要求下的平面导引

图 8.54 所示为六杆车轮悬挂系统，由于其上的 E、E' 两点同时作相同的近似直线运动，故可实现垂直于地面的平面导引，以保证车轮平面不致因路面高低而倾斜。图 8.55 所示为石料锯切机中的平面十杆机构，当主动曲柄 AB 回转时，通过该机构可使锯条作近似直线运动，解决了锯条在锯石时受力大且不便安装导轨的困难。

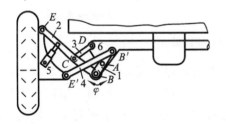

图 8.54 六杆车轮悬挂系统

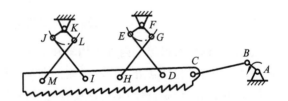

图 8.55 石料锯切机的平面十杆机构

多杆机构按杆数可分为五杆、六杆、八杆机构等；按机构自由度可分为单自由度（如六杆、八杆、十杆机构等）和多自由度机构（如五杆、七杆二自由度机构以及八杆三自由度机构等）。

如图 8.56 所示的缩放仪机构就是一种两自由度五杆机构。当 E 点在 y、z 平面沿一给定曲线运动时，则构件 4 上的 P 点将画出一相似的曲线图形，将图形放大，放大的倍数为 $K = AC/AB$。这种机构也可用作步行机构，其足尖 P 的 y、z 平面内点的运动由 E 点控制，而 x 轴方向的运动则由 A 点控制，使 P 点可在给定的空间运动，以适应不同地面的行走要求。

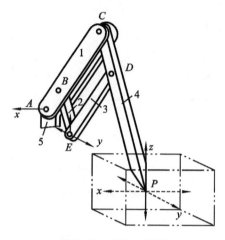

图 8.56　缩放仪机构

8.5.2　五杆机构*

1. 五杆机构的特点

如图 8.57 所示是目前正在研究的最基本五杆机构的原理图。RRRRP 型（R：Revolute-Pair 转动副；P：Prismatic-Pair 移动副）、RRRPR 型、RRRRR 型三种五杆机构是基于近似实现轨迹的四杆机构为五杆机构的初始四杆机构，通过补偿运动（移动或者摆动）的微量调整从而精确实现给定 N 点轨迹。

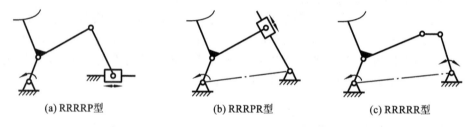

(a) RRRRP型　　　(b) RRRPR型　　　(c) RRRRR型

图 8.57　最基本五杆机构的原理图

五杆机构已经引起国内外机构学和机械工程工作者的浓厚兴趣和普遍关注，基本的思路是：在四杆机构（包括含有一个移动副的曲柄滑块四杆机构等）的某个运动副上添加一个杆和一个移动副或转动副，逐步演变成受控五杆机构。受控机构与受控机构学研究是应精确实现给定运动的要求而兴起的。在任意多个点上精确实现给定运动是具有重要实际意义的机构学研究难点。主要采取以下六种机构或方法来精确实现任意给定运动。

（1）采用极为复杂的机构　采用一个含有非常多个运动链的机构来精确实现给定轨迹，其中每个运动链分别完成一定的数学变换功能。这是机构学研究史上第一次触及精确实现任意给定运动的问题，具有重要的理论意义，但由于机构太复杂而没有很大的实用意义。

（2）应用特殊机构实现某些特定运动　有一些特殊机构可以用来精确实现一些特定运动。如平行四边形机构可以精确实现传动比为 +1 的运动，Oldham 机构可以精确实现传动比为 +2 的运动；椭圆规机构可以精确画出椭圆；一种曲柄机构可以精确实现直线轨迹。但是一般传统机构不能精确实现任意给定运动。

（3）控制运动体的两个坐标　通过控制平面运动体的两个坐标从而精确实现给定轨迹。

但该方法系统成本高,刚性差。

(4) 控制两杆机构的两个自由度　采用控制一个平面两杆机构的两个自由度的方法来精确实现给定的运动,但该方法刚性差,而且要控制两个原动件,成本高。

(5) 应用可变连杆长度柔性机构　采用连杆长度可变的柔性连杆机构可精确实现给定的运动,但由于该方法太复杂,而且机构刚性差,所以没有得到广泛应用。

(6) 应用受控五杆机构　应用受控五杆机构来精确实现任意给定运动的研究又分为两种方法。①采用具有两个受控原动件的五杆机构来精确实现给定的轨迹,这种方法虽然可以精确实现给定的运动,但是须控制两个原动件,系统复杂,且成本高,不易推广。②程光蕴等对具有一个受控原动件的五杆机构精确实现给定轨迹作了研究。国内机构学者孔建益、张策、邹慧君等对具有一个受控原动件的五杆机构的结构学、选择标准、精确实现函数和多种运动的综合方法等方面进行了研究。

具有一个受控原动件的五杆机构是一个二自由度机构。让其中一个原动件作匀速运动,控制另一个原动件使其按给定运动的要求作补偿运动,这样在机构的运转过程中,就相当于能产生无数个几何参数不同的四杆机构,因此,具有一个受控原动件的五杆机构能够精确实现给定运动(如:轨迹、函数、传动比等)。

2. 五杆机构的基本型

1) 五杆机构与杆组的关系

平面低副机构的自由度 $F=3n-2P$,而平面五杆机构的自由度 $F=2$,活动构件数 $n=4$,低副数 $P=5$。Ⅲ级及以上的杆组不能构成五杆机构,因为Ⅲ级及以上的杆组组成的机构低副数 $P_{min}=6>5$,这说明五杆机构的构件全部是由双副杆组成的。

2) 类Ⅱ级杆组的定义及其类型

在平面低副Ⅱ级基本杆组中,以首或者尾运动副上添加机架可以得出开环 3 杆二自由度机构的七种类型,类似于Ⅱ级杆组的运动链,为了区别于Ⅱ级杆组(不含机架)的定义,简称该类机构为类Ⅱ级杆组。用符号表示时,第一个字母表示机架。以第三个字母为"P"或者"R"可以分为××R 型和××P 型两类,如图 8.58、图 8.59 所示。实质上:图 8.58(d)是笛卡儿直角坐标系,图 8.58(c)是极坐标系。

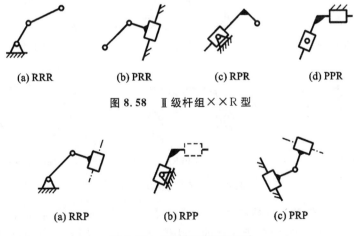

(a) RRR　　　(b) PRR　　　(c) RPR　　　(d) PPR

图 8.58　Ⅱ级杆组××R 型

(a) RRP　　　(b) RPP　　　(c) PRP

图 8.59　Ⅱ级杆组××P 型

3) 五杆机构的基本型

平面机构(包括受控五杆机构)增加或者将转动副用一个移动副替代,应遵循以下规则。

① 一个构件上不允许与其两个导路互相平行的移动副相连。

② 含有移动副的两个双副杆不允许直接相连。

③ 在封闭的构件组中不得少于两个转动副。

④ 楔形滑块链是一种特殊情况。

从机构的构成角度看,五杆机构活动构件数 $n=4$,低副数 $P=5$。相当于五杆机构是由两个具有相同连接副的类Ⅱ级杆组组成的,中间是相同的 P 或 R 副且合并。该原理可以作为五杆机构的基本型构成方法,经过可能性排列组合和对称原理进行排除,可以得到五杆机构的 13 种基本型(见图 8.60)。

3. 五杆机构的两步综合方法研究

五杆机构的基本形式是铰链五杆机构(见图 8.60(a))。在此基础上,通过将其中的转动副用运动副代替,又可以得到五杆机构含有运动副的 13 种形式。这 13 种五杆机构并不都适合于用来精确实现给定的运动,还要选择其中的一种或若干种机构。选择合适五杆机构的准则:①是否能满足精确运动要求;②原动件的位置、形式和成本;③受控原动件调整运动的有效性;④综合方法的难易度。

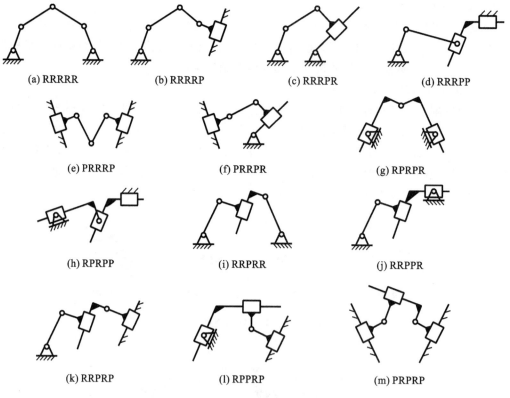

图 8.60 五杆机构的形式

具有一个受控原动件的五杆机构的综合模型可以采用不同的综合方法。"先四杆后五杆法"的两步综合法是:第一步,用最优综合的方法综合出一个起始四杆机构,该四杆机构能在尽可能多的点位上最优近似地逼近给定运动;第二步,在起始四杆机构的基础上,引进受控原动件,并按照给定运动计算受控原动件的补偿运动,从而精确实现任意给定运动。轨迹实现与补偿控制模型法提出五杆机构复演轨迹曲线的轨迹实现模型(见图 8.61)和补偿控制结构模型(见图 8.62)的划分原则和方法,在此基础上,针对受控机构的运动学特性和动力学特性进行综合,使得补偿运动 $S(\Phi_i)$ 更加容易实现。

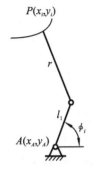 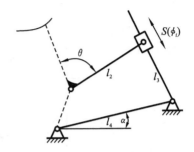

图 8.61 轨迹曲线实现模型　　　　图 8.62 补偿控制结构模型

4. 五杆机构可动性及(双)曲柄存在条件

可动性条件是指两个原动件分别按其运动规律运动时机构所应满足的极限尺寸条件,或者说,如果不满足该尺寸条件,机构就不能运动,或者两个原动件不能按任意组合的运动规律进行运动。由此可见,满足机构的运动可动性条件是机构尺寸综合的前提。下面以铰链五杆机构为例,分析曲柄存在的条件。

当以连架杆为主动件时,因为短杆与机架共线时必满足杆长之和条件,而长连架杆与机架共线时与杆长之和条件相矛盾,所以,只有当连架杆为两短杆之一时才可能存在曲柄。但是否有曲柄与尺寸配置有关。作为主动件的摇杆 AB,其可能自由运动的范围受到曲柄运动的限制。摇杆最难达到极端位置时,距支座 E 的最近点 B_1 和最远点 B_2 的距离(见图 8.63):$L_1 = c-d+a, L_2 = c+d-a$。显然,摇杆 AB 作为主动件在其运动角位移 Ψ 区域内可能自由运动的条件为:$L_1 > L_2$,即 $d > a$。由此得到,满足杆长之和条件且连架杆为主动件存在单曲柄五杆机构的条件是:曲柄为次短杆且其相对的连杆为最短杆。

判断机构类型的简明结论:

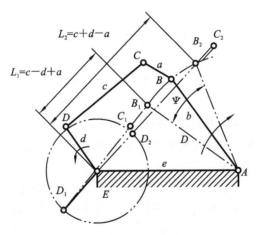

图 8.63 摇杆的极端位置

(1) 杆长之和条件:两短杆之和小于(或等于)其他任一杆长度,且两短杆与最长杆之和小于(或等于)其他两杆之和。

(2) 全铰链五杆机构的类型见表 8.3,杆名及长度见图 8.63。

表 8.3 全铰链五杆机构的类型

不满足杆长之和条件		不存在双曲柄
满足杆长之和条件		
当两短杆(a、d)不直接相连,主动件所属构件(a、d)不变		e 为机架,得双曲柄机构
		b 或 c 机架,得曲柄摇杆机构
当两短杆(a、e)直接相连,主动件所属构件(a、d)不变		e 为机架,得双曲柄机构
		b 为机架,得曲柄摇杆机构
		c 为机架,得双摇杆机构
当两短杆(a、d)不直接相连,连架杆为主动件		e 为机架,得双曲柄机构
		$d>a$ 时,c 为机架,得曲柄摇杆机构
		b、d、c 为机架,得双摇杆机构
当两短杆(a、e)直接相连,连架杆为主动件		e 或 a 为机架,得双曲柄机构
		b、d、c 为机架,得双摇杆机构

随着受控机构的研究深入,目前正在对受控机构的运动学,力学、动力学分析模型、考虑到所选择伺服电动运动特性及其控制系统深入地研究。受五杆机构的实际应用研究也在逐步展开。

在多杆机构中,六杆机构应用最为广泛。对于多杆机构,由于其尺寸参数多,运动要求复杂,因而其设计也较困难。具体设计方法可参阅有关专著。

思考题及练习题

8.1 连杆机构为什么又称低副机构?相对于高副机构它有哪些优缺点?通常应用在哪些地方?

8.2 铰链四杆机构的基本类型有几种?各具有什么特点?

8.3 何谓曲柄?铰链四杆机构曲柄存在的条件是什么?曲柄是否一定是最短杆?杆的长短排列对机构运动有无影响?

8.4 死点在什么情况下出现?举例说明死点的危害以及死点在机械工程中的应用。

8.5 导杆机构和摇块机构是由什么机构演变而来的?如何演变的?偏心轮机构又是如何演变而来的?

8.6 一个铰链四杆机构,对不同的杆长组合,取不同的杆作为机架,会得到哪种类型的机构,请在题 8.6 表中写出机构的名称。

题 8.6 表

作为机架杆	机 构 类 型	
	$L_{min}+L_{max}\leq$另两杆长度之和	$L_{min}+L_{max}>$另两杆长度之和
L_{min}杆		
与L_{min}杆相邻杆		
与L_{min}杆相对杆		

8.7 一曲柄滑块机构,对不同的杆长组合,取不同杆作机架,会得到哪种类型的机构,请在题 8.7 表中写出机构的名称。

题 8.7 表

	作 机 架 杆		机 构 类 型
曲柄滑块机构	固定杆 2		
	固定滑块		
	固定杆 1	$L_1<L_2$	
		$L_1>L_2$	

8.8 连杆机构设计方法有哪几种?它们的特点是什么?

8.9 何谓行程速比系数 K,它表示机构的什么特征?何谓极位夹角 θ,它与行程速比系数 K 有何关系?$K=1$ 的铰链四杆机构,其结构特征是什么?

8.10 在四杆机构的设计中,为什么说只能近似再现已知运动规律?在实现已知轨迹时能否精确地全部实现给定条件?为什么?

8.11 试判断图中各铰链四杆机构的类型。

8.12 如图所示,设要求四杆机构两连架杆的三组对应位置分别为
$\alpha_1=35°,\varphi_1=50°,\alpha_2=80°,\varphi_2=75°,\alpha_3=125°,\varphi_3=105°$。试设计此四杆机构。

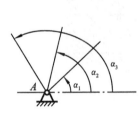
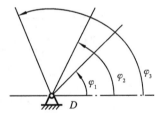

题 8.12 图

8.13 已知曲柄摇杆机构 $ABCD$,杆 AB、BC、CD、AD 长度分别为:$a=80$ mm,$b=160$ mm,$c=280$ mm,$d=250$ mm。AD 为机架。试求:

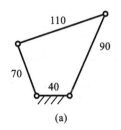
(a)

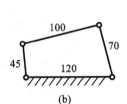
(b)

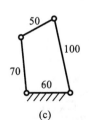
(c)

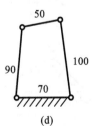
(d)

题 8.13 图

(1) 行程速比系数 K；

(2) 检验最小传动角 γ，许用传动角 $[\gamma]=40°$。

8.14 图示为一已知的曲柄摇杆机构，现要求用一连杆将摇杆 CD 和滑块 F 连接起来，使摇杆的三个已知位置 C_1D、C_2D、C_3D 和滑块的三个位置 F_1、F_2、F_3 相对应（图示尺寸系按比例绘出）。试确定此连杆的长度及其与摇杆 CD 铰接点的位置。

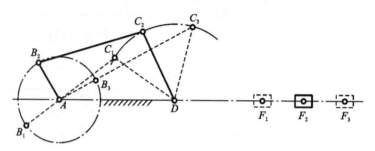

题 8.14 图

8.15 图示为一试验用小电炉的炉门装置，在关闭时为位置 E_1，开启时为位置 E_2，试设计一四杆机构来操作炉门的启闭（各有关尺寸见图）。在开启时炉门应向外开启，炉门与炉体不得发生干涉。而在关闭时，炉门应有一个自动压向炉体的趋势（图中 S 为炉门质心位置）。B、C 为两活动铰链所在位置。

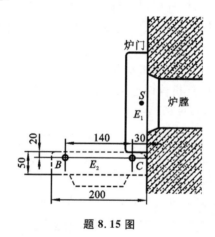

题 8.15 图

8.16 图示为一偏置曲柄滑块机构。试求杆 AB 为曲柄的条件。若偏距 $e=0$，则杆 AB 为曲柄的条件又如何？

8.17 图示为偏置曲柄滑块机构。已知 $a=150$ mm，$b=400$ mm，$e=50$ mm，试求滑块行程 H、机构的行程速比系数 K 和最小传动角 γ_{min}。

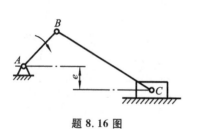

题 8.16 图

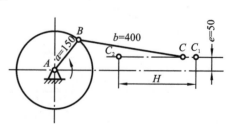

题 8.17 图

8.18 在图所示的铰链四杆机构中,各杆的长度为 $L_1=28$ mm,$L_2=52$ mm,$L_3=50$ mm,$L_4=72$ mm。试求:

(1) 当取杆 4 为机架时,该机构的极位夹角 θ、杆 3 的最大摆角 φ、最小传动角 γ_{min} 和行程速比系数 K;

(2) 当取杆 1 为机架时,将演化成何种类型的机构? 为什么? 并说明这时 C、D 两个转动副是周转副还是摆转副;

(3) 当取杆 3 为机架时,又将演化成何种机构? 这时 A、B 两个转动副是否仍为周转副?

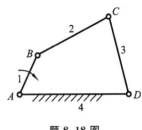

题 8.18 图

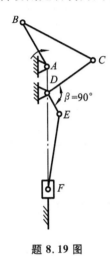

题 8.19 图

8.19 在图示的连杆机构中,已知各构件的尺寸为:$L_{AB}=160$ mm,$L_{BC}=260$ mm,$L_{CD}=200$ mm,$L_{AD}=80$ mm;构件 AB 为原动件,沿顺时针方向匀速回转,试确定:

(1) 四杆机构 $ABCD$ 的类型;

(2) 该四杆机构的最小传动角 γ_{min};

(3) 滑块 F 的行程速比系数 K。

8.20 设计一振实式造型帆工作台的翻转机构。已知连杆长度 $L_{BC}=100$ mm,如图所示,工作台在两极限位置时 $B_1B_2=400$ mm,且 B_1 和 B_2 在同一水平线上,要求 A、D 在另一水平线上,且 C_1 点至 A、D 所在水平线的距离为 150 mm。

8.21 如图所示,设已知破碎机的行程速比系数 $K=1.2$,颚板长度 $L_{CD}=300$ mm,颚板摆角 $\varphi=35°$,曲柄长度 $L_{AB}=80$ mm。求连杆的长度,并验算最小传动角 γ_{min} 是否在允许的范围内。

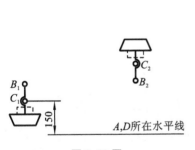

题 8.20 图

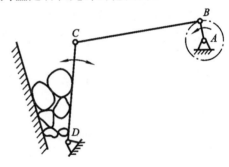

题 8.21 图

8.22 图示为一牛头刨床的主传动机构,已知 $L_{AB}=75$ mm,$L_{DE}=100$ mm,行程速比系数 $K=2$,刨头 5 的行程 $H=300$ mm,要求在整个行程中,推动刨头 5 有较小的压力角,试设计此机构。

8.23 如图所示,已知四杆机构各杆的长度为:$a=150$ mm,$b=500$ mm,$c=300$ mm,$d=400$ mm。试问:

(1) 当取杆件 d 为机架时,是否存在曲柄? 如果存在,则哪一杆为曲柄?

(2) 如选取别的杆件为机架,则分别得到什么类型的机构?

8.24 在铰链四杆机构中,若已知三杆的长度分别为 $a=80$ mm,$b=150$ mm,$c=120$ mm,试讨论:若机架 d 为变值,则 d 值在哪些范围内可以取得双曲柄机构? 在哪些范围内可以取得曲柄摇杆机构? 在哪些范围内可以取得双摇杆机构?

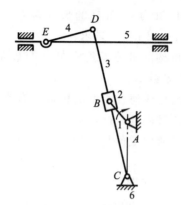

题 8.22 图

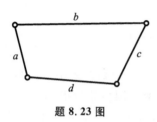

题 8.23 图

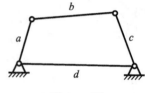

题 8.24 图

8.25 在图示铰链四杆机构中,已知 $L_{BC}=500$ mm,$L_{CD}=350$ mm,$L_{AD}=300$ mm,AD 为机架,求:

(1) 若此机构为曲柄摇杆机构,且 AB 杆为曲柄,求 L_{AB} 的最大值;

(2) 若此机构为双曲柄机构,求 L_{AB} 的最小值;

(3) 若此机构为双摇杆机构,求 L_{AB} 的数值。

8.26 图示为两导杆机构,由曲柄存在条件推导:

(1) 图(a)偏置导杆机构为转动导杆机构的条件?

(2) 图(b)中 DP 杆不为转动导杆的条件?

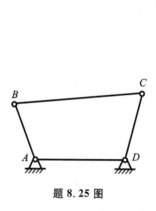

题 8.25 图

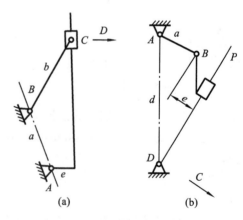

题 8.26 图

8.27 图示两种曲柄滑块机构,若已知 $a=120$ mm,$b=600$ mm,对心时 $e=0$,偏心时 $e=120$ mm,求此两机构极位夹角 θ 及行程速比系数 K。又在对心曲柄滑块机构中,若连杆 BC 为二力杆,则滑块的压力角将在什么范围内变化?

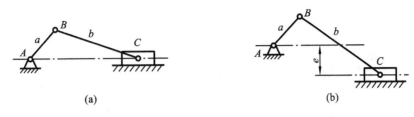

题 8.27 图

8.28 图(a)为摆动导杆机构,图(b)为正弦机构,试分别定性分析以构件 1 和构件 3 为原动件时这些机构的特性。

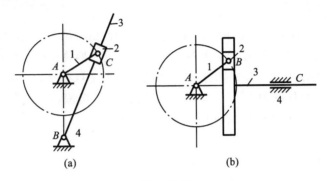

题 8.28 图

8.29 图示机构中,已知 $a=145$ mm,$d=290$ mm,试求:

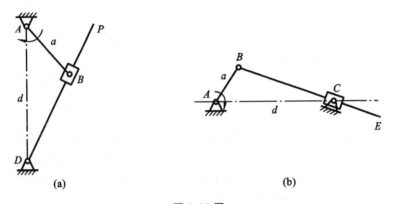

题 8.29 图

(1) 图(a)摆动导杆机构的极位夹角 θ 及摇杆 DP 的最大摆动角 Ψ。

(2) 图(b)曲柄摇块机构的极位夹角 θ 及从动杆 BE 的摆动角 Ψ。

8.30 在图示插床的转动导杆机构中,已知 $L_{AB}=50$ mm,$L_{AD}=40$ mm 行程速比系数 $K=1.4$,求曲柄 BCR 的长度及插刀 P 的行程。又若需行程速比系数 $K=2$,则曲柄 BC 应调整为多长?此时插刀行程是否改变?

8.31 已知图示机构各构件的尺寸,$L_{O_1A}=30$ mm,$L_{AB}=55$ mm,$L_{O_1O_2}=50$ mm,$L_{O_2B}=40$ mm,$L_{O_2C}=20$ mm,$l_{CD}=60$ mm,$\varphi_1=60°$。试求:

(1) 滑块 D 往返行程的平均速度是否相同?其行程速比系数 K 为多大(图解法)?

(2) 滑块 D 的冲程 H 为多少(图解法)?

(3) 滑块 D 处的最小传动角 $\gamma_{\min}$ 之值。

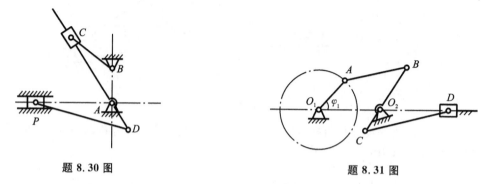

题 8.30 图   题 8.31 图

8.32 图示为缝纫机脚踏板机构。设固定铰链间距 $L_{AD}=350$ mm,脚踏板长 $L_{CD}=175$ mm,在驱动时,脚踏板作离水平位置上下各 15° 的摆动,求曲柄 AB 和连杆 BC 的长度。

8.33 如图所示,现设计一铰链四杆机构,设已知摇杆 CD 的长 $L_{CD}=75$ mm,行程速比系数 $K=1.5$,机架 AD 的长度为 $L_{AD}=100$ mm,摇杆的一个极限位置与机架间的夹角为 $\varphi=45°$,试求曲柄的长度 L_{AB} 和连杆的长度 L_{BC}(有两组解)。

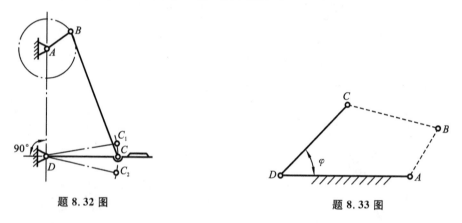

题 8.32 图   题 8.33 图

8.34 设计一铰链四杆机构,已知其摇杆 CD 的行程速比系数 $K=1$,摇杆长度 $L_{CD}=150$ mm,摇杆的极限位置与机架所成角度 $\varphi'=30°$ 和 $\varphi''=90°$,求曲柄和连杆的长度 L_{AB}、L_{BC}。

8.35 设计一曲柄滑块机构,已知机构的行程速比系数 $K=1.5$,滑块的冲程 $L_{C_1C_2}=50$ mm,导路的偏距 $e=20$ mm,求曲柄和连杆长度 L_{AB}、L_{BC}。

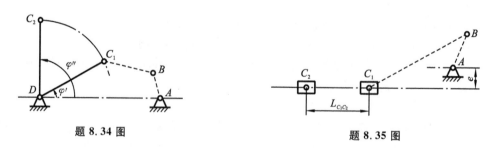

题 8.34 图   题 8.35 图

8.36 已知一曲柄摇杆机构的曲柄长 $L_{AB}=100$ mm,连杆长 $L_{BC}=450$ mm。摇杆在某一极限位置时的传动角 $\gamma=66°$,行程速比系数 $K=1$。试用图解法设计该机构,求出摇杆 L_{CD} 和机架 L_{AD} 的长度及机构的最小传动角 γ_{min}(要写出解题步骤)。

8.37 已知图示机构 $L_{AB}=35$ mm,$L_{AD}=85$ mm,$L_{CD}=60$ mm,$L_{AD}=80$ mm,原动件位置 $\theta_2=60°$,试用解析法写出点 C 位置表达式。

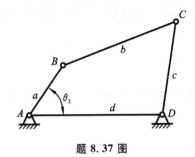

题 8.37 图

第9章 凸轮机构及其设计

9.1 凸轮机构的应用和类型

9.1.1 凸轮机构的应用

凸轮机构(cam mechanism)是由具有曲线轮廓或凹槽的构件,通过高副接触带动从动件实现预期运动规律的高副机构。低副机构一般只能近似地实现给定的运动规律,且设计较为复杂,而当从动件的位移、速度和加速度必须严格按照预定规律变化,尤其当原动件连续运动而从动件必须作间歇运动时,采用凸轮机构最为简便。

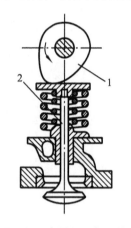

图 9.1 内燃机配气机构
1—原动凸轮;2—从动件

图 9.1 所示为内燃机配气机构,用凸轮来控制进气、排气阀门的启闭。内燃机在工作中对阀门的启闭时序及其速度、加速度都有严格的要求。原动凸轮 1 连续等速转动,通过凸轮高副驱动从动件 2 按预期的输出特性启闭阀门,从而实现工作要求。

图 9.2 所示为录音机卷带装置中的凸轮机构,凸轮 1 随放音键上下移动。放音时,凸轮 1 处于图示位置,在弹簧 5 的作用下,安装于带轮轴上的摩擦轮 3 紧靠卷带轮 4,从而将磁带卷紧。停止放音时,凸轮 1 随按键上移,其轮廓压迫从动件 2 顺时针摆动,使摩擦轮与卷带轮分开,从而停止卷带。

图 9.3 所示为一自动机床的进刀机构,当具有凹槽的圆柱凸轮 1 回转时,其凹槽的侧面通过嵌于凹槽中的滚子 4 迫使从动件 2 绕轴 O 作往复摆动,从而控制刀架 3 的进刀和退刀运动。至于进刀和退刀的运动规律如何,则取决于凹槽曲线的形状。

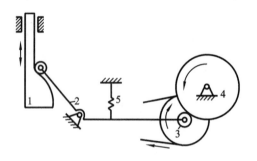

图 9.2 录音机卷带机构
1—凸轮;2—从动件;3—摩擦轮;4—卷带轮;5—弹簧

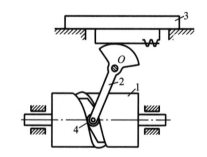

图 9.3 自动机床的进刀机构
1—圆柱凸轮;2—从动件;3—刀架;4—滚子

凸轮机构的优点是:只需设计适当的凸轮轮廓,便可使从动件得到任意的预期运动,而且结构简单、紧凑、设计方便。其缺点是:凸轮与从动件为点或线接触,易磨损,只宜用于传力不大的场合;凸轮轮廓加工比较困难;从动件的行程不能过大,否则会使凸轮变得笨重。

因此它在自动机床、轻工机械、纺织机械、印刷机械、食品机械、包装机械和机电一体化产品中得到广泛应用。

9.1.2 凸轮机构的类型

凸轮机构一般由凸轮、从动件和机架三个构件组成。多数情况下,凸轮为原动件,也有凸轮为机架的情况。如图 9.4 所示的罐头盒封盖机构,原动件 1 连续等速转动,通过带有凹槽的固定凸轮 3 的高副,引导从动件 2 上的点 C 沿预期的轨迹——接合缝 S 移动,从而完成罐头盒的封盖任务。

工程中实际使用的凸轮机构种类很多,常用的分类方法有以下几种。

1. 按凸轮的形状分

1) 盘形凸轮(plate cam)

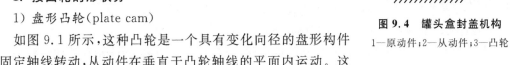

图 9.4 罐头盒封盖机构
1—原动件;2—从动件;3—凸轮

如图 9.1 所示,这种凸轮是一个具有变化向径的盘形构件绕固定轴线转动,从动件在垂直于凸轮轴线的平面内运动。这种凸轮应用最广,但如果从动件的行程较大时,则凸轮径向尺寸变化较大。

2) 移动凸轮(translating cam)

如图 9.2 所示,其凸轮与机架形成移动副,可以看成是盘形凸轮的转动轴线在无穷远处,这时凸轮作往复移动。

3) 圆柱凸轮(cylindrical cam)

如图 9.3 所示,凸轮的轮廓曲线做在圆柱体上,它可看做是将移动凸轮卷成圆柱体而得到的,从动件的运动平面与凸轮轴线平行,故凸轮与从动件不在平行的平面内运动,属于空间凸轮机构。

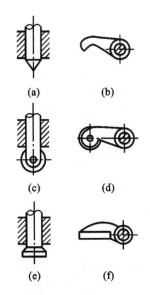

图 9.5 从动件的形状

2. 按从动件的形状分

1) 尖底从动件(knife-edge follower)

如图 9.5(a)、(b)所示。尖底能与任意复杂的凸轮轮廓保持接触,可实现任意预期的运动规律。尖底与凸轮呈点接触,易磨损,故只宜用于受力不大的场合。

2) 滚子从动件(roller follower)

如图 9.5(c)、(d)和图 9.2、图 9.3 所示。为克服尖底从动件的缺点,在尖底处安装一个滚子,即成为滚子从动件。它改善了从动件与凸轮轮廓间的接触条件,将滑动摩擦变成滚动摩擦,更耐磨损,能承受较大载荷,故在工程实际中应用最为广泛。

3) 平底从动件(flat-faced follower)

如图 9.5(e)、(f)和图 9.1 所示。从动件与凸轮接触处为一平面,它只能与全部外凸的凸轮轮廓作用。其优点是压力角小,便于润滑,常用于高速运动场合。

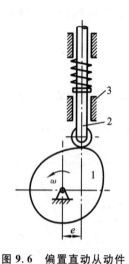

图 9.6 偏置直动从动件

3. 按从动件的运动分

1) 直动从动件(translating follower)

如图 9.5(a)、(c)、(e)和图 9.1、图 9.6 所示。从动件与机架形成移动副,从动件作往复移动。按照直动从动件的运动轨迹是否通过凸轮的回转轴线,又分为对心直动从动件(见图 9.1)和偏置直动从动件(见图 9.6)。

2) 摆动从动件(oscillating follower)

如图 9.5(b)、(d)、(f)和图 9.2、图 9.3 所示。从动件与机架形成转动副,从动件作往复摆动。

4. 按凸轮与从动件保持接触的方式分

1) 外力锁合(external force lock together)

如图 9.1、图 9.2 和图 9.6 所示。外力锁合是指利用重力、弹簧力或其他外力使从动件与凸轮保持接触。

2) 几何形状锁合(geometry lock together)

几何形状锁合是指依靠凸轮和从动件的特殊几何形状(虚约束)使凸轮和从动件始终保持接触。例如在图 9.3 和图 9.4 所示的凸轮机构中,凸轮轮廓曲线做成凹槽,从动件的滚子嵌于凹槽中,依靠凹槽两侧的轮廓曲线使从动件与凸轮在运动过程中始终保持接触。在图 9.7 所示的等宽凸轮机构(yoke radial cam with flat-faced follower)中,因与凸轮轮廓线相切的任意两平行线间的距离始终相等,且等于从动件内框上下壁间的距离,所以凸轮和从动件可以始终保持接触。在图 9.8 所示的等径凸轮机构(yoke radial cam with roller follower)中,因在过凸轮轴心所作的任一径线上与凸轮轮廓线相切的两滚子中心间的距离处处相等,故可以使凸轮与从动件始终保持接触。图 9.9 所示的共轭凸轮机构(conjugate cam),用两个固结在一起的凸轮控制一个具有两个滚子的从动件,从而形成封闭的几何形状,使凸轮与从动件始终保持接触。

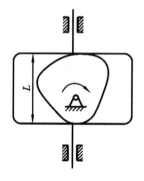

图 9.7 等宽凸轮

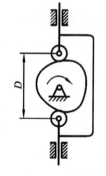

图 9.8 等径凸轮

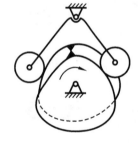

图 9.9 共轭凸轮

9.1.3 凸轮机构设计的基本内容和步骤

凸轮机构设计的基本内容和步骤如下。

(1) 根据所设计机构的工作条件及要求,合理选择凸轮机构的类型和从动件的运动规律。

(2) 根据凸轮在机器中安装位置的限制、从动件行程、凸轮种类等,初步确定凸轮基圆半径。

(3) 根据从动件的运动规律,设计凸轮轮廓曲线。

（4）校核压力角及轮廓最小曲率半径，并且进行凸轮机构的结构设计。

9.2 从动件运动规律设计

9.2.1 基础知识

如图 9.10 所示为一尖底偏置直动从动件盘形凸轮机构的运动循环图。

1. 基圆

以凸轮轴心为圆心，以凸轮轮廓曲线上的最小向径为半径所作的圆，称为凸轮的基圆（base circle），它是设计凸轮轮廓曲线的基准。基圆半径用 r_0 表示。

2. 偏距

从动件导路相对凸轮轴心偏置的距离称为偏距，用 e 表示。以凸轮轴心为圆心、e 为半径所作的圆，称为偏距圆。

3. 推程

在图 9.10(a)所示的位置上，从动件与凸轮轮廓上的点 A 接触，点 A 是凸轮基圆的圆弧与向径渐增区段 AB 的接合点。当凸轮沿 ω 方向回转时，从动件被凸轮推动而上升，直至点 B 转到点 B' 位置时，从动件到达最高位置，如图 9.10(b)所示。凸轮机构这一阶段的工作过程称为推程，图 9.10(a)为推程起始位置，图 9.10(b)为推程终止位置。

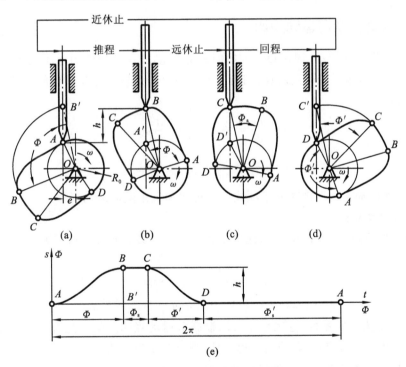

图 9.10 凸轮机构的运动循环图

4. 行程

从动件的最大位移距离称为行程，用 h 表示。对于摆动从动件，行程为从动件的最大摆动幅度，用角度参数 ψ 表示。

5. 推程运动角

与推程对应的凸轮转角称为推程运动角(motion angle for actuating travel)，即∠BOB′，用Φ表示。注意：当从动件尖底的运动轨迹线偏离凸轮轴心时，即偏距$e\neq 0$时，凸轮的推程段轮廓AB所包含的中心角∠AOB与凸轮的推程运动角不相等。

6. 远休止及远休止角

凸轮继续回转，接触点由B点转移至C点，如图9.10(c)所示。BC段上各点向径不变，从动件在最远位置上停留，该过程称为远休止，所对应的凸轮转角称为远休止角(far angle of repose)，用Φ_s表示。

7. 回程及回程运动角

从接触点C开始至点D，凸轮轮廓向径逐渐减小，从动件在外力作用下逐渐返回到初始位置，如图9.10(d)所示。该段时期称为回程，对应的凸轮转角称为回程运动角(motion angle for return travel)，用Φ'表示。

8. 近休止及近休止角

凸轮如图9.10(d)所示位置转至图9.10(a)所示位置，从动件在起始位置停留，称为近休止。对应的凸轮转角称为近休止角(near angle of repose)，用Φ'_s表示。

9. 从动件位移线图

凸轮回转一周完成一次工作循环。在运转过程中，从动件的位移(或摆角)与凸轮转角间的函数关系可由图9.10(e)所示的位移线图表示。

9.2.2 从动件常用运动规律

因为凸轮常作等速转动，即转角φ与时间t成正比，所以从动件的运动规律常表示为从动件的位移s随凸轮转角φ变化的规律。设凸轮以角速度ω转动，则从动件的速度v和加速度a的方程可以写成

$$\left. \begin{array}{l} v = \dfrac{\mathrm{d}s}{\mathrm{d}t} = \dfrac{\mathrm{d}s}{\mathrm{d}\varphi} \cdot \dfrac{\mathrm{d}\varphi}{\mathrm{d}t} = \dfrac{\mathrm{d}s}{\mathrm{d}\varphi}\omega \\ a = \dfrac{\mathrm{d}v}{\mathrm{d}t} = \dfrac{\mathrm{d}v}{\mathrm{d}\varphi} \cdot \dfrac{\mathrm{d}\varphi}{\mathrm{d}t} = \dfrac{\mathrm{d}^2 s}{\mathrm{d}\varphi^2}\omega^2 \end{array} \right\} \quad (9.1)$$

常用的从动件基本运动规律有多项式运动规律和三角函数运动规律。

1. 多项式运动规律

多项式运动规律的从动件位移s、速度v和加速度a参数方程的通式为

$$\left. \begin{array}{l} s = c_0 + c_1\varphi + c_2\varphi^2 + \cdots + c_n\varphi^n \\ v = (c_1 + 2c_2\varphi + \cdots + nc_n\varphi^{n-1})\omega \\ a = [2c_2 + 6c_3\varphi + \cdots + n(n-1)c_n\varphi^{n-2}]\omega^2 \end{array} \right\} \quad (9.2)$$

式中：$c_0, c_1, \cdots, c_n$为待定系数，这些系数可以根据对运动规律所提的边界条件来确定；φ为凸轮的转角；ω为凸轮的角速度，若凸轮匀速转动，则角速度为常数。

1) 一次多项式运动规律——等速运动规律

当式(9.2)中$n=1$时，称为一次多项式，其运动规律的运动参数方程为

$$\left. \begin{array}{l} s = c_0 + c_1\varphi \\ v = c_1\omega \\ a = 0 \end{array} \right\} \quad (9.3)$$

推程的边界条件为：$\varphi=0$ 时，$s=0$；$\varphi=\Phi$ 时，$s=h$。

代入式(9.3)得 $c_0=0$，$c_1=h/\Phi$，故推程的运动方程为

$$\left.\begin{array}{l} s=h\varphi/\Phi \\ v=h\omega/\Phi \\ a=0 \end{array}\right\} \quad (9.4)$$

回程的方程类似，省略不写。

由式(9.4)可以看出，从动件作等速运动，所以这种规律又称为等速运动规律(constant velocity curve)。图 9.11 为等速运动规律在推程的位移、速度和加速度的线图。该运动规律用于"停—升—停"类型的凸轮机构时，理论上从动件在始、末位置有无穷大的加速度，导致产生无穷大的惯性力。虽然由于零件材料的弹性变形会使加速度降至有限的幅度，但是仍有剧烈的冲击，这种冲击称为刚性冲击(rigid impulse)。

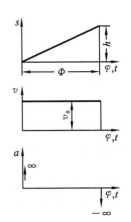

图 9.11 等速运动规律

2) 二次多项式——等加速和等减速运动规律

在推程中，为了避免在运动的起始位置和终点位置产生速度突变，可令式(9.2)中的 $n=2$，采用两个不同的二次项方程式。一个方程式使从动件作等加速运动，另一个方程式使从动件作等减速运动，构成等加速等减速运动规律(constant acceleration and deceleration motion curve)。运动规律的运动参数方程为

$$\left.\begin{array}{l} s=c_0+c_1\varphi+c_2\varphi^2 \\ v=(c_1+2c_2\varphi)\omega \\ a=2c_2\omega^2 \end{array}\right\} \quad (9.5)$$

由式(9.5)可见，从动件的加速度为常数。为了保证凸轮机构运动的平稳性，通常使从动件先作等加速运动，后作等减速运动。设加速段和减速段各占行程的一半，推程加速段的边界条件为：$\varphi=0$ 时，$s=0$；$\varphi=\Phi/2$ 时，$s=h/2$。推程减速段的边界条件为：$\varphi=\Phi/2$ 时，$s=h/2$；$\varphi=\Phi$ 时，$s=h$。分别代入式(9.5)，得加速段 $c_0=c_1=0$，$c_2=2h/\Phi^2$，其运动方程为

$$\left.\begin{array}{l} s=2h\varphi^2/\Phi^2 \\ v=4h\omega\varphi/\Phi^2 \\ a=4h\omega^2/\Phi^2 \end{array}\right\} \quad (9.6(a))$$

解得减速段 $c_0=-h$，$c_1=4h/\Phi$，$c_2=-2h/\Phi^2$，其运动方程为

$$\left.\begin{array}{l} s=h-2h(\Phi-\varphi)^2/\Phi^2 \\ v=4h\omega(\Phi-\varphi)/\Phi^2 \\ a=-4h\omega^2/\Phi^2 \end{array}\right\} \quad (9.6(b))$$

由式(9.6)可见，从动件的位移与凸轮的转角的平方成正比，所以位移曲线为两段抛物线组成，如图 9.12 所示。在 A、B、C 三点从动件的加速度有突变，因而从动件的惯性力也将有突变，不过这一突变为有限值，引起的冲击较小，故称为柔性冲击(soft impulse)。

3) 五次多项式

为了避免在整个运动周期中产生速度和加速度突变，可令式(9.2)中的 $n=5$，运动参数方程为

$$\left.\begin{aligned}s&=c_0+c_1\varphi+c_2\varphi^2+c_3\varphi^3+c_4\varphi^4+c_5\varphi^5\\v&=(c_1+2c_2\varphi+3c_3\varphi^2+4c_4\varphi^3+5c_5\varphi^4)\omega\\a&=(2c_2+6c_3\varphi+12c_4\varphi^2+20c_5\varphi^3)\omega^2\end{aligned}\right\} \quad (9.7)$$

其边界条件为：$\varphi=0$ 时，$s=0,v=0,a=0$；$\varphi=\Phi$ 时，$s=h,v=0,a=0$。代入式(9.7)得 $c_0=c_1=c_2=0, c_3=10h/\Phi^3, c_4=-15h/\Phi^4, c_5=6h/\Phi^5$，故运动方程为

$$\left.\begin{aligned}s&=h\left[10\left(\frac{\varphi}{\Phi}\right)^3-15\left(\frac{\varphi}{\Phi}\right)^4+6\left(\frac{\varphi}{\Phi}\right)^5\right]\\v&=\frac{30\omega h}{\Phi}\left[\left(\frac{\varphi}{\Phi}\right)^2-2\left(\frac{\varphi}{\Phi}\right)^3+\left(\frac{\varphi}{\Phi}\right)^4\right]\\a&=\frac{60\omega^2 h}{\Phi^2}\left[\frac{\varphi}{\Phi}-3\left(\frac{\varphi}{\Phi}\right)^2+2\left(\frac{\varphi}{\Phi}\right)^3\right]\end{aligned}\right\} \quad (9.8)$$

式(9.8)也称为 3-4-5 多项式(polynomial)。图 9.13 为其运动线图，从图中可见，速度和加速度均没有突变，此运动规律既无刚性冲击，也无柔性冲击。

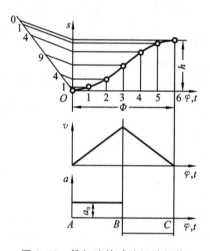

图 9.12　等加速等减速运动规律

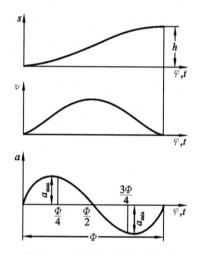

图 9.13　五次多项式运动规律

2. 三角函数运动规律

1) 余弦加速度运动规律——简谐运动规律

当加速度按余弦规律变化时，其推程方程为

$$\left.\begin{aligned}s&=\frac{h}{2}\left[1-\cos\left(\frac{\pi\varphi}{\Phi}\right)\right]\\v&=\frac{\pi h\omega}{2\Phi}\sin\left(\frac{\pi\varphi}{\Phi}\right)\\a&=\frac{\pi^2 h\omega^2}{2\Phi^2}\cos\left(\frac{\pi\varphi}{\Phi}\right)\end{aligned}\right\}$$

推程的位移线图如图 9.14 所示，由于位移线图是一条简谐曲线，故称为简谐运动规律(simple harmonic motion)。由图中可见，加速度在始、终位置上有突变，且为有限值，有柔性冲击，因此余弦加速度运动规律适用于中速场合。若从动件作"升—降—升"的循环运动，则无冲击，可用于高速凸轮机构。

2) 正弦加速度运动规律——摆线运动规律

加速度按正弦规律变化时，其推程方程为

$$\left.\begin{array}{l} s = h\left[\dfrac{\varphi}{\Phi} - \dfrac{1}{2\pi}\sin\left(\dfrac{2\pi\varphi}{\Phi}\right)\right] \\ v = \dfrac{h\omega}{\Phi}\left[1 - \cos\left(\dfrac{2\pi\varphi}{\Phi}\right)\right] \\ a = \dfrac{2\pi h\omega^2}{\Phi^2}\sin\left(\dfrac{2\pi\varphi}{\Phi}\right) \end{array}\right\}$$

推程的位移线图如图 9.15 所示,由于位移线图是一条摆线,故称为摆线运动规律(sine acceleration curve)。由图中可见,速度和加速度在始、终位置上没有突变,故既没有刚性冲击,也没有柔性冲击,因此正弦加速度运动规律适用于高速场合。

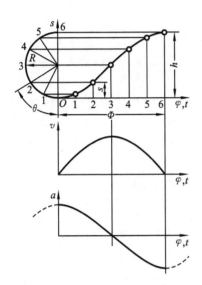

图 9.14 余弦加速度运动规律

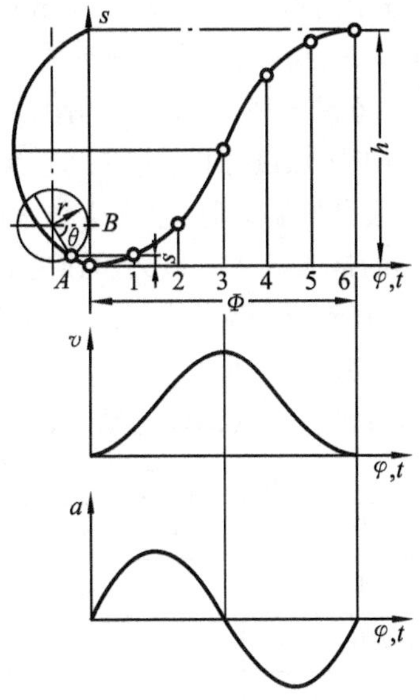

图 9.15 正弦加速度运动规律

9.2.3 从动件运动规律的组合

上述多项式运动规律和三角函数类型运动规律是凸轮机构的从动件运动规律基本形式,它们各有其优点和缺点。为了扬长避短,可将数种基本的运动规律拼接起来,构成组合型运动规律。组合的原则如下。

(1) 根据凸轮机构的工作性能指标,选择一种基本运动规律作为主体,用其他类型的运动规律与之组合,通过优化对比,寻求最佳的组合方式。

(2) 在运动的起始点和终止点上,运动参数满足边界条件。

(3) 在各段基本运动规律衔接点上,要满足位移、速度、加速度,甚至跃动度(加速度对时间求导)的连续。

(4) 各段不同的运动规律要有较好的动力性能和工艺性。

例如,为了消除等速运动规律的刚性冲击,在推程的起始点和终止点处拼接上正弦加速度运动规律,其运动线图如图 9.16 所示。

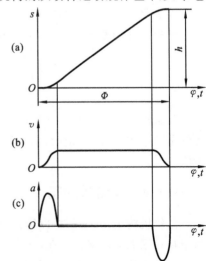

图 9.16 从动件运动规律的组合

9.2.4 从动件常用运动规律的选择

选择从动件运动规律时,涉及的问题很多,首先应考虑从动件的工作过程及其提出的要求,同时又应使凸轮机构具有良好的动力性能和使设计的凸轮机构便于加工等,一般可从下面几个方面考虑。

1) 满足机器的工作要求

这是选择从动件运动规律的最基本的依据。有的机器工作过程中要求从动件按一定的运动规律运动,如图9.3所示的自动车床进刀机构,为确保加工厚度均匀、表面光滑,则要求刀架工作行程中的速度不变,故必须选用等速运动规律。

2) 使凸轮机构具有良好的动力性能

除了考虑各种运动规律的刚性、柔性冲击外,还应对其所产生的最大速度 v_{max} 和最大加速度 a_{max} 的影响加以分析、比较。通常最大速度 v_{max} 越大,则从动件系统的最大动量越大,在启动、停车或突然制动时,会产生很大的冲击。因此对于质量大的从动件系统,应选择最大速度 v_{max} 较小的运动规律。最大加速度 a_{max} 越大,则惯性力越大,由惯性力引起的动载荷对机构的强度和磨损都有很大的影响。最大加速度 a_{max} 是影响动力学性能的主要因素,因此,高速凸轮机构特别要注意最大加速度 a_{max} 不宜过大。表9.1介绍了从动件常用运动规律特性比较及适用场合,可供选择从动件运动规律时参考。

表 9.1 从动件常用运动规律特性比较及适用场合

运动规律	$v_{max}/(h\omega/\Phi)$	$a_{max}/(h\omega^2/\Phi^2)$	冲击特性	推荐应用范围
等速	1.00	∞	刚性	低速轻载
等加速等减速	2.00	4.00	柔性	中速轻载
五次多项式	1.88	5.77	无	高速中载
余弦加速度	1.57	4.93	柔性	中速中载
正弦加速度	2.00	6.28	无	高速轻载

3) 使凸轮轮廓便于加工

在满足前面两点的情况下,若实际工作中对从动件的推程和回程无其他特殊要求,则可以考虑凸轮的轮廓便于加工,如采用圆弧、直线等易加工的曲线轮廓。

9.3 凸轮轮廓曲线的设计

当根据使用场合和工作要求选定了凸轮机构的类型和从动件的运动规律后,即可根据选定的基圆半径等参数,进行凸轮轮廓曲线的设计。凸轮轮廓曲线的设计方法有作图法和解析法。

9.3.1 反转法原理

凸轮机构工作时,凸轮以等角速度 ω 转动,推动从动件移动或摆动。为绘图方便,可假定凸轮相对图纸平面保持不动,从动件一方面沿 $-\omega$ 方向转动,另一方面按自身运动规律移动或摆动。由于从动件尖端始终与凸轮轮廓曲线接触,故反转后从动件尖端的运动轨迹就是凸轮的轮廓曲线,这种在固定的图纸上画出凸轮轮廓曲线的方法称为反转法。

图 9.17 为一对心尖底直动从动件盘形凸轮机构。凸轮以角速度 ω 顺时针方向匀速回转。令运转中的整个凸轮机构(包括机架)绕凸轮轴线以 $-\omega$ 角速度匀速回转,则凸轮可视为固定,而机架(即从动件的移动导路)以 $-\omega$ 角速度回转。此时从动件与机架之间的相对运动仍保持给定的运动规律。从而不难求得在反转过程中从动件尖底的一系列相应位置。由于从动件的尖底须与凸轮轮廓始终保持接触,因而反转过程中尖底的运动轨迹曲线就是凸轮的轮廓曲线。

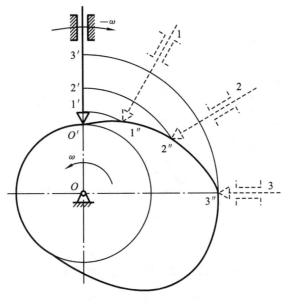

图 9.17 反转法原理

9.3.2 用图解法设计凸轮轮廓

1. 直动尖底从动件盘形凸轮机构

图 9.18(a)所示为偏置直动尖底从动件盘形凸轮机构。设已知凸轮基圆半径 r_0、偏距 e、从动件的运动规律 $s-\varphi$,凸轮以等角速度 ω 沿逆时针方向回转,要求绘制凸轮轮廓曲线。步骤如下。

(1) 选择位移比例尺 μ_s,根据从动件的运动规律作位移曲线,如图 9.18(b)所示,并将推程运动角 Φ 和回程运动角 Φ' 分别划分成若干等分。

(2) 选定长度比例尺 $\mu_l = \mu_s$ 作基圆,取从动件与基圆的接触点 A 作为从动件的起始位置。

(3) 以偏距 e 为半径作基圆的同心圆,即偏距圆。在偏距圆上从导路的切点 K_A 出发,沿 $-\omega$ 方向依次截取推程运动角 Φ(120°)、远休止角 Φ_s(60°)、回程运动角 Φ'(90°)和近休止角 Φ_s'(90°),并在偏距圆上作与位移线图中相同的等分点,得到 $K_1、K_2\cdots\cdots K_{15}$ 各点。

(4) 过 $K_1、K_2\cdots\cdots K_{15}$ 作偏距圆的切线,这些切线即为直动从动件轴线在反转过程中导路的位置。

(5) 上述切线与基圆的交点 $B_1、B_2\cdots\cdots B_{15}$ 则为从动件的起始位置。在位移曲线上量取从动件的位移量,从 $B_1、B_2\cdots\cdots B_{15}$ 点开始,按比例沿切线方向得到对应的 $A_1、A_2\cdots\cdots A_{15}$ 各点,这些点就是凸轮轮廓上的点。

(6) 将 $A_1、A_2\cdots\cdots A_{15}$ 各点连成一条光滑曲线,便得到凸轮轮廓曲线,其中远休止曲线和近休止曲线为圆弧,分别是 $\overset{\frown}{A_8A_9}$、$\overset{\frown}{A_{15}A}$。

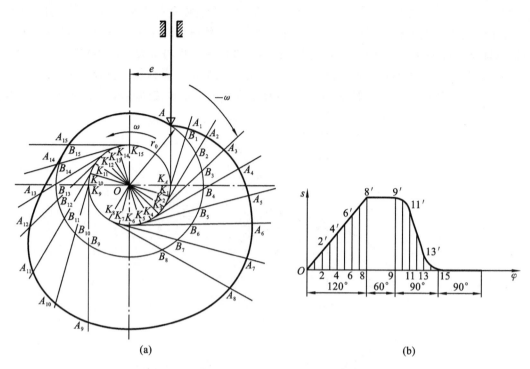

图 9.18 直动尖底从动件盘形凸轮轮廓的设计

对于对心直动尖底从动件盘形凸轮机构,可以认为是 $e=0$ 时的偏置凸轮机构。这时偏距圆的切线变成过基圆圆心的射线,其设计方法与上述方法一致。

2. 直动滚子从动件盘形凸轮机构

图 9.19 所示为偏置直动滚子从动件盘形凸轮机构,其轮廓曲线作图方法如下:取滚子中心 A 为参考点,把该点当作尖底从动件的尖底,按照尖底从动件的方法求出一条轮廓线 β_0,这条轮廓线称为理论轮廓线。再以理论轮廓线 β_0 上的各点为圆心、滚子的半径 r_r 为半径作一系列的滚子圆,滚子圆族的内包络线 β 就是凸轮的实际轮廓线。显然实际轮廓线 β 是理论轮廓线 β_0 的等距曲线,其距离等于滚子的半径 r_r。

3. 直动平底从动件盘形凸轮机构

图 9.20 所示为直动平底从动件盘形凸轮机构,其设计基本思路与上述滚子从动件盘形凸轮机构相似。轮廓曲线具体作图步骤如下:取平底与从动件导路的交点 A 当作参考点,按照尖底从动件轮廓的设计方法求出参考点反转后的一系列点 A_1、A_2……A_{15},然后过点 A_1、A_2……A_{15} 作一系列代表平底的直线,则得到平底从动件在反转过程中的各个位置,再作一系列平底的包络线,便可得到凸轮实际轮廓曲线。

4. 摆动尖底从动件盘形凸轮机构

图 9.21 所示为摆动尖底从动件盘形凸轮机构。已知凸轮基圆半径 r_0、中心距 a(凸轮轴心与摆杆回转中心的距离 OA)、摆杆(从动件)长度 l,从动件的运动规律如图 9.21(b)所示,凸轮以等角速度 ω 沿逆时针方向回转。

根据反转法原理,当给整个机构以 $-\omega$ 反转后,凸轮不动,而从动件的摆动回转中心以 $-\omega$ 绕 O 点作圆周运动,同时从动件按给定的运动规律相对机架 OA 摆动。凸轮轮廓曲线的设计步骤如下:

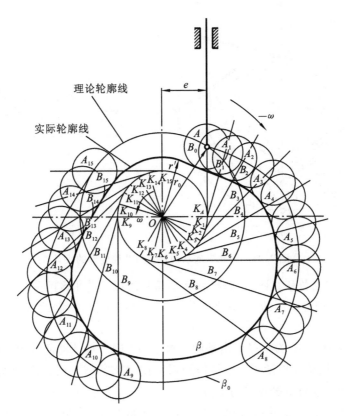

图 9.19 直动滚子从动件盘形凸轮轮廓的设计

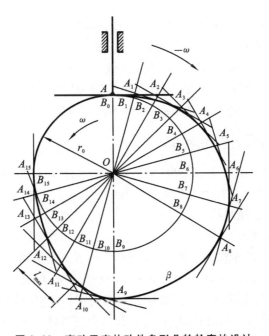

图 9.20 直动平底从动件盘形凸轮轮廓的设计

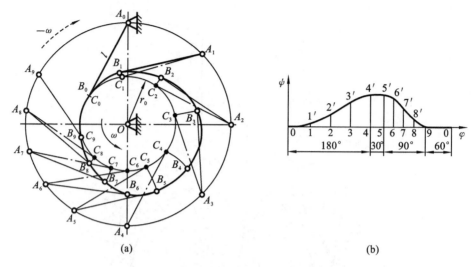

图 9.21 摆动尖底从动件盘形凸轮轮廓的设计

(1) 在从动件的角位移线图上,将推程运动角和回程运动角区间分成若干等分,如图 9.21(b)所示。与直动从动件不同的是,纵坐标代表从动件的角位移,因此其比例尺为每毫米等于多少度。

(2) 以 O 点为圆心、r_0 为半径作出基圆。根据 OA 确定从动件回转中心的位置 A_0 点。然后以 A_0 点为圆心、从动件长度 l 为半径作圆弧,与基圆交于 C_0 点。C_0 点为从动件尖底的初始位置,A_0C_0 代表从动件的初始位置。

(3) 以 O 点为圆心、a 为半径作圆,并自 A_0 点开始沿 $-\omega$ 方向将该圆分成与图 9.21(b) 中横坐标对应的区间和等分,得到点 $A_1,A_2\cdots A_9$。它们代表反转过程中从动件回转中心 A 依次所处的位置。

(4) 以上述各点为圆心、从动件长度 l 为半径作圆弧,交基圆于 $C_1、C_2\cdots C_9$ 各点,得到相应的从动件初始位置 A_1C_1、$A_2C_2\cdots A_9C_9$;再分别作 $\angle C_1A_1B_1$、$\angle C_2A_2B_2\cdots \angle C_9A_9B_9$,使它们与图 9.21(b) 中对应的角位移相等,即得到线段 A_1B_1、$A_2B_2\cdots A_9B_9$。这些线段代表反转过程中从动件依次所在的位置,而点 $B_1、B_2\cdots B_9$ 即为反转过程中从动件尖底所在的位置。

(5) 将点 $B_1、B_2\cdots B_9$ 连成光滑曲线,即得到凸轮的轮廓曲线。

9.3.3 用解析法设计凸轮轮廓

图解法简便直观,但误差较大,难以获得精确坐标点,所以只能用于低速或不重要的场合。高速或精度要求高的凸轮必须建立凸轮轮廓曲线的方程,以适应日益普及的数控机床加工。

1. 滚子从动件盘形凸轮机构

1) 理论轮廓曲线方程

(1) 直动从动件盘形凸轮机构 图 9.22 所示为偏置直动从动件盘形凸轮机构,偏距 e、基圆半径 r_0 和从动件运动规律 $s=s(\varphi)$ 均已给定。以凸轮轴心 O 为原点、从动件推程运动方向为 x 轴正向建立右手直角坐标系。为使计算公式统一,引入凸轮转向系数 η 和从动件偏置方向系数 δ,并规定:凸轮转向为顺时针时 $\eta=+1$,转向为逆时针时 $\eta=-1$;从动件导路偏于 y 轴正侧时 $\delta=+1$,偏于 y 轴负侧时 $\delta=-1$,与 y 轴重合时 $\delta=0$。当凸轮自初始位置转过角 φ 时,滚子中心将自点 B_0 外移 s 到达点 $B'(s+s_0,\delta e)$。根据反转法原理,将点 B' 沿凸轮回转相反方

向绕原点转过角 φ，即得凸轮理论轮廓曲线上的对应点 B，其坐标为

$$\begin{bmatrix} x \\ y \end{bmatrix} = \begin{bmatrix} \cos(\eta\varphi) & -\sin(\eta\varphi) \\ \sin(\eta\varphi) & \cos(\eta\varphi) \end{bmatrix} \begin{bmatrix} s+s_0 \\ \delta e \end{bmatrix}$$

即

$$\left. \begin{array}{l} x=(s+s_0)\cos(\eta\varphi)-\delta e\sin(\eta\varphi) \\ y=(s+s_0)\sin(\eta\varphi)+\delta e\cos(\eta\varphi) \end{array} \right\} \quad (9.9)$$

式(9.9)即为凸轮理论轮廓曲线的直角坐标参数方程,其中 $s_0=\sqrt{r_0^2-e^2}$。

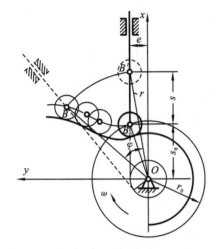

图 9.22 直动滚子从动件盘形凸轮机构坐标系   图 9.23 摆动滚子从动件盘形凸轮机构坐标系

(2) 摆动从动件盘形凸轮机构 图 9.23 所示为摆动滚子从动件盘形凸轮机构,基圆半径 r_0、从动件长度 l、中心距 a 和从动件运动规律 $\psi=\psi(\varphi)$ 均已给定。以凸轮轴心 O 为原点、$O \to A$ 为 x 轴正向建立右手直角坐标系。为使计算公式统一,引入凸轮转向系数 η 和从动件摆动推程方向系数 δ,并规定:凸轮转向为顺时针时 $\eta=+1$,转向为逆时针时 $\eta=-1$;从动件推程摆动方向为顺时针时 $\delta=+1$,逆时针时 $\delta=-1$。当凸轮自初始位置转过角 φ 时,滚子中心将自点 B_0 外摆 ψ 角到达 $B'\{a-l\cos[\delta(\psi_0+\psi)], l\sin[\delta(\psi_0+\psi)]\}$。根据反转法原理,将点 B' 沿凸轮回转相反方向绕原点转过角 φ,即得凸轮理论轮廓曲线上的对应点 B,其坐标为

$$\begin{bmatrix} x \\ y \end{bmatrix} = \begin{bmatrix} \cos(\eta\varphi) & -\sin(\eta\varphi) \\ \sin(\eta\varphi) & \cos(\eta\varphi) \end{bmatrix} \begin{bmatrix} a-l\cos[\delta(\psi_0+\psi)] \\ l\sin[\delta(\psi_0+\psi)] \end{bmatrix}$$

即

$$\left. \begin{array}{l} x=a\cos(\eta\varphi)-l\cos[\delta(\psi_0+\psi)-\eta\varphi] \\ y=a\sin(\eta\varphi)+l\sin[\delta(\psi_0+\psi)-\eta\varphi] \end{array} \right\} \quad (9.10)$$

上式即为凸轮理论轮廓曲线的直角坐标参数方程,其中

$$\psi_0=\arccos\frac{a^2+l^2-r_0^2}{2al}, \psi_0>0$$

在式(9.9)和式(9.10)中,s_0、e 和 l、a、ψ_0 均为常数,s 和 ψ 是 φ 的函数,显然,x 和 y 也是 φ 的函数。于是凸轮理论轮廓曲线的直角坐标参数方程一般可表示为

$$\left. \begin{array}{l} x=x(\varphi) \\ y=y(\varphi) \end{array} \right\}$$

2) 实际轮廓曲线方程

滚子从动件盘形凸轮机构的凸轮实际轮廓曲线是滚子圆族的包络线。由微分几何可知，以 φ 为参数的曲线族的包络线方程为

$$\left.\begin{array}{l} f(X,Y,\varphi)=0 \\ \dfrac{\partial f}{\partial \varphi}(X,Y,\varphi)=0 \end{array}\right\} \quad (9.11)$$

其中，$f(X,Y,\varphi)=0$ 是曲线族的方程，$X、Y$ 是包络线上的点的直角坐标值。

对于滚子从动件盘形凸轮机构，产生实际轮廓曲线的曲线族是以理论轮廓曲线上的各点为中心、以 r_r 为半径的一族圆。因圆心坐标 (x,y) 已由式(9.9)和式(9.10)给出，故有

$$f(X,Y,\varphi)=(X-x)^2+(Y-y)^2-r_r^2=0$$

$$\frac{\partial f}{\partial \varphi}(X,Y,\varphi)=-2(X-x)\frac{\mathrm{d}x}{\mathrm{d}\varphi}-2(Y-y)\frac{\mathrm{d}y}{\mathrm{d}\varphi}=0$$

$$(X-x)=-(Y-y)\frac{\mathrm{d}x/\mathrm{d}\varphi}{\mathrm{d}y/\mathrm{d}\varphi}$$

将上述公式联立求解，得滚子从动件盘形凸轮机构的凸轮实际轮廓曲线参数方程

$$\left.\begin{array}{l} X = x \pm r_r \dfrac{\mathrm{d}y/\mathrm{d}\varphi}{\sqrt{\left(\dfrac{\mathrm{d}x}{\mathrm{d}\varphi}\right)^2+\left(\dfrac{\mathrm{d}y}{\mathrm{d}\varphi}\right)^2}} \\ Y = y \mp r_r \dfrac{\mathrm{d}x/\mathrm{d}\varphi}{\sqrt{\left(\dfrac{\mathrm{d}x}{\mathrm{d}\varphi}\right)^2+\left(\dfrac{\mathrm{d}y}{\mathrm{d}\varphi}\right)^2}} \end{array}\right\} \quad (9.12)$$

式中的"±"分别表示外包络线和内包络线；而 $\mathrm{d}x/\mathrm{d}\varphi$ 和 $\mathrm{d}y/\mathrm{d}\varphi$ 可从式(9.9)和式(9.10)中对 φ 求导得到。

2. 平底从动件盘形凸轮机构

1) 实际轮廓曲线方程

平底从动件盘形凸轮机构凸轮的实际轮廓曲线是反转后一系列平底所构成的直线族的包络线。图 9.24 所示为一直动平底从动件盘形凸轮机构，基圆半径 r_0 和从动件运动规律 $s=s(\varphi)$ 均已给定。以凸轮轴心 O 为原点、从动件推程运动方向为 x 轴正向建立右手直角坐标系，并取导路中心线与 x 轴重合。当凸轮自初始位置转过角 φ 时，导路中心线与平底的交点 B_0 外移 s 到达 B'。根据反转法原理，将点 B' 沿凸轮回转相反方向绕原点转过角 φ，即可得出反转后平底的直线 AB。由图可知，点 B 的坐标为

$$\left.\begin{array}{l} x=(r_0+s)\cos(\eta\varphi) \\ y=(r_0+s)\sin(\eta\varphi) \end{array}\right\} \quad (9.13)$$

过点 B 的平底直线族的方程为

$$Y-(r_0+s)\sin(\eta\varphi)=k[X-(r_0+s)\cos(\eta\varphi)]$$

式中：k 为平底直线的斜率，$k=\tan(90°+\eta\varphi)$。将上式代入式(9.11)得

$$f(X,Y,\varphi)=Y\sin(\eta\varphi)+X\cos(\eta\varphi)-(r_0+s)=0$$

$$\frac{\partial f}{\partial \varphi}(X,Y,\varphi)=\eta Y\cos(\eta\varphi)-\eta X\sin(\eta\varphi)-\frac{\mathrm{d}s}{\mathrm{d}\varphi}=0$$

联立求解，得凸轮实际轮廓曲线的直角坐标参数方程

$$\left.\begin{array}{l} X=(r_0+s)\cos(\eta\varphi)-\eta\dfrac{\mathrm{d}s}{\mathrm{d}\varphi}\sin(\eta\varphi) \\ Y=(r_0+s)\sin(\eta\varphi)+\eta\dfrac{\mathrm{d}s}{\mathrm{d}\varphi}\cos(\eta\varphi) \end{array}\right\} \quad (9.14)$$

2) 刀具中心轨迹方程

如图 9.25 所示,平底从动件盘形凸轮机构凸轮的轮廓曲线可以用砂轮的端面磨削,也可以用砂轮的外圆加工。当用砂轮的端面加工时,刀具上点 B 的轨迹方程即如式(9.13)所示;当用砂轮的外圆加工时,刀具中心的轨迹相当于以式(9.14)表示的曲线按照滚子从动件的方法根据式(9.12)求出。

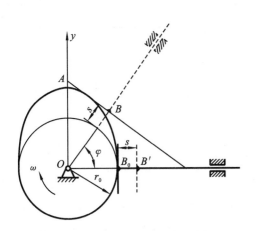

图 9.24 平底从动件盘形凸轮机构坐标系

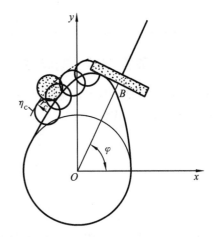

图 9.25 平底从动件凸轮机构的凸轮轮廓加工

9.4 凸轮机构基本尺寸的确定

9.4.1 凸轮的压力角

与连杆机构一样,压力角是衡量凸轮机构传力特性好坏的一个重要参数,而压力角是指在不计摩擦的情况下,凸轮对从动件作用力的方向与从动件上受力点的速度方向所夹的锐角,用 α 表示。图 9.26 所示为一偏置尖底直动从动件盘形凸轮机构在推程的某个位置。过凸轮与从动件的接触点 B 作公法线 $n-n$,它与过凸轮轴心 O 且垂直于从动件导路的直线相交于点 P,即凸轮与从动件的相对速度瞬心,则 $OP=\dfrac{v}{\omega}=\dfrac{ds}{d\varphi}$。因此由图可得,偏置尖底直动从动件盘形凸轮机构的压力角计算公式为

$$\tan\alpha=\frac{OP\pm e}{s_0+s}=\frac{\dfrac{ds}{d\varphi}\pm e}{\sqrt{r_0^2-e^2}+s} \quad (9.15)$$

式中,当导路和瞬心 P 在凸轮轴心的同侧时,取"$-$",可使压力角减少;当导路和瞬心 P 在凸轮轴心的异侧时,取"$+$",会使压力角增大。

在生产实际中,为了提高机构效率、改善受力情况,通常规定凸轮机构的压力角不大于许用压力角,即 $\alpha\leqslant[\alpha]$。工程中推荐的许用压力角如表 9.2 所示。

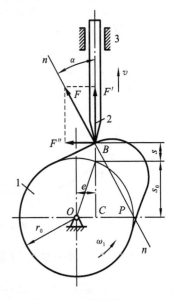

图 9.26 凸轮的压力角

表 9.2 凸轮机构的许用压力角

锁合方式	从动件运动形式	推程	回程
外力锁合	直动从动件	25°～35°	70°～80°
	摆动从动件	35°～45°	
几何形状锁合	直动从动件	25°～35°	
	摆动从动件	35°～45°	

9.4.2 凸轮基圆半径的确定

对于偏置尖底直动从动件盘形凸轮机构,压力角 α 小于等于许用值 $[\alpha]$,则由式(9.15)导出基圆半径的计算公式为

$$r_0 \geqslant \sqrt{\left(\dfrac{\dfrac{ds}{d\varphi}-e}{\tan[\alpha]}-s\right)^2 + e^2}$$

当用上式来计算凸轮的基圆半径时,由于凸轮轮廓曲线上各点的 $\dfrac{ds}{d\varphi}$、s 值不同,计算得到的基圆半径也不同。为了使用方便,工程上现已制备了根据从动件几种常用运动规律确定许用压力角和基圆半径关系的诺模图。图 9.27 所示为对心直动滚子从动件盘形凸轮机构的诺模图,供近似确定凸轮的基圆半径或校核凸轮机构最大压力角时使用。由诺模图得到的基圆半径是保证机构能顺利工作的最小基圆半径,而在实际设计中,还要考虑机构的具体结构条件。例如,当凸轮与轴做成一体成为凸轮轴时,凸轮基圆半径必须大于轴的半径;当凸轮与轴分开制造时,凸轮的基圆直径应大于凸轮上轮毂的外径。

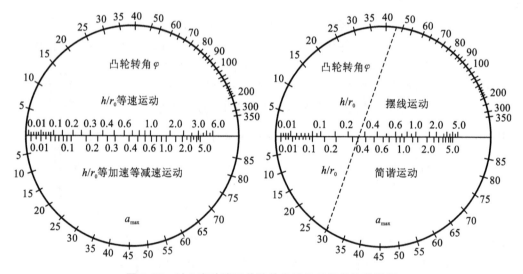

图 9.27 对心直动滚子从动件盘形凸轮机构的诺模图

9.4.3 滚子从动件滚子半径的选择

滚子从动件盘形凸轮的实际轮廓曲线受到滚子半径大小的影响。若滚子半径选择不当,有可能无法准确实现预期的运动规律。

图 9.28(a)所示的内凹型凸轮轮廓曲线，a 为实际轮廓曲线，b 为理论轮廓曲线，则有

$$\rho_a = \rho + r_r$$

式中：ρ_a——实际轮廓曲线的曲率半径；

ρ——理论轮廓曲线的曲率半径；

r_r——滚子半径。

这时，无论滚子半径 r_r 大小如何，实际轮廓曲线的曲率半径 ρ_a 总是大于零；对于图 9.28(b)的外凸型凸轮，则有 $\rho_a = \rho - r_r$，只要 $\rho > r_r$，其凸轮实际轮廓曲线总可以平滑连接。

当 $\rho = r_r$ 时，$\rho_a = 0$，如图 9.28(c)所示，实际轮廓曲线出现尖点；尖点易磨损，也会产生运动失真。

当 $\rho < r_r$ 时，$\rho_a < 0$，如图 9.28(d)所示，实际轮廓曲线出现交叉；当进行加工时，交点以外的部分将被切去，致使从动件不能准确实现预期的运动规律，产生运动失真。

综合上述，要使实际轮廓曲线不会发生运动失真，滚子半径 r_r 必须小于理论轮廓曲线外凸部分的最小曲率半径 ρ_{min}。设计时建议取 $r_r \leqslant 0.8\rho_{min}$。

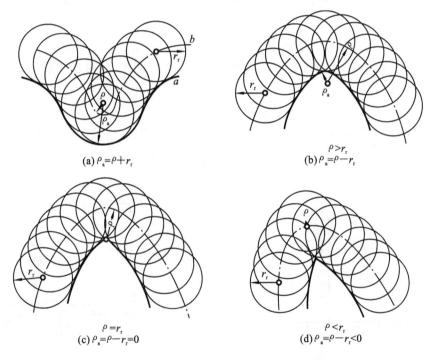

(a) $\rho_a = \rho + r_r$
(b) $\rho_a = \rho - r_r$
(c) $\rho_a = \rho - r_r = 0$ ， $\rho = r_r$
(d) $\rho_a = \rho - r_r < 0$ ， $\rho < r_r$

图 9.28 滚子半径的选择

9.4.4 直动平底从动件盘形凸轮机构

图 9.20 所示平底直动从动件盘形凸轮机构，凸轮轮廓曲线与平底接触处的公法线永远垂直于平底，压力角恒等于零。显然，这种凸轮机构不能按照压力角确定其基本尺寸。但是，平底从动件有一个特点，它只能与外凸的轮廓曲线相作用，而不允许轮廓曲线内凹，这样才能保证凸轮轮廓曲线上的所有点都能与从动件平底接触。由实例发现，基圆半径过小时，用作图法绘制平底从动件盘形凸轮机构的凸轮，不仅会出现轮廓曲线内凹，而且同时会出现包络线相

交,如图 9.29 所示。在实际加工时,这种现象将造成过度切割,使包络线交点左侧的轮廓曲线全部被切掉,从而导致从动件运动失真。因此,欲避免运动失真,就必须保证轮廓曲线全部外凸。下面就来探讨凸轮轮廓曲线外凸与基圆半径之间的关系。

如图 9.30 所示,设凸轮轮廓曲线与平底在点 B 处相切接触,轮廓曲线在 B 点的曲率中心为 A,曲率半径为 $\rho = l_{AB}$。采用高副低代的方法可作出该位置的低副瞬时代替机构 $OABC$。该机构的从动件加速度为

$$a_2 = a_{B_2} = a_{B_3} + a_{B_2 B_3} = a_A + a_{B_2 B_3}$$

凸轮匀速转动时,$a_A = a_A^n$。作加速度多边形,如图 9.30 所示。因 $\triangle \pi a' b'_2 \backsim \triangle AOF$,所以

$$\frac{l_{AF}}{l_{AO}} = \frac{\overline{\pi b'_2}}{\overline{\pi a'}} = \frac{|a_2|}{|a_A|} = \frac{\mathrm{d}^2 s / \mathrm{d} t^2}{l_{AO} \omega^2} = \frac{\mathrm{d}^2 s / \mathrm{d} \varphi^2}{l_{AO}}$$

即

$$l_{AF} = \mathrm{d}^2 s / \mathrm{d} \varphi^2$$

故曲率半径为

$$\rho = l_{AB} = \mathrm{d}^2 s / \mathrm{d} \varphi^2 + r_0 + s \tag{9.16}$$

只要保证 $\rho > 0$,即可获得外凸轮廓曲线。但是曲率半径太小时,容易磨损,故设计时规定了最小曲率半径 $\rho_{\min}$。因此上式可表示为

$$\rho = l_{AB} = \mathrm{d}^2 s / \mathrm{d} \varphi^2 + r_0 + s \geqslant \rho_{\min}$$

当运动规律选定以后,每个位置的 s 和 $\mathrm{d}^2 s / \mathrm{d} \varphi^2$ 均为已知,总可以求出 $(\mathrm{d}^2 s / \mathrm{d} \varphi_0^2 + s)_{\min}$。显然,取基圆半径

$$r_0 \geqslant \rho_{\min} - (\mathrm{d}^2 s / \mathrm{d} \varphi^2 + s)_{\min} \tag{9.17}$$

即可保证所有位置都满足 $\rho \geqslant \rho_{\min}$ 的条件。因 r_0 和 s 均为正值,由式(9.17)可以看出,只有当 $\dfrac{\mathrm{d}^2 s}{\mathrm{d} \varphi^2}$ 为负值且 $\left| \dfrac{\mathrm{d}^2 s}{\mathrm{d} \varphi^2} \right| > r_0 + s$ 时,才会出现轮廓曲线内凹现象。

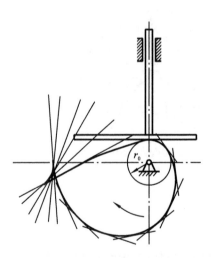

图 9.29 基圆过小时的凸轮过度切割

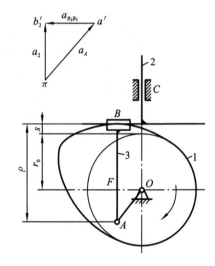

图 9.30 凸轮轮廓外凸与基圆半径的关系

平底的宽度可参照图 9.31 进行计算。当从动件上升时,接触点 T' 在导路右侧,$\mathrm{d} s / \mathrm{d} \varphi$ 为正值,T' 的极右位置对应于 $(\mathrm{d} s / \mathrm{d} \varphi)_{\max}$;当从动件下降时,接触点 T' 在导路左侧,$\mathrm{d} s / \mathrm{d} \varphi$ 为负值,T' 的极左位置对应于 $(\mathrm{d} s / \mathrm{d} \varphi)_{\min}$。因此,平底两侧的宽度分别为

$$b' = (ds/d\varphi)_{\max} + \Delta b \\ b'' = (ds/d\varphi)_{\min} + \Delta b$$

式中的 Δb 为根据结构需要增加的宽度。平底总宽度为 $b = b' + b''$。

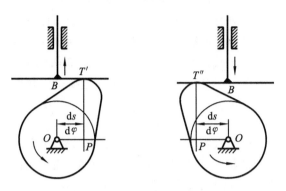

图 9.31 平底的宽度

*9.5 高速凸轮机构设计简介

在设计运动速度相对较低、构件刚度相对较高的凸轮机构时，可以把各构件视为刚体，不考虑构件的弹性变形对运动的影响。但是对于运动速度相对较高、构件刚度相对较低的凸轮机构，由于惯性力较大、构件弹性变形，故在激振力作用下的系统振动不能忽视。系统按刚性系统进行分析和设计的方法，称为静态分析和静态设计；系统按弹性系统进行分析和设计的方法，称为动态分析和动态设计。

凸轮按照刚性系统还是弹性系统分析，不能单纯依据凸轮转速的高低，而应根据系统质量、刚度以及凸轮的转速等因素综合判定。通常用激振频率 f 与系统最低固有频率 f_n 之比 $Z = f/f_n$ 来加以区分。

当 $Z \leqslant 0.001$ 时，称为低速凸轮机构，此时激振频率远低于系统最低固有频率，系统因振动而引起的从动件输出端动态位移误差很小，可按刚性系统处理。

当 $0.001 < Z < 0.1$ 时，称为中速凸轮机构，此时从动件输出端动态位移误差逐渐增大。对于连续加速的运动系统，还可以按刚性系统处理，但如果运动精度要求较高，则应按弹性系统处理。

当 $Z \geqslant 0.1$ 时，称为高速凸轮机构，此时从动件输出端动态位移误差增加十分明显，必须按弹性系统处理。

高速凸轮机构作为一个弹性系统，在激振力作用下将发生振动。引起振动的原因主要有以下几个方面：①凸轮周期性运动；②凸轮轮廓曲线的加工误差；③运动构件的惯性力；④弹力锁合式凸轮机构中从动件与凸轮瞬间脱离接触；⑤外载荷的瞬时突变；⑥运动副间隙；⑦其他干扰力。

由于构件的弹性变形和系统的振动，高速凸轮机构的动态分析和动态设计将涉及以下问题。

(1) 弹性动力学模型的建立。为了简化计算，通常将构件的连续分布质量看做是集中在

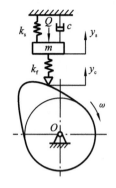

图 9.32 高速凸轮的动力学模型

一点或若干点的集中质量,用无质量的弹簧来表示构件的弹性,用无质量、无弹性的阻尼元件表示系统的阻尼,并忽略一些次要的影响因素,从而把凸轮机构简化为由若干无弹性的集中质量和无质量的弹簧及阻尼元件组成的弹性系统。例如,对于图 9.26 所示凸轮机构,在仅考虑从动件弹性的情况下,其动力学模型如图 9.32 所示。其中:m 为从动件质量;k_f 为从动件弹簧刚度;k_s 为弹力锁合弹簧的弹簧刚度;y_c 为从动件输入端(尖底)位移,与凸轮轮廓曲线形状有关;y_s 为从动件输出端位移;c 为阻尼系数;Q 为工作载荷。该弹性系统的运动微分方程为

$$m\frac{d^2 y_s}{dt^2} = k_f(y_c - y_s) - k_s y_s - c\frac{dy_s}{dt} - Q \tag{9.18}$$

(2) 从动件输出端真实运动规律的确定。当已知 $y_c(t)$ 时,由式(9.18)可求得从动件输出端的真实位移规律 $y_s(t)$,即从动件输出端对激振的动态位移响应。

(3) 残余振动。对于从动件输入输出运动规律为"升—停—降—停"的凸轮机构,系统在推程和回程的振动称为主振动。主振动将延续到从动件输入端停歇阶段,从动件输入端停歇阶段的振动称为残余振动。在停歇阶段,系统不再受到外加激振的作用,同时由于阻尼的存在,所以残余振动为衰减的自由振动。残余振动将影响从动件输出端在行程两端的位置精度,应加以控制。

(4) 从动件输出端运动规律的选择及凸轮轮廓曲线的设计。在高速凸轮机构设计时,为使 $y_c(t)$ 的一阶和二阶导数连续以避免输入端冲击,$y_s(t)$ 应满足四阶导数连续。当选定 $y_s(t)$ 后,由式(9.18)可求得输入端运动规律 $y_c(t)$,再由此设计凸轮轮廓曲线。

(5) 保证从动件输入端始终与凸轮轮廓曲线接触。高速凸轮机构在运转过程中,有时会出现从动件输入端瞬间跳离凸轮,之后又重新与凸轮接触,从而引起所谓"跳动"的振动。对于弹簧力锁合的高速凸轮机构,主要靠正确设计弹簧防止跳动。

思考题及练习题

9.1 什么是凸轮机构传动中的刚性冲击和柔性冲击?

9.2 滚子从动件盘形凸轮机构凸轮的理论轮廓曲线与实际轮廓曲线之间存在什么关系?两者是否相似?

9.3 什么是凸轮工作轮廓线的变尖现象和从动件运动失真现象?它们对凸轮机构的工作有何影响?应如何避免?

9.4 平底从动件盘形凸轮机构的凸轮轮廓曲线为何一定要外凸?而滚子从动件盘形凸轮机构凸轮理论轮廓曲线却允许内凹,且如何才能在内凹段一定不会出现运动失真?

9.5 什么是凸轮机构的压力角?为什么要规定许用压力角?回程的许用压力角为什么可以大一些?

9.6 滚子从动件盘形凸轮机构在使用时欲改用较大尺寸的滚子,是否可行?为什么?

9.7 外力锁合和几何形状锁合的凸轮机构许用压力角的确定是否一样?为什么?

9.8 有一个对心直动从动件盘形凸轮机构,发现推程压力角稍偏大,拟采用偏置从动件的办法改善,是否可行?为什么?

9.9 图示偏置直动滚子从动件盘形凸轮机构中,凸轮的轮廓为圆形,其圆心在 C 点,半

径为 R。凸轮沿逆时针方向转动,推动从动件往复移动。已知:$R=100$ mm,$OC=20$ mm,偏距 $e=10$ mm,滚子半径 $r_r=10$ mm。

(1) 绘出凸轮的理论轮廓;

(2) 求凸轮基圆半径 r_0、从动件行程 h 以及推程运动角 Φ、回程运动角 Φ'、远休止角 Φ_s、近休止角 Φ'_s;

(3) 写出从动件推程和回程的位移方程式;

(4) 确定最大压力角及其出现的位置。

9.10 图示为从动件在推程的部分运动线图,已知近休止角和远休止角均不等于零,试根据 s、v、a 之间的关系定性地补全该运动线图;并指出该凸轮机构工作时,何处有刚性冲击? 何处有柔性冲击?

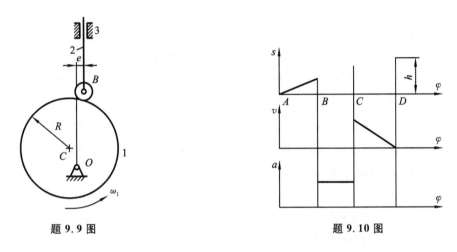

题 9.9 图　　　　　　　　题 9.10 图

9.11 图示上标出下列凸轮机构的凸轮从图示位置转过 45°后从动件的位移 s 及轮廓上相应接触点的压力角 α。

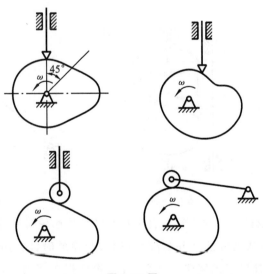

题 9.11 图

9.12 在尖底摆动从动件盘形凸轮机构中，从动件行程角 $\psi=30°$，推程运动角 $\Phi=120°$、回程运动角 $\Phi'=120°$、远休止角 $\Phi_s=120°$，从动件推程和回程分别采用正弦加速度和等加速等减速运动规律。试写出摆动从动件在各行程的位移方程式。

9.13 有一个直动从动件凸轮机构，当凸轮转过 90° 时，从动件以等加速度向上运动 10 mm，再转过 90° 时，从动件以等减速度继续向上运动 10 mm，最后速度为 0。凸轮继续转动，转过 150° 时，从动件以等加速等减速运动规律回到原处。其中：等加速对应凸轮转角 70°，位移 10 mm，等减速对应凸轮转角 80°，位移 10 mm；凸轮在剩余 30° 时，从动件静止不动。

(1) 请画出从动件的位移、速度和加速度线图；
(2) 当凸轮的转速 $n=30$ r/min 时，确定从动件的最大速度 v_{max} 和最大加速度 a_{max}；
(3) 当凸轮的转速 $n=300$ r/min 时，确定从动件的最大速度 v_{max} 和最大加速度 a_{max}。

9.14 用作图法设计一个偏置直动滚子从动件盘形凸轮机构的凸轮轮廓线。已知偏距 $e=10$ mm，基圆半径 $r_0=40$ mm，滚子半径 $r_r=10$ mm，从动件行程 $h=30$ mm。从动件运动规律：推程运动角 $\Phi=150°$，等速运动规律；远休止角 $\Phi_s=30°$；回程运动角 $\Phi'=120°$，等加速等减速运动规律；近休止角 $\Phi'_s=60°$。

9.15 设计一个移动从动件圆柱凸轮机构，凸轮的回转和从动件的起始位置如图所示。已知凸轮的平均直径 $R_m=40$ mm，滚子半径 $r_r=10$ mm。从动件运动规律：当凸轮转过 180° 时，从动件以等加速等减速运动规律上升 60 mm；当凸轮转过其余 180° 时，从动件以余弦加速度运动规律返回原处。

9.16 在图示的凸轮机构中，圆弧底摆动从动件与凸轮在 B 点接触。当凸轮从图示位置逆时针转过 90° 时，试用图解法标出：
(1) 从动件在凸轮上的接触点；
(2) 摆动从动件的角位移；
(3) 凸轮机构的压力角。

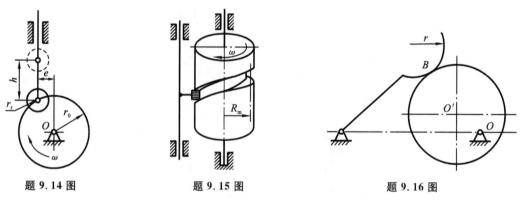

题 9.14 图　　　　题 9.15 图　　　　题 9.16 图

9.17 试用图解法设计一个对心平底直动从动件盘形凸轮机构的凸轮轮廓曲线。已知凸轮基圆半径 $r_0=30$ mm，从动件的平底与导路垂直，凸轮顺时针方向等速转动。当凸轮转过 120° 时，从动件以余弦加速度运动规律上升 20 mm，再转过 150° 时，从动件又以余弦加速度运动规律回到原处，凸轮转过剩余 90° 时，从动件静止不动。

9.18 用解析法设计一个偏置直动滚子从动件盘形凸轮机构的凸轮理论轮廓线和实际轮

廓线。已知凸轮轴心位于从动件导路右侧,偏距 $e=20$ mm,基圆半径 $r_0=50$ mm,滚子半径 $r_r=10$ mm,从动件行程 $h=50$ mm。凸轮以等角速度顺时针转动。从动件运动规律:推程运动角 $\Phi=120°$,正弦加速度运动规律;远休止角 $\Phi_s=30°$;回程运动角 $\Phi'=60°$,余弦加速度运动规律;近休止角 $\Phi'_s=120°$。

第 10 章 齿轮机构及其设计

10.1 齿轮机构的特点及类型

10.1.1 特点

齿轮机构是现代机械中应用最为广泛的一种传动机构。它可以用来传递空间任意两轴之间的运动和动力,其传动准确、平稳、效率高、传递功率大、使用寿命长、工作安全可靠,其适用的速度范围也很大。但也存在对齿轮的制造、安装精度要求高的缺点,有时需要专门的加工设备,成本较高。齿轮传动也不适宜于远距离两轴之间的传动,且高速运转时噪声较大。

10.1.2 类型

齿轮机构的类型很多,分类方法也很多。按齿轮传动的工作条件,主要分为闭式传动和开式传动两种。闭式传动的齿轮封闭在刚性箱体内,因而能保证良好的润滑和工作条件,一般用于重要的齿轮传动。开式传动的齿轮是外露的,不能保证良好的润滑,且易落入灰尘、杂质,齿面易磨损,一般只用于低速传动。

按照一对齿轮在啮合过程中瞬时传动比 $i_{12}=\omega_1/\omega_2$ 是否恒定,又可将齿轮机构分为定传动比机构(或圆形齿轮机构,$i_{12}=$ 常数)和变传动比机构(非圆齿轮机构,$i_{12}\neq$ 常数)。工程上应用最广的是圆形齿轮机构,非圆齿轮机构只在一些特殊的机械中使用,故本章只研究圆形齿轮机构。

按照两轴的相对位置和齿向,圆形齿轮机构可分为如下几种类型(见图 10.1)。

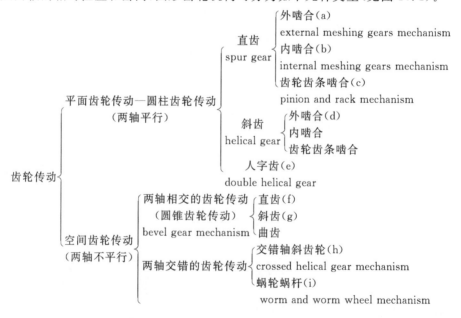

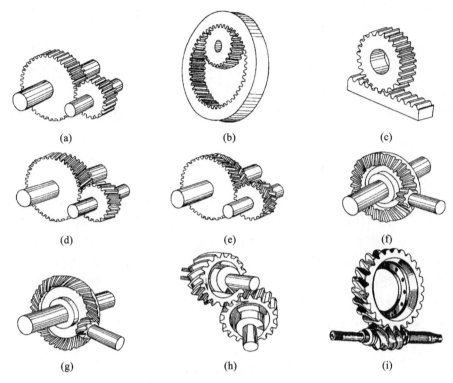

图 10.1 定传动比齿轮机构的类型

10.2 齿轮的齿廓曲线

齿轮机构是依靠主动齿轮的轮齿齿廓推动从动齿轮的轮齿齿廓来实现运动传递的。圆形齿轮机构要求两轮的瞬时角速度之比恒定,齿轮的齿廓曲线就要根据给定的传动比要求来确定。

10.2.1 齿廓啮合基本定律

如图 10.2 所示为一对互相啮合的齿轮,主动轮 1 以角速度 ω_1 绕齿轮回转中心 O_1 顺时针方向转动,从动轮 2 受轮 1 的推动以角速度 ω_2 绕 O_2 逆时针方向转动。两轮齿廓分别为 E_1、E_2,过接触点(啮合点)K 点作两齿廓公法线 N_1N_2 与连心线 O_1O_2 交于 C 点。由三心定理可知,点 C 是这一对齿廓的相对速度瞬心,两轮齿廓 E_1、E_2 在点 C 有相同的速度 v_C,即

$$v_C = \omega_1 \overline{O_1C}\mu_l = \omega_2 \overline{O_2C}\mu_l$$

$$i_{12} = \frac{\omega_1}{\omega_2} = \frac{\overline{O_2C}}{\overline{O_1C}} \qquad (10.1)$$

欲保证 $i_{12}=\omega_1/\omega_2$ 为恒值,则 $\overline{O_2C}/\overline{O_1C}$ 应为常数。又知两齿轮传动中心 O_1、O_2 为定点(即 $\overline{O_1O_2}$ 为定长),故欲满足上述要求,C 点应为连心线上一定点,此点 C 称为节点(pitch

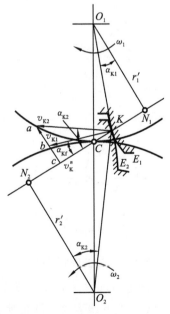

图 10.2 齿廓形状与传动比关系

point)。过节点 C 所作的两个圆称为节圆(pitch circle),两齿轮的传动可看成两齿轮节圆作纯滚动。以 r_1'、r_2' 表示节圆半径,由图知,$\overline{O_1O_2}=r_1'+r_2'$。

因此,要使两齿轮作定传动比传动,其齿廓必须满足的条件是:不论两齿廓在任何位置接触,过接触点所作的两齿廓公法线必须与两齿轮的连心线交于一定点,这就是齿廓啮合的基本定律。根据这一定律,可求得齿廓曲线与齿廓传动比的关系。

若要求两齿廓作变传动比传动,则节点 C 不是一个定点,而是按相应的规律在连心线上移动。

10.2.2 共轭齿廓及其选择

能满足齿廓啮合基本定理的一对齿廓称为共轭齿廓,共轭齿廓的齿廓曲线称为共轭曲线。在给定工作要求的传动比的情况下,只要给出一条齿廓曲线,就可以根据齿廓啮合基本定理求出与其共轭的另一条齿廓曲线。因此,理论上能满足齿廓啮合基本定理的共轭齿廓曲线有很多,但齿廓曲线的选择除满足定传动比之外,还必须从设计、制造、安装、使用等多方面予以综合考虑。由于渐开线齿廓具有良好的传动性能,而且便于制造、安装、测量和互换使用,目前最常使用,其次是摆线和变态摆线齿廓等。近年来,也出现了圆弧齿廓的齿轮和抛物线齿廓的齿轮等。本章主要讨论渐开线齿轮传动。

10.3 渐开线齿廓及其啮合特点

10.3.1 渐开线的形成

如图 10.3 所示,当一直线 BK 沿圆周作纯滚动时,直线上任意点 K 的轨迹称为该圆的渐开线(involute),这个圆称为渐开线的基圆(basic circle),其半径用 r_b 表示,直线 BK 称为渐开线的发生线(generating line),角 θ_K 称为渐开线 AK 段的展角(evolving angle)。

当用渐开线作齿轮的齿廓时,齿廓上点 K 的速度方向 v 与 K 点法线 BK 之间所夹的锐角称为渐开线在 K 点的压力角 α_K。

$$\alpha_K = \angle KOB = \arccos \frac{r_b}{r_K} \quad (10.2)$$

渐开线上点的位置不同,压力角大小不同,压力角 α_K 随 r_K 的增大而增大。

10.3.2 渐开线的性质

由渐开线的形成过程,可以得到渐开线的基本性质:

(1) 发生线沿基圆滚过的长度,等于基圆上被滚过的圆弧长度,即 $\overline{BK}=\overset{\frown}{AB}$。

(2) 渐开线上任意点的法线恒与其基圆相切。

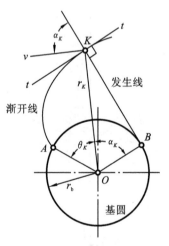

图 10.3 渐开线的形成

发生线 BK 沿基圆作纯滚动,则发生线恒切于基圆;发生线与基圆的切点 B 为其速度瞬心,故发生线 BK 为渐开线上 K 点的法线。

(3) 渐开线上离基圆越远的部分,其曲率半径越大,渐开线越平直。

发生线 BK 与基圆的切点 B 是渐开线在 K 的曲率中心,$\overline{KB}$ 是相应的曲率半径,渐开线上离基圆越远的部分,其曲率半径越大,渐开线越平直;渐开线上离基圆越近的部分,其曲率半径越小,渐开线越弯曲;渐开线在基圆上起始点处的曲率半径为零。

(4) 渐开线的形状取决于基圆的大小。

基圆越小,渐开线越弯曲;基圆越大,渐开线越平直;当基圆半径为无穷大时,渐开线将成为一条直线,如图 10.4 所示。

(5) 基圆以内无渐开线。

10.3.3 渐开线方程

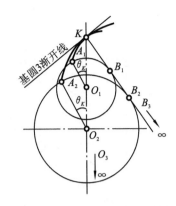

图 10.4 渐开线形状与基圆的关系

图 10.3 中,以 O 为极点,以 OA 为极轴,建立渐开线的极坐标方程。

向径:
$$r_K = \frac{r_b}{\cos\alpha_K}$$

极角:
$$\theta_K = \frac{AB}{r_b} - \alpha_K = \frac{\overline{KB}}{r_b} - \alpha_K = \tan\alpha_K - \alpha_K$$

θ_K 为 α_K 的渐开线函数(involute function),用 $\text{inv}\alpha_K$ 表示。则渐开线的极坐标方程为

$$\begin{cases} r_K = \dfrac{r_b}{\cos\alpha_K} \\ \text{inv}\alpha_K = \theta_K = \tan\alpha_K - \alpha_K \end{cases} \tag{10.3}$$

渐开线函数表见有关参考书。

10.3.4 渐开线齿廓的啮合特性

1. 啮合线是一条定直线

两渐开线齿廓在任意点啮合时,其啮合点处两齿廓的公法线 N_1N_2 必内切于两基圆(见图 10.5(a)),而由于两齿廓的基圆为定圆,在同一方向其内公切线只有一条。因此,不论两齿廓在任何位置啮合,它们的啮合点一定在这条内公切线上。这条内公切线 N_1N_2 就是啮合点走过的轨迹,称为啮合线(line of action)。可见,啮合线是一条定直线。

2. 渐开线齿廓能保证定传动比传动

不论两齿廓在任何位置啮合,其啮合点公法线为定直线,因而其与连心线 O_1O_2 的交点 C 必为定点,所以渐开线齿廓能实现定传动比传动。由图 10.5(a),$\triangle O_1N_1C \sim \triangle O_2N_2C$,故

$$i_{12} = \frac{\omega_1}{\omega_2} = \frac{\overline{O_2C}}{\overline{O_1C}} = \frac{r'_2}{r'_1} = \frac{r_{b2}}{r_{b1}} = 常数 \tag{10.4}$$

可见,一对渐开线齿轮啮合时,其传动比 i_{12} 不仅与两轮的节圆半径成反比,还与两轮的基圆半径成反比。

3. 渐开线齿廓传动具有中心距可分性

由式 10.4 可知,传动比取决于两齿轮基圆半径的反比。齿轮加工好后,即使中心距由原来的 a' 变为 a'',节圆半径由 r'_1 和 r'_2 变为 r''_1 和 r''_2,节点 C 位置随之改变,但基圆半径 r_{b1} 和 r_{b2} 未变(见图 10.5),传动比

变化前:
$$i_{12} = \frac{\omega_1}{\omega_2} = \frac{r'_2}{r'_1} = \frac{r_{b2}}{r_{b1}}$$

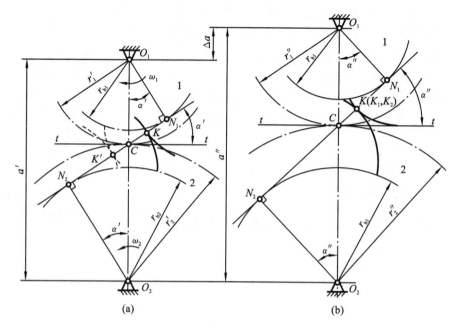

图 10.5 渐开线齿廓的啮合特性

变化后:
$$i_{12}=\frac{\omega_1}{\omega_2}=\frac{r''_2}{r''_1}=\frac{r_{b2}}{r_{b1}}$$

可见,中心距变化不影响传动比,渐开线的这一特性称为渐开线的中心距可分性。对渐开线齿轮的加工、安装、使用都十分有利。

4. 啮合角恒等于节圆压力角

啮合线 N_1N_2 与两节圆公切线 tt 之间所夹的锐角 α' 称为啮合角(working pressure angle,见图 10.5)。当一对齿廓在节点 C 处啮合时,啮合点 K 与节点 C 重合,此时 C 点处的压力角即为节圆压力角,可表示为 $\angle N_1O_1C$ 和 $\angle N_2O_2C$。

可见 $\angle N_1O_1C=\angle N_2O_2C=\alpha'$

5. 中心距与啮合角余弦的乘积恒等于两基圆半径之和

由图 10.5(a)可知,两齿轮的中心距

$$a'=r'_1+r'_2=\frac{r_{b1}+r_{b2}}{\cos\alpha'}$$

即 $r_{b1}+r_{b2}=a'\cos\alpha'$

当中心距由原来的 a' 变为 a'' 后(见图 10.5(b)),啮合角由原来的 α' 变为 α'',则中心距

$$a''=r''_1+r''_2=\frac{r_{b1}+r_{b2}}{\cos\alpha''}$$

$$r_{b1}+r_{b2}=a''\cos\alpha''$$

所以 $a'\cos\alpha'=a''\cos\alpha''$ (10.5)

可见,中心距与相应的啮合角的余弦的乘积是常数,恒等于两基圆的半径之和。两齿轮的中心距变化,啮合角随之改变。

6. 渐开线齿廓间的正压力方向不变

由于啮合线与两齿廓啮合点公法线重合且为定直线,所以在渐开线齿轮的传动过程中,齿廓从开始啮合到脱离接触,两齿廓间的正压力方向始终不变,这对齿轮传动平稳性极为有利。

7. 齿廓上的共轭点

一对渐开线齿廓互相啮合的两点称为共轭点。若渐开线齿轮 1 上的 M_1 点与渐开线齿轮 2 上的 M_2 点共轭,则应满足 $i_{12}=O_1M_1/O_2M_2=O_1M/O_2M=O_1C/O_2C=$ 常数,即以 O_1 为圆心、以 O_1M_1 为半径作圆弧,与啮合线 N_1N_2 的交点 M 就是这对齿廓的啮合点。再以 O_2 为圆心、以 O_2M 为半径作圆弧,与齿轮 2 上啮合轮齿的渐开线齿廓相交得 M_2 点,M_2 点就是齿轮 1 上的 M_1 点的共轭点(见图 10.6)。

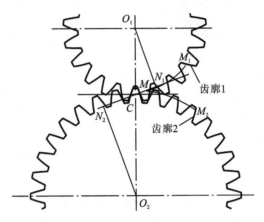

图 10.6　一对渐开线齿廓上的共轭点

10.4　渐开线标准直齿轮的基本参数和几何尺寸

10.4.1　外齿轮

1. 齿轮各部分的名称(见图 10.7(a))

(1) 分度圆(reference circle):设计、计算齿轮的基准圆,具有标准模数和压力角的圆,半径用 r 表示。

(2) 齿顶圆(addendum circle):过齿轮顶端所作的圆,半径用 r_a 表示。

齿顶高(addendum):分度圆与齿顶圆之间的径向距离,用 h_a 表示。

(3) 齿根圆(dedendum circle):过轮齿槽底所作的圆,半径用 r_f 表示。

齿根高(dedendum):分度圆与齿根圆之间的径向距离,用 h_f 表示。

(4) 全齿高(tooth depth):齿顶圆与齿根圆之间的径向距离称为全齿高,用 h 表示,$h=h_a+h_f$。

(5) 基圆(basic circle):产生渐开线的圆,其半径用 r_b 表示。

(6) 齿厚(tooth thickness):任一圆周在每个轮齿上的圆弧长度,在半径为 r_k 圆弧上的齿厚用 s_k 表示。

(7) 槽宽(space width):任一圆周在两个轮齿间齿槽上的圆弧长度,在半径为 r_k 圆弧上的槽宽用 e_k 表示。

(8) 齿距(pitch):相邻两个轮齿同侧齿廓之间的圆弧长度,在半径为 r_k 圆弧上的齿距用 p_k 表示,$p_k=s_k+e_k$。

分度圆上　　　　　　　　　　　　$p=s+e$

基圆上
$$p_b = s_b + e_b$$

（9）法向齿距：相邻两个轮齿同侧齿廓之间在法线方向上的距离，用 p_n 表示，$p_n = p_b$。

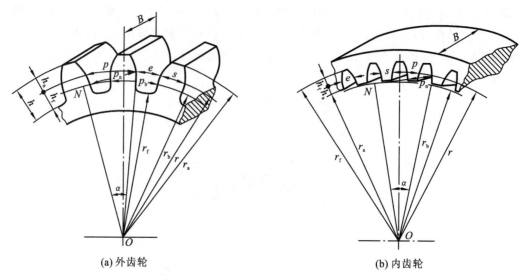

(a) 外齿轮　　　　　　　　　　(b) 内齿轮

图 10.7　标准直齿圆柱齿轮

2. 基本参数

1) 齿数 Z(number of teeth)

整个圆周上轮齿的总数。

2) 分度圆模数 m(module)

模数是齿轮最重要的参数之一，它是决定齿轮大小的主要参数。齿轮的分度圆周长可表示为

$$\pi d = pz$$

则
$$d = \frac{p}{\pi}z = mz \quad m = \frac{p}{\pi}$$

由于 π 是无理数，分度圆直径 d 将是无理数，用 d 作基准对设计、加工、检验等非常不利，人为取 $m = \frac{p}{\pi}$ 为一有理数，m 称为分度圆模数，简称模数，单位 mm，其有关标准见表 10.1。

表 10.1　标准模数(GB/T 1357—1987)　　　　　　　(mm)

第一系列	0.1	0.12	0.15	0.2	0.25	0.3	0.4	0.5	0.6	0.8	1	1.25	1.5	2
	2.5	3	4	5	6	8	10	12	16	20	25	32	40	50
第二系列	0.35	0.7	0.9	1.75	2.25	2.75	(3.25)	3.5	(3.75)	4.5	5.5	(6.5)	7	9
	(11)	14	18	22	28	(30)	36	45						

注：选用模数时，应尽可能选用第一系列，其次是第二系列，括弧内的值尽可能不选。

3) 分度圆压力角 α

由式 10.3 知，同一渐开线齿廓上不同点的压力角大小不同。过分度圆与渐开线交点作基圆切线得切点 N，该交点与中心 O 的连线与 NO 之间的夹角 α（见图 10.7），即为分度圆压力角 α（简称压力角），其大小等于渐开线在基圆上的压力角。我国规定分度圆压力角标准值一般为 $20°$，英制标准为 $14.5°$，某些汽车齿轮用 $22.5°$，还有一些装置用 $15°、25°$ 等。压力角是决定齿轮齿廓形状的主要参数。

4) 齿顶高系数 h_a^*

齿顶高 $h_a = h_a^* m$，h_a^* 的值见表 10.2。

5) 顶隙系数 c^*

在一对齿轮啮合传动中，为保证一轮的齿顶不与另一轮的齿槽底部及过渡曲线处相碰，并有一定空隙以便储存润滑油，在一轮的齿顶圆与另一轮的齿根圆之间留有一定的空隙，称为顶隙 $c^* m$(bottom clearance)，c^* 的值见表 10.2，则齿根高 $h_f = (h_a^* + c^*) m$。

表 10.2 齿顶高系数 h_a^* 与顶隙系数 c^*

分类 项目	正常齿制		短齿制
	$m \geqslant 1$ mm	$m < 1$ mm	
齿顶高系数 h_a^*	1	1	0.8
顶隙系数 c^*	0.25	0.35	0.3

3. 渐开线标准直齿圆柱齿轮的几何尺寸

渐开线标准齿轮是指 m、α、h_a^*、c^* 均为标准值，且分度圆齿厚等于槽宽($e=s$)的齿轮。为便于设计计算，将渐开线标准直齿轮的几何尺寸计算公式列于表 10.3 中。

表 10.3 渐开线标准直齿圆柱齿轮的几何尺寸计算公式

基本参数		z、m、α、h_a^*、c^*	
名称	符号	计算公式	
分度圆直径	d	$d_1 = m z_1$	$d_2 = m z_2$
齿顶高	h_a	$h_a = h_a^* m$	
齿根高	h_f	$h_f = (h_a^* + c^*) m$	
全齿高	h	$h = h_a + h_f$	
齿顶圆直径	d_a	$d_{a1} = d_1 \pm 2 h_a = (z_1 \pm 2 h_a^*) m$	$d_{a2} = d_2 \pm 2 h_a = (z_2 + 2 h_a^*) m$
齿根圆直径	d_f	$d_{f1} = d_1 \mp 2 h_f = (z_1 \mp 2 h_a^* \mp 2 c^*)$	$d_{f2} = d_2 \mp 2 h_f = (z_2 \mp 2 h_a^* \mp 2 c^*)$
基圆直径	d_b	$d_{b1} = d_1 \cos\alpha = m z_1 \cos\alpha$	$d_{b2} = d_2 \cos\alpha = m z_2 \cos\alpha$
齿距	p	$p = \pi m$	
齿厚	s	$s = \pi m / 2$	
槽宽	e	$e = \pi m / 2$	
中心距	a	$a = \dfrac{1}{2}(d_2 \pm d_1) = \dfrac{1}{2} m(z_2 \pm z_1)$	
顶隙	c	$c = c^* m$	
基圆齿距	p_b	$p_n = p_b = \pi m \cos\alpha$	
法向齿距	p_n		

注：表内上面符号用于外齿轮，下面符号用于内齿轮。

10.4.2 内齿轮

直齿内齿轮(见图 10.7(b))与直齿外齿轮(见图 10.7(a))的不同点是：

(1) 内齿轮的齿顶圆小于分度圆，齿根圆大于分度圆；

(2) 内齿轮的齿廓是内凹的,其齿厚和槽宽分别对应于外齿轮的槽宽和齿厚;
(3) 为使内齿轮的齿廓全部为渐开线,其齿顶圆必须大于基圆。

10.4.3 齿条

(1) 齿条(见图10.8)相当于齿数无穷多的标准外齿轮,故齿轮中的圆在齿条中都变成了相互平行的直线,如齿顶线、分度线、齿根线。同侧渐开线齿廓也变成了相互平行的斜直线齿廓。

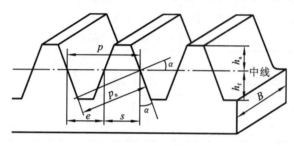

图 10.8 标准齿条

(2) 由于齿条齿廓是直线,所以齿廓上各点的法线是平行的。又由于齿条在传动时作平动,齿廓上各点的速度大小、方向都相同,所以齿条上各点的压力角都相等,等于齿廓的倾斜角(齿形角),标准值是 20°。

(3) 与分度线平行的各直线上的齿距都相同,模数为同一标准值,其中齿厚与齿槽宽相等且与齿顶线平行的直线称为中线,它是确定齿条各部分尺寸的基准线。

标准齿条的齿部尺寸 $h_a = h_a^* m$ 与 $h_f = (h_a^* + c^*)m$,与标准齿轮相同。

例 10.1 一对渐开线直齿圆柱标准齿轮传动,已知齿数 $z_1 = 25, z_2 = 55$,模数 $m = 2$ mm, $\alpha = 20°, h_a^* = 1, c^* = 0.25$。求:(1)齿轮1在分度圆上齿廓的曲率半径 ρ;(2)齿轮1在齿顶圆上的压力角 α_{a1};(3)如果这对齿轮安装后的实际中心距 $a' = 81$ mm,求啮合角 α' 和两轮节圆半径 r'_1、r'_2。

解 (1) 齿轮1的基圆半径

$$r_{b1} = r\cos\alpha = \frac{mz_1}{2}\cos\alpha = \frac{2 \times 25}{2}\cos 20° = 23.492 \text{ mm}$$

齿轮1在分度圆上齿廓的曲率半径 ρ

$$\rho = r_{b1}\tan\alpha = 23.492\tan 20° = 8.55 \text{ mm}$$

(2) 齿轮1的齿顶圆半径

$$r_{a1} = \frac{m}{2}(z_1 + 2h_a^*) = \frac{2}{2} \times (25 + 2 \times 1) = 27 \text{ mm}$$

齿轮1在齿顶圆上的压力角为

$$\alpha_{a1} = \arccos\left(\frac{r_{b1}}{r_{a1}}\right) = \arccos\left(\frac{23.492}{27}\right) = 29°32'$$

(3) 标准中心距 $\quad a = \frac{m}{2}(z_1 + z_2) = \frac{2}{2} \times (25 + 55) = 80$ mm

由 $\quad a'\cos\alpha' = a\cos\alpha$

得 $\quad 81\cos\alpha' = 80\cos 20°$

啮合角 $\quad \alpha' = \arccos\left(\frac{80}{81} \times \cos 20°\right) = 21°52'$

由于 $\qquad r'_1 + r'_2 = 81$
$\qquad r'_2/r'_1 = z_2/z_1 = 55/25 = 11/5$
解得 $\qquad r'_1 = 25.3125$ mm, $\quad r'_2 = 55.6875$ mm

10.5 渐开线直齿圆柱齿轮的啮合传动

10.5.1 正确啮合条件

齿轮传动是逐齿进行的,一对轮齿的啮合可使主、从动齿轮各转过一定的角位移。依靠若干对轮齿依次啮合,才能实现齿轮的连续传动。如图 10.9 所示,一对齿在啮合线上点 B_2 开始啮合,在主动轮 1 推动下,从动轮 2 转过一定角度,当啮合点到达点 B_1 前,后一对齿又开始在点 B_2 接触。当前一对齿到达点 B_1 即将分离时,后对轮齿正在啮合中,此时至少有两对轮齿参与了啮合。为了保证前后两对齿同时在啮合线上接触,此时应有 $\overline{B_2 K} = p_n = p_{n1} = p_{n2}$,否则将会产生惯性冲击或楔紧现象,使传动不能正常进行。而

$$p_{n1} = p_{b1} = \pi m_1 \cos\alpha_1 \quad p_{n2} = p_{b2} = \pi m_2 \cos\alpha_2$$

所以 $\qquad m_1 \cos\alpha_1 = m_2 \cos\alpha_2$

上式表明,两轮模数与压力角余弦的乘积相等才能正确啮合。由于模数与压力角都已标准化,所以渐开线直齿圆柱齿轮传动的正确啮合条件可表述为

$$\begin{cases} m_1 = m_2 = m \\ \alpha_1 = \alpha_2 = \alpha \end{cases} \tag{10.6}$$

即两轮的模数与压力角应分别相等。图 10.10 所示为标准齿轮的标准安装。

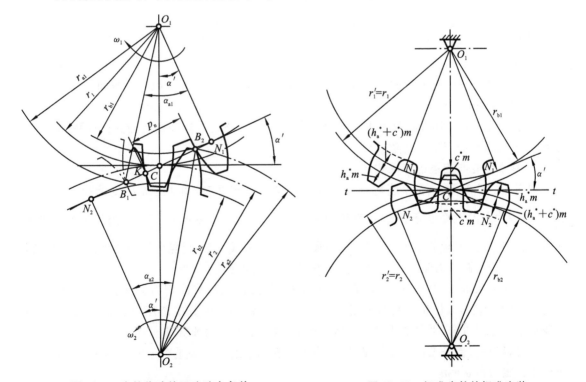

图 10.9 齿轮传动的正确啮合条件　　　　图 10.10 标准齿轮的标准安装

10.5.2 无齿侧间隙啮合条件

1. 无齿侧间隙啮合

为了使轮齿在正转、反转两个方向传动中避免撞击，要求相啮合的轮齿没有齿侧间隙（backlash），一个轮的节圆齿厚 s' 应等于另一个轮的节圆槽宽 e'，即 $s'_1 = e'_2$ 或 $e'_1 = s'_2$。

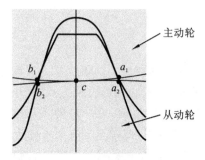

图 10.11 无齿侧间隙啮合

如图 10.11 所示，节圆与主动轮 1 齿槽两侧交点为 a_1、b_1，与从动轮 2 齿槽两侧的交点为 a_2、b_2。当主动轮 1 顺时针转动，啮合点 K 沿啮合线 N_1N_2 移动到节点 C，两轮齿廓在节圆上作纯滚动，其共轭点 a_1、a_2 将同时到达节点 C，因而 $a_1c = a_2c$；当轮 1 逆时针转动，啮合点 K' 将移动到节点 C，共轭点 b_1、b_2 将同时到达节点 C，同理 $b_1c = b_2c$，则 $a_1c + b_1c = a_2c + b_2c$，即 $a_1b_1 = a_2b_2$，$e'_1 = s'_2$。

在工程实际中，考虑到齿轮加工、安装的误差以及齿面滑动摩擦引起的膨胀，实际应用的齿轮应有适当的侧隙，是通过规定齿厚、中心距等的公差来实现的。

2. 标准齿轮标准安装

对于一对标准齿轮，由于它们在分度圆上齿厚等于槽宽，即

$$s_1 = e_1 = s_2 = e_2 = \frac{\pi m}{2}$$

当其作无侧隙啮合传动时（见图 10.10），节圆与分度圆重合，啮合角等于分度圆压力角，即

$$r'_1 = r_1, r'_2 = r_2, \alpha' = \alpha$$

中心距
$$a = r_1 + r_2 = \frac{1}{2}m(z_1 + z_2) = r_{a1} + r_{f2} + c^* m \quad (10.7)$$

顶隙
$$c = c^* m$$

这种无侧隙的标准齿轮的安装方式称为标准安装，此时的中心距称为标准中心距，$c = c^* m$ 称为标准顶隙。

当一对齿轮的实际中心距大于标准中心距 $a' > a$ 时，称为非标准安装，此时节圆和分度圆分离，$c > c^* m$，齿侧产生了间隙。

3. 标准齿轮与齿条的标准安装

如图 10.12 所示，当标准齿轮与齿条作无侧隙啮合传动时，由于齿轮分度圆齿厚等于槽宽，齿条中线上的齿厚也等于槽宽，都等于 $\pi m/2$，即 $s_1 = e_1 = s_2 = e_2 = \frac{\pi m}{2}$。故当齿轮齿条作无侧隙啮合传动时，齿轮分度圆与节圆重合，齿条中线与节线重合，齿轮分度圆与齿条中线相切，啮合角等于分度圆压力角 $\alpha' = \alpha$，这种安装方式称为标准安装。

如果把齿条由图 10.12 中的实线位置向下移至虚线位置，将出现齿侧间隙。由于啮合线不变，节点 C 不变，故齿轮节圆与分度圆仍重合，啮合角仍等于分度圆压力角 $\alpha' = \alpha$。但齿条节线与中线不再重合，平移的距离 xm 称为移距，这种安装称为非标准安装。

可见，齿轮与齿条无论是否标准安装，齿轮分度圆永远与节圆重合 $r'_1 = r_1$，啮合角永远等于分度圆压力角 $\alpha' = \alpha$。

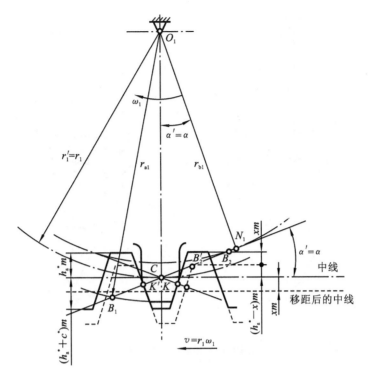

图 10.12　标准齿轮与齿条的安装

10.5.3　连续传动条件

1. 一对轮齿啮合过程

在图 10.9 中,齿轮 1 为主动轮,其齿根部与从动齿轮 2 的齿顶首先在啮合线上啮合。因此,齿轮 2 的齿顶圆与啮合线 N_1N_2 的交点 B_2 即为起始啮合点。随着啮合传动的进行,当主动轮 1 转动到其齿顶圆与啮合线 N_1N_2 的交点 B_1 时,该对轮齿便脱离啮合,即 B_1 点为啮合终止点。这样,一对齿轮的轮齿实际上只能在啮合线 N_1N_2 上的 $\overline{B_1B_1}$ 段内进行啮合,故 $\overline{B_1B_2}$ 称为实际啮合线段。若将两轮齿顶圆加大,则 B_2、B_1 点将向两基圆与啮合线切点 N_1、N_2 接近。因基圆内无渐开线,所以实际啮合点不会超过 N_1、N_2 点,即 N_1、N_2 点为极限啮合点。线段 $\overline{N_1N_2}$ 称为理论啮合线段。

2. 连续传动条件

图 10.13 所示是一对轮齿啮合的情况。图 10.13(a)中实际啮合线小于齿轮的法向齿距 $\overline{B_1B_2}<p_n$,前一对轮齿脱离啮合时后一对轮齿尚未进入啮合,瞬时传动将中断,从而引起冲击,影响传动的平稳性。图 10.13(b)中实际啮合线刚好等于齿轮的法向齿距 $\overline{B_1B_2}=p_n$,前一对轮齿脱离啮合时后一对轮齿刚好进入啮合,传动刚好连续,在传动过程当中,始终有一对轮齿在啮合。图 10.9 中齿轮传动的实际啮合线大于法向齿距 $\overline{B_1B_2}>p_n$,前一对轮齿脱离啮合时后一对轮齿已进入啮合,能确保传动连续。

可见,在一对轮齿啮合区间有限的情况下,为了两轮能够连续地转动,必须保证前一对轮齿尚未脱离啮合时,后一对轮齿能及时地进入啮合,也即要求实际啮合线段 $\overline{B_1B_2}$ 长度应大于或等于齿轮的法向齿距 p_n。通常把 $\overline{B_1B_2}$ 与 $p_n(=p_b)$ 的比值 ε_a 称为齿轮传动的重合度(contact ratio)。

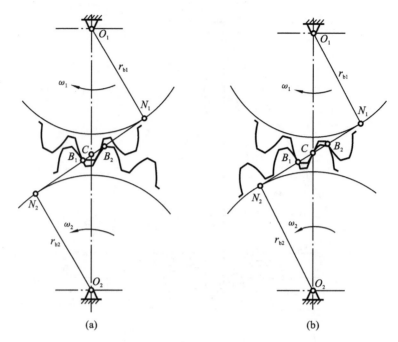

图 10.13 齿轮连续传动条件

$$\varepsilon_a = \overline{B_1B_2}/p_b \geqslant 1 \tag{10.8}$$

从理论上讲，重合度 $\varepsilon_a = 1$ 就能保证齿轮的连续传动。但因齿轮制造、安装不免有误差，为了确保齿轮传动连续，应使计算所得重合度的值大于 1。在实际应用中，ε_a 值应大于或至少等于一定的许用值 $[\varepsilon_a]$，即 $\varepsilon_a \geqslant [\varepsilon_a]$。

许用值 $[\varepsilon_a]$ 是随齿轮机构的使用要求和制造精度而定的，推荐值见表 10.4。重合度越大，表示同时啮合齿的对数越多。对于标准齿轮传动，其重合度恒大于 1。

表 10.4 $[\varepsilon_a]$ 的推荐值

使用要求	一般机械制造业	汽车拖拉机	金属切削机床
$[\varepsilon_a]$	1.4	1.1~1.2	1.3

3. 重合度的计算

1) 一对外齿轮传动（见图 10.14）

$$\overline{B_2B_1} = \overline{B_2C} + \overline{B_1C}$$

$$\overline{B_1C} = \overline{B_1N_1} - \overline{CN_1} = r_{b1}(\tan\alpha_{a1} - \tan\alpha')$$

$$\overline{B_2C} = \overline{B_2N_2} - \overline{CN_2} = r_{b2}(\tan\alpha_{a2} - \tan\alpha')$$

$$\varepsilon_a = \frac{\overline{B_1B_2}}{p_n} = \frac{\overline{B_1C} + \overline{B_2C}}{\pi m \cos\alpha} = \frac{1}{2\pi}[z_1(\tan\alpha_{a1} - \tan\alpha') + z_2(\tan\alpha_{a2} - \tan\alpha')] \tag{10.9}$$

式中：α' 为啮合角，α_{a1}、α_{a2} 为齿轮 1、2 的齿顶圆压力角。

同理可导出一对内齿轮传动的重合度计算公式：

$$\varepsilon_a = \frac{\overline{B_1B_2}}{p_n} = \frac{\overline{B_1C} + \overline{B_2C}}{\pi m \cos\alpha} = \frac{1}{2\pi}[z_1(\tan\alpha_{a1} - \tan\alpha') + z_2(\tan\alpha' - \tan\alpha_{a2})] \tag{10.10}$$

2) 齿轮齿条传动（见图 10.12）

$$\overline{B_1C} = \overline{B_1N_1} - \overline{CN_1} = r_{b1}(\tan\alpha_{a1} - \tan\alpha')$$

$$\overline{B_2C} = \frac{h_a^* m}{\sin\alpha}$$

$$\varepsilon_a = \frac{\overline{B_1B_2}}{p_n} = \frac{\overline{B_1C}+\overline{B_2C}}{\pi m\cos\alpha} = \frac{z_1}{2\pi}(\tan\alpha_{a1}-\tan\alpha') + \frac{2h_a^*}{\pi\sin2\alpha} \tag{10.11}$$

从上面的重合度计算公式可以看出,重合度 ε_a 与模数无关,而随齿数的增加而加大;当两轮齿数趋于无穷大时,ε_a 将趋于理论上的极限值 ε_{amax}:

$$\varepsilon_{amax} = \frac{2\left(\dfrac{2h_a^* m}{\sin\alpha}\right)}{\pi m\cos\alpha} = \frac{4h_a^*}{\pi\sin2\alpha} \tag{10.12}$$

当 $\alpha=20°$、$h_a^*=1$ 时,$\varepsilon_{amax}=1.981$。由于两轮均变为齿条,将吻合成一体而无法啮合传动,所以这个理论上的极限值是不可能达到的。

重合度的大小表示同时参与啮合的齿轮对数的多少,ε_a 越大表明同时参与啮合的齿轮对数越多,传动越平稳,每对轮齿承受的载荷越小。$\varepsilon_{amax}=1$ 表明在两轮啮合过程中,始终只有一对轮齿处于啮合状态。$\varepsilon_{amax}=1.47$ 表明在两轮啮合过程中,有时有一对轮齿啮合,有时两对轮齿啮合,如图 10.15 所示。

可见,重合度是衡量齿轮传动性能的重要指标之一。

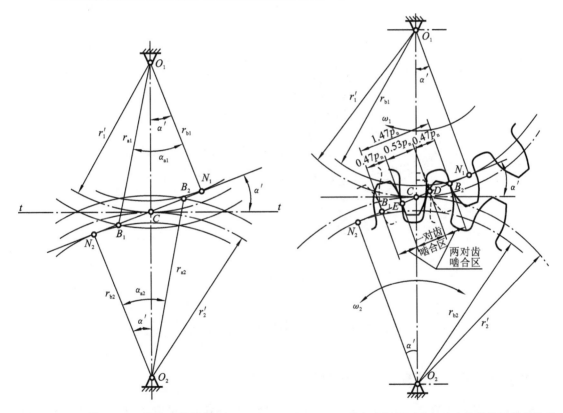

图 10.14 重合度的计算　　图 10.15 重合度与同时参与啮合的轮齿对数的关系

10.5.4 齿廓滑动与磨损

一对渐开线齿廓在啮合传动时,只有在节点处具有相同的速度,而在啮合线的其他位置啮合时,两齿廓上啮合点的速度不同(见图 10.2),因而齿廓间必然存在相对滑动。

在干摩擦和润滑不良的情况下,相对滑动会引起齿面磨损,越靠近齿根部位,齿廓相对滑动越严重,尤其小齿轮更为严重。

为减轻齿面磨损和齿面接触应力,应设法使实际啮合线 B_1B_2 尽可能远离极限点 N_1、N_2。

例 10.2 已知一对正确安装的渐开线直齿圆柱标准齿轮传动,中心距 $O_1O_2=100$ mm,模数 $m=4$ mm,压力角 $\alpha=20°$,小齿轮主动,传动比 $i=\omega_1/\omega_2=1.5$,试求:

(1) 齿轮 1 和齿轮 2 的齿数、分度圆、基圆、齿顶圆和齿根圆半径,并在图中画出;

(2) 在图中标出开始啮合点 B_2、终了啮合点 B_1、节点 C、啮合角、理论啮合线与实际啮合线。

解 (1)
$$i_{12}=\frac{\omega_1}{\omega_2}=\frac{d_2}{d_1}=1.5, \quad \frac{d_1+d_2}{2}=a$$

算出
$$d_1=80 \text{ mm}, \quad d_2=120 \text{ mm}$$
$$z_1=\frac{d_1}{m}=20, \quad z_2=\frac{d_2}{m}=30$$
$$d_{b1}=d_1\cos20°=75.18 \text{ mm}, \quad d_{b2}=d_2\cos20°=112.76 \text{ mm}$$
$$d_{a1}=m(z_1+2h_a^*)=88 \text{ mm}, \quad d_{a2}=m(z_2+2h_a^*)=128 \text{ mm}$$
$$d_{f1}=m(z_1-2h_a^*-2c^*)=70 \text{ mm}, \quad d_{f2}=m(z_2-2h_a^*-2c^*)=110 \text{ mm}$$

(2) 如图 10.16 所示,N_1N_2 为理论啮合线,B_1B_2 为实际啮合线。

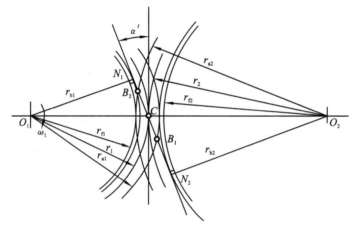

图 10.16 例 10.2 图

10.6 渐开线齿廓的切制原理及根切现象

10.6.1 渐开线齿轮加工方法概述

渐开线齿轮的齿廓加工方法很多,有铸造法、热轧法、冲压法、模锻法、粉末冶金法和切制法等,目前最常用的是切制法,按切制原理可分为仿形法和范成法。

1. 仿形法

有铣削法和拉削法,其中铣削法应用较广,原理是用与齿槽形状相同的成形刀具或模具将轮坯齿槽的材料去除,刀具有盘形铣刀和指状铣刀等。图 10.17(a)所示为用盘形铣刀加工齿轮齿廓的情况。切制时,铣刀绕本身轴线旋转,同时轮坯沿齿轮轴线方向直线移动。加工出一个齿槽以后,将轮坯转过 $2\pi/z$,再铣第二个齿槽,这样继续进行就可切出齿轮的所有轮齿。图 10.17(b)所示为用指状铣刀加工齿轮齿廓的情况,加工方法与用盘形铣刀时相似。不过指状铣刀常用于加工大模数(如 $m>20$ mm)的齿轮,并可用于切制人字齿轮。由于铣削方法是逐个齿槽加工的,这会带来由于机床精度而引起的分度误差。

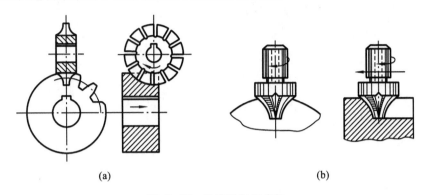

图 10.17 仿形法加工齿轮

渐开线的形状取决于基圆半径的大小,由 $d_b = mz\cos\alpha$ 可知,在加工 m、α 相同而 z 不同的齿轮时,每一种齿数的齿轮就需要一把刀具,这样,所需的刀具数量很多。为减少刀具的数量,工程实际中是按齿数分组,每组齿数配备一把铣刀,一般只备有 8 把或 15 把齿轮铣刀,加工时根据被铣切齿轮齿数选择铣刀号数(见表 10.5),这也会带来由于刀具齿形误差而造成的一定的齿形误差。

表 10.5 铣削加工齿轮刀号选择

刀号	1	2	3	4	5	6	7	8
齿数	12～13	14～16	17～20	21～25	26～34	35～54	55～134	≥134

用这种方法加工轮齿方法简单,不需要专用机床,但生产效率低,精度差,所需刀具种类多,故仅适用于修配、单件或小批量生产及精度不高的齿轮加工。

2. 范成法(包络法)切制齿轮的基本原理

范成法亦称展成法、共轭法或包络法,是目前齿轮加工中最常用的一种方法,如插齿、滚齿、剃齿、磨齿等都属于这种方法。它是利用一对齿轮(或齿轮与齿条)作无侧隙啮合传动时,两轮齿廓互为包络线的原理来加工齿轮的方法。无侧隙啮合传动有四个基本因素,两个几何因素(一对共轭的渐开线齿廓)和两个运动因素(两轮的角速度 ω_1 和 ω_2)。给定 $i = \omega_1/\omega_2$ 两个运动因素和一个刀具齿廓(几何因素),就必然能在轮坯上包络出另一个齿轮的齿廓(另一个几何因素)。常用的刀具有齿轮型刀具(如齿轮插刀)和齿条型刀具(如齿条插刀和齿轮滚刀等)两大类。

1) 齿轮插刀

如图 10.18 所示,齿轮插刀与轮坯之间的运动关系有以下四种。

范成运动(主运动):齿轮插刀与轮坯之间以定传动比 $i = \omega_刀/\omega_{轮坯} = Z_{轮坯}/Z_刀$ 转动。被加工齿轮的齿数 $Z_{轮坯} = Z_刀 \cdot (\omega_刀/\omega_{轮坯})$,模数与刀具模数相同。

切削运动:齿轮插刀沿轮坯轴线方向作往复运动,将齿槽部分的材料切去。

进给运动:齿轮插刀向着轮坯方向移动,切出轮齿的高度。

让刀运动:切削完成后,轮坯沿径向微量移动,以免返回时插刀刀刃擦伤已成形的齿面,下

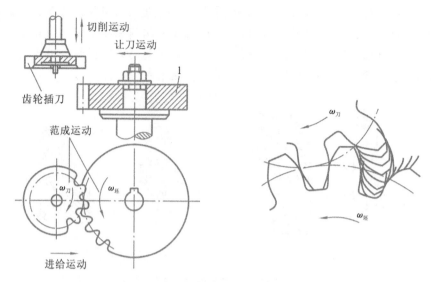

图 10.18 齿轮插刀与轮坯之间的运动关系

一次切削前又恢复到原来的位置。

2) 齿条插刀(梳齿刀)

用齿条刀具加工齿轮(见图 10.19),轮坯以角速度 $\omega_{轮坯}$ 回转,齿条移动速度 $v_刀 = r_{轮坯}\omega_{轮坯} = \dfrac{mZ_{轮坯}}{2}\omega_{轮坯}$(齿条型刀具加工齿轮的运动条件),所加工齿轮的齿数 $Z_{轮坯} = \dfrac{2}{m} \cdot \dfrac{v_刀}{\omega_{轮坯}}$,取决于 $\dfrac{v_刀}{\omega_{轮坯}}$ 的值。

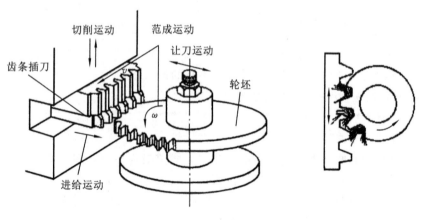

图 10.19 齿条刀具加工齿轮

3) 齿轮滚刀

用齿轮插刀和齿条插刀加工齿轮时,其切削是不连续的,这就影响了生产效率的提高,因此,在生产中更广泛地采用齿轮滚刀加工齿轮,图 10.20 所示就是用齿轮滚刀加工齿轮的情形。滚刀呈螺旋状,它的轴向截面相当于一齿条,滚刀转动时就相当于齿条移动,这样便按范成原理切出轮坯的渐开线齿廓。滚刀除旋转外,还沿轮坯的轴向作缓慢进给运动,以便切出整个齿宽。滚切直齿轮时,为了使刀具螺旋线方向与被切轮齿方向一致,在安装滚刀时需使其轴线与轮坯端面成一滚刀升角 λ。

可见,用范成法加工齿轮,用一把刀具可以加工出 m、α 相同而齿数不同的各种齿轮,但都

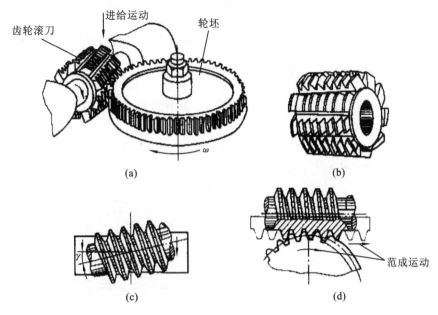

图 10.20 滚齿加工原理

需要专门的加工设备,如插齿机和滚齿机。用齿轮或齿条插刀加工齿轮时,切削运动不连续,生产率的提高受到影响。用滚齿机加工齿轮,虽然切削运动连续,生产率高,但不能加工内齿轮。

10.6.2 根切现象、最少齿数及齿轮变位

1. 标准齿条型刀具

图 10.21(a)是标准齿条型刀具,比正常齿轮齿顶高出部分 $C^* m$ 段是为了切出被加工齿轮齿根部的顶隙。顶线以上的一段刀刃不是直线而是一段圆弧,用来切出被加工齿轮靠近齿根圆的一段非渐开线曲线(过渡曲线,一般情况下不参与啮合),它将渐开线齿廓和齿根圆光滑地连接起来。刀具根部的 $C^* m$ 段是为了保证刀具与轮坯外圆之间有一个顶隙。图 10.21(b)是其用范成法加工标准齿轮时齿条型刀具与被加工齿轮的相对位置。

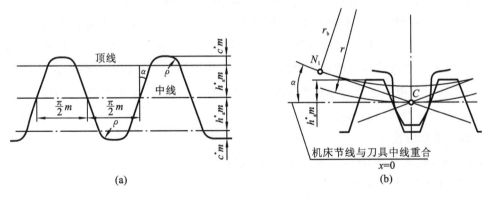

图 10.21 标准型齿条刀具及加工标准齿轮时齿条刀具位置

2. 渐开线齿廓的根切

用范成法加工齿轮时,有时会发现刀具的齿顶部分把被加工齿轮根部已经切割出来的渐开线齿廓切去一部分,这种现象称为根切,如图 10.22 所示。严重根切的齿轮,轮齿的抗弯强

度低,其传动时实际啮合线短,从而使重合度降低,影响传动的平稳性。

由前述用齿条刀具加工齿轮的运动条件可知,被加工齿轮的齿数取决于 $\dfrac{v_{刀}}{\omega_{轮坯}}$ 的比值。当刀具中线与轮坯分度圆相切作无滑动的纯滚动时,$v_{刀}=\dfrac{1}{2}mZ_{轮坯}\omega_{轮坯}$,此时齿条刀具将从啮合线与被加工齿轮的齿顶圆的交点 B_1 开始切削轮坯,切削到啮合线与刀具齿顶线的交点 $B_{刀}$ 处结束(见图 10.23)。

位置Ⅰ:从 B_1 进入啮合点,刀具开始切制齿廓的渐开线部分。

位置Ⅱ:齿廓的渐开线部分已全部切出。

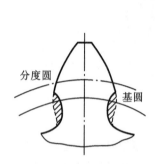

图 10.22 齿廓的根切现象

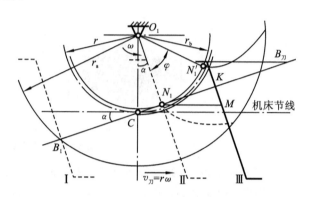

图 10.23 产生根切示意图

由图 10.23 可知,当轮坯转过 φ 角时,刀具由位置Ⅱ转到位置Ⅲ,刀具位移 $\overline{N_1M}=r\varphi$,渐开线上位置由 N_1 转到 N_1' 点,$\overline{N_1N_1'}=r_b\varphi=r\varphi\cos\alpha$。

刀具直线齿廓与啮合线交点 K

$$\overline{N_1K}=\overline{N_1M}\cos\alpha=r\varphi\cos\alpha$$

所以
$$\overline{N_1N_1'}=\overline{N_1K}$$

$\overline{N_1K}$ 是刀刃在位置Ⅱ、Ⅲ之间的法线距离,而 N_1N_1' 是圆弧,渐开线起始点 N_1 一定在刀刃的左下方,齿廓的阴影部分将被切去,造成了齿根的根切现象。

即点 $B_{刀}$(齿顶线的位置)在点 N_1(极限啮合点)的下方,则刀具的刀刃由点 B_1 移到点 $B_{刀}$ 时,轮坯上被切制部分的齿廓可全部加工出来。若刀具顶线正好通过点 N_1,范成运动继续进行时,刀刃恰好与切好的渐开线齿廓脱离,刚好不发生根切。若刀具顶线超过点 N_1,刀具的齿顶会把被加工齿轮根部已经切制出来的渐开线齿廓切去一部分,发生根切。可见,只要 $\overline{CN_1}<\overline{CB_{刀}}$,就一定会发生根切。

3. 避免根切的措施

要避免根切,就要使 $\overline{CN_1}\geqslant\overline{CB_{刀}}$,具体的方法如下。

1) 增加被加工齿轮的齿数

齿数增加,基圆随之加大,N_1 点远离节点 C 外移,从而使 $\overline{CN_1}$ 增大。当齿数 Z 增大到一定值时,$\overline{CN_1}$ 将大于 $\overline{CB_{刀}}$,避免根切。

2) 增大刀具与轮坯之间的中心距

将刀具远离轮坯中心一段距离 xm(x 为变位系数,modification coefficient),则点 $B_{刀}$ 将沿

啮合线向着节点 C 移动,从而使 $\overline{CB_刀}$ 减小。当 x 增大到一定程度,$\overline{CB_刀}$ 将小于 $\overline{CN_1}$,从而避免根切。将刀具中线靠近或远离轮坯中心切制出来的齿轮称为变位齿轮(modified gear)。当把刀具由轮坯中心移远时,称为正变位,此时 $x>0$;当把刀具由标准位置移近被切齿轮的中心时称为负变位,此时 $x<0$。由于

$$\overline{CN_1} = r\sin\alpha = \frac{mZ}{2}\sin\alpha, \quad \overline{CB_刀} = \frac{(h_a^* - x)m}{\sin\alpha}$$

所以,不产生根切需要满足

$$\frac{mZ}{2}\sin\alpha > \frac{(h_a^* - x)m}{\sin\alpha}$$

即

$$x \geqslant h_a^* - \frac{Z\sin^2\alpha}{2}$$

则

$$x_{\min} = \frac{17 - Z}{17} \tag{10.13}$$

对于 $\alpha=20°$,$h_a^*=1$ 的标准齿轮,$Z<17$ 时,$x_{\min}$ 为正,即为了避免根切,应采用正变位,其变位系数 $x>x_{\min}$;当 $Z>17$ 时,$x_{\min}$ 为负,即该齿轮在 $x\geqslant x_{\min}$ 时采用负变位也不会根切。

或

$$Z \geqslant \frac{2(h_a^* - x)}{\sin^2\alpha}$$

则

$$Z_{\min} = \frac{2(h_a^* - x)}{\sin^2\alpha}$$

当 $\alpha=20°$、$h_a^*=1$ 时,

$$Z_{\min} = 17(1 - x) \tag{10.14}$$

则用齿条刀具加工标准齿轮或非变位齿轮($x=0$)时,不发生根切的最少齿数为 17。

10.7 渐开线变位齿轮

10.7.1 用标准齿条形刀具加工齿轮

由前述可知,用标准齿条形刀具加工齿轮,按刀具中线与被加工齿轮分度圆的相对位置,可分为三种情况。

(1) 加工标准齿轮或非变位齿轮　刀具中线与被加工齿轮的分度圆相切(见图 10.21(b))。

(2) 加工正变位齿轮　刀具中线与被加工齿轮的分度圆相切位置远离轮坯中心一段径向距离(移距 xm),如图 10.24(a)所示。此时,变位系数 $x>0$,移距 $xm>0$。

(3) 加工负变位齿轮　刀具中线与被加工齿轮的分度圆相切位置靠近轮坯中心一段径向距离(移距 xm),如图 10.24(b)所示。此时,变位系数 $x<0$,移距 $xm<0$。

上述三种方法加工出来的齿数相同的齿轮,它们的齿廓曲线是由相同基圆展出的渐开线,只不过截取的部位不同,如图 10.25 所示。这些齿轮具有相同的模数、压力角、分度圆、齿距和基圆,具有不同的齿顶高、齿根高、齿厚和齿槽宽。

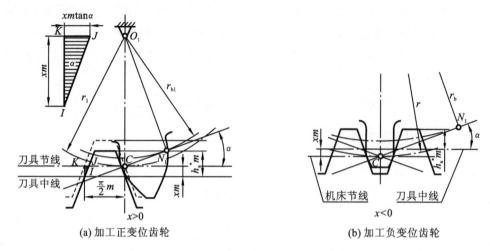

(a) 加工正变位齿轮 (b) 加工负变位齿轮

图 10.24　用标准齿条刀具加工变位齿轮

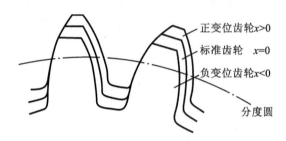

图 10.25　标准齿轮与变位齿轮的齿廓曲线关系

10.7.2　变位齿轮几何尺寸的变化

1. 分度圆槽宽和齿厚

1) 正变位

如图 10.24(a)所示，正变位时，刀具节线上的齿厚比刀具中线上的齿厚减小了 $2\overline{KJ}$，而被加工齿轮轮坯的分度圆与刀具节线作纯滚动，所以被加工齿轮分度圆上的槽宽 e 等于刀具节线上的齿厚 $s'_{刀}$。则

正变位齿轮分度圆上的槽宽为

$$e = \frac{\pi m}{2} - 2\overline{KJ} = \left(\frac{\pi}{2} - 2x\tan\alpha\right)m \tag{10.15}$$

正变位齿轮分度圆上的齿厚为

$$s = \frac{\pi m}{2} + 2\overline{KJ} = \left(\frac{\pi}{2} + 2x\tan\alpha\right)m \tag{10.16}$$

2) 负变位

情况与正变位时相反，只需将径向变位系数 x 用负值代入即可。

$$e = \frac{\pi m}{2} + 2\overline{KJ} = \left(\frac{\pi}{2} + 2x\tan\alpha\right)m \tag{10.17}$$

$$s = \frac{\pi m}{2} - 2\overline{KJ} = \left(\frac{\pi}{2} - 2x\tan\alpha\right)m \tag{10.18}$$

2. 任意圆上的齿厚

由图 10.26 可知,任意半径为 r_i 的圆上的齿厚为

$$s_i = s\frac{r_i}{r} - 2r_i(\text{inv}\alpha_i - \text{inv}\alpha) \tag{10.19}$$

式中:s_i——任意半径为 r_i 的圆上的齿厚,其所对中心角为 φ_i;

α_i——渐开线在 I 点的压力角;

θ_i——渐开线在 I 点的展角;

s、r、α——分度圆上的值,其中标准齿轮 $s=\dfrac{\pi m}{2}$,变位齿轮 $s=\dfrac{\pi m}{2}+2xm\tan\alpha$。

则齿顶圆齿厚

$$s_a = s\frac{r_a}{r} - 2r_a(\text{inv}\alpha_a - \text{inv}\alpha) \tag{10.20}$$

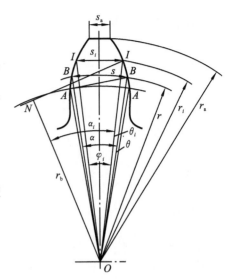

图 10.26 任意圆上的齿厚

节圆齿厚

$$s' = s\frac{r'}{r} - 2r'(\text{inv}\alpha' - \text{inv}\alpha) \tag{10.21}$$

基圆齿厚

$$s_b = s\frac{r_b}{r} - 2r_b(\text{inv}\alpha_b - \text{inv}\alpha) \tag{10.22}$$

可见,变位齿轮在任意圆上的齿厚都发生了变化。

3. 齿根圆半径与齿顶圆半径

加工正变位齿轮时,刀具中线与节线分离,移出 xm 距离,齿根高比标准齿轮短了 xm。为保持全齿高不变,则齿顶高增加 xm,故

1) 齿根圆半径

正变位

$$r_f = \frac{mz}{2} - (h_a^* + c^* - x)m \tag{10.23}$$

2) 齿顶圆半径

正变位

$$r_a = \frac{mz}{2} + (h_a^* + x)m \tag{10.24}$$

负变位齿轮的齿根圆半径与齿顶圆半径的 x 用负值代入即可。

10.7.3 变位齿轮的啮合传动

变位齿轮的啮合传动与标准齿轮一样,也应满足正确啮合条件、无侧隙啮合条件及连续传动条件等,并尽可能保证标准顶隙。

1. 无齿侧间隙啮合方程式

由前述可知,一对相啮合的齿轮要实现无侧隙啮合传动,应保证一个齿轮的节圆齿厚等于另一个齿轮的节圆槽宽,即 $s_1'=e_2'$、$s_2'=e_1'$,则两轮的节圆齿距应相等,有

$$p' = e_1' + s_1' = e_2' + s_2' = s_1' + s_2'$$

由式(10.19)知

$$s_i = s\frac{r_i}{r} - 2r_i(\text{inv}\alpha_i - \text{inv}\alpha)$$

式中

$$s_i = \frac{\pi m}{2} + 2x_i m \tan\alpha$$

$$r_i = \frac{mz_i}{2}$$

$$r_i' = \frac{r_i \cos\alpha}{\cos\alpha'} \quad (i=1,2)$$

而

$$p_1' = \frac{2\pi r_1'}{z_1} = \pi m \frac{\cos\alpha}{\cos\alpha'} = p_2' = p'$$

整理得

$$\text{inv}\alpha' = \frac{2(x_1+x_2)\tan\alpha}{z_1+z_2} + \text{inv}\alpha \tag{10.25}$$

这就是无齿侧间隙啮合方程式(equation of engage men with zero backlash),即一对齿轮的变位系数之和(x_1+x_2)与啮合角之间的关系,通常与$a'\cos\alpha' = a\cos\alpha$成对使用,是变位齿轮传动设计的基本公式。

2. 中心距变动系数

为实现无齿侧间隙啮合传动,可把两轮的中心靠近,直到无齿侧间隙为止。ym是实际中心距a'与理论中心距a的差值,即

$$ym = a' - a \tag{10.26}$$

式中:y——中心距变动系数(centre distance modifying coefficient)。

3. 齿高变位系数

加工变位齿轮时,刀具中线移动了一段距离xm,加工出来的齿轮齿根高变为

$$h_f = (h_a^* + c^* - x)m \tag{10.27}$$

若要保持全齿高$h = (2h_a^* + c^*)m$不变,此时的齿顶高应为$h_a = (h_a^* + x)m$。

为保证两轮作无侧隙啮合传动,两轮的中心距应满足

$$a' = a + ym$$

为保证两轮具有标准顶隙c^*m,两轮的中心距应为

$$\begin{aligned}a'' &= r_{a1} + r_{f2} + c^*m \\ &= r_1 + (h_a^* + x_1)m + r_2 - (h_a^* + c^* - x_2)m + c^*m \\ &= a + (x_1 + x_2)m\end{aligned}$$

只要$y = x_1 + x_2$,则$a' = a''$,就可同时满足标准顶隙和无侧隙啮合条件。但在工程实际中,往往$x_1 + x_2 > y$,即$a' > a''$。要保证无侧隙啮合传动同时还具有标准顶隙,工程上采用将两轮的齿顶各削去一段Δym的做法,此时的齿顶高变为

$$h_a = (h_a^* + x - \Delta y)m \tag{10.28}$$

$$\Delta ym = (x_1 + x_2)m - ym \tag{10.29}$$

式中:Δy——齿高变动系数,$\Delta y = x_1 + x_2 - y$。

故

$$r_a = \frac{mz}{2} + (h_a^* + x - \Delta y)m \tag{10.30}$$

由于Δy对齿根无影响,故齿根圆半径的计算公式不变。

10.8 渐开线直齿圆柱齿轮的传动设计

10.8.1 传动类型及选择

根据一对齿轮变位系数之和 x_1+x_2 的不同,齿轮传动可分为零传动($x_1+x_2=0$)、正传动($x_1+x_2>0$)、负传动($x_1+x_2<0$)三种类型。

1. 零传动 ($x_1+x_2=0$)

1) 标准齿轮传动 ($x_1=x_2=0$)

由于两轮的变位系数都为零,当两轮作无侧隙啮合传动时,啮合角等于分度圆压力角 $\alpha=\alpha'$,节圆与分度圆重合,理论中心距等于实际中心距 $a=a'$,中心距变动系数 y 和齿高变动系数 Δy 均为零。但为避免根切,两轮的最少齿数均应大于 17。

这种传动方式具有设计简单、重合度较大、不发生过渡曲线干涉及齿顶厚度较大等优点,但也存在一些无法避免的缺点。

(1) 轮齿抗弯曲强度能力较弱。基圆齿厚随齿数的减少而变薄,小齿轮根部抗弯曲的能力较弱而容易损坏,限制了相啮合的一对齿轮的承载能力和使用寿命。

(2) 齿廓表面沿齿高方向的磨损不均匀,尤其是小齿轮的齿根部分磨损严重。

(3) 小齿轮齿数受不根切最少齿数限制,因而限制了结构尺寸的缩小和重量减轻。

(4) 中心距不等($a'>a$)时,产生齿侧间隙,重合度也会减少,影响传动平稳性;$a'<a$ 时,无法安装。

2) 高度变位齿轮传动或等变位齿轮传动 ($x_1+x_2=0$ 但 $x_1=-x_2\neq 0$)

由无齿侧间隙啮合方程式 $\mathrm{inv}\alpha'=\dfrac{2(x_1+x_2)\tan\alpha}{z_1+z_2}+\mathrm{inv}\alpha$ 可知,此时啮合角等于分度圆压力角 $\alpha=\alpha'$。再由 $a\cos\alpha=a'\cos\alpha'$ 可知,此时的理论中心距等于实际中心距 $a=a'$。故 $y=\dfrac{a'-a}{m}=0$,$\Delta y=x_1+x_2-y=0$,即两齿轮作无齿侧间隙啮合传动时,节圆与分度圆重合。虽然两轮的全齿高不变,但每个齿轮的齿顶高和齿根高已不是标准值,此时

$$h_{a1}=(h_a^*+x_1)m \quad h_{f1}=(h_a^*+c^*-x_1)m$$
$$h_{a2}=(h_a^*+x_2)m \quad h_{f2}=(h_a^*+c^*-x_2)m$$

为使两轮不发生根切,两轮的齿数须满足:

$$z_1\geqslant\frac{2(h_a^*-x_1)}{\sin^2\alpha},\quad z_2\geqslant\frac{2(h_a^*-x_2)}{\sin^2\alpha}$$

故
$$z_1+z_2\geqslant\frac{4h_a^*}{\sin^2\alpha} \tag{10.31}$$

当 $\alpha=20°$,$h_a^*=1$ 时,$z_1+z_2\geqslant 2z_{\min}=34$。

在一对齿数不等的高度变位齿轮中,通常小齿轮采用正变位,大齿轮采用负变位。这样可减小机构的尺寸(小齿轮正变位,不产生根切,齿数可少于 17);相对提高两轮的承载能力(小齿轮正变位齿厚增加,虽然大齿轮负变位齿厚有所减少,但却可使两轮的抗弯曲能力接近);改善齿轮的磨损情况(小齿轮正变位齿顶圆半径加大,大齿轮负变位齿顶圆半径减少,使实际啮合线向远离 N_1 点的方向移动一段距离,改善了小齿轮根部的磨损状况)。但小齿轮正变位,齿

顶易变尖,重合度略有下降。

可见,在中心距不变的情况下,高度变位齿轮传动比标准齿轮传动具有较多的优点,设计时应优先考虑,以改善传动性能。

2. 正传动 ($x_1+x_2>0$)

由 $\text{inv}\alpha'=\dfrac{2(x_1+x_2)\tan\alpha}{z_1+z_2}+\text{inv}\alpha$ 和 $a\cos\alpha=a'\cos\alpha'$ 可知,当 $x_1+x_2>0$ 时,啮合角 $\alpha'>\alpha$ (角变位齿轮传动),实际中心距 $a'>a$,所以 $y>0,\Delta y>0$。在无齿侧间隙啮合时,分度圆与节圆不重合,两轮的全齿高均比标准减低了 Δym。其优点如下。

(1) 由于 $x_1+x_2>0$,则两轮齿数不受 $z_1+z_2\geqslant 2z_{\min}=34$ 的限制,齿轮机构可设计得更紧凑。

(2) 两轮都可正变位,可使两轮的齿根厚度增加,提高两轮的抗弯曲能力。或小齿轮正变位,大齿轮负变位,但 $x_1\geqslant|x_2|>0$,使两轮抗弯强度接近,从而提高其承载能力。

(3) 节点啮合时的综合曲率半径增加(中心距加大),降低了齿廓接触应力,提高了接触强度。

(4) 适当选择两轮的变位系数,在保证无齿侧间隙啮合的情况下可凑配给定的中心距。

(5) 可减轻轮齿的磨损程度。由于啮合角增大和齿顶降低,实际啮合线 $\overline{B_2B_1}$ 更加远离极限啮合点 N_1、N_2,两轮齿根部的磨损均有所降低。

但由于实际啮合线缩短降低了重合度,在设计正传动时应校核 $\varepsilon_a\geqslant[\varepsilon_a]$。而且正变位时齿顶易变尖,设计时还应校核 $s_a\geqslant[s_a]$。

3. 负传动 ($x_1+x_2<0$)

由 $\text{inv}\alpha'=\dfrac{2(x_1+x_2)\tan\alpha}{z_1+z_2}+\text{inv}\alpha$ 和 $a\cos\alpha=a'\cos\alpha'$ 可知,当 $x_1+x_2<0$ 时,啮合角 $\alpha'<\alpha$ (角变位齿轮传动),实际中心距 $a'<a$。所以 $y<0,\Delta y>0$。在无齿侧间隙啮合传动时,其分度圆呈交叉状态。其优缺点正好和正传动相反。因此,负传动是一种缺点较多的传动。通常只是在 $a'<a$ 时凑配中心距。且由于 $x_1+x_2<0$,所以两轮齿数之和必须满足 $z_1+z_2>2z_{\min}=34$。

从上述分析可知,正传动优点较多,传动质量高,设计时应多采用;负传动是一种缺点较多的传动,除凑配中心距外,应尽量不采用。在实际传动中心距等于标准中心距时,可采用等变位齿轮传动代替标准齿轮传动而提高传动质量。

10.8.2 齿轮传动的设计步骤

1. 原始数据为 z_1,z_2,m,α,h_a^* 及 c^* ——避免根切的设计

由于没有给定实际中心距,设计时可兼顾齿轮强度及耐磨性,应优先选用正传动或零传动中的高度变位齿轮传动,其具体步骤如下。

(1) 选择传动类型 $z_1+z_2<2z_{\min}=34$ 时必须选用正传动,其他可优先选择高度变位齿轮传动,也可选择其他传动类型。

(2) 选择变位系数 x_1 和 x_2。

(3) 计算齿轮机构的几何尺寸。

(4) 校核 $s_a\geqslant[s_a]$ 和 $\varepsilon_a\geqslant[\varepsilon_a]$。

2. 原始数据为 $z_1,z_2,m,\alpha,a',h_a^*$ 及 c^* ——凑配中心距的设计

要根据实际中心距选择传动类型,既要避免根切,还应改善两轮的强度,正确分配两轮的变位系数是关键,其具体步骤如下。

(1) 计算标准中心距,$a=\dfrac{1}{2}m(z_1+z_2)$。

(2) 按照中心距与啮合角关系式,计算实际啮合角,$\alpha'=\arccos\dfrac{a\cos\alpha}{a'}$。

(3) 由无齿侧间隙啮合方程式 $\text{inv}\alpha'=\dfrac{2(x_1+x_2)\tan\alpha}{z_1+z_2}+\text{inv}\alpha$,计算两轮变位系数之和 x_1+x_2。

(4) 分配两轮变位系数 x_1 和 x_2。

(5) 计算齿轮机构的几何尺寸。

(6) 检验重合度 $\varepsilon_a \geq [\varepsilon_a]$ 及正变位齿轮的齿顶圆齿厚 $s_a \geq [s_a]$。

3. 原始数据为 i_{12},m,α,a',h_a^* 及 c^* ——实现给定传动比的设计

要在满足给定传动比和实际中心距的情况下凑配两轮齿数,且两轮不能根切,具体步骤如下。

(1) 选取两轮齿数

由
$$i_{12}=\dfrac{z_2}{z_1},\quad a=\dfrac{1}{2}m(z_1+z_2)$$

得
$$a=\dfrac{1}{2}mz_1(1+i_{12})$$

由于正传动的优点较多,当选择正传动时 $a'>a=\dfrac{1}{2}mz_1(1+i_{12})$,故 $z_1<\dfrac{2a'}{m(1+i_{12})}$。考虑到小齿轮齿顶不变尖,$z_1$ 不宜选择过小。选定 z_1 后,可由 $z_2=i_{12}z_1$ 求得 z_2。

(2) 选定 z_1,z_2 后,其他步骤同第 2 步。

10.9 斜齿圆柱齿轮传动

10.9.1 渐开线斜齿圆柱齿轮

1. 斜齿圆柱齿轮齿面的形成

如图 10.27(a)所示,对于一定宽度的直齿圆柱齿轮,其齿廓侧面是发生面 S 在基圆柱上作纯滚动时,平面 S 上任一与基圆柱母线 NN(或轴线)平行的直线 KK 所展出的渐开线曲面。直齿圆柱齿轮啮合时,两轮齿廓沿着与轴平行的直线(接触线)接触,因而一对直齿轮齿廓同时沿着整个齿宽进入啮合或退出啮合,轮齿上的作用力也是突然加上和突然卸下,故易引起冲击和噪声,传动平稳性差。

斜齿圆柱齿轮齿廓曲面的形成原理与直齿圆柱齿轮的相似,但形成渐开线齿廓曲面的直线 KK 不与基圆柱母线 NN 平行,而是成一定角度 β_b,如图 10.27(b)所示,β_b 为斜齿轮基圆柱上的螺旋角(helix angle)。斜齿轮的齿廓曲面与其分度圆柱面相交的螺旋线的切线与齿轮轴线之间所夹的锐角(以 β 表示)称为斜齿轮分度圆柱上的螺旋角,简称斜齿轮螺旋角。斜齿轮旋向有左、右旋之分,故螺旋角 β 也有正负之别。

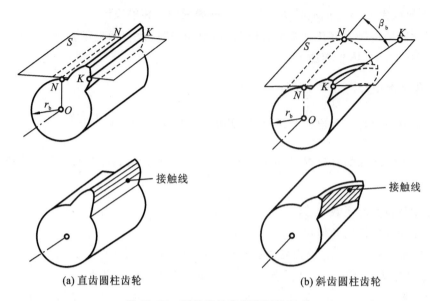

图 10.27 圆柱齿轮齿廓曲面的形成

一对斜齿圆柱齿轮啮合时,接触线是与轴线倾斜的直线,且其长度是变化的,故当轮齿的一端进入啮合时,轮齿的另一端要滞后一个角度才能进入啮合,即轮齿是先由一端进入啮合,到另一端退出啮合,其接触线由短变长,再由长变短,也即斜齿轮轮齿在啮合过程中,载荷是逐渐加上,再逐渐卸掉的,故传动平稳,冲击、振动和噪音较小,适宜于高速、重载传动。

斜齿轮的正确啮合条件除两轮分度圆压力角相等、模数相等外,两轮分度圆柱面上的螺旋角也应大小相等、方向相反,即 $\beta_1 = -\beta_2$。

2. 斜齿圆柱齿轮的基本参数

由于斜齿轮垂直于其轴线的端面齿形和垂直于螺旋线方向的法面齿形是不相同的,因而斜齿轮的端面参数和法面参数也不相同。在计算斜齿轮的几何尺寸时一般按端面参数进行,而其法面参数与加工斜齿轮时的刀具参数相同(见图 10.28),法面参数是选择刀具的依据和计算时的标准值,因此必须建立斜齿轮法面参数与端面参数之间的换算关系。

1) 齿距和模数

由图 10.28 可知,法向齿距 p_n 与端面齿距 p_t 的关系为 $p_n = p_t \cos\beta$,而 $p_n = \pi m_n$,$p_t = \pi m_t$,故

$$m_n = m_t \cos\beta \tag{10.32}$$

2) 压力角

如图 10.29 所示,法向压力角 α_n 与端面压力角 α_t 之间的关系为 $\tan\alpha_n = \dfrac{\overline{B_1 D}}{\overline{A_1 B_1}}$,$\tan\alpha_t = \dfrac{\overline{BD}}{\overline{A_1 B_1}}$,而 $\cos\beta = \dfrac{\overline{B_1 D}}{\overline{BD}}$,所以有

$$\tan\alpha_n = \tan\alpha_t \cos\beta \tag{10.33}$$

3) 螺旋角 β

如图 10.30 所示,将斜齿轮的分度圆柱面展开,其中阴影部分表示轮齿截面,空白部分表示齿槽,b 为斜齿轮轴向宽度,πd 为分度圆直径,πd_b 为基圆直径,β 为分度圆柱螺旋角,β_b 为基圆柱螺旋角,p_z 为螺旋线导程。对同一斜齿轮,不同直径圆柱面上的导程相同,故

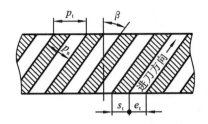

图 10.28　斜齿圆柱齿轮端面齿距与法面齿距关系

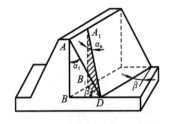

图 10.29　斜齿圆柱齿轮压力角

$$\tan\beta = \frac{\pi d}{p_t}, \quad \tan\beta_b = \frac{\pi d_b}{p_t}$$

而
$$d_b = d\cos\alpha_t$$

所以
$$\tan\beta_b = \tan\beta\cos\alpha_t \tag{10.34}$$

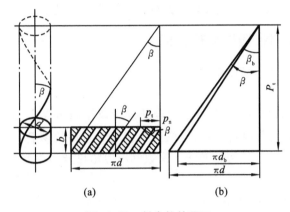

图 10.30　斜齿轮的展开

4) 齿顶高系数和顶隙系数

无论从端面还是法面看,齿轮的齿顶高和顶隙都是相同的,即
$$h_a = h_{an}^* m_n = h_{at}^* m_t \quad C = C_n^* m_n = C_t^* m_t$$

而
$$m_n = m_t \cos\beta$$

所以
$$\left.\begin{array}{l} h_{at}^* = h_{an}^* \cos\beta \\ c_t^* = c_n^* \cos\beta \end{array}\right\} \tag{10.35}$$

5) 其他几何尺寸

斜齿轮的分度圆直径可按端面或法面计算
$$d = m_t z = \frac{m_n}{\cos\beta} z \tag{10.36}$$

斜齿轮传动的标准中心距
$$a = \frac{1}{2}(d_1 + d_2) = \frac{1}{2} m_t (z_1 + z_2) = \frac{m_n(z_1 + z_2)}{2\cos\beta} \tag{10.37}$$

3. 斜齿圆柱齿轮的当量齿轮与当量齿数

过斜齿轮分度圆柱面上的一点 C 作齿轮的法面(见图 10.31),以点 C 的曲率半径为半径作一个圆,作为假想的直齿轮的分度圆,并设此假想的直齿轮的模数和压力角分别等于该斜齿轮的法面模数和压力角,则该假想的直齿轮的齿形与上述斜齿轮的法面齿形十分相近,故此假想的直齿轮为该斜齿轮的当量齿轮(virtual gear),而其齿数即为当量齿数 Z_v。显然

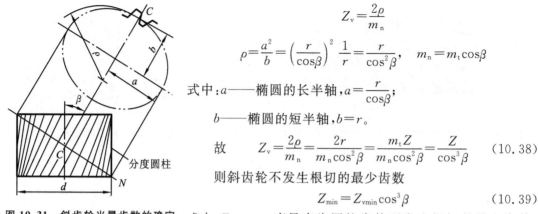

$$Z_v = \frac{2\rho}{m_n}$$

$$\rho = \frac{a^2}{b} = \left(\frac{r}{\cos\beta}\right)^2 \frac{1}{r} = \frac{r}{\cos^2\beta}, \quad m_n = m_t\cos\beta$$

式中：a——椭圆的长半轴，$a = \dfrac{r}{\cos\beta}$；

b——椭圆的短半轴，$b = r$。

故 $\quad Z_v = \dfrac{2\rho}{m_n} = \dfrac{2r}{m_n\cos^2\beta} = \dfrac{m_t Z}{m_n\cos^2\beta} = \dfrac{Z}{\cos^3\beta}$ （10.38）

则斜齿轮不发生根切的最少齿数

$$Z_{\min} = Z_{v\min}\cos^3\beta \tag{10.39}$$

图 10.31 斜齿轮当量齿数的确定

式中：$Z_{v\min}$——当量直齿圆柱齿轮不发生根切的最少齿数。由于 $\cos\beta < 1$，故标准斜齿轮不产生根切的最少齿数比直齿轮的少。

10.9.2 平行轴斜齿圆柱齿轮机构

1. 平行轴斜齿轮机构的啮合传动

1）正确啮合条件

一对斜齿轮要能正确啮合，首先两轮啮合处的轮齿倾斜方向必须一致，即外啮合时 $\beta_1 = -\beta_2$，内啮合时 $\beta_1 = \beta_2$。其次，其在端面内的啮合相当于直齿轮啮合，两轮的端面模数和压力角应分别相等。由于 $\beta_1 = |\beta_2|$，两轮的法面模数和压力角也分别相等，故一对平行轴斜齿轮机构的正确啮合条件为

$$\left.\begin{array}{ll} m_{n1} = m_{n2} = m_n & m_{t1} = m_{t2} = m_t \\ \alpha_{n1} = \alpha_{n2} = \alpha_n \quad \text{或} & \alpha_{t1} = \alpha_{t2} = \alpha_t \\ \beta_1 = -\beta_2 \text{（外啮合）} & \beta_1 = \beta_2 \text{（内啮合）} \end{array}\right\} \tag{10.40}$$

2）连续传动条件

由图 10.32 可知，直齿轮是一对轮齿沿整个齿宽同时由 B_2B_2 进入啮合，到 B_1B_1 退出啮合，实际啮合区为 B_2B_2 至 B_1B_1 之间。而斜齿轮也由 B_2B_2 进入啮合，但却是由轮齿的一端先进入啮合，轮齿的另一端滞后一个角度才能进入啮合，其在 B_1B_1 位置脱离啮合也是逐渐进行的，实际啮合区比直齿轮传动增大了 $\Delta L = b\tan\beta_b$。因此，斜齿轮传动的重合度比直齿轮的大，增加的一部分重合度称为纵向重合度，用 ε_β 表示，即

$$\varepsilon_\beta = \frac{\Delta L}{p_{bt}} = \frac{b\tan\beta_b}{\pi m_t\cos\alpha_t} = \frac{b\sin\beta}{\pi m_n}$$

故平行轴斜齿轮传动的总重合度为

$$\varepsilon = \frac{\overline{B_2B_1}}{p_b} + \frac{b\tan\beta_b}{p_{bt}} = \varepsilon_t + \varepsilon_\beta \tag{10.41}$$

式中：ε_t——端面重合度，可以用直齿轮的重合度计算公式求得（要用端面啮合角和端面齿顶圆压力角代替原公式中的啮合角和齿顶圆压力角），即

$$\varepsilon_t = \frac{1}{2\pi}[z_1(\tan\alpha_{at1} - \tan\alpha_t') + z_2(\tan\alpha_{at2} - \tan\alpha_t')]$$

ε_β——纵向重合度，ε_β 随 β 和齿宽 b 的增大而增大，故斜齿轮的重合度比直齿轮的大，而 β 和齿宽 b 也不能无限制的增加。

2. 平行轴斜齿圆柱齿轮机构的特点及应用

与直齿轮传动相比,斜齿轮传动具有如下优点。

(1) 啮合性能好。由于轮齿是逐渐进入和脱离啮合,故传动平稳,噪音小。

(2) 重合度大,承载能力高。

(3) 不产生根切的最少齿数少,可获得更为紧凑的机构。

(4) 制造成本与直齿轮相同。

由于螺旋角的存在,在运动时会产生轴向推力 $F_x = F_n \sin\beta$,对传动不利。为减少轴向推力的影响又充分发挥斜齿轮的优点,一般取 $\beta = 8° \sim 20°$,也可用人字齿来消除轴向推力,但制造加工困难。

平行轴斜齿轮的传动性能和承载能力都优于直齿轮,广泛应用于高速、重载的齿轮传动中。

3. 平行轴斜齿圆柱齿轮机构的传动设计

平行轴斜齿轮传动从其端面看与直齿轮传动相同,故其设计方法与直齿轮基本相同。其法面参数为标准值,设计计算时应将法面参数换算成端面参数值。一对平行轴斜齿轮传动的中心距为

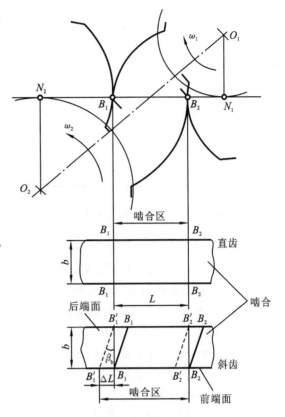

图 10.32 齿轮的啮合区

$$a = \frac{1}{2}m_t(z_1+z_2) = \frac{m_n}{2\cos\beta}(z_1+z_2) \tag{10.42}$$

可见,当 m_n、z_1、z_2 一定时,可通过改变螺旋角的办法改变中心距而不必变位,但由于螺旋角 β 有一定的取值范围,用来调节中心距的限度较小。外啮合标准斜齿圆柱齿轮几何尺寸选择可参考表 10.6。

表 10.6 外啮合标准斜齿圆柱齿轮几何尺寸选择参考

名 称	代号	公 式	
齿数	z	根据工作情况确定 $z_v = z/\cos^3\beta$	
螺旋角	β	一般为 $8° \sim 20°$	
法向模数	m_n	按强度条件或经验确定,选用表 10.1 中的标准值	
端面模数	m_t	$m_t = m_n/\cos\beta$	
法向压力角	α_n	$\alpha_n = 20°$	
端面压力角	α_t	$\alpha_t = \arctan\dfrac{\tan\alpha_n}{\cos\beta}$	
分度圆(节圆)直径	d	$d_1 = z_1 m_t = z_1 \dfrac{m_n}{\cos\beta}$	$d_2 = z_2 \dfrac{m_n}{\cos\beta}$
齿顶高	h_a	$h_a = h_{an}^* m_n$ $h_{an}^* = 1$ 或 0.8	
齿根高	h_f	$h_f = (h_{an}^* + c_n^*)m_n$, $c_n^* = 0.25$ 或 0.3	

名　称	代号	公　式	
齿全高	h	$h = h_a + h_f = (2h_{an}^* + c_n^*)m_n$	
齿顶圆直径	d_a	$d_{a1} = d_1 + 2h_a$	$d_{a2} = d_2 + 2h_a$
齿根圆直径	d_f	$d_{f1} = d_1 - 2h_f$	$d_{f2} = d_2 - 2h_f$
分度圆法向齿厚	s_n	$s_n = \pi m_n / 2$	
中心距	a	$a = \dfrac{1}{2}(d_1 + d_2) = \dfrac{m_n(z_1 + z_2)}{2\cos\beta}$	

*10.9.3　交错轴斜齿圆柱齿轮机构

交错轴斜齿圆柱齿轮机构(crossed helical gear mechanism)的两轮轴线既不平行又不相交,两轮轴线之间的夹角 Σ 称为交错角(shaft angle)。就单个齿轮而言,就是一个斜齿圆柱齿轮,这种机构用来传递空间交错轴之间的运动和动力。

1. 交错轴斜齿圆柱齿轮之间的啮合传动

1) 交错角 Σ 和螺旋角 β_1、β_2 之间的关系

两轮的螺旋角不一定相等,如图 10.33 所示。当两轮转向相同,即同为左旋或右旋时 $\Sigma = \beta_1 + \beta_2$,$\beta_1$、$\beta_2$ 均为正值或负值(见图 10.33(a));当两轮转向相反时,$\Sigma = |\beta_1 + \beta_2|$,$\beta_1$、$\beta_2$ 一轮代正值,另一轮代负值(图 10.33(b))。

当 $\Sigma = 0$ 时,$\beta_1 = -\beta_2$,即平行轴斜齿圆柱齿轮机构,所以平行轴斜齿圆柱齿轮机构是交错轴斜齿圆柱齿轮机构的一个特例。

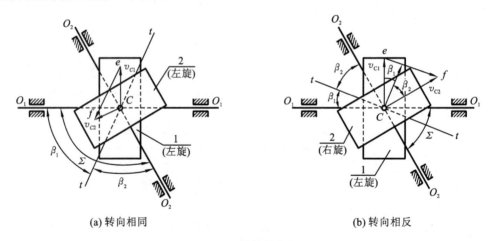

(a) 转向相同　　　　　　　　　　　(b) 转向相反

图 10.33　交错轴斜齿轮机构

2) 正确啮合条件

由于一对交错轴斜齿圆柱齿轮机构的轮齿仅在法面内啮合,因此,其正确啮合条件为

$$\left. \begin{array}{r} m_{n1} = m_{n2} = m_n \\ \alpha_{n1} = \alpha_{n2} = \alpha_n \end{array} \right\} \quad (10.43)$$

由于两轮的螺旋角 β_1、β_2 不一定相等,故两轮的端面模数和端面压力角也不一定相等,这是它与平行轴斜齿圆柱齿轮机构的不同之处。

3)传动比

由于 $z = \dfrac{d}{m_t}, m_t = \dfrac{m_n}{\cos\beta}$,故

$$i_{12} = \frac{\omega_1}{\omega_2} = \frac{z_2}{z_1} = \frac{d_2 \cos\beta_2}{d_1 \cos\beta_1} \tag{10.44}$$

即传动比大小不仅与两轮分度圆直径大小有关,而且还和两轮的螺旋角有关。

4)从动轮转向的确定

主动轮 1 和从动轮 2 在节点 C 处的速度分别为 v_{C1} 和 v_{C2}(见图 10.33),可得两构件重合点处的速度关系

$$v_{C2} = v_{C1} + v_{C2C1}$$

式中:v_{C2C1}——两齿廓啮合点沿齿长(齿槽)方向的相对速度。在已知主动轮转向和 v_{C2C1} 的情况下,即可求出 v_{C2},从而确定出从动轮的转向。

2. 交错轴斜齿圆柱齿轮机构的特点及应用

(1)容易实现交错角 Σ 为任意值的两交错轴之间的运动。由于 β_1、β_2 的大小、方向都不一定相同,可通过改变 β_1、β_2 的办法调整中心距、改变传动比或从动轮的转向。

(2)齿轮之间除沿齿高有相对滑动外,沿齿槽方向也有较大的相对滑动速度,故相对滑动严重,传动效率较低。

(3)两轮啮合齿面间为点接触,接触应力大,齿面易被压溃,促使磨损加剧。

交错轴斜齿圆柱齿轮机构不宜用在高速、大功率传动中,通常仅用于仪表或辅助装置中,用来传递任意交错轴之间的运动。

3. 交错轴斜齿圆柱齿轮机构的传动设计

与平行轴斜齿圆柱齿轮机构相比较,仅中心距计算公式不同,即

$$a = r_1 + r_2 = \frac{1}{2}(m_{t1}z_1 + m_{t2}z_2) = \frac{m_n}{2}\left(\frac{z_1}{\cos\beta_1} + \frac{z_2}{\cos\beta_2}\right) \tag{10.45}$$

当 m_n、z_1、z_2 一定时,可通过改变螺旋角的办法来改变中心距。

10.10 直齿锥齿轮传动

10.10.1 圆锥齿轮机构的特点及应用

圆锥齿轮传动应用于两相交轴之间的传动,轴间夹角大多是 90°,不等于 90°时由于箱体加工和齿轮安装调整困难,很少应用。

一对圆锥齿轮的运动相当于一对节圆锥的纯滚动,如图 10.34 所示,锥齿轮有分度圆锥、齿顶圆锥、齿根圆锥和基圆锥,轮齿分布在基圆锥体上,齿形从大端到小端逐渐变小。为计算和测量方便,通常取大端参数为标准值。一对正确安装的锥齿轮,节圆锥与分度圆锥重合,设 δ_1、δ_2 分别为小齿轮和大齿轮分度圆锥角(reference cone angle),Σ 为两轴线交角,则 $\Sigma = \delta_1 + \delta_2$。

圆锥齿轮的轮齿有直齿、斜齿、曲齿等多种形式。直齿圆锥齿轮设计、制造、安装方便,应用最广,但传动的振动和噪声都较大,应用于速度较低($v \leqslant 5$ m/s)的传动中;曲齿圆锥齿轮机构传动平稳、承载能力强,用于高速重载的传动中,如飞机、汽车等的传动机构中。

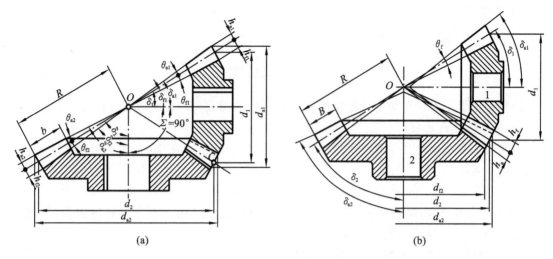

图 10.34 圆锥齿轮机构

10.10.2 直齿圆锥齿轮齿廓的形成

1. 直齿圆锥齿轮理论齿廓的形成

如图 10.35 所示,一个半径为 R 的圆平面 S 与一个锥距(cone distance)为 R 的基圆锥相切于直线 OA,且圆心 O 与锥顶重合。当该圆平面 S 绕基圆锥作纯滚动时,该平面上任一点 A 在空间展出一条渐开线 AB。因该渐开线上任一点到锥顶的距离均为 R,故此渐开线必在以 O 为中心、锥距 R 为半径的球面上,因此该渐开线称为球面渐开线。直齿圆锥齿轮的齿廓曲面是以锥顶 O 为球心、半径不同的球面渐开线所组成。

2. 背锥与当量齿轮

1) 背锥

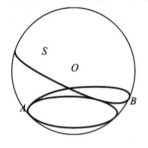

图 10.35 直齿圆锥齿轮齿廓曲面的形成

由于球面不能展开成平面,给设计和制造带来很大困难,工程上常采用近似方法处理。如图 10.36 所示,OAB 为圆锥齿轮的分度圆锥,aA 和 bA 分别为圆锥齿轮在球面上的齿根高和齿顶高,过点 A 做 $OA \perp O'A$,与圆锥齿轮轴线相交于 O' 点。以 OO' 为轴线,$O'A$ 为母线作一圆锥 $O'AB$,则该圆锥与圆锥齿轮大端分度圆相切,称为直齿圆锥齿轮的背锥(back cone),锥距 $r_v = \dfrac{r}{\cos\delta}$。

显然,背锥与球面切于圆锥齿轮大端的分度圆上。锥距 R 与大端模数 m 之比越大($R/m > 30$),背锥面与球面越接近,球面渐开线与它在背锥上的投影之间的差别越小,因此可以用背锥上的齿形近似替代直齿圆锥齿轮大端的齿形。由于背锥可以展成平面,这为圆锥齿轮的设计和制造带来了方便。

2) 当量齿轮

将背锥展成平面后得到扇形齿轮(见图 10.36),其齿数 Z 为该圆锥齿轮的实际齿数,其模数 m、压力角 α、齿顶高、齿根高分别与该圆锥齿轮的大端相同。

以背锥的锥距 r_v 为分度圆半径,将扇形齿轮补足成完整的直齿圆柱齿轮,其齿数将增加到 Z_v,该齿轮称为直齿圆锥齿轮的当量齿轮,Z_v 就是当量齿轮的齿数。由于

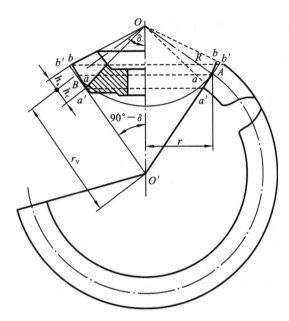

图 10.36 背锥与扇形齿轮

$$r_v = \frac{r}{\cos\delta} = \frac{mZ}{2\cos\delta} = \frac{1}{2}mZ_v$$

故
$$Z_v = \frac{Z}{\cos\delta} \tag{10.46}$$

式中：δ——齿轮的分度圆锥角。

由于当量齿轮是齿形与直齿圆锥齿轮大端齿形十分近似的一个虚拟的直齿圆柱齿轮，所以，引入当量齿轮的概念后，就可将直齿圆柱齿轮的某些原理近似地应用到圆锥齿轮上，如仿形法加工时铣刀刀号的选择、弯曲强度计算时齿形系数的查取、一对锥齿轮传动的重合度的计算可近似按其当量齿轮传动的重合度计算、锥齿轮不产生根切的最少齿数 $Z_{min} = Z_{vmin}\cos\delta$ 等。

10.10.3 直齿圆锥齿轮的啮合传动

一对直齿圆锥齿轮的啮合传动，相当于其当量齿轮的啮合传动，因此可借助直齿圆柱齿轮的啮合理论来分析。

1）正确啮合条件

两个当量齿轮的模数和压力角分别相等，即两锥齿轮大端的模数和压力角应分别相等；此外，还应保证两轮的锥距相等，锥顶重合。

2）连续传动条件

为保证一对直齿圆锥齿轮能够实现连续传动，其重合度也必须使 $\varepsilon \geqslant 1$，由于其重合度是按当量齿轮计算的，所以直齿圆锥齿轮连续传动的条件是其当量齿轮的重合度大于 1。

3）传动比

一对直齿圆锥齿轮的传动比为 $i_{12} = \frac{\omega_1}{\omega_2} = \frac{z_2}{z_1} = \frac{r_2}{r_1}$，由图 10.34(a) 可知，$r_1 = \overline{OC}\sin\delta_1$，$r_2 = \overline{OC}\sin\delta_2$，当 $\Sigma = \delta_1 + \delta_2 = 90°$ 时，则有

$$i_{12} = \frac{\omega_1}{\omega_2} = \frac{z_2}{z_1} = \frac{r_2}{r_1} = \frac{\sin(90°-\delta_1)}{\sin\delta_1} = \cot\delta_1 = \tan\delta_2 \tag{10.47}$$

10.10.4 直齿圆锥齿轮的传动设计

1. 基本参数的标准值

直齿圆锥齿轮大端参数为标准值。

模数 m 为标准值，按 GB/T12368—1990 选取；压力角 $\alpha=20°$，齿顶高系数 h_a^* 和顶隙系数 c^* 选取如下。

对于正常齿 $\begin{cases} m<1 \text{ mm}, h_a^*=1, c^*=0.25 \\ m\geqslant 1 \text{ mm}, h_a^*=1, c^*=0.2 \end{cases}$

对于短齿 $\qquad\qquad h_a^*=0.8, \quad c^*=0.3$

2. 几何尺寸计算

直齿圆锥齿轮的齿高通常是由大端到小端逐渐收缩的，按顶隙的不同，可分为以下两种。

不等顶隙收缩齿：齿顶圆锥、齿根圆锥及分度圆锥共锥顶，如图 10.34(a) 所示。两轮齿顶厚和齿根圆角半径也由大端到小端逐渐收缩，影响齿轮强度。

等顶隙收缩齿：齿根圆锥及分度圆锥共锥顶，其齿顶圆锥的母线与另一齿轮的齿根圆锥母线平行而不和分度圆锥共锥顶，如图 10.34(b) 所示。两轮顶隙由大端到小端均相同，轮齿强度高。

标准直齿圆锥齿轮传动的几何尺寸计算见表 10.7。

表 10.7 $\Sigma=90°$ 时标准直齿圆锥齿轮的几何尺寸计算

名　称	代号	公　式	
模数	m	根据强度条件或经验类比，按 GB/T 12368—1990 选取	
传动比	i	$i=z_2/z_1=\tan\delta_2=\text{arctan}\delta_1$　单级　$i<6\sim 7$	
分度圆锥角	δ	$\delta_1=\arctan\dfrac{z_2}{z_1}$	$\delta_2=\arctan\dfrac{z_1}{z_2}=90°-\delta_1$
分度圆直径	d	$d_1=mz_1$	$d_2=mz_2$
齿顶高	h_a	$h_a=h_a^* m$	
齿根高	h_f	$h_f=(h_a^*+c^*)m$	
齿全高	h	$h=h_a+h_f$	
齿顶圆直径	d_a	$d_{a1}=d_1+2h_a\cos\delta_1$	$d_{a2}=d_2+2h_a\cos\delta_2$
齿根圆直径	d_f	$d_{f1}=d_1-2h_f\cos\delta_1$	$d_{f2}=d_2-2h_f\cos\delta_2$
锥距	R	$R=d/2\sin\delta=0.5m\sqrt{z_1^2+z_2^2}$	
齿宽	b	$b\leqslant R/3 \quad b\leqslant 10m$	
齿顶角	θ_a	$\theta_a=\arctan\dfrac{h_a}{R}$	
齿根角	θ_f	$\theta_f=\arctan\dfrac{h_f}{R}$	
顶圆锥角	δ_a	$\delta_{a1}=\delta_1+\theta_{a1}$	$\delta_{a2}=\delta_2+\theta_{a2}$
根圆锥角	δ_f	$\delta_{f1}=\delta_1-\theta_f$	$\delta_{f2}=\delta_2-\theta_f$

注：当 $m<1 \text{ mm}, h_a^*=1, c^*=0.25$。表中 δ_a、δ_f、θ_a 的值是按收缩顶隙传动计算的。

10.11 蜗杆传动

10.11.1 蜗杆蜗轮的形成

1. 蜗杆蜗轮的形成

蜗杆蜗轮机构(worm and worm wheel mechanism)是由交错轴斜齿圆柱齿轮机构演化而来。其特殊之处在于交错角 $\Sigma = 90°$，且 β_1、β_2 旋向相同，在交错轴斜齿圆柱齿轮机构中，若

(1) 小齿轮 1 的螺旋角 β_1 很大，其分度圆直径 d_1 很小，其轴向长度 b_1 较长，齿数 z_1 很少($z_1 = 1 \sim 4$)，则每个轮齿在分度圆柱面上能缠绕一周以上，外形很像一根螺杆，称为蜗杆，齿数 z_1 称为蜗杆的头数。

(2) 大齿轮 2 的 β_2 较小，分度圆柱的直径 d_2 很大，轴向长度 b_2 较短，齿数 z_2 很多，它实际上是一个斜齿轮，称为蜗轮，如图 10.37 所示。

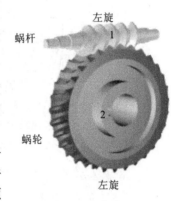

图 10.37 蜗轮蜗杆传动

为改善原交错轴斜齿圆柱齿轮机构点接触的啮合状况，将蜗轮分度圆柱面的母线改为圆弧形，使之将蜗杆部分地包住，并用与蜗杆形状和参数相同的滚刀(外径稍大于蜗杆以加工出顶隙)范成加工蜗轮，并保持蜗轮蜗杆啮合时的中心距与传动关系，这样加工的蜗轮与蜗杆啮合传动时，齿廓间为线接触，可传递较大的动力。

2. 特点

(1) 蜗杆蜗轮机构是一种特殊的交错轴斜齿圆柱齿轮机构，特殊在交错角 $\Sigma = 90°$、z_1 很少($z_1 = 1 \sim 4$)。

(2) 蜗杆蜗轮机构具有螺旋机构的某些特点，蜗杆相当于螺杆，也有左右旋及单头、多头之分；蜗轮相当于螺母，蜗轮部分地包容蜗杆。

(3) 蜗轮的螺旋角等于蜗杆的导程角，即 $\gamma_1 = \beta_2$。

3. 蜗杆蜗轮机构的分类

根据蜗杆形状的不同，可将蜗杆蜗轮机构分成 3 类：圆柱蜗杆机构(见图 10.38(a))、环面蜗杆机构(见图 10.38(b))、锥蜗杆机构(见图 10.38(c))。本章重点介绍端面齿形为阿基米德螺旋线的阿基米德蜗杆组成的圆柱蜗杆蜗轮机构。

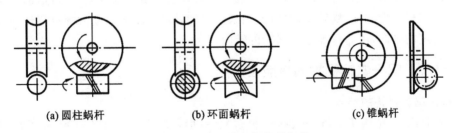

图 10.38 常见的蜗杆蜗轮机构

10.11.2 蜗杆蜗轮机构的啮合传动

1. 正确啮合条件

过蜗杆轴线、垂直蜗轮轴线的平面称为蜗杆传动的中间平面。由图 10.39 可以看出,在该平面内蜗杆蜗轮的啮合传动相当于齿轮与齿条的啮合传动,故在中间平面内其正确啮合条件为蜗杆的轴向模数 m_{x1} 与轴向压力角 α_{x1} 应分别等于蜗轮的端面模数 m_{t2} 与端面压力角 α_{t2},即

$$\left.\begin{array}{l} m_{x1}=m_{t2}=m \\ \alpha_{x1}=\alpha_{t2}=\alpha \end{array}\right\} \tag{10.48}$$

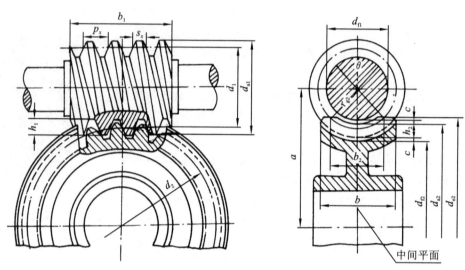

图 10.39 蜗杆蜗轮机构结构

当交错角 $\Sigma=90°$ 时,由于蜗杆螺旋线的导程角 $\gamma_1=90°-\beta_1$,而 $\Sigma=\beta_1+\beta_2=90°$,故还必须满足 $\gamma_1=\beta_2$,即蜗杆的导程角与蜗轮的螺旋角大小相等且旋向相同。

蜗杆蜗轮传动的中心距还必须等于用蜗杆滚刀范成加工蜗轮时的中心距。

2. 传动比

由于蜗杆蜗轮机构是由交错角 $\Sigma=90°$ 的交错轴斜齿圆柱齿轮机构演化而来的,故其传动比

$$i_{12}=\frac{\omega_1}{\omega_2}=\frac{z_2}{z_1}=\frac{d_2\cos\beta_2}{d_1\cos\beta_1}=\frac{d_2\cos\gamma_1}{d_1\sin\gamma_1}=\frac{d_2}{d_1\tan\gamma_1} \tag{10.49}$$

至于蜗杆蜗轮的运动方向,既可按交错轴斜齿圆柱齿轮机构来判断,也可借助于螺杆螺母来确定。把蜗杆看做螺杆,蜗轮看做螺母,当螺杆只能转动而不能移动时螺母移动的方向即为蜗轮圆周速度的方向,由此可确定出蜗轮的转向。

10.11.3 蜗杆蜗轮机构的特点及应用

1. 蜗杆蜗轮机构的特点

(1) 传动比大,结构紧凑(z_1 很少,z_2 很多)。一般情况下 $i_{12}=10\sim100$;在不传递动力的分度机构中,i_{12} 可达 500 以上。

(2) 传动平稳,无噪音。因其啮合时为线接触,且兼有螺旋机构的特点。

(3) 具有反向自锁性。当蜗杆导程角小于啮合轮齿间的当量摩擦角时,即 $\gamma_1<\rho_v$ 时自锁,

此时只能蜗杆主动,不能蜗轮主动。

(4) 传动效率低,磨损较严重。由于轮齿间相对滑动速度大,故摩擦损耗大,效率低,一般为70%～80%,具有自锁性的蜗杆传动效率小于50%,易出现发热及温升过高现象,且磨损很严重。为保证一定的使用寿命,蜗轮常采用价格昂贵的减磨材料(如锡青铜),成本较高。

(5) 蜗杆轴向力较大,使轴承的摩擦损失较大。

2. 蜗杆蜗轮机构的应用

常用于两轴交错、传动比较大、传递功率不太大或间歇工作的场合。当要求传递较大功率时,为提高传动效率,常取$z_1=2\sim4$。当γ_1较小时机构具有自锁性,常用在卷扬机等起重机械中起安全保护作用。

10.11.4 蜗杆蜗轮机构的传动设计

1. 基本参数

1) 模数m

蜗杆模数系列与齿轮模数系列有所不同,设计时可查表10.8。

表10.8 蜗杆模数系列(摘自GB 10088—1988)　　　　　　　　　　(mm)

第一系列	1	1.25	1.6	2	2.5	3.15	4	5	6.3	8	10	12.5	16	20	25	31.5	40
第二系列		1.5	3		3.5	4.5	5.5	6	7	12	14						

2) 压力角α

国标GB 10088—1988中规定,阿基米德蜗杆的压力角$\alpha=20°$。在动力传动中,允许增大压力角,推荐使用$\alpha=25°$。在分度机构中,允许减小压力角,推荐使用$\alpha=15°$或$12°$。

3) 导程角γ_1

蜗杆的成形原理与螺杆相同,其导程角γ_1由下式得出:

$$\tan\gamma_1=\frac{p_z}{\pi d_1}=\frac{z_1\pi m}{\pi d_1}=\frac{z_1 m}{d_1}=\frac{z_1}{d_1/m} \tag{10.50}$$

式中:p_z——螺旋线导程,$p_z=z_1 p_x=z_1\pi m$;

d_1——蜗杆分度圆直径。

4) 蜗杆的头数和蜗轮的齿数

z_1一般取1～10,推荐取$z_1=1,2,4,6$。要求传动比大或反行程具有自锁性时z_1取小值;当要求较高的传动效率或传动速度时,z_1取大值。z_2可根据传动比及z_1确定,对动力传动,推荐$z_2=29\sim70$。

5) 蜗杆的直径系数q

在用滚刀范成加工蜗轮时,滚刀的分度圆直径必须与工作蜗杆的分度圆直径相同。为减少滚刀数量和便于滚刀标准化,国标规定,对于每一个标准模数,只有1～4种标准的蜗杆分度圆直径,不得任意选取,并把蜗杆分度圆直径d_1与模数m的比值称为蜗杆直径系数,即

$$q=\frac{d_1}{m}=\frac{z_1}{\tan\gamma_1} \tag{10.51}$$

当m一定时,q大则d_1大,蜗杆的强度和刚度相应增大;当z_1一定时,q小则导程角γ_1大,可提高传动效率。

模数m、头数z_1与蜗杆分度圆直径d_1的匹配关系见表10.9。

表 10.9　蜗杆的基本参数（摘自 GB 10088—1988）

m	z_1	d_1	m	z_1	d_1	m	z_1	d_1	m	z_1	d_1
1	1	18	3.15	1,2,4	(28)	6.3	1,2,4	(50)	12.5	1,2,4	(90)
1.25	1	16			(35.5)			63			112
		22.4			(45)			(83)			(140)
1.6	1,2,4	20	4	1	56	8	1	112	16	1	200
	1	28			(31.5)			(63)			(112)
2	1,2,4	18		1,2,4	40		1,2,4	80		1,2,4	140
		22.4			(50)			(100)			(180)
	1	(28)		1	75		1	140		1	250
2.5	1	35.5	4	1,2,4	(40)	10	1,2,4	71	20	1,2,4	(140)
	1,2,4	(22.4)			50			90			160
		28			(63)			(112)			(224)
		(35.5)		1	90		1	160		1	315
	1	45									

注：模数的单位为 mm，括号内的数尽量不用。

2. 几何尺寸计算

（1）蜗杆与蜗轮的分度圆直径　$d_1=qm$，$d_2=mz_2$。

（2）中心距　$a=\frac{1}{2}(d_1+d_2)=\frac{m}{2}(q+z_2)$。

（3）顶隙系数　$c^*=0.2$。

（4）其他几何尺寸　计算公式与直齿轮相同。

为凑配中心距或提高承载能力和传动效率，蜗杆蜗轮机构也可以采用变位修正。但由于 d_1 已标准化，蜗杆是不变位的，只对蜗轮进行变位。

*10.12　其他齿轮传动简介

10.12.1　圆弧齿轮传动简介

圆弧齿轮（circular-arc gear）的齿廓不是渐开线，其端面和法面齿廓都为圆弧，小齿轮的齿廓为凸圆弧，大齿轮的齿廓为凹圆弧（见图 10.40(a)），这种齿轮的轮齿必须为斜齿。

圆弧齿轮传动作为一种新型齿轮传动形式，具有齿形参数设计灵活、承载能力高（在相同尺寸和材料的情况下，约为渐开线齿轮的 1.5～2 倍）、使用寿命长、传动效率高、制造工艺简单、生产成本低（对齿形制造误差和变形影响不敏感）等特点。在加工同一模数的凸凹轮齿时各用一把滚刀（一把凸齿刀，一把凹齿刀），不存在根切问题，齿轮的径向尺寸可以更小。但这种齿轮是点啮合传动，必须经过跑合与承载变形后成为局部面接触才具有较高的承载能力和较长的使用寿命。且其端面齿廓属于非共轭齿廓，中心距变动误差和切齿深度误差会影响齿面的接触点位置，将显著降低承载能力，在加工和安装时，应严格保证切齿深度和中心距的安装精度要求。

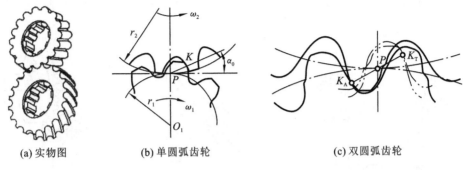

(a) 实物图　　(b) 单圆弧齿轮　　(c) 双圆弧齿轮

图 10.40　圆弧齿轮传动

圆弧齿轮传动分为单圆弧齿轮传动(见图 10.40(b))和双圆弧齿轮传动(见图 10.40(c))两种。单圆弧齿轮传动中只有一对齿廓曲线参与啮合,在同一轮齿上只有一条接触迹线;当齿廓由上半部为凸弧、下半部为凹弧的曲线构成双圆弧时,可以将其看成是由单圆弧齿轮的凸、凹齿廓组合在一个轮齿上形成的,齿顶的齿廓为凸齿,齿根的齿廓为凹齿。在啮合过程中,同一轮齿上存在两条接触迹线,同时参与啮合的点数较单圆弧齿轮传动增加一倍,承载能力大大提高。且由于大小齿轮齿形相同,可以用一把滚刀进行加工,但该滚刀的齿廓形状比加工渐开线齿轮的滚刀的直齿廓复杂得多,制造困难,使圆弧齿轮的使用受到了限制。

目前,圆弧齿轮传动已在我国的石油、冶金、矿山、建材、起重机械、通用减速器等低速重载行业和化工、涡轮压缩机、制氧、鼓风机等高速机械行业中得到了较广泛的应用。

10.12.2　摆线齿轮及钟表齿轮传动简介

在仪表和钟表传动中,尤其是在增速传动时,也常采用摆线齿轮(cycloid gear)传动,其齿廓由内外摆线组成,如图 10.41 所示。这种齿轮传动效率高(尤其在增速时)、不产生根切的最少齿数少($z_{min}=6$),但传动精度低,对中心距误差较敏感,加工困难,一般用在要求不高的齿轮传动中。

为便于制造,常用圆弧代替摆线,图 10.42 所示的就是三种用圆弧代替摆线后制造的小齿轮齿廓齿形,它们常用于钟表中,因此又称其为钟表齿轮(horologe gear)。

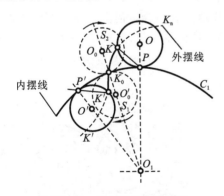

图 10.41　摆线齿轮齿廓曲线

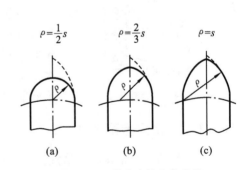

图 10.42　钟表齿轮齿廓曲线

10.12.3　简易啮合齿轮传动

图 10.43 所示是一些工业上常用的简易齿轮传动,一般用冲压或注塑成形,制造方便,成

本较低。但精度较低,承载能力有限,常用于受力不大、传动精度要求较低的场合,如玩具、廉价钟表等。

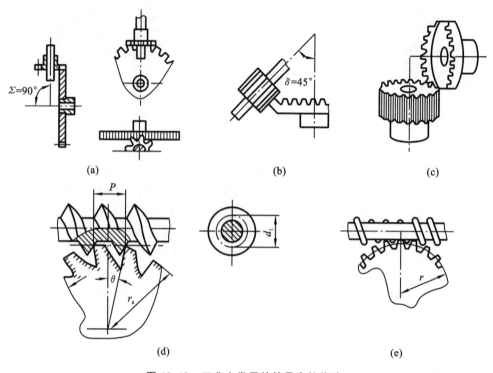

图 10.43　工业上常用的简易齿轮传动

10.12.4　面齿轮传动

面齿轮传动(face gear drive)是一种圆柱齿轮与圆锥齿轮啮合的传动,如图 10.44 所示。其中,齿轮 1 为渐开线直齿圆柱齿轮,齿轮 2 为圆锥齿轮,两轮轴线的夹角为 Σ。当 $\Sigma = 90°$ 时,圆锥齿轮的轮齿将分布在一个圆平面上而成为面齿轮,统称为面齿轮传动。

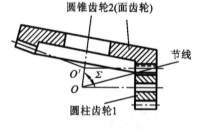

图 10.44　面齿轮传动

这种传动方式具有承载能力高、重量轻、振动小、噪音低等优点,常用在高速重载场合。但由于加工面齿轮的刀具应与实际啮合的圆柱齿轮一致,从理论上讲加工面齿轮的刀具有无穷多。另外,受根切和齿顶变尖的限制,面齿轮的齿宽不能太宽,这限制了面齿轮的承载能力。

10.12.5　球面齿轮传动

球面齿轮传动靠分布在两个节球面上的凸齿与凹齿的相互接触来传递运动,如图10.45所示。

这种传动具有两个自由度,可以传递二维回转运动,两个球面齿轮沿任何方向都能进入啮合状态,即两节球可以实现任意方向的纯滚动,传动形式灵活,常用做仿生

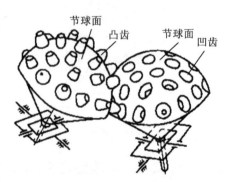

图 10.45　球面齿轮传动

机械中的关节机构,如著名的 Trallfa 喷漆机器人柔性手腕机构。但在球面齿轮啮合的过程中,两轮齿齿廓始终是点接触,承载能力低;球面齿轮的齿廓分布在球面上,加工难度大。

10.12.6　永磁齿轮传动

永磁齿轮传动是利用磁力传动,以磁场耦合方式传递运动,其传动原理如图 10.46 所示。由于不需要加工轮齿,只需要加工一圆柱体,故加工很容易;而且它是非接触传动,无须润滑,因而传动平稳清洁,无摩擦损耗无油污;这种传动形式启动力矩低,且有过载保护作用,不需要特殊的维修。但其传动扭矩较小,易锈蚀,目前在机器人、医疗器械、仪器仪表、食品加工设备等领域中有应用。

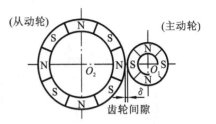

图 10.46　永磁齿轮传动

思考题及练习题

10.1　齿轮传动要匀速、连续、平稳进行必须满足什么条件?

10.2　渐开线有哪些重要性质? 一对渐开线齿廓相啮合的啮合特性是什么?

10.3　齿距的定义是什么? 何谓模数? 为什么要规定模数的标准值? 在直齿圆柱齿轮、斜齿圆柱齿轮、蜗杆蜗轮和直齿圆锥齿轮上,何处的模数是标准值?

10.4　渐开线直齿圆柱齿轮的基本参数有哪几个? 哪些是有标准的,其标准值为多少?

10.5　分度圆与节圆有什么区别? 在什么情况下节圆与分度圆重合?

10.6　啮合线是一条什么线? 啮合角与压力角有什么区别? 什么情况下两者相等?

10.7　渐开线直齿圆柱齿轮机构需满足哪些条件才能相互啮合正常运转?

10.8　一对渐开线外啮合直齿圆柱齿轮机构的实际中心距大于标准中心距,其传动比是否变化? 节圆与啮合角是否变化? 这一对齿轮能否正确啮合? 重合度是否有变化?

10.9　重合度的物理意义是什么? 有哪些参数会影响重合度,这些参数的增加会使重合度增大还是减小?

10.10　何谓齿廓的根切现象? 根切的原因是什么? 根切有何危害? 如何避免根切?

10.11　为什么齿轮要进行变位修正? 正传动类型中的齿轮是否一定都是正变位齿轮? 负传动类型中的齿轮是否一定都是负变位齿轮?

10.12　平行轴斜齿圆柱齿轮机构的基本参数有哪些? 为什么其标准参数要规定在法面上而其几何尺寸却要在端面进行计算?

10.13　斜齿轮传动具有哪些优点? 可用哪些方法来调整斜齿轮传动的中心距?

10.14　平行轴和交错轴斜齿轮传动有哪些异同点?

10.15　何为蜗杆蜗轮机构的中间平面? 在中间平面内,蜗杆蜗轮机构相当于什么传动? 蜗杆传动可用于增速吗?

10.16　平行轴斜齿圆柱齿轮机构、蜗杆蜗轮机构和直齿圆锥齿轮机构的正确啮合条件与直齿圆柱齿轮机构的正确啮合条件相比较有何异同?

10.17　何谓斜齿圆柱齿轮的当量齿轮和当量齿数? 当量齿数有什么用途?

10.18　什么是直齿锥齿轮的背锥和当量齿轮? 一对锥齿轮的大端模数和压力角分别相等是不是其能正确啮合的充要条件?

10.19 试确定图示传动中蜗轮的转向及题 10.19 图(b)所示传动中蜗轮蜗杆的螺旋线旋向。

10.20 如图所示 C、C'、C'' 为同一基圆所生成的几条渐开线,试证明其任意两条渐开线(无论同向还是反向)沿公法线方向对应两点之间的距离处处相等。

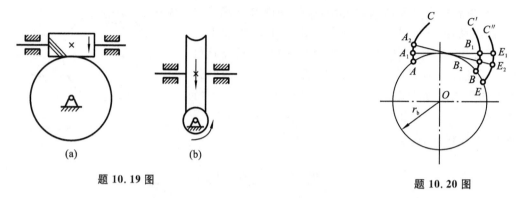

题 10.19 图   题 10.20 图

10.21 已知一对直齿圆柱齿轮的中心距 $a=320$ mm,两轮基圆直径 $d_{b1}=187.94$ mm,$d_{b2}=375.88$ mm,试求两轮的节圆半径 r_1'、r_2'、啮合角 α'。若将中心距加大 2 mm,传动比、节圆半径是否变化?

10.22 设一对渐开线外啮合直齿圆柱齿轮,其 $m=10$ mm,$\alpha=20°$,$h_a^*=1$,$z_1=28$、$z_2=38$,试求当中心距 $a'=340$ mm 时,两轮的啮合角 α'。又当 $\alpha'=22.5°$时,中心距 a' 又为多少?

10.23 当 $a=200$ mm,$h_a^*=1$ 的渐开线标准外齿轮的齿根圆和基圆重合时,其齿数应为多少?当齿数大于所求出的数值时,基圆与齿根圆哪个大,为什么?

10.24 一对渐开线外啮合标准直齿圆柱齿轮机构,已知模数 $m=10$ mm,压力角 $\alpha=20°$,齿数 $z_1=26$,$z_2=87$,试计算这对齿轮的传动比、标准中心距、分度圆直径、基圆直径、齿顶圆直径、齿根圆直径、齿厚、齿槽宽。

10.25 已知一对渐开线外啮合标准直齿圆柱齿轮,$\alpha=20°$、$h_a^*=1$、$c^*=0.25$,$m=4$ mm,$z_1=18$、$z_2=54$,试求:

(1) 两轮的分度圆、齿顶圆、齿根圆及基圆直径;

(2) 该对齿轮按 145 mm 中心距安装时两轮的节圆半径及啮合角;

(3) 按中心距 145 mm 安装时,这对齿轮能否实现无侧隙啮合传动? 请说明理由。

10.26 已知一对渐开线外啮合标准直齿圆柱齿轮机构,$m=5$ mm,压力角 $\alpha=20°$,齿顶高系数 $h_a^*=1$,顶隙系数 $c^*=0.25$,齿数 $z_1=19$,$z_2=42$,试求:

(1) 两轮的几何尺寸,标准中心距 a,以及重合度 ε_α;

(2) 用长度比例尺 $\mu_l=0.002$ m/mm 作出理论啮合线 N_1N_2,实际啮合线 B_2B_1,并标出一对齿啮合区和两对齿啮合区。

10.27 用齿条插刀按范成法加工一渐开线齿轮,其基本参数为:$h_a^*=1$、$c^*=0.25$、压力角 $\alpha=20°$、模数 $m=4$ mm。若刀具的移动速度 $v=0.001$ m/s,试求:

(1) 切制齿数 $z=12$ 的标准齿轮时,刀具分度线与轮坯中心的距离 L 应为多少? 被切齿轮的转速 n 应为多少?

(2) 为避免发生根切,切制齿数 $z=12$ 的变位齿轮时,其最小变位系数 x_{min} 应为多少? 此时的 L 应为多少?

10.28　一对变位齿轮,已知:模数 $m=3$ mm,压力角 $\alpha=20°$,$h_a^*=1$,$c^*=0.25$,两轴中心距为 121.5 mm,两轮齿数 $z_1=z_2=40$,轮 2 的变位系数 $x_2=0$,两轮按标准顶隙及无侧隙啮合,试确定轮 1 的变位系数 x_1,以及两轮的齿根圆半径、齿顶圆半径和全齿高。

10.29　设有一对外啮合直齿圆柱齿轮,已知:齿数 $z_1=z_2=12$,模数 $m=10$ mm,压力角 $\alpha=20°$,$h_a^*=1$,$c^*=0.25$,中心距 $a'=130$ mm,试确定这对齿轮的啮合角 α',两轮的最小变位系数 x_{min},并说明该对齿轮属于什么传动类型?

10.30　设计一对标准外啮合平行轴斜齿圆柱齿轮机构。其基本参数为:$z_1=21$,$z_2=51$,$m_n=4$ mm,$\alpha_n=20°$,$h_{an}^*=1$,$c_n^*=0.25$,$\beta=20°$,齿宽 $b=30$ mm,试求:

(1) 法面齿距 p_n 和端面齿距 p_t;

(2) 当量齿数 z_{v1} 和 z_{v2};

(3) 中心距 a;

(4) 重合度 $\varepsilon=\varepsilon_t+\varepsilon_\beta$。

10.31　一对渐开线标准平行轴外啮合斜齿圆柱齿轮机构,其齿数 $z_1=23$,$z_2=53$,$m_n=6$ mm,$\alpha_n=20°$,$h_{an}^*=1$,$c_n^*=0.25$,中心距 $a=236$ mm,齿宽 $b=25$ mm,试求:

(1) 分度圆螺旋角 β 和两轮分度圆直径 d_1、d_2;

(2) 两轮齿顶圆直径 d_{a1}、d_{a2},齿根圆直径 d_{f1}、d_{f2} 和基圆直径 d_{b1}、d_{b2};

(3) 当量齿数 z_{v1} 和 z_{v2};

(4) 重合度 $\varepsilon=\varepsilon_t+\varepsilon_\beta$。

10.32　一对直齿圆锥齿轮,已知:$z_1=15$,$z_2=30$,$m=5$ mm,$h_{an}^*=1$,$c_n^*=0.25$,$\Sigma=90°$,试确定这对圆锥齿轮的分度圆直径、齿顶圆直径、齿根圆直径、分度圆锥角和锥距。

10.33　一对标准直齿圆锥齿轮传动,试问:

(1) 当 $z_1=14$,$z_2=30$,$\Sigma=90°$,小齿轮是否会发生根切?

(2) 当 $z_1=14$,$z_2=20$,$\Sigma=90°$,小齿轮是否会发生根切?

第 11 章 轮系及其设计

11.1 轮系及其类型

一对齿轮组成的传动机构是齿轮传动中最简单的形式,但常常无法满足一些特殊需求。在日常生活、生产设备、交通工具及航空航天等领域,为了满足变速、换向和大功率传动等不同的工作要求,常采用一系列彼此啮合的齿轮组成齿轮传动机构。这种由两对及其以上的齿轮组成的传动系统称为齿轮系,简称轮系(gear train)。

轮系既可以是平面齿轮机构,也可以是空间齿轮机构。根据各个齿轮几何轴线在空间相对位置是否固定,可将轮系分为定轴轮系(fixed axis gear train)、周转轮系(epicyclic gear train)及混合轮系(compound planetary train)三种类型。

11.1.1 定轴轮系

组成轮系的各个齿轮在运转时,其几何轴线相对机架的位置都固定不动的轮系称为定轴轮系。根据组成轮系的齿轮轴线是否平行,定轴轮系又可分为平面定轴轮系和空间定轴轮系。

1. 平面定轴轮系

若组成轮系的所有齿轮都在相互平行的平面内运动,即轮系中所有齿轮轴线均相互平行(均为圆柱齿轮),则称为平面定轴轮系,如图 11.1 所示。

2. 空间定轴轮系

若组成轮系的齿轮不全部在相互平行的平面内运动,即包含非平行轴传动的齿轮(如圆锥齿轮、蜗杆蜗轮),其各轮的运动必为空间运动,则这样的定轴轮系称为空间定轴轮系,如图 11.2 所示。

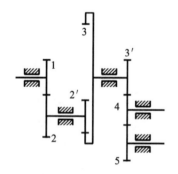

图 11.1 平面定轴轮系

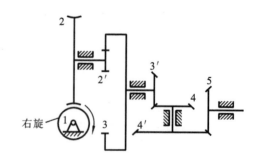

图 11.2 空间定轴轮系

11.1.2 周转轮系

如果在轮系运转过程中,至少有一个或几个齿轮的轴线不固定,而是绕着其他齿轮的固定轴线回转,这样的轮系称为周转轮系,如图 11.3 所示。在此轮系中,齿轮 2 一方面绕着自己的

回转轴线 O_1O_1 自转,另一方面又在构件 H 的带动下绕固定轴线 OO 回转(公转),其轴线位置在轮系运转过程中始终处于变动状态,称为行星轮(planetary gear);支持行星轮的构件 H 称为系杆(或行星架、转臂,planet carrier);与行星轮直接啮合且回转轴线固定的齿轮 1 和齿轮 3 称为中心轮(或太阳轮,sun gear)。外力矩通常由轴线固定的系杆或中心轮传递,即一般以中心轮和系杆为运动输入和输出构件,故又称它们为周转轮系的基本构件(basic link)。基本构件都是绕着同一轴线回转的,即系杆 H 的回转轴线必须与中心轮 1 和中心轮 3 的轴线重合。

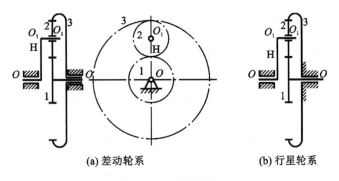

(a) 差动轮系　　(b) 行星轮系

图 11.3　周转轮系

根据其具有的自由度数目不同,周转轮系可分为行星轮系(planetary gear train)和差动轮系(differential gear train)两种类型。

1. 差动轮系

如图 11.3(a)所示,轮系中的中心轮 1 和中心轮 3 都是活动的,该机构的自由度为 2,即需要给定两个构件以独立的运动规律,轮系的运动才能完全确定。这种两个中心轮都不固定、自由度为 2 的周转轮系称为差动轮系。

2. 行星轮系

若将轮系中的一个中心轮加以固定,如图 11.3(b)所示,则轮系的自由度为 1,只需给定一个构件独立的运动规律,轮系的运动就可完全确定。这种一个中心轮固定、自由度为 1 的周转轮系称为行星轮系。

此外,周转轮系还常根据基本构件的不同来分类。以 K 表示中心轮,以 H 表示系杆,如图 11.3 所示的为 2K-H 型周转轮系,而图 11.4 所示的为 3K 型周转轮系,其系杆 H 仅起支撑行星轮 2-2′的作用,不传递外力矩,因此不作为基本构件。实际机械中,最常采用的是 2K-H 型周转轮系。

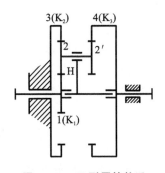

图 11.4　3K 型周转轮系

11.1.3　混合轮系

实际机构中,大多数轮系不是由单纯的定轴轮系或周转轮系组成,而经常是由定轴轮系和周转轮系(见图 11.5(a)),或者由两个以上的系杆速度不同的周转轮系组成(见图 11.5(b)),这样的轮系称为混合轮系。

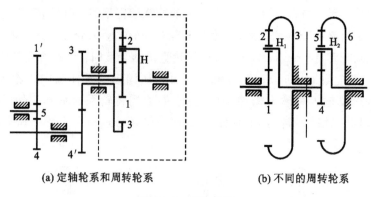

(a) 定轴轮系和周转轮系　　(b) 不同的周转轮系

图 11.5　混合轮系

11.2　定轴轮系的传动比

定轴轮系的传动比是指定轴轮系运动时其输入轴与输出轴的角速度或转速之比,既要求出传动比数值的大小,也要确定出输入与输出轴的转向关系。

11.2.1　传动比大小的计算

图 11.1 所示为一定轴轮系,设齿轮 1 为主动轮,齿轮 5 为从动轮。已知各轮的齿数分别为 z_1、z_2、$z_{2'}$、z_3、$z_{3'}$、z_4、z_5,各轮的角速度分别为 ω_1、ω_2、ω_3、ω_4、ω_5(z_2 和 $z_{2'}$、z_3 和 $z_{3'}$ 固定在同一轴上,速度相同),由轮系传动比的定义,则该轮系的传动比可表示为

$$i_{15} = \frac{\omega_1}{\omega_5} = \frac{n_1}{n_5} \tag{11.1}$$

根据第 10 章内容,相互啮合的一对齿轮传动比大小与齿数成反比,可以列出此轮系中各对齿轮的传动比大小为

$$i_{12} = \frac{\omega_1}{\omega_2} = \frac{z_2}{z_1}$$

$$i_{2'3} = \frac{\omega_{2'}}{\omega_3} = \frac{\omega_2}{\omega_3} = \frac{z_3}{z_{2'}}$$

$$i_{3'4} = \frac{\omega_{3'}}{\omega_4} = \frac{\omega_3}{\omega_4} = \frac{z_4}{z_{3'}}$$

$$i_{45} = \frac{\omega_4}{\omega_5} = \frac{z_5}{z_4}$$

将以上各式连乘可得

$$i_{12} i_{2'3} i_{3'4} i_{45} = \frac{\omega_1}{\omega_2} \frac{\omega_2}{\omega_3} \frac{\omega_3}{\omega_4} \frac{\omega_4}{\omega_5} = \frac{\omega_1}{\omega_5} = \frac{z_2}{z_1} \frac{z_3}{z_{2'}} \frac{z_4}{z_{3'}} \frac{z_5}{z_4}$$

即

$$i_{15} = \frac{\omega_1}{\omega_5} = i_{12} i_{2'3} i_{3'4} i_{45} = \frac{z_2}{z_1} \frac{z_3}{z_{2'}} \frac{z_4}{z_{3'}} \frac{z_5}{z_4}$$

同理可以证明,当定轴轮系齿轮 1 的轴为输入轴,齿轮 n 的轴为输出轴时,两轴之间的传动比为

$$i_{1n} = \frac{\omega_1}{\omega_n} = \frac{\text{首轮 1 至末轮 } n \text{ 之间所有对齿轮从动轮的齿数乘积}}{\text{首轮 1 至末轮 } n \text{ 之间所有对齿轮主动轮的齿数乘积}} \tag{11.2}$$

$$= i_{12} \times i_{23} \times \cdots \times i_{(n-1)n}$$

由式(11.2)可知，定轴轮系的传动比可以利用轮系中首轮与末轮之间的各个齿轮的齿数计算求得，也可以通过组成轮系的各对齿轮传动比的连乘积计算求得。

图 11.1 所示的定轴轮系中，齿轮 4 同时与齿轮 3′ 和齿轮 5 相啮合，因此其齿数同时在分子与分母中各出现一次，可以约去，其齿数多少并不影响传动比的大小，它的存在仅仅用来改变齿轮 5 的转向，这样的齿轮称为惰轮（或过桥齿轮）。

将式(11.2)推广到一般情况，任意两个齿轮 g 与齿轮 k 之间的传动比 i_{gk} 可以表示为

$$i_{gk} = \frac{\omega_g}{\omega_k} = \frac{\text{齿轮 } g \text{ 至齿轮 } k \text{ 之间所有对齿轮从动轮的齿数乘积}}{\text{齿轮 } g \text{ 至齿轮 } k \text{ 之间所有对齿轮主动轮的齿数乘积}} \quad (11.3)$$

$$= i_{g(g+1)} \times i_{(g+1)(g+2)} \times \cdots \times i_{(k-1)k}$$

$$= \frac{1}{i_{kg}}$$

定轴轮系中任意两个齿轮之间的传动比等于这两个齿轮之间各对齿轮的从动轮齿数连乘积与主动轮齿数连乘积之比，也等于这两个齿轮之间的各对齿轮传动比的连乘积。

若 $i_{gk} > 1$，则 $\omega_g > \omega_k$，从齿轮 g 与到齿轮 k 轮系减速传动，反之则轮系做增速传动。

11.2.2 主、从动轮转向关系的确定

1. 各齿轮几何轴线均互相平行

这种定轴轮系中，所有齿轮均为直齿或斜齿圆柱齿轮。

由于一对内啮合圆柱齿轮转向相同，用"＋"表示其转向关系；而一对外啮合齿轮的转向相反，用"－"表示其转向关系。故每经过一次外啮合就改变一次方向，所以可以用 $(-1)^m$ 来表示主、从动轮的转向关系，m 为外啮合的对数。

图 11.1 所示平面定轴轮系的传动比即可表示为

$$i_{15} = \frac{\omega_1}{\omega_5} = (-1)^m \frac{z_2 z_3 z_4 z_5}{z_1 z_{2'} z_{3'} z_4} = (-1)^3 \frac{z_2 z_3 z_4 z_5}{z_1 z_{2'} z_{3'} z_4} = -\frac{z_2 z_3 z_4 z_5}{z_1 z_{2'} z_{3'} z_4}$$

2. 各齿轮几何轴线不都平行，但首轮、末轮几何轴线平行

当轮系中首末两轮的轴线平行，但其中间存在着空间齿轮（如圆锥齿轮、蜗杆蜗轮、螺旋齿轮等），如图 11.6 所示，这时可在机构运动简图上用箭头标注各轮的转向（其指向表示齿轮可见侧的速度方向），若首末两轮箭头方向相同则取"＋"号，相反取"－"号。首末轮传动比数值的计算仍可按式(11.2)进行。

由于首末两轮的几何轴线依然平行，故仍可用正、负号来表示两轮之间的转向关系：两者转向相同时，在传动比计算结果中标以正号；两者转向相反时，在传动比计算结果中标以负号。需要特别注意的是，这里所说的正负号是用在图上画箭头的方法来确定的，而与 $(-1)^m$ 无关。

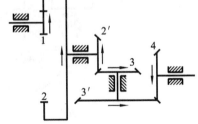

图 11.6 定轴轮系中从动轮的转向判断（首末轮轴线平行）

图 11.6 中首末轮转向相反，所以

$$i_{14} = \frac{\omega_1}{\omega_4} = -\frac{z_2 z_3 z_4}{z_1 z_{2'} z_{3'}}$$

3. 首轮、末轮几何轴线不平行

图 11.2 所示轮系中，主动轮 1（蜗杆）与从动轮 5（锥齿轮）的几何轴线不平行，分别在不同

的平面内转动,根本谈不上转向是相同还是相反,它们的转向关系不能用正、负号来表示,只能在机构运动简图上用箭头来标注,如图 11.7 所示。首末轮传动比数值仍然按式(11.2)进行计算。

图 11.7 中,齿轮 5 的转向如图 11.7 所示,齿轮 1、5 的传动比为

$$i_{15}=\frac{\omega_1}{\omega_5}=i_{12}i_{2'3}i_{3'4}i_{4'5}=\frac{z_2}{z_1}\frac{z_3}{z_{2'}}\frac{z_4}{z_{3'}}\frac{z_5}{z_{4'}}$$

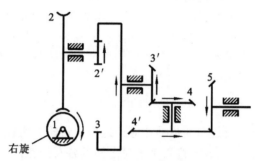

图 11.7 定轴轮系中从动轮转方向判断(首末轮轴线不平行)

无论哪种情况,对最末从动轮转向的确定,均可用画转向箭头的方法,循着运动传递路线,从首级主动轮开始依次画到最末轮来确定。一对互相啮合的齿轮,其节点处的圆周速度是相同的:对外啮合圆柱齿轮传动和圆锥齿轮传动而言,代表转向的箭头不是同时指向节点,就是同时背离节点;对内啮合圆柱齿轮,两轮转向箭头同向;对蜗杆蜗轮传动,可根据两轮在节点处的速度三角形来判断,或用左、右手准则来判断其相对转动方向。

例 11.1 如图 11.8(a)所示的轮系,已知 $z_1=15, z_2=25, z_{2'}=15, z_3=30, z_{3'}=15, z_4=30, z_{4'}=2, z_5=60, z_{5'}=20, m=4$ mm,若 $n_1=500$ r/min,求齿条 6 的线速度 v_6 的大小和方向。

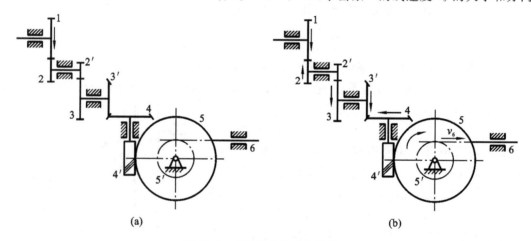

图 11.8 定轴轮系传动比计算 1

解

$$i_{15}=\frac{n_1}{n_5}=\frac{z_2 z_3 z_4 z_5}{z_1 z_{2'} z_{3'} z_{4'}}=\frac{25\times 30\times 30\times 60}{15\times 15\times 15\times 2}=200$$

$$n_5=\frac{n_1}{i_{15}}=\frac{500}{200}=2.5 \text{ r/min}$$

$$v_6=\frac{\pi d_{5'} n_5}{60\times 1000}=\frac{\pi m z_{5'} n_5}{60\times 1000}=0.0105 \text{ m/s}$$

v_6 的方向如图 11.8(b)箭头所示。

例 11.2 在图 11.9(a)所示轮系中,已知:蜗杆为单头且右旋,转速 $n_1=1440$ r/min,转动方向如图所示,其余各轮齿数为:$z_2=50, z_{2'}=25, z_3=30, z_{3'}=18, z_4=54$,试求齿轮 4 的转速大小并在图中标出其转动方向。

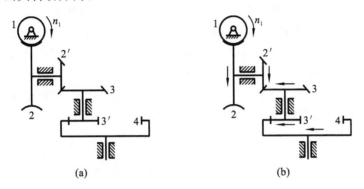

图 11.9 定轴轮系传动比计算 2

解 (1) 齿轮 4 转速大小的确定

由

$$i_{41}=\frac{n_4}{n_1}=\frac{z_1 z_{2'} z_{3'}}{z_2 z_3 z_4}$$

故

$$n_4=\frac{z_1 z_{2'} z_{3'} n_1}{z_2 z_3 z_4}=\frac{1\times 25\times 18}{50\times 30\times 54}\times 1440 \text{ r/min}=8 \text{ r/min}$$

(2) 蜗杆传动可用左右手定则判断蜗轮转向为"↓"。然后用画箭头方法判定出 n_4 转向为"←",如图 11.9(b)所示。

11.3 周转轮系的传动比

由于周转轮系中有一个转动着的系杆,行星轮既自传又公转,所以传动比不能像定轴轮系那样直接以简单的齿数反比的形式来表示。

周转轮系传动比常采用"转化机构"法来求解,其基本思路是:对整个周转轮系加上一个与系杆 H 的转速 ω_H 大小相等、方向相反的公共转速($-\omega_H$),使系杆 H 变为固定构件,行星轮 2 的公转角速度变为零,只有绕固定中心转动的自转角速度,周转轮系被转化成了定轴轮系,该定轴轮系称为周转轮系的转化机构。轮系中各构件之间的相对运动并未改变,但各构件的绝对转速都发生了变化。

以图 11.3(a)所示的周转轮系为例,转化前后各构件的角速度如表 11.1 所示。

由于转化机构是一个定轴轮系,故可通过定轴轮系传动比的计算方法,得到周转轮系中各构件的真实角速度之间的关系,进而求得周转轮系的传动比。

表 11.1 转化前后各构件的角速度

构件名称	周转轮系中各构件绝对速度	转化机构中各构件绝对速度
转臂 H	ω_H	$\omega_H^H=\omega_H-\omega_H=0$
中心轮 1	ω_1	$\omega_1^H=\omega_1-\omega_H$
中心轮 3	ω_3	$\omega_3^H=\omega_3-\omega_H$
行星轮 2	ω_2	$\omega_2^H=\omega_2-\omega_H$

图11.3(a)所示的周转轮系,齿轮1、3在转化机构中的传动比为

$$i_{13}^H=\frac{\omega_1^H}{\omega_3^H}=\frac{\omega_1-\omega_H}{\omega_3-\omega_H}=-\frac{z_2z_3}{z_1z_2}=-\frac{z_3}{z_1}$$

式中齿数比前的"—"号,表示在转化机构中轮1和轮3转向相反。

虽然转化的目的并非求转化机构的传动比,但是在各轮齿数均已知的情况下i_{13}^H总可以求出。因此,只要给定了ω_1、ω_3和ω_H中的任意两个参数,就可以由上式求出第三个参数,从而可以方便地得到周转轮系中三个基本构件中任意两个构件之间的传动比i_{1H}、i_{3H}、i_{13};或者只要给出ω_1、ω_3和ω_H中的任意一个量,就可以求出另外两个量的比值(即传动比)。

推广到一般情况,设周转轮系中的任意两中心轮分别为m和n,系杆为H,则其转化机构中两中心轮的传动比为

$$i_{mn}^H=\frac{\omega_m^H}{\omega_n^H}=\frac{\omega_m-\omega_H}{\omega_n-\omega_H}=\pm\frac{\text{从m到n所有从动轮齿数的连乘积}}{\text{从m到n所有主动轮齿数的连乘积}} \quad (11.4)$$

上式中在各轮齿数均已知的情况下,只要给定了ω_m、ω_n及ω_H中的任意两个量,便可求得第三个量,于是,此公式可用来求解周转轮系各基本构件的绝对速度和任意两基本构件间的传动比;或者只要给出ω_m、ω_n和ω_H中的任意一个量,就可以求出另外两个量的比值(即传动比)。

在利用式(11.4)计算周转轮系传动比时,应注意以下事项。

(1) ω_m、ω_n和ω_H均为代数值,解题时应代入其实际转向。若周转轮系中各构件的回转轴线均平行,可先规定某一轮的转向取正,则其他轮的转向与其相同的取正,相反的取负。

(2) 在一个周转轮系中,不论是否包含有空间齿轮,中心轮m和n均绕同一轴线回转。因此,在转化机构中m轮和n轮的转向要么相同,要么相反。其齿数比之前的符号"+"、"—",可参照定轴轮系的确定方法进行。

(3) 在进行由锥齿轮组成的周转轮系的传动比计算时,应注意:

① 转化机构的传动比,大小按定轴轮系传动比的计算公式计算,其"+""—"符号则根据在转化机构用箭头表示的结果确定,而不能按外啮合对数来确定。否则,将造成周转轮系传动比计算结果的错误。

② 由于行星轮的角速度矢量与系杆的角速度矢量不平行,所以不能按代数法相加、减,即$\omega_2^H\neq\omega_2-\omega_H$,$i_{12}^H\neq\frac{\omega_1-\omega_H}{\omega_2-\omega_H}$。不过,由于通常所需要的多是中心轮之间或中心轮与系杆之间的传动比,计算过程并不涉及ω_2与ω_H之间的关系,故实际上并不妨碍计算的进行。

例11.3 图11.10(a)所示行星轮系,已知$z_1=z_{2'}=100$,$z_2=99$,$z_3=101$,试计算传动比i_{H1}。

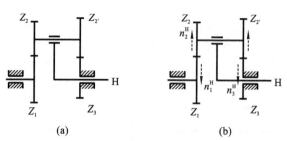

图11.10 行星轮系传动比计算实例1

解 在图 11.10(b)所示行星轮系的转化机构中,中心轮 1、3 转向相同,则

$$i_{13}^H = \frac{n_1 - n_H}{n_3 - n_H} = +\frac{z_2 z_3}{z_1 z_{2'}} = \frac{101 \times 99}{100 \times 100} = \frac{9999}{10000}$$

由于轮 3 为固定轮(即 $n_3=0$),则

$$i_{1H} = \frac{n_1}{n_H} = 1 - i_{13}^H = 1 - \frac{z_2 z_3}{z_1 z_{2'}} = 1 - \frac{9999}{10000} = \frac{1}{10000}$$

$$i_{H1} = 1/i_{1H} = 10000$$

由于 i_{H1} 为"+",说明在实际机构中,系杆 H 与轮 1 的转向相同。

例 11.4 图 11.11 所示轮系中,已知 $n_1=480$ r/min,$n_3=80$ r/min,其转向分别见图(a)和图(b),$z_1=60,z_2=40,z_{2'}=z_3=20$,求 n_H。

解 (1) 图 11.11(a)中的齿轮 1、3 同向,设齿轮 1 的转向为"+",则齿轮 3 的转向也为"+";图 11.11(c)为图 11.11(a)的转化机构中各轮的转向关系,可见轮 1、3 反向,故

$$i_{13}^H = \frac{n_1^H}{n_3^H} = \frac{n_1 - n_H}{n_3 - n_H} = \frac{480 - n_H}{80 - n_H} = -\frac{z_2 z_3}{z_1 z_{2'}} = -\frac{40 \times 20}{60 \times 20} = -\frac{2}{3}$$

所以 $n_H = 320$ r/min(与轮 1、3 同向)

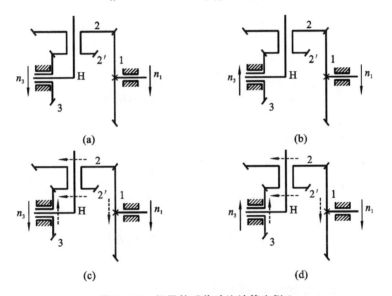

图 11.11 行星轮系传动比计算实例 2

(2) 图 11.11(b)中的轮 1、3 反向,设轮 1 的转向为"+",则轮 3 的转向为"−";图 11.11(d)为图 11.11(b)的转化机构中各轮的转向关系,可见轮 1、3 反向,故

$$i_{13}^H = \frac{n_1^H}{n_3^H} = \frac{n_1 - n_H}{n_3 - n_H} = \frac{480 - n_H}{-80 - n_H} = -\frac{z_2 z_3}{z_1 z_{2'}} = -\frac{40 \times 20}{60 \times 20} = -\frac{2}{3}$$

所以 $n_H = 256$ r/min(与轮 1 同向,与轮 3 反向)

例 11.5 如图 11.12 所示,已知 $z_1=28, z_2=18, z_{2'}=24, z_3=70$,求 i_{1H}。

解 这是一个双排 2K-H 型行星轮系,其转化机构的传动比为

$$i_{13}^H = \frac{\omega_1 - \omega_H}{\omega_3 - \omega_H} = -\frac{z_2 z_3}{z_1 z_{2'}} = -\frac{18 \times 70}{28 \times 24} = -1.875$$

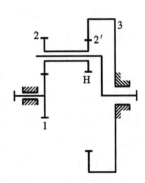

图 11.12 行星轮系传动比计算实例 3

由于 $\omega_3=0$，则 $\dfrac{\omega_1-\omega_H}{-\omega_H}=1-i_{1H}=-1.875$

可得 $i_{1H}=\dfrac{\omega_1}{\omega_H}=1+1.875=2.875$

因为计算结果为正值，说明系杆和中心轮 1 的转向相同。

例 11.6 图 11.13(a)、(b)所示为两个不同结构的锥齿轮周转轮系，已知 $z_1=20$，$z_2=24$，$z_{2'}=30$，$z_3=40$，$n_1=200$ r/min，$n_3=-100$ r/min，求两轮系的 n_H。

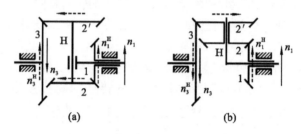

图 11.13 周转轮系传动比计算实例 4

解 （a） $i_{13}^H=\dfrac{n_1-n_H}{n_3-n_H}=+\dfrac{z_2 z_3}{z_1 z_{2'}}$

即 $i_{13}^H=\dfrac{200-n_H}{-100-n_H}=+\dfrac{24\times 40}{20\times 30}$

$n_H=-600$ r/min（与 n_1 转向相反）

(b) $i_{13}^H=\dfrac{n_1-n_H}{n_3-n_H}=-\dfrac{z_2 z_3}{z_1 z_{2'}}$

即 $i_{13}^H=\dfrac{200-n_H}{-100-n_H}=-\dfrac{24\times 40}{20\times 30}$

$n_H=15.4$ r/min（与 n_1 转向相同）

11.4 混合轮系的传动比

11.4.1 混合轮系传动比计算方法

在计算混合轮系的传动比时，既不能将整个轮系作为定轴轮系来处理，也不能对整个机构采用转化机构的办法。

对于由定轴轮系和周转轮系组成的混合轮系，在给整个轮系加上一个公共角速度（$-\omega_H$）后，虽然原来的周转轮系转化成了定轴轮系，但却使原来的定轴轮系转化成了周转轮系，仍然无法计算共传动比；对于由几个周转轮系组成的混合轮系，由于各周转轮系不共用一个系杆（系杆的角速度 ω_H 不同），也无法加上一个公共角速度（$-\omega_H$），即无法将整个轮系转化成定轴轮系。正确的计算方法是：

(1) 首先将各个基本轮系（单一的定轴轮系或单一的周转轮系）正确地区分开来；
(2) 分别列出计算各基本轮系传动比的方程；
(3) 找出各基本轮系之间的关系；
(4) 将各基本轮系的传动比方程式联立，可求得混合轮系的传动比。

混合轮系传动比计算的难点是正确划分基本轮系,关键是要把其中的周转轮系划分出来,在划分周转轮系时,正确的方法是:

(1) 先找行星轮——几何轴线不固定而是绕其他定轴齿轮几何轴线转动的齿轮;
(2) 然后找系杆——支撑行星轮的构件;
(3) 再找中心轮——几何轴线与系杆几何轴线重合且直接与行星轮相啮合的定轴齿轮。

这一由行星轮-系杆-中心轮所组成的轮系就是一个基本的周转轮系。区分出各个基本的周转轮系后,剩余的部分就是由定轴齿轮所组成的定轴轮系。

11.4.2 混合轮系传动比计算举例

例 11.7 在图 11.14 所示的轮系中,已知各轮齿数为 $z_1=20, z_2=36, z_{2'}=18, z_3=60, z_{3'}=70, z_4=28, z_5=14, n_A=120$ r/min, $n_B=600$ r/min,方向如图所示。试求轮 5 的转速 n_C 的大小和方向。

解 1-(2-2')-3 为定轴轮系,3'-4-5-B 为差动轮系。

$$i_{3'5}^B = \frac{n_{3'} - n_B}{n_5 - n_B} = -\frac{z_5}{z_{3'}} = -\frac{14}{70} \quad (a)$$

$$i_{13} = \frac{n_1}{n_3} = \frac{n_A}{n_{3'}} = -\frac{z_3 z_2}{z_{2'} z_1} = -\frac{60 \times 36}{18 \times 20} = -6 \quad (b)$$

由式(b)可得 $\quad n_{3'} = -\dfrac{n_A}{6} = -\dfrac{120}{6} = -20$

而 $\quad n_B = -600$

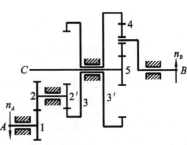

图 11.14 混合轮系传动比计算实例 1

代入式(a)得 $\quad \dfrac{-20-(-600)}{n_5-(-600)} = -\dfrac{z_5}{z_{3'}} = -\dfrac{14}{70}$

得 $\quad n_5 = -3500$ r/min(与 n_1 转向相反)

例 11.8 对于图 11.15 所示的混合轮系,已知 $z_1=40, z_2=20, z_{2'}=30, z_3=24, z_4=40, z_5=30, z_{5'}=15, z_6=40$。求 i_{1H_2}。

解 对 1-2-2'-3-H_1 组成的行星轮系

$$i_{13}^{H_1} = \frac{n_1 - n_{H_1}}{n_3 - n_{H_1}} = \frac{z_2 z_3}{z_1 z_{2'}} = \frac{20 \times 24}{40 \times 30} = \frac{2}{5}$$

即 $\quad \dfrac{n_1 - n_{H_1}}{n_3 - n_{H_1}} = \dfrac{2}{5} \quad (a)$

对 4-5-5'-6-H_2 组成的行星轮系

$$i_{46}^{H_2} = \frac{n_4 - n_{H_2}}{n_6 - n_{H_2}} = \frac{z_5 z_6}{z_4 z_{5'}} = \frac{30 \times 40}{40 \times 15} = 2 \quad (b)$$

$$n_{H_1} = n_4 \quad (c)$$

$$n_3 = n_6 = 0 \quad (d)$$

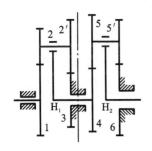

图 11.15 混合轮系传动比计算实例 2

将式(a)、(b)、(c)、(d)联立,解得 $\quad i_{1H_2} = -\dfrac{3}{5} = -0.6$

因为 i_{1H_2} 为负,说明在实际机构中,轮 1 和系杆 H_2 的转向相反。

例 11.9 图 11.16 所示轮系中, $z_1=z_3=25, z_5=90, z_2=z_4=z_6=20$,试区分哪些构件组成了定轴轮系?哪些构件组成了周转轮系?哪个构件是转臂 H?传动比 i_{16} 为多少?

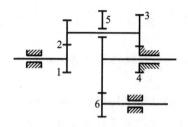

图 11.16 混合轮系传动比计算实例 3

解 (1) 齿轮 5、6 组成定轴轮系,构件 1、2、3、4、H(5)组成行星轮系,构件 5 是转臂 H。

(2) $i_{14}^5 = 1 - i_{15} = \frac{z_2 z_4}{z_1 z_3} = \frac{20 \times 20}{25 \times 25} = \frac{16}{25}$

$i_{15} = 1 - \frac{16}{25} = \frac{9}{25}$

$i_{56} = \frac{n_5}{n_6} = -\frac{z_6}{z_5} = -\frac{20}{90} = -\frac{2}{9}$

故 $i_{16} = i_{15} i_{56} = \frac{9}{25} \times \left(-\frac{2}{9}\right) = -\frac{2}{25}$(齿轮 1 与齿轮 6 转向相反)

11.5 轮系的功用

在各种机械设备中,广泛应用着各种轮系,其功用按照轮系的不同大致可以归纳如下。

11.5.1 定轴轮系的功用

1. 实现两轴之间的远距离传动

当两轴之间的距离较远时,既可用一对齿轮直接将输入轴的运动传递给输出轴,也可用多对齿轮实现运动的传递,如图 11.17 所示。当用多对齿轮实现运动传递时,不仅节省材料、减轻质量而且又不占用太大空间。

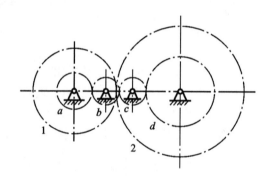

图 11.17 两轴之间的远距离传动

2. 实现分路传动

利用轮系可以使一个主动轴同时带动若干个从动轴运转,以带动多个部件同时协调完成规定的工作。如图 11.18 所示滚齿机工作台中的传动机构,主轴输入的运动通过分路传动,分别带动滚刀 A 和轮坯 B 按规定的速度旋转,完成轮齿加工。图 11.19 所示是某航空发动机附加系统,主动轴的运动通过定轴轮系分路传动,分别带动 9 个部件回转,完成指定的工作。

3. 实现变速与换向

工程上利用定轴轮系实现变速和换向的例子有很多,如图 11.20 所示是利用滑移齿轮实现变速,图 11.21 是车床上走刀丝杠的三星轮换向机构,它利用齿轮外啮合次数的不同实现换向等。

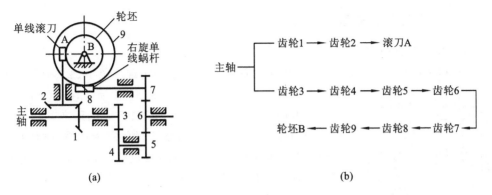

图 11.18 滚齿机工作台中的传动机构

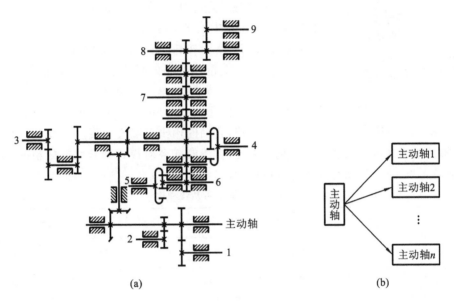

图 11.19 某航空发动机附加系统

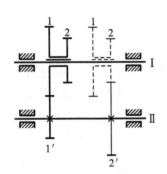

图 11.20 利用滑移齿轮实现变速

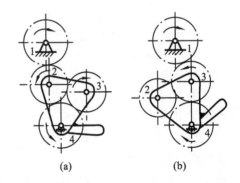

图 11.21 车床上走刀丝杠的三星轮换向机构

4. 实现大传动比传动

一对齿轮传动，为了避免由于齿数过于悬殊而使之容易发生齿根干涉和小齿轮容易损坏等问题，一般传动比不得大于 5，在两轴间需要获得更大传动比时，可利用定轴轮系的多级传动来实现。

11.5.2 周转轮系的功用

1. 实现大传动比传动

为了获得大的传动比,也可以采用周转轮系和混合轮系来实现。图 11.22 所示车床电动三爪卡盘,$z_1=6, z_2=z_{2'}=25, z_3=57, z_4=56, i_{14}=-588$。电动机带动齿轮 1 转动,通过一个 3K 型行星轮系带动内齿轮 4 转动,从而使固结在齿轮 4 右端面上的阿基米德螺旋槽转动,驱使三个卡爪快速径向移动,以夹紧或放松工件。只用几个齿轮就实现了 $i_{14}=-588$ 大传动比,并且结构紧凑、体积小、质量轻。

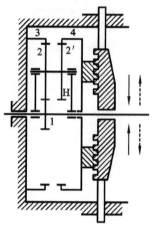

图 11.22 车床电动三爪卡盘传动机构

2. 实现变速与换向运动

由轮系实现变速与换向的典型应用当属汽车的自动变速器,以某国产轿车中的自动变速器为例(见图 11.23(a)),它由四套简单的 2K-H 型周转轮系经过一定的连接组成。其中,B_1、B_2、B_3 是由液力变扭器控制的带式制动器,B_r 是倒车制动器,C 是锥面离合器。运动由 Ⅰ 轴输入,Ⅱ 轴输出,当 B_1、B_2、B_3、C、B_r 分别起作用时,Ⅰ、Ⅱ 轴之间的传动比大小见表 11.2。第 1、2、3、4 挡为前进挡,Ⅱ 轴的输出速度大小发生了变化;第 5 挡为倒车挡,Ⅱ 轴的输出速度方向发生了变化。因此,在不改变各对齿轮啮合状态的情况下,实现了变速与换向。表 11.2 所示为变速器各挡传动比。

表 11.2 变速器各挡传动比

第 1 挡	B_1 制动(见图 11.23(c))	$i_{ⅠⅡ}=4.286$
第 2 挡	B_2 制动(见图 11.23(d))	$i_{ⅠⅡ}=2.752$
第 3 挡	B_3 制动(见图 11.23(e))	$i_{ⅠⅡ}=1.67$
第 4 挡	C 制动(见图 11.23(b))	$i_{ⅠⅡ}=1$
第 5 挡	B_r 制动(见图 11.23(f))	$i_{ⅠⅡ}=-6.453$

3. 实现结构紧凑的大功率传动

周转轮系中有多个行星轮均匀分布在中心轮四周(见图 11.24),既可共同分担载荷,大大提高承载能力,又可使各啮合处的径向分力和行星轮公转所产生的离心惯性力各自得到平衡,大大改善受力状况。此外,中心轮 3 与行星轮 2 采用内啮合,输入轴、输出轴 O_1、O_H 又在同一轴线上,径向尺寸非常紧凑,实现了在结构紧凑下的大功率传动,这种轮系在航空发动机的主减速器中得到普遍的应用。

图 11.25 所示是某国产涡轮螺旋桨发动机主减速器的传动简图,其右部是差动轮系,左部是定轴轮系。动力由中心轮 1 输入后,经系杆 H 和中心轮 3 分别输往左部,汇合到一起输给螺旋桨。由于采用分路传送,且采用了多个行星轮均匀分担载荷,传动功率很大。该装置的外廓尺寸仅 ϕ430 mm,传递功率却达 2850 kW,在体积小、质量轻的条件下,实现了大功率传动。

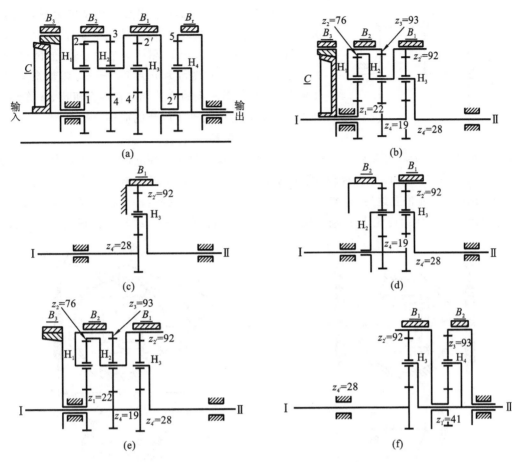

图 11.23 某国产轿车中的自动变速器简图

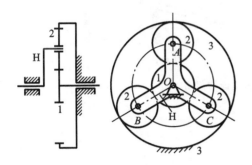

图 11.24 周转轮系行星轮

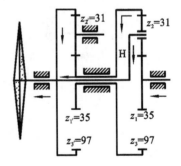

图 11.25 涡轮发动机主减速器

4. 实现运动的合成与分解

1) 运动的合成

差动轮系有两个自由度，可输入两个独立的主运动，利用这一特点，可以把这两个运动合成为一个运动。由图 11.26 可知，

$$i_{13}^H = \frac{n_1 - n_H}{n_3 - n_H} = -\frac{z_3}{z_1} = -1$$

则
$$n_H = \frac{1}{2}(n_1 + n_3)$$

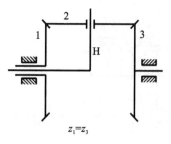

图 11.26　锥齿轮组成的差动轮系

可见,系杆的转速是两个中心轮运动的合成,故这种由两个中心轮作为输入构件的差动轮系又称为加法机构。

若在该轮系中,系杆 H 和任一个中心轮(如齿轮 3)作为主动件,则上式可改写为 $n_1=2n_H-n_3$,该轮系又可用作减法机构,差动轮系的这种和差特性在机床、计算装置、补偿调节装置等中得到了广泛的应用。

2) 运动的分解

差动轮系不仅能将两个独立的运动合成为一个运动,而且可将一个基本构件的主动转动,按所需比例分解为另两个基本构件的从动转动。如图 11.27 所示的汽车后桥差速器,齿轮 3、4、5、2(H)组成一差动轮系,$z_5=z_3$,汽车发动机的运动由变速箱经传动轴传给齿轮 1,带动齿轮 2 及与齿轮 2 固联的系杆 H 转动。在该差动轮系中

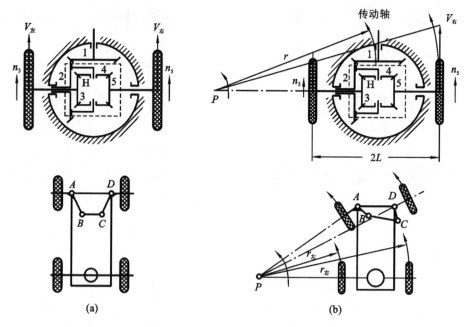

图 11.27　汽车后桥差速器简图

$$i_{35}^H=\frac{n_3-n_H}{n_5-n_H}=-\frac{z_5}{z_3}=-1$$

即
$$n_H=\frac{1}{2}(n_3+n_5)$$

汽车直线行驶时,前轮的转向机构通过地面的约束作用,要求两后轮有相同的转速,即要求 $n_5=n_3$,此时 $n_5=n_3=n_2=n_H$,即齿轮 3、5 与系杆 H 之间没有相对转动,整个差动轮系相当于与齿轮 2 固结在一起成为一个刚体随行星轮 2 一起转动,齿轮 4(行星轮)相对于系杆没有转动。

汽车转弯时,在前轮转向机构确定了后轴线上的转动中心 P 后,通过地面的约束作用,使处于弯道内侧的后轮驶过一个小圆弧,而处于弯道外侧的后轮则驶过一个大圆弧(见图 11.27(b)),即两后轮所驶过的路程不相等。假设两后轮之间的中心距为 $2L$,弯道平均半径为 r,以汽车左转弯为例,要使车轮与地面不打滑,两后轮的转速应满足

$$\frac{n_3}{n_5}=\frac{r-L}{r+L}$$

$$n_3=\frac{r-L}{r}n_H$$

$$n_5=\frac{r+L}{r}n_H$$

可见,当汽车转弯时,可利用汽车后桥差速器,自动将主轴的转动分解为两个后轮所需的不同转速。

5. 实现执行构件的复杂运动

周转轮系中,行星轮既自转又公转,利用行星轮这一运动特点,可以实现机械执行构件的复杂运动。如图 11.28 所示的行星搅拌器,将搅拌器与行星轮固结为一体,从而得到复合运动,增加了搅拌效果。另外,行星轮既自转又公转,其上任一点的运动轨迹称为旋轮线,旋轮线是形状多变和性质不同的曲线(见图 11.29)。当行星轮 1 的节圆半径是中心轮 2 的节圆半径的一半时,行星轮 1 节圆上任一点 P 的轨迹是一条过圆心 O_H 的精确直线,行星轮中心 O_1 的轨迹是一个圆,行星轮上任一点 C、D 的轨迹是椭圆(见图 11.29(a));当行星轮 1 的节圆半径是中心轮 2 的节圆半径的 0.4 时,其上一点 K_1 到节点 P 的距离为行星轮节圆半径的 0.5 时,K_1 点的轨迹是一条连续的、以中心轮中心 O_2 为对称的五叶长幅内摆线(见图 11.29(b))。纺织机械中常利用这种方式产生的旋轮线来构成各种美丽的图案,在加工摆线液压泵和摆线齿轮的机床中,也采用它自动加工出所需的摆线齿轮。

图 11.28　行星搅拌器

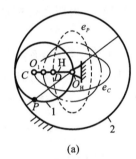 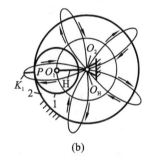

(a)　　　　　　　　(b)

图 11.29　行星轮的旋轮线

11.6　轮系的效率

在各种机械中,广泛使用着各种轮系,其效率对于这些机械的总效率有时具有决定作用,但轮系的效率计算是一个涉及很多因素的复杂问题,加之实际的加工精度、安装精度和使用情况等都会直接影响到效率的高低,工程上使用时一般采用实验方法来测定。本节只讨论涉及齿轮啮合损耗的效率计算。

11.6.1　定轴轮系的效率

定轴轮系效率的计算比较简单,当轮系由 k 对齿轮串联组成时,其传动总效率为

$$\eta=\eta_1\eta_2\cdots\eta_k \tag{11.5}$$

式中:η_1、η_2、η_k 为各对齿轮的啮合效率,可查有关手册得到。由于 η_1、η_2、η_k 均小于 1,由式(11.5)可知,当轮系由 k 对齿轮串联组成时,啮合对数越多,轮系的总效率越低。

11.6.2 周转轮系的效率

1. 周转轮系效率计算的基本思路

由于周转轮系中具有既自转又公转的行星轮,其效率不能用定轴轮系的公式计算,可通过转化轮系法(inverted gear train method)使周转轮系的效率与其转化机构(定轴轮系)的效率发生联系,从而计算出周转轮系的效率。

根据机械效率的定义,对于任何机械,其效率等于输入功率减去摩擦损耗功率以后与输入功率的比值,如果已知输入功率,只要能求出摩擦损耗的功率就可算出机械的效率。

齿廓啮合传动时,其齿廓间的摩擦损耗取决于齿面间的正压力、摩擦系数和齿面间的相对滑动速度。在周转轮系和其转化机构中,摩擦系数和齿面间的相对滑动速度相同,只要使周转轮系和其转化机构中的外力矩保持不变,就可以用转化机构中的摩擦功率损耗来代替周转轮系中的摩擦功率损耗。

2. 计算方法

以 2K-H 型行星轮系为例,设中心轮 1 和系杆 H 是受到外力矩的两个转动构件,设中心轮 1 的角速度为 ω_1,其上作用有外力矩 M_1,则齿轮 1 所传递的功率为 $P_1 = M_1\omega_1$。在转化机构中,齿轮 1 的角速度为 $\omega_1^H = \omega_1 - \omega_H$,在外力矩 M_1 保持不变的情况下,齿轮 1 传递的功率为 $P_1^H = M_1\omega_1^H = M_1(\omega_1 - \omega_H)$,两者之比为 $P_1^H/P_1 = 1 - 1/i_{1H}$,故 $P_1^H = P_1(1 - 1/i_{1H})$。当 $i_{1H} > 1$ 或 $i_{1H} < 0$ 时,P_1^H 与 P_1 同号,表明在行星轮系及其转化机构中,齿轮 1 主动或从动的地位不变;当 $0 < i_{1H} < 1$ 时,P_1^H 与 P_1 异号,表明在行星轮系及其转化机构中,齿轮 1 主动或从动的地位发生改变。

1) 在行星轮系中,中心轮 1 为主动件,系杆 H 为从动件的情况

(1) 当 $i_{1H} > 1$ 或 $i_{1H} < 0$ 时,齿轮 1 在转化机构中仍为主动件的情况。

转化机构的输入功率为 $\qquad P_1^H = M_1(\omega_1 - \omega_H)$

转化机构的效率为 $\qquad \eta_{1n}^H = 1 - \dfrac{P_f}{P_1^H}$

则摩擦功率损耗 $P_f \quad P_f = P_1^H(1 - \eta_{1n}^H) = M_1(\omega_1 - \omega_H)(1 - \eta_{1n}^H)$

由于转化机构为定轴轮系,所以 η_{1n}^H 可由定轴轮系效率的计算公式来计算。在外力矩 M_1 不变的情况下,行星轮系的摩擦功率损耗等于其转化机构的摩擦功率损耗,故行星轮系的效率为

$$\eta_{1H} = 1 - \frac{P_f}{M_1\omega_1} = \frac{1 - \eta_{1n}^H(1 - i_{1H})}{i_{1H}} \tag{11.6}$$

(2) 当 $0 < i_{1H} < 1$ 时,齿轮 1 在转化机构中变为从动件的情况。

转化机构的输出功率为 $\qquad P_1^H = M_1(\omega_1 - \omega_H)$

转化机构的效率为 $\qquad \eta_{1n}^H = 1 - \dfrac{P_f}{P_1^H + P_f}$

则摩擦功率损耗 $P_f \quad P_f = \dfrac{P_1^H(1 - \eta_{1n}^H)}{\eta_{1n}^H} = \dfrac{M_1(\omega_1 - \omega_H)(1 - \eta_{1n}^H)}{\eta_{1n}^H}$

由于 M_1 和 $\omega_1 - \omega_H$ 的方向相反,故输出功率表现为负值,摩擦损耗功率也表现为负值。而在一般的效率计算式中,摩擦损耗功率均以其绝对值的形式代入,因此需把上式的负值改为正值,即

$$P_f = \frac{-M_1(\omega_1 - \omega_H)(1 - \eta_{1n}^H)}{\eta_{1n}^H} = \frac{M_1(\omega_H - \omega_1)(1 - \eta_{1n}^H)}{\eta_{1n}^H}$$

在外力矩 M_1 不变的情况下,行星轮系的摩擦功率损耗等于其转化机构的摩擦功率损耗,故行星轮系的效率

$$\eta_{1H} = \frac{\eta_{1n}^H - (1 - i_{1H})}{i_{1H}\eta_{1n}^H} \tag{11.7}$$

2) 在行星轮系中,中心轮 1 为从动件,系杆 H 为主动件的情况

(1) 当 $i_{1H} > 1$ 或 $i_{1H} < 0$ 时,齿轮 1 在转化机构中仍为从动件的情况。

根据上述计算思想,可求出其摩擦功率损耗 P_f $P_f = \dfrac{M_1(\omega_H - \omega_1)(1 - \eta_{1n}^H)}{\eta_{1n}^H}$

行星轮系的效率为 $\eta_{H1} = 1 - \dfrac{P_f}{(-M_1\omega_1 + P_f)} = \dfrac{i_{1H}\eta_{1n}^H}{\eta_{1n}^H(1 - i_{1H})}$ (11.8)

(2) 当 $0 < i_{1H} < 1$ 时,齿轮 1 在转化机构中变为主动件的情况。

同理,摩擦功率损耗 P_f $P_f = M_1(\omega_1 - \omega_H)(1 - \eta_{1n}^H)$

行星轮系的效率为 $\eta_{H1} = 1 - \dfrac{P_f}{(-M_1\omega_1 + P_f)} = \dfrac{i_{1H}}{1 - \eta_{1n}^H(1 - i_{1H})}$ (11.9)

由上述计算可知,行星轮系的效率是传动比 i_{1H} 的函数,主动件不同其效率计算公式也不同。计算时其转化机构的效率 η_{1n}^H 一般取 0.95。

当周转轮系的转化机构的传动比 $i_{1n}^H > 0$ 时,通常称这样的周转轮系为正号机构(positive sign mechanism);当其转化机构的传动比 $i_{1n}^H < 0$ 时,则称该周转轮系为负号机构(negative sign mechanism)。

3. 结论

将上述式(11.6)、式(11.7)、式(11.8)及式(11.9)用图形化表示,即为图 11.30 所示的效率曲线图。

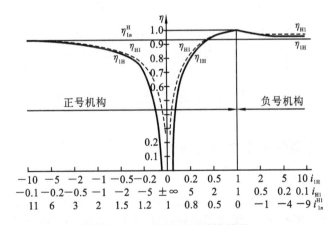

图 11.30 行星轮系效率曲线图

曲线 η_{1H} 和曲线 η_{H1} 分别为中心轮 1 为主动件和系杆 H 为主动件时行星轮系的效率曲线。

(1) 当 $i_{1H} > 1$ 时,行星轮系为负号机构,此时无论是中心轮主动还是系杆主动,也即无论用作增速还是减速,行星轮系的效率都很高,均高于其转化机构的效率 η_{1n}^H。因此,在设计行星轮系时,若用于传递功率,应尽可能选用负号机构。

(2) 在行星轮系中,由于 $i_{1n}^H = 1 - i_{1H}$,故负号机构的传动比 i_{1H} 的值只比其转化机构的传

动比 i_{1n}^H 的绝对值大 1。因此，若希望利用负号机构来实现大减速比，就要增大其转化机构的传动比的绝对值，这势必造成机构尺寸增大。即负号机构虽然效率较高，但传动比大时机构尺寸也较大，这是行星轮系机构设计中的一对矛盾。

(3) 当 $i_{1H} < 1$ 时，行星轮系为正号机构。当系杆 H 为主动件时，轮系作减速运动，无论减速比多大，效率 η_{H1}^H 均大于 0，即不会发生机构自锁，但在某些情况下效率极低；当中心轮 1 为主动轮时，轮系作增速传动，η_{1H} 有可能为负值，即轮系可能发生自锁。

(4) 当 $|i_{1H}|$ 很小时，正号机构中若以系杆 H 为主动件，其传动比 $|i_{H1}|$ 将很大，即利用正号机构可获得很大的减速比，且因为这时其转化机构的传动比 $i_{1n}^H = 1 - i_{1H}$ 将接近于 1，所以机构的尺寸不会很大。即采用正号机构作为传动装置，虽然效率极低，但在结构紧凑的情况下可获得极大的传动比。

(5) 在行星轮系中，存在着效率、传动比、机构尺寸等相互制约的矛盾。设计时应根据工作要求和工作条件，适当选择行星轮系的类型。

例 11.10   在图 11.10(a)所示轮系中，$z_1 = 100, z_2 = 101, z_{2'} = 100, z_3 = 99$，若 $\eta_{13}^H = 0.95$，分别求以中心轮 1 和系杆 H 为主动件时轮系的效率。

解   该行星轮系为一正号机构，由例 11.3 计算可知

$$i_{13}^H = 1 - i_{1H} = \frac{z_2 z_3}{z_1 z_{2'}} = \frac{9999}{10000}, \quad i_{1H} = \frac{1}{10000}$$

即

$$0 < i_{1H} < 1$$

当中心轮 1 为主动件时

$$\eta_{1H} = \frac{\eta_H - (1 - i_{1H})}{i_{1H} \eta_H} = \frac{0.95 - \left(1 - \frac{1}{10000}\right)}{\frac{1}{10000} \times 0.95} = -525.263 < 0$$

当系杆 H 为主动件时

$$\eta_{H1} = \frac{i_{1H}}{1 - \eta_H(1 - i_{1H})} = \frac{\frac{1}{10000}}{1 - 0.95\left(1 - \frac{1}{10000}\right)} \approx 0.002 = 0.2\%$$

可见，该轮系以中心轮 1 为主动件时将会发生自锁，而以系杆 H 为主动件时，可获得极大的减速比($i_{H1} = 1/i_{1H} = 10000$)，且不会发生自锁，但轮系的效率极低。

11.7 轮系类型选择及设计的基本知识

11.7.1 定轴轮系的类型选择及设计

1. 定轴轮系类型的选择

在一个定轴轮系中，可以同时包含有直齿圆柱齿轮、平行轴斜齿轮、交错轴斜齿轮、蜗杆蜗轮和圆锥齿轮机构等。因此，为了实现同一种运动和动力传递，采用定轴轮系可以有多种不同的方案。在机械运动方案设计阶段，定轴轮系设计的基本任务是选择轮系的类型，确定各轮的齿数和选择轮系的布置方案。

在设计定轴轮系时，应根据工作要求和使用场合恰当地选择轮系的类型。一般来说，除了满足基本的使用要求，机构应越简单越好，即应考虑到机构的外廓尺寸、效率、质量、成本等因素，选取原则如下：

(1) 当设计的定轴轮系用于高速、重载场合时，为了减小传动的冲击、振动和噪音，提高传

动性能,选用由平行轴斜齿轮组成的定轴轮系,要比选用由直齿圆柱齿轮组成的定轴轮系更好;

(2) 当设计的轮系在主、从动轴传递过程中,由于工作或结构空间的要求,需要转换运动轴线方向或改变从动轴转向时,选择含有圆锥齿轮传动的定轴轮系可以满足这一要求;

(3) 当设计的轮系用于功率较小、速度不高但需要满足交错角为任意值的空间交错轴之间的传动时,可以选用含有交错轴斜齿轮传动的定轴轮系;

(4) 当设计的轮系要求传动比大,结构紧凑或用于分度、微调及有自锁要求的场合时,则应选择含有蜗杆传动的定轴轮系。

如滚齿机工作台传动机构的设计(见图 11.18),滚刀和轮坯由同一电动机带动分两路传动。由于滚刀和轮坯不在同一平面内运动,因此要求传动路线中要转换运动轴线的方向,故所选择的轮系中应含有一对圆锥齿轮传动;用滚刀范成加工齿轮时,要求滚刀转一周,轮坯只转过一个齿,这就要求所设计的轮系既要具有大的传动比,又要有分度功能,则所选择的轮系中应含有一对蜗轮蜗杆传动;为了能用一把滚刀加工不同齿数的齿轮,需要经常配换挂轮,这就要求所设计的轮系中要有一套更换方便的齿轮传动,故所选择的轮系中应含有一套装拆更换方便的圆柱齿轮传动。该方案不仅能够满足齿轮范成加工的基本要求,而且外廓尺寸小,结构紧凑。

2. 定轴轮系中各轮齿数的确定——完成各级传动比分配

确定定轴轮系中各轮的齿数关键在于合理地分配轮系中各对齿轮的传动比,传动比的分配应遵循如下原则。

(1) 在确定定轴轮系中各轮的齿数时,应确保每级传动比在常用范围内。

一般齿轮的传动比为 $i=5\sim7$,蜗轮蜗杆传动比 $i<80$。

(2) 为了控制外廓尺寸和传动性能,大传动比可以通过多级传动实现。

当齿轮传动的传动比 $i>8$ 时应设计成 2 级传动;当传动比 $i>30$ 时应设计成多级传动。

(3) 减速传动时,减速比应前小后大,且相邻两级的传动比差值不宜过大。

运动链这样减速,可使中间轴上有较高的转速和较小的扭矩,从而使轴上的传动零件有较小的结构尺寸,整个传动装置结构较为紧凑。

(4) 传动比分配要同时考虑润滑、布局、结构尺寸等因素。

当多级齿轮闭式传动时,为了方便润滑,各级传动的大齿轮的浸油深度应大致相等,以防止某一大齿轮浸油过深而增大搅油损耗。要满足此要求,分配传动比时高速级的传动比应高于低速级,一般情况下 $i_{高}=(1.3\sim1.4)i_{低}$。

可见,考虑问题的角度不同,传动比分配方案就不同,设计时应根据具体情况具体分析。

3. 定轴轮系布置方案的选择——多方案比较选优

同一定轴轮系可以有不同的布置方案,如图 11.31 所示,可以将定轴轮系布置成展开式(见图 11.31(a))、分流式(见图 11.31(b))、同轴式(见图 11.31(c))。展开式结构简单,但齿轮相对于轴承位置不对称,要求轴有较大的刚度,受载时轮齿上沿齿宽受载不均,只宜用在受载不大且载荷较平稳的场合;分流式结构复杂,由于齿轮相对于轴承位置对称布置,载荷沿齿宽分布均匀,轴承受载较均匀,且中间轴危险截面上的转矩只相当于轴所传递转矩的一半,适用于变载荷的场合;同轴式横向尺寸较小,两对齿轮的浸油深度大致相同,但轴向尺寸和重量较大,中间轴较长、刚度差,载荷沿齿宽分布不均,高速轴的承载能力难以充分发挥。

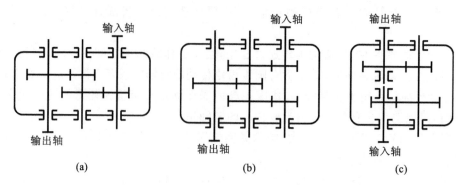

图 11.31 定轴轮系布置方案

可见,定轴轮系不同的布置形式各有特点,具体选择哪种布置方案要根据载荷性质、空间位置大小等具体情况来确定。

11.7.2 周转轮系类型选择与设计

1. 周转轮系类型的选择

周转轮系类型选择的关键因素是传动比、传动效率、结构复杂程度、外廓尺寸、质量等,传递运动时,优先考虑传动比,兼顾其他因素;传递动力时,优先考虑效率,其次考虑传动比等因素。

由前述可知,负号机构的行星轮系传动效率高,但传动比不大,若要传递大的传动比,要么增大机构尺寸,要么采用混合轮系。正号机构可以获得很大的减速比且机构尺寸不大,但传动效率极低,若设计的轮系要求很大的传动比但效率要求不高,可考虑选用正号机构。但正号机构用作增速时,虽然可以获得极大的传动比,但随着传动比的增大,效率将急剧下降,且有可能自锁,选用时应慎重。

2. 各轮齿数的确定

周转轮系类型很多,各类周转轮系满足齿数条件的关系式不尽相同,下面以单排的2K-H型行星轮系来加以说明。

由于行星轮系中采用多个行星轮,每个行星轮又与太阳轮或其他行星轮啮合,因此,轮系中各轮齿数是互相制约的。设计行星轮系时,各轮齿数的选配需满足下述四个条件。

1) 传动比条件

周转轮系用来传递运动,就必须满足工作要求的传动比。由周转轮系传动比计算式得

$$i_{13}^H = 1 - i_{1H} = -\frac{z_3}{z_1}$$

因此,各轮的齿数要满足给定的传动比就要满足

$$z_3/z_1 = i_{1H} - 1 \quad (11.10)$$

2) 同心条件(concentric condition)

如图 11.32 所示的周转轮系,是一种共轴式的传动装置,为保证装在系杆上的行星轮在传动过程中始终与中心轮正确啮合,就必须使系杆的轴线与中心轮的轴线重合,也即行星轮 2 与中心轮 1 和中心轮 3 的中心距必须相

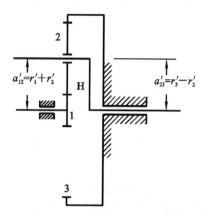

图 11.32 周转轮系中的中心距

等,即

$$a'_{12} = a'_{23}$$

当采用标准齿轮传动或高度变位齿轮传动时,由于各齿轮模数相等,齿数条件为

$$z_3 = z_1 + 2z_2 \quad \text{或} \quad z_2 = \frac{z_3 - z_1}{2} \tag{11.11}$$

可见,此时两中心轮的齿数应同为奇数或偶数。

当采用角度变位齿轮传动时,由于变位后的中心距

$$a'_{12} = \frac{a_{12}\cos\alpha}{\cos\alpha'_{12}} = \frac{m}{2}(z_1+z_2)\frac{\cos\alpha}{\cos\alpha'_{12}} \quad a'_{23} = \frac{a_{23}\cos\alpha}{\cos\alpha'_{23}} = \frac{m}{2}(z_3-z_2)\frac{\cos\alpha}{\cos\alpha'_{23}}$$

故角度变位时,满足同心条件的齿数关系为

$$\frac{z_1+z_2}{\cos\alpha'_{12}} = \frac{z_3-z_2}{\cos\alpha'_{23}} \tag{11.12}$$

3) 均布条件(homogeneity distribution condition)

行星轮系中通常采用多个均布的行星轮来承担载荷,这样不仅可以大大提高承载能力,而且中心轮上作用力的合力将为零,系杆上所受的行星轮的离心惯性力的合力也将得到平衡,使轮系的受力状况大为改善。但要使多个行星轮能够均匀地分布在中心轮四周,则相邻两个行星轮之间的夹角应满足 $\varphi_H = \frac{360°}{k}$($k$ 为行星轮的个数)。

如图 11.33 所示,假设在位置 I 时先装入第一个行星轮于位置 O_2',为了在相隔 φ_H 角处装入第二个行星轮,可以假想把中心轮 3 固定起来而让系杆转动,使第一个行星轮由位置 O_2' 转到 O_2'',使 $\angle O_2'OO_2'' = \angle\varphi_H$。这时中心轮 1 上的 a_1 转到了 a_1',转过的角度为 φ_1。根据其传动比,角度 φ_H 和 φ_1 满足

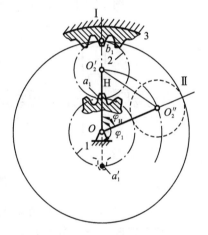

图 11.33 周转轮系装配条件

$$\frac{\varphi_1}{\varphi_H} = \frac{\omega_1}{\omega_H} = i_{1H} = 1 + \frac{z_3}{z_1}$$

即

$$\varphi_1 = \left(1 + \frac{z_3}{z_1}\right)\frac{360°}{k}$$

而此时中心轮 1 应恰好转过整数个轮齿 N,即 $\varphi_1 = N\frac{360°}{z_1}$。

则

$$N = (z_3 + z_1)/K \tag{11.13}$$

这时中心轮 1 与中心轮 3 的轮齿又恢复到与装第一个行星轮的位置一样的位置,可以顺利装入第二个行星轮,同理可以装入第三个,…,直至第 k 个行星轮。

由式(11.13)可知,要满足均匀分布装入 k 个中心轮的条件,两个中心轮的齿数和 z_1+z_3 应能被行星轮个数 k 整除。

4) 邻接条件(neighbor condition)

在行星轮系中,均布的中心轮数目越多,每对轮齿所承受的载荷越小,能够传递的功率也就越大。但相邻两个中心轮的齿顶不能产生干涉或碰撞。由图 11.33 可知,要使相邻两行星轮的齿顶不致互相碰撞,则相邻两行星轮的中心距应大于两行星轮齿顶圆半径之和,即 $\overline{O_2'O_2''}$ $> 2r_{a_2}$。

对于标准齿轮传动 $\quad 2(r_1+r_2)\sin\dfrac{360°}{k}>2(r_2+h_a^* m)$

即 $\quad (z_1+z_2)\sin\dfrac{180°}{k}>z_2+2h_a^*$ (11.14)

至于双排行星轮系的设计问题可以参考有关手册。差动轮系的齿数选择问题,可以假想将其一个中心轮固定,使其转化为一个假想的行星轮系,然后按照上面的设计方法进行设计。

3. 均衡装置设计

行星轮系中采用多个行星轮来分担载荷,由于制造、安装误差及使用时的变形,在实际使用时,往往会出现各行星轮受载极不均衡的现象,使行星轮系承载能力高的优势不能充分发挥。为了降低载荷分配不均的现象,常从结构上采取措施,使传动装置在工作过程中,各构件之间能够自动补偿各种误差,从而接近受载均衡,这些特殊的设计即行星轮系的均载装置(load balancing mechanism)。

1) 采用基本构件浮动的均衡装置

所谓基本构件浮动,是指周转轮系的某个基本构件不加径向支撑,允许其作径向及偏转位移,当受载不均时,即可自动寻找平衡位置,直至各行星轮之间载荷均匀分配为止,从而达到载荷均衡的目的。其实质是通过基本构件浮动增加机构自由度,消除或减少虚约束,从而达到均载目的。三个构件中有一个浮动即可达到均载的目的,若有两个基本构件同时浮动,则均载效果会更好。图 11.34(a)、(b)为中心外齿轮浮动结构,图 11.34(c)、(d)为中心内齿轮浮动结构。

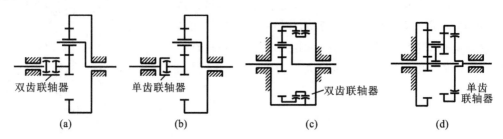

图 11.34 中心轮浮动的行星轮系

2) 采用弹性元件的均衡装置

通过弹性元件的弹性变形使各行星轮之间的载荷得以均衡,不仅可以使行星轮受载均匀,而且具有良好的减振性,结构比较简单,但其均载效果与弹性元件的刚度和总制造精度有关。图 11.35(a)通过将行星轮装在弹性心轴上使行星轮的载荷得到均衡;图 11.35(b)采用在行星

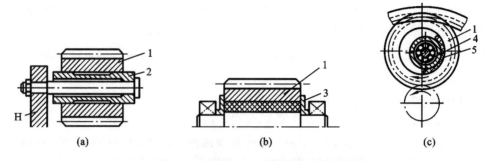

图 11.35 采用弹性构件的均载装置结构示意图
1—行星轮;2—弹性轴;3—弹性衬套;4—介轮;5—油膜

轮轴上加装弹性衬套而使行星轮的载荷得到均衡;图 11.35(c)则通过在行星轮内孔与轴承外径之间留有较大间隙,形成较厚的润滑油膜,获得油膜弹性浮动结构。

3) 杠杆联动的均衡装置

这种装置中装有偏心的行星轮轴和杠杆系统,当行星轮受力不均衡时,可通过杠杆系统的连锁动作自行调整达到新的平衡位置,适用于具有两个、三个和四个行星轮的周转轮系。虽然均衡效果较好,但结构较复杂。

如图 11.36 所示的三个偏心的行星轮轴互成 120°布置,每个偏心轴与平衡杠杆刚性连接,杠杆的另一端由一个能在同一平面内自由运动的浮动环支撑。当作用在三个行星轮轴上的作用力互不相等时,则作用在浮动环上的作用力也不相等,浮动环失去平衡,产生移动或转动,使受载大的行星轮减载,受载小的行星轮增载,直至达到新的平衡为止。

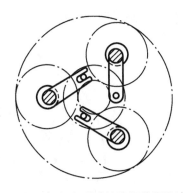

图 11.36　杠杆联动的均衡装置设计

11.8　其他行星齿轮传动简介

11.8.1　渐开线少齿差行星传动

1. 组成及工作原理

图 11.37 所示的渐开线少齿差行星齿轮传动(planetary involute gear drive with small teeth difference),这种轮系用于减速时,运动由系杆 H 输入,通过等角速比机构由轴 V 输出。与一般行星轮系的不同之处在于,它输出的是行星轮的绝对运动。由于行星轮 2 与中心轮 1 的齿廓均为渐开线,且齿数差很少(一般相差 1~4 个齿),故称为渐开线少齿差行星齿轮传动。又因只有一个中心轮 K、一个系杆 H、一个带输出机构的输出轴 V,故又称为 K-H-V 行星轮系。

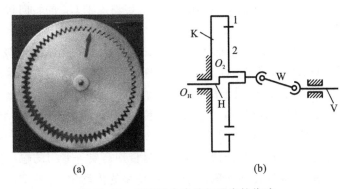

图 11.37　渐开线少齿差行星齿轮传动

行星轮 2 既自转还要随着系杆 H 公转,其中心 O_2 无法固定在一点,为了将其运动不变地传递给具有固定轴线的输出轴 V,需要在两者之间安装一个能实现等角速比传动的输出机构,目前应用最广的是双盘销轴式输出机构,如图 11.38 所示。在行星轮的腹板上沿圆周均匀分布有若干个销孔,销孔中心为 O_h;在输出轴圆盘相同半径的圆周上则均匀分布有相同数量的圆柱销轴,柱销中心为 O_s,这些销轴对应插入在行星轮腹板上的销孔中。若输出轴圆盘中心 O_1

和行星轮 2 中心 O_2 之间的偏心距为 a，行星轮腹板上销孔直径为 d_h，输出轴圆盘上圆柱销直径为 d_s，只要满足 $d_h = d_s + 2a$，就可以保证销轴和销孔在轮系运动过程中始终保持接触，此时的 $O_1O_2O_hO_s$ 刚好组成平行四边形，因此，输出轴将始终随着行星轮而同步同向转动，即输出轴输出的是行星轮的绝对运动。

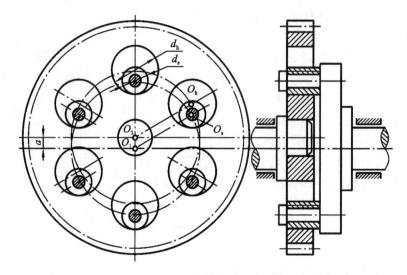

图 11.38 双盘销轴式输出机构

2. 传动比计算

由图 11.38(b)和周转轮系传动比计算公式得

$$i_{21}^H = \frac{n_2 - n_H}{-n_H} = \frac{z_1}{z_2}$$

则
$$i_{HV} = i_{H2} = \frac{n_H}{n_2} = -\frac{z_2}{z_1 - z_2} \tag{11.15}$$

由式(11.15)可见，当 $z_1 - z_2$ 很小时，传动比 i_{HV} 可以很大；当 $z_1 - z_2 = 1$ 时，称为渐开线一齿差行星传动，此时 $i_{HV} = -z_2$，负号表示输出轴 V 与输入轴 O_H 的转向相反。

3. 特点及应用

渐开线少齿差行星传动具有传动比大（一级减速传动比可达 100、两级传动传动比可达 10000 以上）、结构简单紧凑、体积小、质量轻、运转平稳、齿形容易加工、装拆方便、传动效率高（可达 85%～91%）等特点，广泛应用于汽车、机械、食品工业、石油化工、起重运输及仪表制造等行业。但由于这种传动齿差数很少，又是内啮合传动，容易产生齿廓重叠干涉。一般需采用啮合角很大的正传动来避免产生齿廓重叠干涉（当 $z_1 - z_2 = 1$ 时，啮合角 $\alpha' = 54°\sim 56°$），而这又会带来轴承压力的增大。另外，渐开线少齿差行星传动需要一专门的输出机构，这也在一定程度上限制了传递功率，故这种传动一般用于中、小功率的传动中（一般 $P \leqslant 45$ kW）。

11.8.2 摆线针轮行星传动

1. 组成及工作原理

如图 11.39 所示，摆线针轮行星传动（cycloidal drive）由针轮 1、摆线行星齿轮 2、系杆 H 及输出机构 3 组成。运动由系杆 H 输入，通过输出机构 3 由轴 V 输出，这也是一种一齿差 K-H-V 行星传动。在摆线针轮行星传动中，摆线行星轮 2 的齿廓曲线不是渐开线，而是变态外

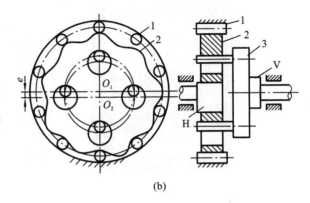

(a)　　　　　　　　　　　(b)

图 11.39　摆线针轮行星传动

摆线的内侧等距曲线;中心内齿轮 1 的齿廓为与行星轮齿廓曲线共轭的圆,即设计为针齿,又称为针轮。

2. 传动比计算

同渐开线少齿差行星传动一样,其传动比为

$$i_{HV} = i_{H2} = \frac{n_H}{n_2} = -\frac{z_2}{z_1 - z_2}$$

由于 $z_1 - z_2 = 1$,故 $i_{HV} = -z_2$,可获得较大传动比。

3. 特点及应用

摆线针轮行星传动具有传动比大(一级减速传动比可达 6~119、二级减速传动比可达 121~7569、三级减速传动比可达 2057~658503)、结构简单紧凑(比一般两级普通圆柱齿轮减速器体积可减小 1/2~2/3,质量减轻 1/3~1/2)、传动效率高(一级传动可达 85%~95%)、传动平稳、承载能力强(理论上有近半数齿同时处于啮合状态,传动功率可达 100 kW)、使用寿命长等优点,且与渐开线少齿差行星传动相比,无齿顶相碰及齿廓重叠干涉等问题。但要实现多齿啮合,对摆线轮齿和针轮齿的齿形精度和分度精度要求较高,需要专门的加工设备,故其加工工艺复杂、制造成本高,目前广泛应用于军工、矿山、冶金、造船、化工等工业部门,其高速轴转速 $n \leqslant 1500 \sim 1800$ r/min,传递功率 $P \leqslant 132$ kW。摆线针轮减速器 1930 年问世以来,目前已有系列商品规格生产,是目前世界各国产量最大的一种减速器,应用十分广泛。

11.8.3 谐波齿轮传动

1. 组成及工作原理

谐波齿轮传动(harmonic gear drive)是利用行星传动原理,建立在弹性变形理论基础上的一种新型传动,它的出现为机械传动技术带来了重大突破。其结构如图 11.40 所示,由具有内齿的钢轮 1、具有外齿的柔轮 2 和波发生器 H 组成,分别相当于行星轮系中的中心轮、行星轮和系杆。通常波发生器 H 为主动件,钢轮、柔轮为从动件或固定件。

波发生器的总长略大于柔轮内孔直径,当波发生器装入柔轮内孔时,柔轮变为椭圆形,在椭圆的长轴两端出现了钢轮和柔轮的两个局部啮合区,而在椭圆短轴两端,钢轮和柔轮两轮轮齿则完全脱开。当波发生器转动时,柔轮长短轴的位置在不断变化,从而使钢轮和柔轮啮合和脱开处的位置也在发生不断变化,在两轮之间产生了相对位移,从而传递运动。

由于在传动过程中,柔轮的弹性变形波近似于谐波,故称之为谐波齿轮传动。波发生器上

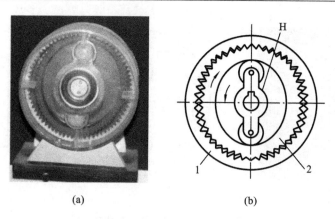

图 11.40 谐波齿轮传动

的凸起部位的数量称为波数(波发生器上滚轮数),而钢轮和柔轮的齿数差通常等于波数的整数倍,一般齿数差就等于波数。

2. 传动比计算

由于这种传动方式与行星传动类似,其传动比的计算方法仍可按周转轮系的计算方法进行。

当波发生器 H 为主动件,钢轮 1 为从动件,柔轮 2 为固定件时:

$$i_{H1}=\frac{n_H}{n_1}=\frac{z_1}{z_1-z_2}(主、从动件转向相同)$$

当波发生器 H 为主动件,柔轮 2 为从动件,钢轮 1 为固定件时:

$$i_{H2}=\frac{n_H}{n_2}=-\frac{z_2}{z_1-z_2}(主、从动件转向相反)$$

3. 特点及应用

谐波齿轮传动具有传动比大且范围宽(多级传动的传动比可达 100000),传动比大时传动效率仍然较高(单级传动可达 65%～90%),结构简单、体积小、质量轻,传动平稳、承载能力强(同时啮合轮齿对数多、齿面相对滑动速度低),运动精度高(目前可达 10″以下),传动平稳,噪声低,可实现通过密封壁传递运动,在真空条件下具有足够高的工作能力等优点,因而在航空、航天、航海、卫星、能源、电子、机床、仪表、交通、纺织、冶金、工程机械、石油化工、常规武器、精密光学设备、雷达通信以及医疗器械等方面获得了广泛的应用。但柔轮易发生疲劳破坏;若结构参数和啮合参数选择不当,会导致发热过大,降低承载能力;且其启动力矩大,速比越小启动力矩越大,啮合刚度差。因此,动力谐波齿轮传动的最大输出转矩应小于 8～10 kN·m 为宜。国外 1955 年提出谐波传动的概念,我国于 1961 年才开始谐波传动研究,1993 年制定了 GB/T 14118-93 谐波传动减速器标准,成为掌握该项技术的国家之一。

思考题及练习题

11.1 在定轴轮系中,如何确定首、末两轮的转向?

11.2 周转轮系由哪几部分组成?什么是周转轮系的转化机构?它在计算周转轮系的传动比中起什么作用?

11.3 周转轮系中两轮传动比的正负号与该周转轮系转化机构中两轮传动比的正负号意义相同吗?为什么?

11.4　简述差动轮系和行星轮系的主要区别。

11.5　如何从复杂的混合轮系中划分出基本轮系？

11.6　定轴轮系和周转轮系各有哪些功能？

11.7　在确定行星轮系各轮齿数时，必须满足哪些条件？为什么？

11.8　用转化轮系法计算行星轮系效率的理论基础是什么？

11.9　何谓"正号机构"、"负号机构"？各有何特点？各适用于什么场合？

11.10　为什么要在行星轮系中使用均载装置？采用均载装置后会不会影响轮系的传动比？

11.11　何为少齿差行星传动？摆线针轮传动的齿数差是多少？在谐波齿轮传动中，如何确定钢轮和柔轮的齿数差？

11.12　图示为手动提升机构，已知 $z_1=20, z_2=50, z_3=15, z_4=40, z_5=1, z_6=80$，蜗杆右旋，试求 i_{16}，并指出提升重物时手柄的转向。

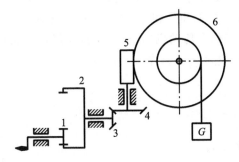

题 11.12 图

11.13　图示为一千分表的示意图，各轮的齿数如图示，模数 $m=0.11$ mm。若测量杆 1 每移动 0.001 mm，指针尖端刚好移动一个刻度（$s=1.5$ mm），问指针的长度 R 等于多少？（图中齿轮 5 和游丝的作用用于始终保持齿轮单侧接触，以消除齿侧间隙对测量的影响。）

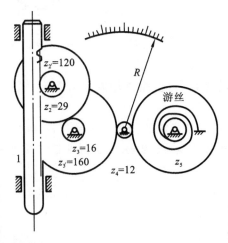

题 11.13 图

11.14　图示为绕线机的计数器，图中 1 为单头蜗杆，其一端装手柄，一端装绕制线圈，2、3 为两个窄蜗轮，$z_2=99, z_3=100$。在计数器中有两个刻度盘，在固定刻度盘的一周上有 100 个刻度，在与蜗轮 2 固联的活动刻度盘一周上有 99 个刻度，指针与蜗轮 3 固联。问指针在固定刻度盘和活动刻度盘上的每一格读数各代表绕制线圈的匝数是多少？在图示情况下，线圈已绕制了多少匝？

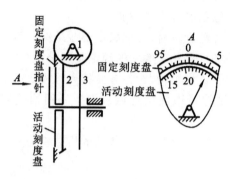

题 11.14 图

11.15 图示为一时钟指针轮系，S、M、H 分别表示秒针、分针、时针。图中括号内的数字表示该轮的齿数，假设齿轮 B、C 的模数相等，试求齿轮 A、B、C 的齿数。

11.16 在图示滚齿机工作台传动机构中，工作台与蜗轮 5 固联。若已知 $z_1=z_{1'}=15$，$z_2=35$，$z_{4'}=1$（右旋），$z_4=40$，滚刀 $z_6=1$（左旋），$z_7=28$，今要切制一个齿数为 $z_{5'}=64$ 的齿轮，应如何选配挂轮组的齿数 $z_{2'}$、z_3 和 z_4？

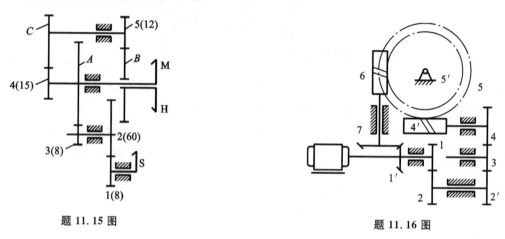

题 11.15 图　　　　　　题 11.16 图

11.17 如图所示的周转轮系中，已知各轮齿数为 $z_1=18$，$z_2=33$，$z_{2'}=27$，$z_3=84$，$z_4=78$。试求传动比 i_{14}。

11.18 如图所示轮系，已知各齿轮的齿数为 $z_1=15$，$z_2=25$，$z_{2'}=20$，$z_3=60$，轮 1 的角速度 $\omega_1=20.9$ rad/s，轮 3 的角速度 $\omega_3=5.2$ rad/s。试求系杆 H 的角速度 ω_H 的大小和方向：

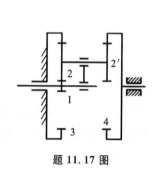 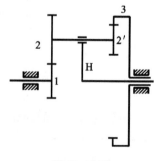

题 11.17 图　　　　　　题 11.18 图

(1) 当 ω_1、ω_3 转向相同时；

(2) 当 ω_1、ω_3 转向相反时。

11.19 已知图示轮系中各轮的齿数 $z_1=40, z_2=80, z_3=30, z_4=120$，轮1的转速为 $n_1=240$ r/min，转向如图。试求轮3的转速 n_3 大小和方向。

11.20 所示图示轮系中，已知 $z_1=40, z_2=50, z_3=40, z_4=50, z_5=35, z_6=30$，若 $n_{II}=140$ r/min，$n_{III}=70$ r/min，两轴转向相同，试求 n_1 的大小，并判断其转向。

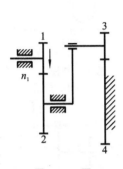

题 11.19 图

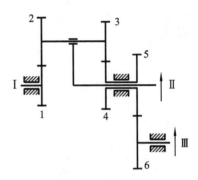

题 11.20 图

11.21 计算图示轮系的传动比 i_{1H}，并确定输出杆 H 的转向。已知各齿轮的齿数 $z_1=1$，$z_2=40, z_{2'}=24, z_3=72, z_{3'}=18, z_4=114$，蜗杆左旋，$n_1$ 转向如图示。

11.22 图示轮系中，已知 $z_1=30, z_2=26, z_{2'}=z_3=z_4=21, z_{4'}=30, z_5=2$，又知齿轮1的转速为 $n_1=260$ r/min，蜗杆5的转速为 $n_5=600$ r/min，方向如图所示，试求传动比 i_{1H}。

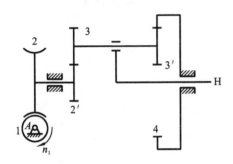

题 11.21 图

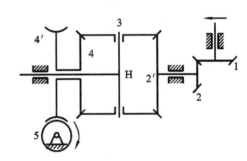

题 11.22 图

11.23 图示轮系中，已知蜗杆为双头左旋，$z_2=50, z_{2'}=20, z_{2''}=20, z_3=15, z_{3'}=30, z_4=40, z_{4'}=40, z_5=40, z_{5'}=20$。试确定传动比 i_{AB} 及轴 B 的转向。

11.24 在图示的轮系中，已知各轮齿数为 $z_2=z_4=25, z_{2'}=20, z_{1'}=z_{3'}$，各轮的模数相同，$n_4=1000$ r/min。试求系杆的转速 n_H 的大小和方向。

11.25 图示轮系中，各轮模数和压力角均相同，都是标准齿轮，各轮齿数为 $z_1=23, z_2=51, z_3=92, z_{3'}=40, z_4=40, z_{4'}=17, z_5=33$，$n_1=1500$ r/min，转向如图示。试求齿轮 $2'$ 的齿数 $z_{2'}$ 及 n_A 的大小和方向。

11.26 在图所示轮系中，设转速 n_1 为 19 r/min，已知各轮齿数为 $z_1=90, z_2=60, z_{2'}=z_3=30, z_{3'}=24, z_4=18, z_5=15, z_{5'}=30, z_6=105, z_7=32, z_8=35$，试求转速 n_7。

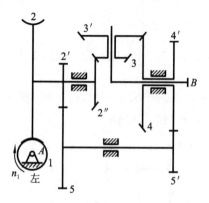

题 11.23 图

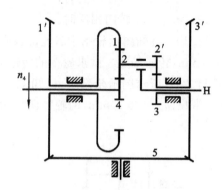

题 11.24 图

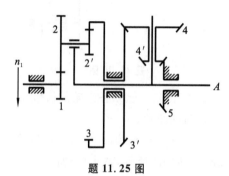

题 11.25 图

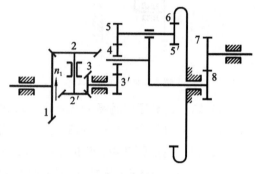

题 11.26 图

第 12 章　其他常用机构

12.1　棘轮机构

除了前面讨论的平面连杆机构、凸轮机构和齿轮机构外,许多机器中还经常用到其他类型的机构,如棘轮机构(ratchet mechanism)、槽轮机构(Geneva mechanism)、螺旋机构(screw mechanism)、非圆齿轮机构(non-circular gear mechanism)、万向铰链机构(universal hinge mechanism)等。本章将对这些机构的工作原理、类型、运动特点、优缺点及用途分别作简要的介绍。

12.1.1　棘轮机构的组成和工作原理

典型的棘轮机构如图 12.1 所示,该机构由棘轮(ratchet)3、主动棘爪(active pawl)4、摇杆 1、止动棘爪(retaining pawl)5 和机架 2 组成。摇杆 1 空套在与棘轮 3 固连的传动轴上。棘爪 4 与摇杆 1 用转动副相连。当摇杆 1 逆时针方向摆动时,棘爪 4 便插入棘轮 3 的齿槽,使棘轮跟着转动某一角度。这时止动棘爪 5 在棘轮的齿背上滑过。当摇杆 1 顺时针方向摆动时,止动爪 5 阻止棘轮顺时针转动,同时棘爪 4 在棘轮 3 的齿背上滑过,所以此时棘轮 3 静止不动。这样,当摇杆 1 作连续的往复摆动时,棘轮 3 便只作单向的间歇转动。摇杆 1 的摆动可由凸轮机构、连杆机构或电磁装置等得到。

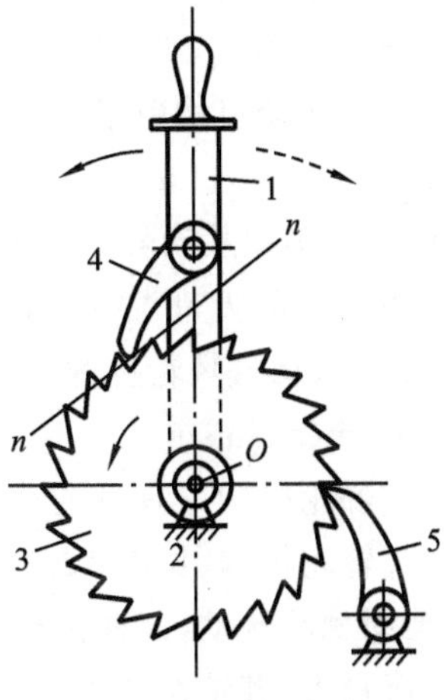

12.1.2　棘轮机构的类型和工作特点

棘轮机构有以下几种。

图 12.1　外啮式棘轮机构
1—摇杆;2—机架;3—棘轮;4—棘爪;5—止动爪

1. 棘轮机构按结构形式分

棘轮机构按结构形式分可分为齿式棘轮机构(tooth ratchet mechanism)和摩擦式棘轮机构(friction type ratchet mechanism)。

齿式棘轮机构(见图 12.1)结构简单,制造方便;动与停的时间比可通过选择合适的驱动机构实现。该机构的缺点是动程只能作有级调节;噪音、冲击和磨损较大,故不宜用于高速运动。

摩擦式棘轮机构(见图 12.2)是用偏心扇形楔块代替齿式棘轮机构中的棘爪,以无齿摩擦轮代替棘轮。特点是传动平稳、无噪音;动程可无级调节。但因靠摩擦力传动,会出现

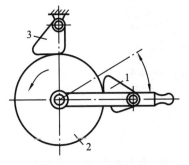

图 12.2　摩擦式棘轮机构
1,3—扇形楔块;2—摩擦轮

打滑现象,虽然可起到安全保护作用,但是传动精度不高,适用于低速轻载的场合。

2. 棘轮机构按啮合方式分

棘轮机构按啮合方式分可分为外啮合棘轮机构(external gear ratchet mechanism)(见图 12.1、图 12.2)、内啮合棘轮机构(internal gear ratchet mechanism)(见图 12.3(a))和棘条式棘轮机构(spine strip type ratchet mechanism)(见图 12.3(b))。

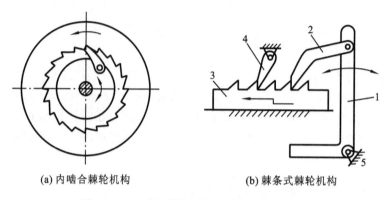

(a) 内啮合棘轮机构　　　　　(b) 棘条式棘轮机构

图 12.3　内啮合棘轮机构和棘条式棘轮机构

外啮合式棘轮机构的棘爪或楔块均安装在棘轮的外部,而内啮合棘轮机构的棘爪或楔块均安装在棘轮内部。

外啮合式棘轮机构由于加工、安装和维修方便,应用较广。内啮合棘轮机构的特点是结构紧凑,外形尺寸小。

3. 棘轮机构按从动件运动形式分

棘轮机构按从动件运动形式分可分为单动式棘轮机构(single acting ratchet mechanism)、双动式棘轮机构(double acting ratchet mechanism)和双向式棘轮机构(two-way type ratchet mechanism)。

单动式棘轮机构只有当主动件按某一个方向摆动时,才能推动棘轮转动。

双动式棘轮机构(见图 12.4)的主动摇杆两个方向往复摆动的过程中,分别带动两个棘爪,两次推动棘轮转动,此种机构的棘爪可制成钩头的(见图 12.4(a))或直的(见图 12.4(b))。常用于载荷较大,棘轮尺寸受限,齿数较少,而主动摆杆的摆角小于棘轮齿距的场合。

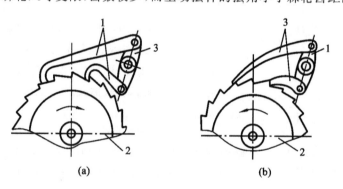

图 12.4　双动式棘轮机构

双向式棘轮机构(见图 12.5(a))可通过改变棘爪的摆动方向,使棘轮得到双方向的间歇运动。该棘轮机构的齿的端面为矩形,而棘爪可以翻转。当棘爪处在图示位置 B 时,棘轮可获得逆时针方向单向间歇运动;而当把棘爪绕其销轴 A 翻转到虚线所示位置 B' 时,棘轮则可

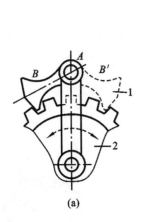
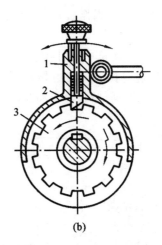

图 12.5 双向棘轮机构

获得顺时针单向间歇运动。又如图 12.5(b)所示的具有回转棘爪的棘轮机构也可以实现双向间歇运动。当棘爪按图示位置放置时,棘轮可获得逆时针单向间歇运动。当把棘爪提起,并绕其本身轴线转 180°后再放下时,就使棘爪的直边与棘轮轮齿的左侧齿廓相接触,从而可使棘轮获得顺时针单向间歇运动。值得注意的是,双向式棘轮机构必须采用对称齿形。

上述各种棘轮机构,在原动件摇杆摆角一定的条件下,棘轮每次转动的转动角是不能改变的。但有时需要随工作要求而改变棘轮每次转动的角度。为此,除可改变摇杆的摆动角度外,还可如图 12.6 所示,在棘轮外加装一个棘轮罩,用以遮盖摇杆摆角范围内棘轮上的一部分齿。这样当摇杆逆时针摆动时,棘爪先在棘轮罩上滑动,然后才嵌入棘轮的齿间来推动棘轮转动。被罩遮住的齿越多,则棘轮每次转动的角度就越小。

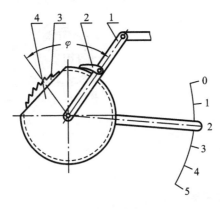

图 12.6 棘轮罩机构

1—摇杆;2—棘爪;3—棘轮;4—棘轮罩

12.1.3 棘轮机构的功能

齿式棘轮机构运动可靠,从动棘轮的转角容易实现有级调节,但在工作过程中有噪声和冲击,棘轮易磨损,在高速时尤其严重,所以常用在低速、轻载下实现间歇运动。

棘轮机构的主要用途有间歇送进、制动、转位分度和超越离合等。

在图 12.7 所示的牛头刨床工作台的横向进给机构中,运动由一对齿轮传到曲柄 1,再经连杆 2 带动摇杆 3 作往复运动。3 上装有棘爪,从而推动棘轮 4 作单向间歇转动。棘轮与螺杆固连,从而又使螺母5(工作台)作进给运动。若改变曲柄的长度,就可以改变棘爪的摆角,以调节进给量。

图12.8所示为卷扬机中杠杆控制的带式制动机构,制动轮与外棘轮固结,棘爪铰接于制动轮上,制动轮按逆时针方向自由转动,棘爪3在棘轮齿背上滑动。若制动轮向相反方向转动,则制动轮被棘齿制动,防止链条断裂时卷筒逆转。

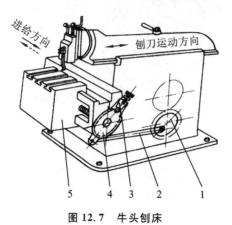

图12.7 牛头刨床
1—曲柄;2—连杆;3—摇杆;4—棘轮;5—螺母

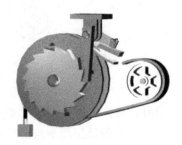

图12.8 卷扬机制动机构

图12.9所示是手枪盘中利用棘轮机构实现的转位分度功能。

摩擦式棘轮机构传递运动较平稳,无噪音,从动构件的转角可作无级调节,常用来做超越离合器,在各种机构中实现进给或传递运动,如图12.10所示的钻床的自动进给机构。但此机构运动准确性差,不宜用于运动精度要求高的场合。

图12.9 手枪盘分度机构

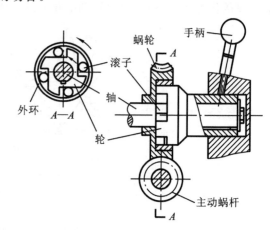

图12.10 钻床的自动进给机构

12.1.4 棘轮机构的设计

棘轮机构的设计主要应考虑:棘轮齿形的选择、模数及齿数的确定、齿面倾斜角的确定、行程和动停比的调节方法等。

外啮合齿式棘轮结构尺寸计算依据见图12.11和表12.1。

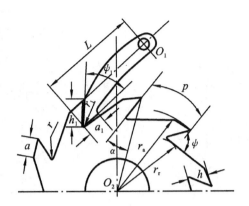

图 12.11 棘轮的齿形

表 12.1 外啮合齿式棘轮结构尺寸计算

尺寸名称	符号	计算依据
模数	m	常用 1,2,3,4,5,6,8,10,12,14,16 等
周节	p	$\pi D/z = \pi m$
齿顶圆直径	D	zm
齿高	h	$0.75m$
齿顶厚	S	m
齿槽夹角	φ	60°或 55°
齿根圆半径	r	≥1.5
棘爪长度	L	$2\pi m$

12.2 槽轮机构

12.2.1 槽轮机构的组成和工作原理

槽轮机构又称马尔他机构,是由槽轮和销轮组成的单向间歇运动机构(one-way intermittent mechanism),如图 12.12 所示。

槽轮机构由具有径向槽的槽轮 2 和具有圆销的销轮 1 以及机架所组成。当 1 的圆销 A 未进入 2 的径向槽时,由于 2 的内凹锁止弧 nn 被 1 的外凸圆弧 mm 卡住,故 2 静止不动。图 12.12(a)所示为圆销 A 开始进入槽轮径向槽的位置,这时锁止弧 nn 被松开,因而圆销能驱使槽轮沿与 1 相反的方向转动。当圆销开始脱出槽轮的径向槽时,槽轮的另一内凹锁止弧又被 1 的外凸圆弧卡住,致使 2 又静止不动,直至 1 的圆销再次进入 2 的另一径向槽时,两者又重复上述的运动循环。这样,当主动构件 1 作连续转动时,槽轮 2 便得到单向的间歇运动。

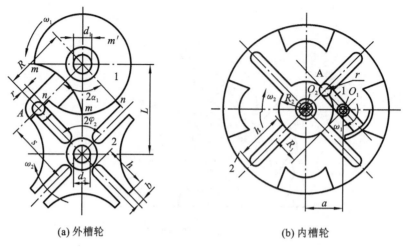

(a) 外槽轮　　(b) 内槽轮

图 12.12　槽轮机构

12.2.2　槽轮机构的类型

槽轮机构主要分为传递平行轴运动的平面槽轮机构（plane Geneva mechanism）和传递相交轴运动的空间槽轮机构（space Geneva mechanism）两大类。

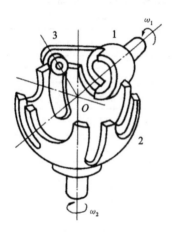

图 12.13　球面槽轮机构
1—主动销轮；2—从动槽轮；3—拨销

平面槽轮机构又分为外槽轮机构（external Geneva mechanism）（见图 12.12(a)）和内槽轮机构（internal Geneva mechanism）（见图 12.12(b)）。在各种机械中，外槽轮机构应用比较广泛。外槽轮机构的槽轮 2 转向同拨盘 1 的转向相反，内槽轮机构则转向相同。与外槽轮机构相比，内槽轮机构结构紧凑，所占空间小。

图 12.13 所示为空间槽轮机构的结构简图，其从动槽轮 2 呈半球状，四个槽和锁止弧均布在球面上，其组成特点是主动销轮 1 的轴线、拨销 3 的轴线及槽轮的轴线相交于球面的球心 O，故又称为球面槽轮机构。该机构的工作过程与平面槽轮相似。主动销轮上的拨销通常只有一个，所以槽轮的停、动时间是相等的。如果在主动销轮上安装对称的两个拨销，则因当一侧的拨销即将由槽轮的槽中脱出时，另一拨销也即将进入槽轮的另一相邻的槽中，故槽轮将连续转动。

槽轮机构还有一些其他形式。槽轮上的槽不仅径向尺寸可以不同，分布也可以是不均匀的。由于这些不规则的槽轮机构很少应用，这里就不再介绍了。

12.2.3　特点和应用

槽轮机构结构简单、制造容易、工作可靠、机械效率高，能平稳地、间歇地进行转位。但是其动程不可调节，转角不能太小，槽轮在启、停时的加速度大，有冲击，并随着转速的增加或槽轮槽数的减少而加剧，故不宜用于高速运转的场合。

槽轮机构一般应用在转速不高、要求间歇地转过一定角度的分度装置中，如在电影放映机中用来间歇移动胶片（见图 12.14），在转塔车床上用来实现刀具的转位等（见图 12.15）。

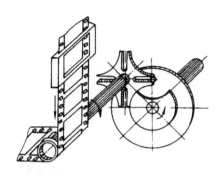

图 12.14　电影放映机送片机构

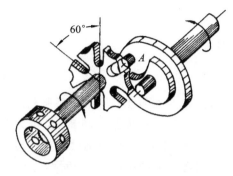

图 12.15　转塔车床刀架转位机构

在实际应用中,常常需要槽轮轴转角大于或小于 $\frac{2\pi}{z}$,这时可在槽轮轴与输出轴之间增加一级齿轮传动。如果是减速齿轮传动,则输出轴每次转角小于 $\frac{2\pi}{z}$;如果是增速齿轮传动,则输出轴每次转角大于 $\frac{2\pi}{z}$,改变齿轮的传动比就可以改变输出轴的转角。同时,增加一级齿轮传动还可以使槽轮转位所产生的冲击主要由中间轴吸收,使运转更为平稳。

12.2.4　设计要点

1. 槽轮机构的运动系数

在图 12.9(a)所示的外槽轮机构中,为了使槽轮开始转动瞬时和终止转动瞬时的角速度为零,以避免刚性冲击,圆销开始进入径向槽或自径向槽脱出时,径向槽的中心线应切于圆销中心运动的圆周。设 z 为均匀分布的径向槽数目,则由图 12.12(a)得槽轮 2 转动时构件 1 的转角 $2\alpha_1$ 为

$$2\alpha_1 = \pi - 2\varphi_2 = \pi - \frac{2\pi}{z}$$

在一个运动循环内,槽轮 2 运动的时间 t_d 与静止时间 t_j 之比称为运动系数 k。当构件 1 等速转动时,这个时间比可用转角比来表示。对于只有一个圆销的槽轮机构,t_d 对应构件 1 转角 $2\alpha_1$,t_j 对应构件 1 转角 $(2\pi - 2\alpha_1)$,因此槽轮机构运动系数 k 为

$$k = \frac{t_d}{t_j} = \frac{2\alpha_1}{2\pi - 2\alpha_1} = \frac{\pi - \frac{2\pi}{z}}{2\pi - \left(\pi - \frac{2\pi}{z}\right)} = \frac{z-2}{z+2} \tag{12.1}$$

由于运动系数必须大于零,所以由上式可知,径向槽的数目 z 应大于 2。又从式(12.1)可以看出,分子总小于分母,也就是说,在这种槽轮机构中,槽轮的运动时间总是小于其静止的时间。

如果主动构件 1 上装有均匀分布的 K 个圆销,则槽轮在一个运动循环中运动时间比只有一个圆销时增加 K 倍,因此运动系数为

$$k = \frac{Kt_d}{t_j} = \frac{K2\alpha_1}{2\pi - (K2\alpha_1)} = \frac{K\left(\pi - \frac{2\pi}{z}\right)}{2\pi - \left[K\left(\pi - \frac{2\pi}{z}\right)\right]} = \frac{z-2}{\frac{2z}{K} - (z-2)} \tag{12.2}$$

由于运动系数 k 总是大于零,上式分母也必须大于零,所以

$$\frac{2z}{K}-(z-2)>0$$

即
$$K<\frac{2z}{z-2} \tag{12.3}$$

由式(12.3)可算出槽数确定后所允许的圆销数。例如当 $z=3$ 时，K 可为 1 至 5；当 $z=4$ 或 5 时，K 为 1 至 3，又当 $z\geqslant 6$ 时，K 可为 1 至 2。

如要使槽轮机构的运动时间与静止时间相等，只需令式(12.2)中 $k=1$，于是得到 $K=2$、$z=4$ 的外槽轮机构，如图 12.16 所示，这时除了径向槽和圆销都是均匀分布外，两圆销至轴 O_1 的距离也是相等的。

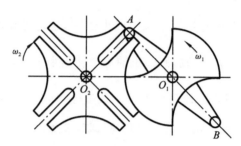

图 12.16 双圆销外啮合槽轮机构

在主动构件转动一周期间内，如果要使槽轮每次停歇的时间不相等，则圆销应作不均匀分布；如果要使槽轮每次运动的时间不相等，则应使圆销的回转半径不相等。

对于图 12.12(b)所示的内槽轮机构，同理也可得内槽轮机构径向槽数目 z 也至少为 3。内槽轮机构槽数与销数的关系式同理可推出：

$$K<\frac{2z}{z+2} \tag{12.4}$$

当槽数 $z>2$ 时，K 总小于 2，所以内槽轮机构只可以有一个圆销。

2. 槽轮机构的运动特性

图 12.17 所示的外槽轮机构，在运动过程的任一瞬时，槽轮 2 的转角 φ_2 和构件 1 的转角 φ_1 间的关系为

$$\tan\varphi_2=\frac{\overline{PQ}}{\overline{O_2Q}}=\frac{r\sin\varphi_1}{a-r\cos\varphi_1}$$

令 $\lambda=\dfrac{r}{a}$ 并代入上式得

$$\varphi_2=\arctan\frac{\lambda\sin\varphi_1}{1-\lambda\cos\varphi_1} \tag{12.5}$$

槽轮的角速度 ω_2 为 φ_2 对时间的一次求导，即

$$\omega_2=\frac{\mathrm{d}\varphi_2}{\mathrm{d}t}=\frac{\lambda(\cos\varphi_1-\lambda)}{1-2\lambda\cos\varphi_1+\lambda^2}\omega_1 \tag{12.6}$$

当构件 1 的角速度 ω_1 为常数时，槽轮的角加速度为

$$\alpha_2=\frac{\mathrm{d}\omega_2}{\mathrm{d}t}=\frac{\lambda(\lambda^2-1)\sin\varphi_1}{(1-2\lambda\cos\varphi_1+\lambda^2)^2}\omega_1^2 \tag{12.7}$$

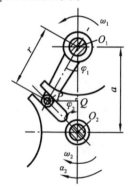

图 12.17 外槽轮机构

由图 12.12(a) 可得 $\lambda=\dfrac{r}{a}=\sin\varphi_2=\sin\dfrac{\pi}{z}$，所以从式(12.6)、式(12.7)中可以看出，当 ω_1 一定时，槽轮机构的角速度和角加速度随槽数 z 而变化。

图 12.18 所示为槽数 $z=3、4、6$ 时的外槽轮机构的角速度和角加速度的变化曲线。由图可见，槽轮机构的角速度和角加速度的最大值随槽数 z 的增加而减小。且在圆销进入和脱出时，角加速度有突变，故在此两瞬时有柔性冲击。而槽数越少，冲击越大。因此设计时，槽轮的槽数不应选得太少，但槽数也不宜太多，太多将使槽轮尺寸很大，转动时槽轮的惯性力矩也大。而且当 $z>9$ 时，k 的改变很小，表明槽轮运动的时间与静止的时间变化不大，因此一般选槽数 $z=4\sim8$。

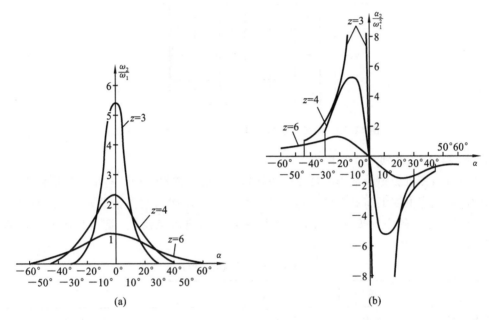

图 12.18　外槽轮机构的角速度和角加速度变化曲线

当构件 1 以 ω_1 等速转动时，内槽轮的转角 φ_2、角速度 ω_2 和角加速度 α_2 的公式推导方法与外槽轮相同，其值分别如下：

$$\varphi_2=\arctan\left(\dfrac{r\sin\varphi_1}{a+r\cos\varphi_1}\right)=\arctan\left(\dfrac{\lambda\sin\varphi_1}{1+\lambda\cos\varphi_1}\right) \tag{12.8}$$

$$\omega_2=\dfrac{\mathrm{d}\varphi_2}{\mathrm{d}t}=\dfrac{\lambda(\cos\varphi_1+\lambda)}{1+2\lambda\cos\varphi_1+\lambda^2}\omega_1 \tag{12.9}$$

$$\alpha_2=\dfrac{\mathrm{d}\omega_2}{\mathrm{d}t}=\dfrac{\lambda(\lambda^2-1)\sin\varphi_1}{(1+2\lambda\cos\varphi_1+\lambda^2)^2}\omega_1^2 \tag{12.10}$$

从上式可以看出，当 ω_1 一定时，内槽轮的角速度、角加速度也随着槽轮的槽数而变化。图 12.19 为槽数 $z=4$ 的内槽轮机构的角速度和角加速度曲线。由图可见，圆销进入和脱出时，和外槽轮机构一样，也有角加速度突变，其值与外槽轮机构相等。但随着转角增大，角加速度迅速下降并趋近零。然后，负角加速度又逐渐增大到开始时的数值，但不像外槽轮机构那样有两个峰值。可见，内槽轮机构的动力性能比外槽轮机构好得多。

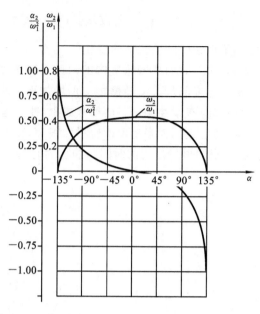

图 12.19　内槽轮机构的角速度和角加速度变化曲线

3. 槽轮机构的几何尺寸计算

如前所述，在机械中最常用的是径向槽均匀分布的外槽轮机构。对于这种槽轮机构，在设计计算时，首先应根据工作要求确定槽轮的槽数 z 和主动拨盘的圆销数 n。再按照受力情况和实际机械所允许的空间安装尺寸，确定中心距 L 和圆销半径 r。具体几何尺寸计算见图 12.12(a) 和表 12.2。

表 12.2　外啮合槽轮机构的几何尺寸计算

名　称	符号	计算公式	备　注
圆销回转半径	R	$R = a\sin\dfrac{\pi}{z}$	a 为中心距
槽轮槽口回转半径	S	$S = a\cos\dfrac{\pi}{z}$	
圆销半径（轮槽宽）	r	$r \approx \dfrac{1}{6}R_1$	
槽底高	b	$b \leqslant a-(R_1+r)$	或 $b = a-(R_1+r)-(3\sim 5)$ mm
槽深	h	$h = R_2 - b$	
拨盘的轴径	d_1	$d_1 < 2(a-R_2)$	
槽轮的轴径	d_2	$d_2 < 2(a-R_1-r)$	
锁止弧张开角	γ	$\gamma = \dfrac{2\pi}{K} - 2\varphi_1$ $= 2\pi\left(\dfrac{1}{K}+\dfrac{1}{z}-\dfrac{1}{2}\right)$	其中：K 为销数；z 为轮槽数
锁止弧半径	R_x	$R_x = K_x(2R_2)$ 或 $R_x = R_1 - r - e$	其中：e 为槽顶一侧壁厚，取 $e > 3\sim 5$ mm； <table><tr><td>z</td><td>3</td><td>4</td><td>5</td><td>6</td><td>8</td></tr><tr><td>K_x</td><td>0.7</td><td>0.35</td><td>0.24</td><td>0.17</td><td>0.10</td></tr></table>

12.3 擒 纵 机 构

12.3.1 擒纵机构的组成及工作原理

擒纵机构(escapement)也是一种间歇运动机构。它由擒纵轮、擒纵叉及游丝摆轮组成。

擒纵轮受发条驱动而转动,同时受擒纵叉上的左右卡瓦阻挡而停止,并通过游丝摆轮系统控制动停时间,从而实现周期性单向间歇运动。

如图 12.20 所示,擒纵轮 5 受发条力矩的驱动,具有顺时针转动的趋势,但因受到擒纵叉的左卡瓦 1 的阻挡而停止。游丝摆轮 6 以一定的频率绕轴 9 往复摆动,图示为摆轮 6 逆时针摆动时的情况。当摆轮上的圆销 4 撞到叉头钉 7 时,使擒纵叉顺时针摆动,直至碰到右限位钉 3′才停止;这时,左卡瓦 1 抬起,释放擒纵轮 5 使之顺时针转动。而右卡瓦 1′落下,并与擒纵轮另一轮齿接触时,擒纵轮又被挡住而停止。当游丝摆轮沿顺时针方向摆回时,圆销 4 又从右面推动叉头钉 7,使擒纵叉逆时针摆动,右卡瓦 1′抬起,擒纵轮 5 被释放并转过一个角度,直到再次被左卡瓦挡住为止。这样就完成了一个工作周期,这就是钟表产生滴答声响的原因。

游丝摆动系统是由游丝、摆轮及圆销、擒纵叉及叉头钉等组成。其能量的补充是通过擒纵轮齿顶斜面与卡瓦的短暂接触传动来实现的。若能将摆幅控制在 220°以上,那么,振荡系统无论受何种冲击,振荡频率都不会变。

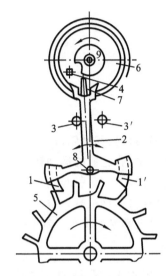

图 12.20　擒纵机构
1—左卡瓦;1′—右卡瓦;2—擒纵叉;
3—左限位钉;3′—右限位钉;
4—圆销;5—擒纵轮;
6—游丝摆轮;7—叉头钉;
8,9—轴

12.3.2 擒纵机构的类型和应用

擒纵轮机构有以下两大类。

1. 有固有振动系统型擒纵轮机构

如机械手表中的擒纵轮机构。因游丝摆轮系统振动频率固定,故可用于计量时间,常用于钟表中。

2. 无固有振动系统型擒纵轮机构

如图 12.21 所示,此种擒纵轮仅由擒纵轮和擒纵叉组成。

擒纵叉往复振动的周期与擒纵叉转动惯量(为常数)的平方成正比。与擒纵轮给擒纵叉的转矩大小(基本稳定)的平方根成反比。此机构能使擒纵轮作平均转速基本恒定的间歇运动。

这种机构结构简单,便于制造,价格低,但振动周期不很稳定,故主要用于计时精度要求不高、工作时间较短的场合。

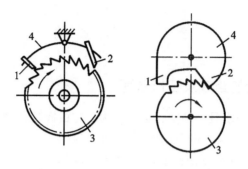

图 12.21　无固有振动系统型擒纵轮机构

12.4　凸轮式间歇运动机构

棘轮机构和槽轮机构是目前应用较为广泛的间歇运动机构。但由于其结构和运动、动力性能的限制，它们的运动转速不能太高，一般每分钟动作的次数不宜高于 200 次，否则将会产生过大的动载荷，引起较强烈的冲击和振动，机构的工作精度就难以保证。随着科学技术的发展，高速自动化机械日益增多，要求机构动作频率越来越高。例如电动机矽钢片的冲槽机，冲槽速度已高达每分钟 1200 次左右。为了适应这种需要，凸轮式间歇运动机构的应用逐渐增多。

12.4.1　凸轮式间歇运动机构的组成

如图 12.22 所示，这种间歇传动机构由主动凸轮、从动转盘和机架组成，主动轮 1 为具有曲线沟槽或曲线凸脊的圆柱凸轮，从动件 2 则为均布柱销的圆盘，当凸轮转动时，通过其曲线沟槽（或凸脊）拨动柱销，使从动盘作间歇运动。从动盘的运动规律完全取决于凸轮轮廓曲线的形状。

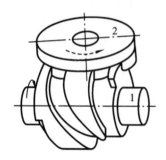

图 12.22　凸轮式间歇运动机构
1—主动轮；2—从动件

12.4.2　凸轮式间歇运动机构类型和工作原理

目前在工艺装备上应用较多的有下述两种凸轮式间歇运动机构。

一种是图 12.23(a) 所示的圆柱凸轮式间歇运动机构，凸轮成圆柱形状，滚子均匀分布在转盘的端面上。通常凸轮的槽数为 1，从动件的柱销数一般取 $z_2 \geqslant 6$。这种机构在轻载的情况下（如在纸烟、火柴包装、拉链嵌齿等机械中），间歇运动的频率每分钟可高达 1500 次左右。

另一种如图 12.23(b) 所示，为蜗杆凸轮间歇运动机构，凸轮上有一条突脊犹如蜗杆，滚子则均匀分布在转盘的圆柱面上，犹如蜗轮的齿。为了提高传动精度，可以利用控制中心距的办法，使滚子表面和凸轮轮廓之间保持紧密接触，以消除其径向游隙。这种机构可以在高速下承受较大的载荷，它运转平稳，噪音和振动都很小，在要求高速、高精度的分度转位机械中，其应用日益广泛。它能实现每分钟 800 次左右的间歇动作，而分度精度可达 30″。

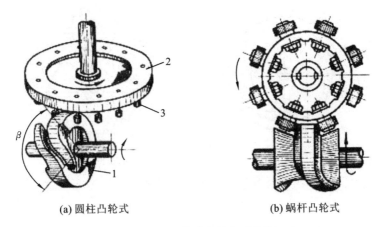

(a) 圆柱凸轮式　　　　　(b) 蜗杆凸轮式

图 12.23　凸轮式间歇运动机构

12.4.3　凸轮式间歇运动机构的特点和应用

1. 凸轮式间歇运动机构的特点

凸轮式间歇运动机构的结构简单、运转可靠、转位精确，无须专门的定位装置，易实现工作对动程和动停比的要求。其原动件是凸轮，适当选择从动件运动规律和凸轮轮廓曲线，可减小动载荷和避免冲击，以适应高速运转的要求，这是其不同于棘轮机构、槽轮机构的最突出优点。缺点是精度要求较高，加工比较复杂，安装调整比较困难。

2. 凸轮式间歇运动机构的应用

凸轮式间歇运动机构在轻工机械、冲压机械等高速机械中用作高速、高精度的步进进给、分度转位等机构，如高速冲床、灯泡封气机、糖果包装机、多色印刷机等。

12.5　不完全齿轮机构

12.5.1　不完全齿轮机构的工作原理和特点

不完全齿轮机构是由普通渐开线齿轮机构演变而得的一种间歇运动机构。它与普通齿轮机构的不同之处是轮齿没有布满整个圆周，即在主动轮上只做出一个或一部分齿，并根据运动时间与停歇时间的要求，而在从动轮上做出与主动轮轮齿相啮合的轮齿。故当主动轮作连续回转运动时，从动轮作间歇回转运动。在从动轮停歇期内，两轮轮缘各有锁止弧起定位作用，以防止从动轮的游动。在图 12.24(a)所示的不完全齿轮机构中，主动轮 1 上只有 1 个轮齿，从动轮 2 上有 18 个齿，故主动轮转 1 周时，从动轮只转 1/18 周。在图 12.24(b)所示的不完全齿轮机构中，主动轮 1 上有 3 个齿，从动轮 2 的圆周上具有 6 个运动段和 6 个停歇段，每段上有 3 个齿与主动轮轮齿啮合。主动轮转 1 周，从动轮转 1/6 周。

不完全齿轮机构的结构简单，制造容易，工作可靠，设计时从动轮的运动时间和静止时间的比例可在较大范围内变化。其缺点是从动轮在进入啮合与脱离啮合时速度有突变，冲击较大（刚性冲击），因此一般只宜用于主动轮低速、轻载的场合。

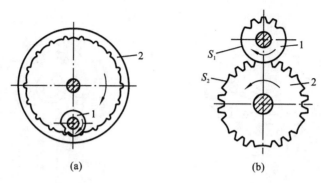

图 12.24 不完全齿轮机构
1—主动轮；2—从动轮

12.5.2 不完全齿轮机构的类型及应用

不完全齿轮机构的主动轮为一不完全齿轮，从动轮则是由正常齿和厚齿组成的特殊齿轮。不完全齿轮机构也有外啮合与内啮合之分，同时不仅有圆柱不完全齿轮机构，而且也有圆锥不完全齿轮机构。

不完全齿轮机构多用在一些具有特殊运动要求的专用机械中。图 12.25 所示为用于铣削乒乓球拍周缘的专用靠模铣床中的不完全齿轮机构。加工时，主动轴 1 带动铣刀轴 2 转动。而另一个主动轴 3 上的不完全齿轮 4 和 5 分别使工件轴得到正、反两个方向的回转。当工件轴转动时，在靠模凸轮 7 和弹簧的作用下，使铣刀轴上的滚轮 8 紧靠在靠模凸轮 7 上，以保证加工出工件（乒乓球拍）所需的周缘。

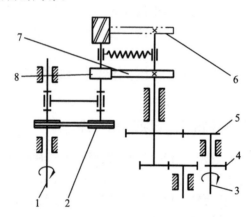

图 12.25 专用靠模铣床中的不完全齿轮机构
1,3—主动轴；2—铣刀轴；4,5—齿轮；6—球拍；7—靠模凸轮；8—滚轮

在不完全齿轮机构的传动过程中存在刚性冲击，为了克服这一缺点，可以在两轮上加装所谓的瞬心线附加杆。此附加杆的作用是使从动轮在开始运动阶段，由静止状态按某种预定的运动规律（取决于附加杆上瞬心线的形状）逐渐加速到正常的运动速度；而在终止运动阶段，又借助于另一对附加杆的作用，使从动轮由正常运动速度按预定的运动规律逐渐减速到静止。由于不完全齿轮机构在从动轮开始运动阶段的冲击，一般都比终止运动阶段的冲击严重，故有时仅在开始运动处加装一对附加杆，图 12.26 所示的不完全齿轮机构即是如此。

图 12.27 所示为蜂窝煤饼压制机的工作台间歇转动的传动图。工作台 7 用五个工位来完成煤粉的填装、压制、退煤等动作,因此工作台需间歇转动,而每次转动 1/5 转。为了满足这一运动要求,在工作台上装有一大齿圈 7,用中间齿轮 6 来传动。而主动轮 3 为不完全齿轮,它与齿轮 6 组成不完全齿轮机构。当主动轮 3 连续转动时可以使工作台得到预期的间歇转动。又为了减轻工作台间歇启动时的冲击,在主动轮 3 和齿轮 6 上加装了一对瞬心线附加杆 4 及 5。同时还分别装设了凸形和凹形的圆弧板,以便起到锁止弧的作用。

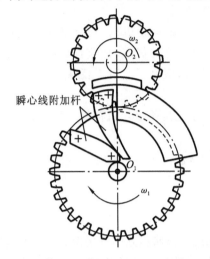

图 12.26 不完全齿轮机构的瞬心线附加杆

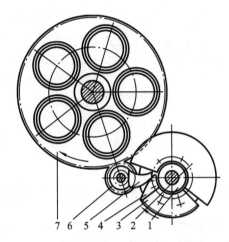

图 12.27 蜂窝煤饼压制机的工作台间歇转动原理
1,2—圆弧板;3—主动轮;
4,5—瞬心线附加杆;6—中间齿轮;7—工作台齿圈

特别要注意的是,在不完全齿轮机构中,为了保证主动轮的首齿能顺利进入啮合状态,而不与从动轮的齿顶相碰,常需要将首齿齿顶高做适当削减。同时,为了保证从动轮停歇在预定位置,末齿齿顶高也需要做适当的修正。

12.6 星轮机构

12.6.1 星轮机构的组成及工作原理

星轮机构(star wheel mechanism)是由针轮与摆线齿轮组成的不完全齿轮机构。如图 12.28 所示,主动轮 1 为不完全针轮,针轮设有若干个柱销(图示为 5 个)和一个外凸锁止弧 5;从动轮 3 为若干摆线齿和内凹锁止弧 4 间隔分布的摆线齿轮,称为星轮。针轮 1 连续转动 1 周,星轮实现一个运动周期的间歇运动。星轮机构的动停比可方便地由增减主动针轮的柱销数来改变。

12.6.2 星轮机构的传动特性

设主动轮连续转动,当其上的针齿未进入星轮的齿槽时,其上的外凸锁止弧与星轮的内凹锁止弧相互锁死,星轮静止不动;当主动针轮的针齿进入星轮的齿槽时,两锁止弧恰好松开,星轮

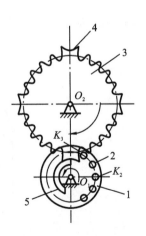

图 12.28 星轮机构
1—针轮;2—柱销;3—从动轮;
4—内凹锁止弧;5—外凸锁止弧

开始转动。

为避免星轮机构中首末两针齿进入或退出啮合时引起强烈冲击,星轮厚齿两侧齿槽必须作如下设计:

首先,必须让首末两齿能沿切向进入和退出厚齿两侧齿槽。其次,首齿与厚齿一侧齿廓曲线的啮合过程应使针轮从静止状态逐渐加速,直到针齿与摆线齿进入等速啮合为止。而末齿与另一厚齿的齿廓曲线啮合过程,应使星轮逐渐减速,直到末齿脱离啮合、星轮进入停歇时期为止。

由此可见,星轮机构作为间歇运动机构,具有槽轮机构的启动性能,又兼有齿轮机构等速转位的优点,适应性较广。但是星轮的设计及制造加工较为困难,限制了它的广泛应用,多用于转速不高和载荷较轻的场合。

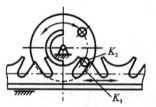

图 12.29 针轮齿条机构

图 12.29 所示的针轮齿条机构是星轮机构的一种变异形式。

12.7 非圆齿轮机构

12.7.1 非圆齿轮机构的工作原理和类型

在机械中广泛应用的圆柱齿轮机构,其瞬心线是圆形的,因而相互啮合的两轮瞬时传送比为定值。非圆齿轮机构(non-circular gear mechanism)是一种瞬时传动比按一定规律变化的齿轮机构。根据齿廓啮合基本定律,如要求一对齿轮作变传动比传动,其节点不是定点,因此,节线不是圆,而是两条非圆曲线。理论上讲,对节线的形状并没有限制,但是在生产实际中,常用的曲线有椭圆、变态椭圆(卵线)以及对数螺线等。其中以椭圆形节线最为常见。下面简要介绍椭圆齿轮的传动情况及特点。

12.7.2 椭圆齿轮的传动比

椭圆齿轮机构的示意图如图 12.30 所示。设 a、b、κ 分别为椭圆的长半轴、短半轴和半焦距,则椭圆的离心率 $\kappa = \dfrac{e}{a}$。

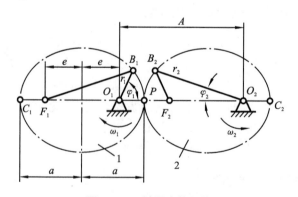

图 12.30 椭圆齿轮机构

现在,让我们来分析一下椭圆齿轮的运动情况。

设点 P 为图示位置时两轮的节点,当椭圆齿轮的主动轮 1 等速转动时,从动轮 2 的角速度是变化的。当主动轮 1 转过角 φ_1，从动件 2 转过角 φ_2，这时两椭圆瞬心线在点 B_1、B_2 接触，从 $\triangle F_1B_1O_1$ 中得

$$r_2^2 = r_1^2 + (2a\kappa)^2 + 4r_1 a\kappa \cos\varphi_1$$

将 $r_2 = 2a - r_1$ 代入上式整理后得

$$r_1 = \frac{a(1-\kappa^2)}{1+\kappa\cos\varphi_1}$$

故

$$r_2 = \frac{a(1+\kappa^2+2\kappa\cos\varphi_1)}{1+\kappa\cos\varphi_1}$$

而传动比 i_{12} 为

$$i_{12} = \frac{\omega_1}{\omega_2} = \frac{r_2}{r_1} = \frac{1+\kappa^2+2\kappa\cos\varphi_1}{1-\kappa^2} \tag{12.11}$$

当 $\varphi_1 = 0°$ 时，即两轮在图示的位置接触时，i_{12} 值最大，有

$$(i_{12})_{\max} = \frac{1+\kappa}{1-\kappa}$$

当 $\varphi_1 = 180°$ 时，即两轮在 C_1、C_2 接触时，i_{12} 值最小，有

$$(i_{12})_{\min} = \frac{1-\kappa}{1+\kappa}$$

由以上分析可知，若主动轮 1 的角速度 ω_1 为常数，椭圆齿轮机构的传动比 i_{12} 和从动轮 2 的角速度 ω_2 均为变量，它们都是主动轮 1 转角 φ_1 的函数，且与椭圆齿轮的几何参数——离心率 κ 有关，其变化规律如图 12.31 所示。

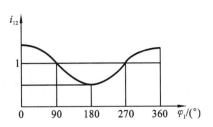

图 12.31 椭圆齿轮的传动比

12.7.3 非圆齿轮的应用

非圆齿轮的特点是传动比按一定规律变化，因此常用在要求从动轴速度需要按一定规律变化的场合。而采用这种齿轮机构是应用其变传动比传动的特点，以改进机构传动的运动性能和动力性能。

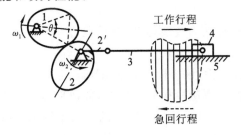

图 12.32 卧式压力机

在如图 12.32 所示的卧式压力机中，使用椭圆齿轮来带动压力机的对心曲柄滑块机构，使工作行程速度小，空行程速度大，这样可以改变工作行程与空行程的时间比，用以减少功率消耗。图中虚线为滑块的速度位移线图，该机构的行程速度变化系数

$$K = \frac{360° - \theta}{\theta}$$

在图 12.33 所示辊筒式平板印刷机的自动送纸装置中，当纸送进到印刷辊筒前，需要校准，这时要求纸的送进速度为最小，以免纸被压皱；当纸向机器送进时，要求纸张速度近似等于辊筒的圆周速度，因此纸的送进速度是变化的，用一对椭圆齿轮传动即可实现这种运动要求。

图 12.34 所示为自动机床上的转位机构，利用椭圆齿轮机构的从动轮 2 带动转位的槽轮机构，使槽轮 3 在拨杆 $2'$ 速度最高的时候运动，以缩短运动时间，增加停歇时间。亦即缩短机床加工的辅助时间，而增加机床的工作时间。在另外一些场合，也可以使槽轮 3 在拨杆 $2'$ 速度最低时运动，以降低其加速度与振动。

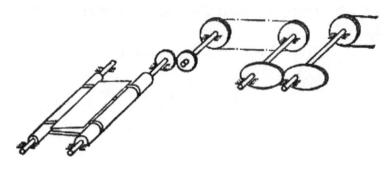

图 12.33 辊筒式平板印刷机的自动送纸装置

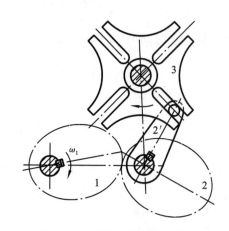

图 12.34 自动机床的转位机构

12.8 螺旋机构

12.8.1 螺旋机构的组成及特点

螺旋机构由螺杆、螺母和机架组成,可将旋转运动转换为直线运动,当导程角大于当量摩擦角时,还可用来将直线运动转换为旋转运动。

螺旋机构的工作平稳、无噪声,可以传递很大的轴向力;该机构运动准确性高,且有很大的减速比;选择合适的导程角,可使机构具有自锁性。但是螺旋机构效率较低,特别是具有自锁性时效率低于 50%。因此,螺旋机构常用于起重机、压力机以及功率不大的进给系统和微调装置中。

本节着重对螺旋机构进行运动分析并对其几何参数的选择加以介绍。

12.8.2 螺旋机构的运动分析

图 12.35 所示为简单的螺旋机构,其中构件 1 为螺杆,构件 2 为螺母,构件 3 为机架。在图 12.35(a)中,B 为螺旋副,其导程为 p_B;A 为转动副,C 为移动副。当螺杆 1 回转角 φ 时,螺母 2 将沿螺杆的轴向移动一距离 s,其值为

$$s = p_B \frac{\varphi}{2\pi} \tag{12.12}$$

又设螺杆的转速为 $n(\text{r/min})$，则螺母移动的速度为

$$v=\frac{nP_B}{60} \text{ mm/s}$$

图 12.35(b)所示的螺旋机构中，螺杆 1 的 A 段螺旋在固定的螺母中转动，而 B 段螺旋在不能转动但能移动的螺母 2 中转动。设 A、B 段的螺旋导程分别为 p_A、p_B，如果这两段螺旋的旋向相同（同为左旋或同为右旋），则根据式(12.12)可求出当螺杆 1 转动角 φ 时，螺母 2 的位移为两个螺旋副移动量之差，即

$$s=(p_A-p_B)\frac{\varphi}{2\pi} \tag{12.13}$$

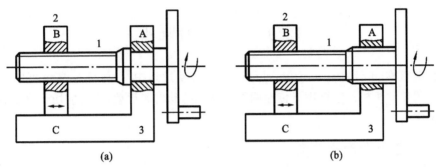

图 12.35 螺旋机构

由式(12.13)可知，若 p_A 和 p_B 近于相等时，则位移 s 可以极小，这种螺旋机构称为差动螺旋机构，常用于测微计、分度机构及调节机构中。

若图 12.35(b)所示螺旋机构的两个螺旋方向相反而导程的大小相等，那么，螺母 2 的位移为

$$s=(p_A+p_B)\frac{\varphi}{2\pi}=2p_A\frac{\varphi}{2\pi}=2s' \tag{12.14}$$

式中 s' 为螺杆 1 的位移。

由上式可知，螺母 2 的位移是螺杆 1 位移的两倍，也就是说，可以使螺母 2 产生较快移动，这种螺旋机构通称为复式螺旋机构。图 12.36 所示为两段螺纹旋向相反的螺旋机构用于车辆连接的实例，它可以使车钩 E 与 F 较快地靠近或离开。

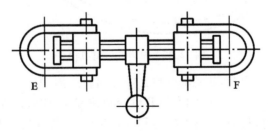

图 12.36 车辆连接中的复式螺旋机构

12.8.3 螺旋机构的设计要点

螺旋机构设计的关键是根据不同的工作要求，选择确定合适的螺旋导程角、导程及头数等参数。实际生产中，有的要求螺旋机构具有自锁性；有的则要求它起微动作用，即具有较大的

减速比(如机床的进给丝杠),以便简化传动系统;而有的则要求它传递较大的功率或较快地传动。

对于前两种情况,显然都应选择较小的螺纹升角 λ,使螺纹具有较小的导程,而且在 $\lambda \leqslant \varphi_v$ 的条件下使机构具有自锁性。但由于螺纹机构的机械效率 $\eta = \dfrac{\tan\lambda}{\tan(\lambda+\varphi_v)}$,因此,当螺纹升角 λ 很小时,其机械效率将很低。而对于要求传递大的功率或快速传动的螺旋机构(如螺旋压力机中的传动螺旋),则应力求提高其功率。为此,就应选择采用具有较大升角 λ 的多头螺旋。不过应当指出,在传动精度要求较高时,因为多头螺旋的加工精度不易得到保证,所以采用多头螺旋是不相宜的。

12.9 万向铰链机构

万向铰链机构(universal joint mechanism)在传动过程中,两轴间的夹角可以变动,是一种常用的变角传动机构。它可用于传递两相交轴间的动力和运动,广泛应用于汽车、机床等机械传动系统中。

12.9.1 工作原理及类型

万向铰链机构一般可分为单万向铰链机构和双万向铰链机构。

单万向铰链机构的结构如图 12.37 所示。轴 I 与轴 II 的末端各有一叉,中间用一"十字形"构件相连,此十字形构件的中心 O 与两轴轴线的交点重合,两轴间的夹角为 α。

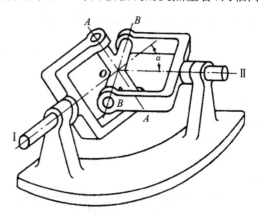

图 12.37 单万向铰链机构

由图可见,当轴 I 转一周时,从动轴 II 也必随着回转一周,但是两轴的瞬时角速度并不时时相等,即当轴 I 以等角速度 ω_1 回转时,轴 II 以变角速度 ω_2 回转。在图 12.37 中,当主动轴 I 的叉面在图纸平面内时,从动轴 II 的叉面则与图面垂直。若以此时为传动的初始位置,则可得轴 I 轴 II 的角速比的关系为

$$\frac{\omega_2}{\omega_1} = \frac{\cos\alpha}{1-\sin^2\alpha\cos^2\varphi_1} \qquad (12.15)$$

由上式可知,角速比是两轴夹角 α 和主动轴转角 φ_1 的函数。当 $\alpha=0°$ 时,角速比恒为 1,它相当于两轴刚性连接;当 $\alpha=90°$ 时,角速比为零,即两轴不能进行传动。

若两轴夹角 α 值不变,则当 $\varphi_1=0°$ 或 $180°$ 时,角速比最大,即 $\omega_{2max}=\dfrac{1}{\cos\alpha}\omega_1$;$\varphi_1=90°$ 或 $270°$ 时,角速比最小,即 $\omega_{2min}=\omega_1\cos\alpha$。因此可得

$$\omega_1\cos\alpha \leqslant \omega_2 \leqslant \dfrac{\omega_1}{\cos\alpha}$$

由上式可见,ω_2 变化的幅度与两轴间夹角 α 的大小有关。所以,在实际使用中,α 一般不超过 $45°$。

由于图 12.37 所示的单万向铰链机构从动轴 Ⅱ 的角速度 ω_2 作周期性变化,因而在传动中将引起附加的动载荷,使轴产生振动。为了消除这一缺点,常将万向铰链机构成对使用(见图12.38),即用一个中间轴 2 和两个单万向铰链机构将主动轴 1 和从动轴 3 连接起来,构成双万向铰链机构。对于连接相交的或平行的两轴的双万向铰链机构,若要使主、从动轴的角速度相等,即角速比恒等于 1,则必须满足下列两个条件:

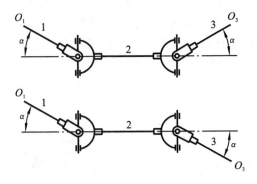

图 12.38　双万向铰链机构

(1) 主动轴与中间轴的夹角必须等于从动轴与中间轴的夹角,即 $\alpha_1=\alpha_3$;
(2) 中间轴两端的叉面必须位于同一平面内。

12.9.2　万向铰链机构的类型和应用

单万向铰链机构的特点是当两轴夹角变化时仍可继续工作,而只影响其瞬时角速比的大小。双万向铰链机构常用来传递平行轴或相交轴的转动,它的特点是当两轴间的夹角变化时,不但可以继续工作,而且在上述两条件下,还能保证等角速比,因此在机械中得到广泛的应用。如图 12.39 所示,在汽车变速箱 1 和后桥主传动轴 3 之间用双万向铰链机构 2 连接,当汽车行驶时,由于道路的不平会引起变速箱输出轴和后桥输入轴相对位置的变化,这时铰链机构的中间轴与它们的倾角虽然也有相应的变动,但是传动并不中断,汽车仍能继续行驶。

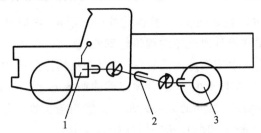

图 12.39　汽车变速箱和后桥主传动轴之间的双万向铰链机构
1—汽车变速箱;2—双万向铰链机构;3—后桥主传动轴

12.10 组合机构

常用机构中,结构最简单的机构称为基本机构。通常原动件做匀速连续转动,实现执行构件的运动较为简单时可选用一个基本机构。但是,现代工业生产对生产过程的机械化和自动化程度的要求越来越高,单一的基本机构越来越难以满足生产中复杂多样的运动要求,这时可将几个基本机构组合起来加以运用,形成所谓的组合机构。组合机构不仅能满足生产上的多重要求,提高生产的自动化程度,而且能综合应用和发挥各种基本机构的特点。

本节就一些比较典型的组合机构的设计特点简要地加以介绍。

12.10.1 凸轮-连杆组合机构

应用凸轮-连杆组合机构可以实现多种预定的运动规律和运动轨迹。

图 12.40 所示为能实现预定运动规律的几种简单的凸轮-连杆组合机构。图 12.40(a)及图 12.40(b)所示的凸轮-连杆组合机构,实际相当于连架杆长度可变的四杆机构;而图 12.40(c)所示则相当于连杆长度可变的曲柄滑块机构。这些机构,实质上是利用凸轮机构来封闭具有两个自由度的五杆机构。所以,这种组合机构的设计,关键在于根据输出运动的要求,设计凸轮的廓线。

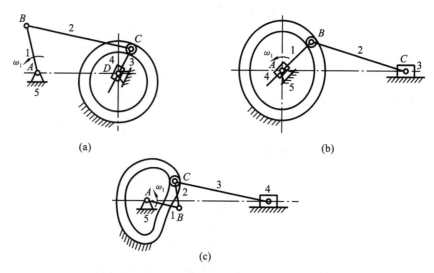

图 12.40 实现预定运动规律的凸轮-连杆组合机构

图 12.41 是图 12.40(b)所示凸轮-连杆机构的设计示例,根据滑块 C 的运动要求(图中滑块为等速运动),可用作图法设计出凸轮的理论轮廓曲线。

图 12.42 所示为能实现预定轨迹的凸轮-连杆组合机构。此机构在未引入凸轮之前,当构件 1 等速回转时,可同时令连杆上的点 G 沿预定的曲线 S 运动,这时构件 4 的运动即完全确定,于是可求得构件 4 与构件 1 之间的运动关系。显然当与构件 1 固联的凸轮能使构件 4 与构件 1 按此关系运动时,连杆上的点 G 必将沿曲线 S 运动。

凸轮-连杆组合机构的应用很广,图 12.43~图 12.46 所示是这类机构几种具体的应用实例。图 12.43 所示为用于封罐机上的凸轮-连杆组合机构。当原动件 1 转动时,固定凸轮控制

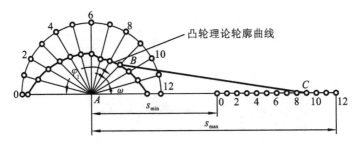

图 12.41 凸轮-连杆机构的设计示例

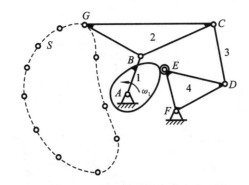

图 12.42 实现预定轨迹的凸轮-连杆组合机构

从动件 2 的端点 C 沿接合缝 5 运动,从而达到将罐头筒封口的工作要求。

图 12.44 所示为压砖机成形机构中采用的凸轮-连杆组合机构。当曲柄 1 回转时,由于固定凸轮 9 的约束,使上、下冲头按照冲压、静止不动、复位等运动要求运动。

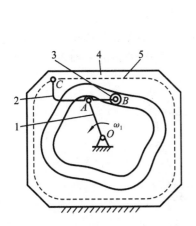

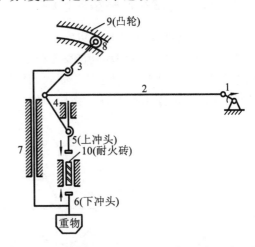

图 12.43 封罐机上的凸轮-连杆组合机构　　图 12.44 压砖机成形机构中的凸轮-连杆组合机构

图 12.45 所示为饼干、香烟等包装机的推包机构中所采用的凸轮-连杆组合机构。

图 12.46 所示为用于包装机构中的联动凸轮-连杆组合机构。

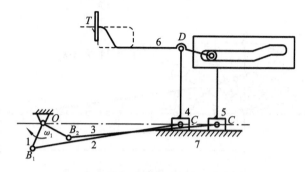

图 12.45 推包机构中的凸轮-连杆组合机构

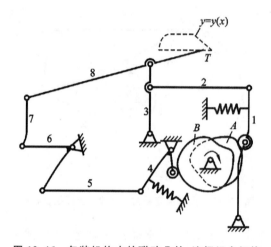

图 12.46 包装机构中的联动凸轮-连杆组合机构

12.10.2 齿轮-连杆组合机构

应用齿轮-连杆组合机构可以实现多种运动规律和不同运动轨迹的要求。

图 12.47 所示为一典型的齿轮-连杆组合机构。四杆机构 $ABCD$ 的曲柄 AB 上装有一对齿轮 $2'$ 和 5。行星齿轮 $2'$ 与连杆 2 固联,而齿轮 5 与曲柄 1 共轴线并可分别自由转动。当主动曲柄 1 以 ω_1 等速回转时,从动齿轮 5 作非匀速转动。由于

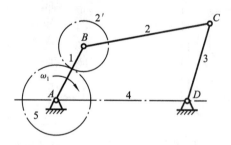

图 12.47 齿轮-连杆组合机构

1—主动曲柄;2—连杆;$2'$—齿轮;3—摇杆;4—机架;5—从动齿轮

$$i_{52'}^1 = \frac{\omega_5 - \omega_1}{\omega_{2'} - \omega_1} = \frac{\omega_5 - \omega_1}{\omega_2 - \omega_1}$$

故

$$\omega_5 = \omega_1(1 - i_{52'}^1) + \omega_2 i_{52'}^1$$

式中：ω_2 为连杆 2 的角速度，其值作周期性变化。

由上式可知，从动齿轮 5 的角速度 ω_5 由两部分组成：一部分为等角速度部分 $\omega_1(1-i_{52'}^1)$ $=\omega_1\dfrac{z_5+z'_2}{z_5}$；另一部分为作周期性变化的角速度部分 $\omega_2 i_{52'}^1=-\dfrac{z'_2}{z_5}\omega_2$。显然，四杆机构各杆的尺寸关系不同，以及两轮的齿数不同，从动轮可得到多种不同的运动规律。

图 12.48 所示为小包香烟包装机的送纸机构中采用的齿轮-连杆组合机构。曲柄 1 与齿轮 2 固联，齿轮 2、3、4 及 5 的齿数相同，所以当曲柄 1 转一周时，从动齿轮 5 也转一周。但是从动齿轮 5 的角速度是非匀速的，其中还有一段是片刻停歇的，因此通过送纸辊 6 送进的纸张 7 也有片刻的停歇，以便配合切纸刀的切纸动作。在软糖包装机的送糖机构中也采用了这种机构。

图 12.49 所示为铁板传送机构中采用的齿轮-连杆组合机构。齿轮 1 与曲柄固联，齿轮 2、3、4 及系杆 DE 组成差动轮系。该轮系的中心轮 2 由齿轮 1 带动，而系杆 DE 由四杆机构带动作变速运动，因此，使从动轮 4 实现变速转动。

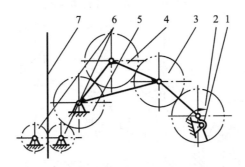

图 12.48 小包香烟包装机的送纸机构中的齿轮-连杆组合机构

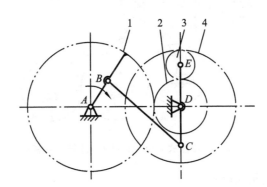

图 12.49 铁板传送机构中的齿轮-连杆组合机构

应用齿轮-连杆组合机构的连杆曲线运动来实现预定轨迹要求，可采用图 12.50 所示的齿轮-五杆机构来实现。改变 1 和 4 的相对相位角、传动比以及杆件的相对尺寸等，则可以得到不同的连杆曲线。

图 12.51 所示为振摆式轧钢机上采用的齿轮-连杆机构。主动轮 1 同时带动齿轮 2 和 3 转动，连杆上的点 F 描绘出图示的轨迹。对此轨迹的要求是：轧辊与钢坯开始接触点的咬入角 α 宜小，以减轻送料辊的载荷；直线段 L 宜长，以提高轧钢的质量。

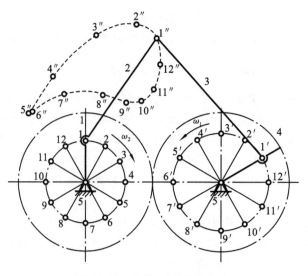

图 12.50 齿轮-五杆机构组合

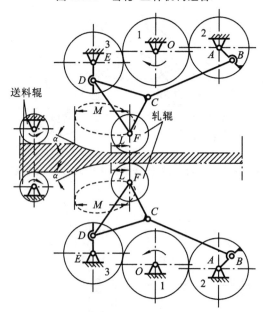

图 12.51 振摆式轧钢机的齿轮-连杆组合机构

12.10.3 凸轮-齿轮机构

应用凸轮-齿轮组合机构可使从动件实现多种预定的运动规律,如具有任意停歇时间或复杂运动规律的间歇运动,以及机械运动校正装置中所要求的一些特殊规律的补偿运动等。

图 12.52 所示为一种简单差动轮系和凸轮的组合机构。系杆 H 为主动件,中心轮 1 为从动件。凸轮 3 固定不动,转子 4 装在行星齿轮 2 上并嵌在凸轮槽中。当系杆 H 等速回转时,凸轮槽迫使行星轮 2 与系杆 H 之间产生一定的相对运动(如图中所示的角 φ_2^H),从而使从动轮 1 实现所需的运动规律。

凸轮-齿轮组合机构常可用作校正机构,如图 12.53 所示即为一个实例。在此机构中,蜗杆 1 为原动件,如果由于制造误差等原因,使蜗轮 2 的运动精度达不到要求时,则可根据输出的误差,设计出与蜗轮 2 装在一起的凸轮 2' 的轮廓曲线。当此凸轮 2' 与蜗轮 2 一起转动时将推动推杆 3 移动,推杆 3 上的齿条又推动齿轮 4 转动,最后通过差动机构 K 使蜗杆 1 得到一附加转动,从而使蜗轮 2 的输出运动得到校正。

组合机构的应用日益广泛,类型也极为繁多,这里就不再一一介绍了。

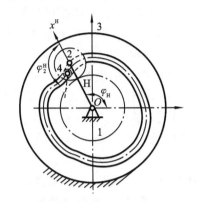

图 12.52 差轮轮系和凸轮的组合机构
1—中心轮;2—行星齿轮;3—凸轮

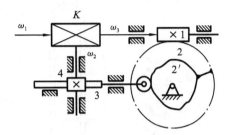

图 12.53 校正机构

12.11 含有某些特殊元器件的广义机构

计算机技术、机电一体化技术、传感技术、纳米技术、新材料等在现代机器中的广泛应用,使传统机构日益广义化,产生了各种各样的新颖机构,我们称其为广义机构。由于利用了一些新的工作介质或工作原理,广义机构比传统机构能更简便地实现运动或动力转换。本节主要介绍各种广义机构的工作原理和应用。

光电机构是利用光电特性进行工作的机构,在自动控制领域应用极广。通常是由各类光电传感器加上各种机械式或机电式机构组成的。图 12.54 是一光电动机的原理图,其受光面一般是太阳能电池,三只太阳能电池组成三角形,与电动机的转子结合起来。太阳能电池提供电动机转动的能量,电动机一转动,太阳能电池也跟着旋转,动力就由电动机转轴输出。由于受光面连成一个三角形,所以当光的入射方向改变时,也不影响启动。这样,光电动机就将光能转变成了机械能。

图 12.55 是一个 $x-y-\theta$ 三自由度微动工作台。它主要用于投影光刻机和电子束曝光

图 12.54 光电动机的原理图

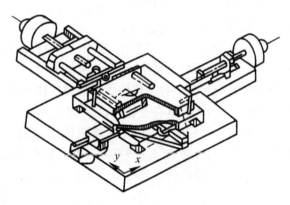

图 12.55 三自由度微动工作台

机,粗动台行程 120 mm×120 mm,速度为 100 mm/s,定位精度为 ±5 μm。三自由度的微动工作台被固定在粗动台上,x、y 行程为 ±8 μm,定位精度为 ±5 μm,±0.55×10^{3-} rad。整个微动工作台面由四个两端带有柔性铰链的柔性杆支承,由三个筒状电压晶体驱动,压电器件安装在两端带有柔性铰链的支架上,支架分别固定在粗动台和微动台上,只要控制三个压电器件上的外加电压,便可以获得 Δx,$\Delta y=(\Delta y_1+\Delta y_2)/2$,$\Delta\theta=(\Delta y_1-\Delta y_2)/2$ 三个微动自由度。

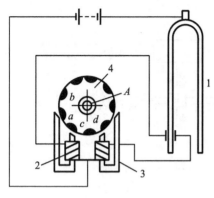

图 12.56 声音轮机构

图 12.56 为声音轮机构,当音叉 1 振动时,它轮流地接通电磁铁 2 和 3,当电磁铁激励时,它的两极把轮 4 的突出部 a 和 b 吸引过来,致使轮 4 绕 A 回转某一个角度,这时突出部 c 和 d 接近电磁铁 3 的两极。如果现在接通电磁铁,则它的两个极吸引突出部 c 和 d,轮子又在相同的方向回转。

电磁机构是通过电与磁的相互作用来完成所需动作的机构,以电和磁来产生驱动力,可以方便地控制和调节执行机构的动作。电磁机构可实现转动、移动、摆动、振动等动作,广泛应用于继电器机构、传动机构、仪器仪表当中。如图 12.57 所示为计算机输出设备之一的针式打印机印头的示意图。图中仅示出了打印头的一部分。每根打印针对应一个电磁铁。当打印机每接到一个电脉冲信号,电磁铁吸合一次,其衔铁便打击打印针的尾部,打印针头就在打印纸上打出一个点,而字符由一系列点阵组成。

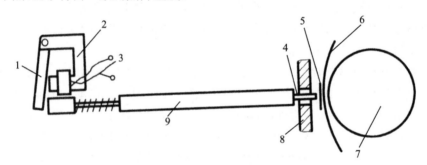

图 12.57 针式打印机印头示意图
1—衔铁;2—铁芯;3—线圈;4—打印针;5—色带;6—打印纸;7—滚筒;8—导板;9—针管

气动机构是利用空气压缩机,通过空气压力,经由机械能→空气压力能→机械能的转换而带动执行机构完成各种功能和动作。气动机构以压缩空气为工作介质,清洁方便,响应快,适于远距离操作和恶劣环境下工作,易于实现过载保护。但由于空气的可压缩性,工作速度稳定性稍差,且难以获得较大输出力,并有较大噪声。

图 12.58 所示为一种采用锲式机构和杠杆机构相结合的气动夹具。锲式机构结构紧凑、压紧力固定不变,而且具有自锁性,故广泛应用于气动夹具中。

广义机构由于它的优良性能正得到日益广泛的应用。广义机构的研究已日益受到机构学界的重视,对广义机构的深入研究将会大大推动机械产品的输出柔性化和提高机械产品的工作性能,为机械产品的创新开辟了一条新途径。

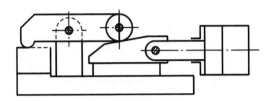

图 12.58 锲式机构和杠杆机构相结合的气动夹具

思考题及练习题

12.1 棘轮机构除常用来实现间歇运动的功能外,还常用来实现什么功能?

12.2 某牛头刨床送进丝杠的导程为 6 mm,要求设计一棘轮机构,使每次送进量可在 0.2~1.2 mm 之间作有级调整(共 6 级)。试绘出机构简图,并作必要的计算和说明。

12.3 试设计一棘轮机构,要求每次送进量为 1/3 棘齿。

12.4 试设计一个六槽外槽轮机构。已初步确定其中心距为 60 mm,圆销半径为 5 mm。绘出其机构简图,并计算其运动系数。

12.5 在六角车床中的六角头外槽轮机构中,已知槽轮槽数 $z=6$,运动时间是静止时间的两倍,求应该设计几个圆销。

12.6 擒纵机构也是一种间歇运动机构,应用这种机构的主要目的是什么?你能利用擒纵机构设计一种高楼失火自救器吗?

12.7 试分析下图所示不完全齿轮机构中一对齿轮的啮合过程,并据以说明为什么主动轮 1 的齿轮的齿顶高通常都不为标准值的原因。

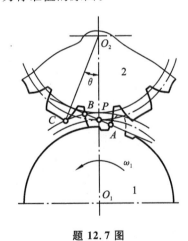

题 12.7 图

12.8 如图所示为一机床上带动溜板 2 在导轨 3 上移动的差动螺旋机构。螺杆 1 上有两段旋向均为右旋的螺纹,A 段的导程 $l_A=1$ mm,B 段的导程 $l_B=0.75$ mm。试求当手轮按 K 向顺时针转动一周时,溜板 2 相对于导轨 3 移动的方向及距离的大小。若将 A 段螺纹的旋向改为左旋,而 B 段旋向不变,试问结果又将如何?

12.9 某机床分度机构中的双万向铰链机构,在设备检修时,被误装成如图所示的形状。试论证其缺点,并说明应如何改正。

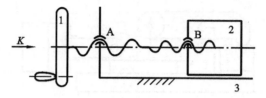

题 12.8 图

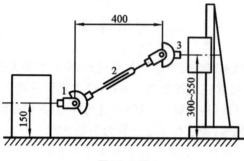

题 12.9 图

第 13 章 机器人机构及其设计

13.1 概 述

1959年美国的英格伯格和德沃尔制造出世界上第一台工业机器人,后来英格伯格和德沃尔成立了"Unimation"公司,兴办了世界上第一家机器人制造工厂。这第一批工业机器人取名为"尤尼梅特(UNIMATE)",意思是"万能自动",它的制造者因此被称为机器人之父。

美国机器人协会定义机器人是一种用于移动各种材料、零件、工具或专用装置的,通过可编程序运动来执行各种任务,并具有编程能力的多功能操作器。中国大百科全书中定义机器人为能灵活完成特定的操作和运动任务,并可再编程序的多功能操作器。

机器人的出现是科学家们向生物学习的结果,其种类也一直在扩展。机器人可以代替人类从事乏味、劳累和危险的工作,能有效地提高人的工作效率,同时可以从事人类所不能胜任的工作,日益得到人们的重视。随着开发海洋、应用原子能、建设太空站和军事作战与反恐侦查等需求的增加,机器人的应用必将更加广泛,机器人自身的性能亦将不断提高。

13.2 工业机器人操作机的分类及主要技术指标

13.2.1 机器人系统的组成

如图 13.1 和图 13.2 所示,机器人由执行机构(execute mechanism)、驱动装置(driving device)、控制系统(control system)和智能系统(intelligent system)组成。机器人的执行机构又称作本体或机械手(manipulator),包括杆件和关节,从功能的角度分为手部、腕部、臂部、腰部和机座,如图 13.3 所示。

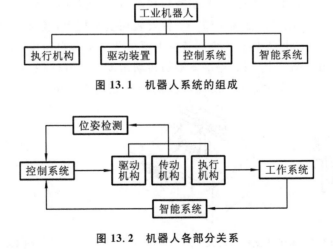

图 13.1 机器人系统的组成

图 13.2 机器人各部分关系

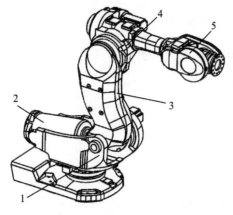

图 13.3　机器人的执行机构
1—机座；2—腰部；3—臂部；4—腕部；5—手部

手部又叫末端执行器，是直接进行工作的部分，常见的有电磁式、夹持式和吸盘式等。腕部通常有三个自由度，主要用于带动手部确定其在空间的姿态。臂部用来连接腰部和腕部，能够带动腕部运动。腰部用于连接臂部和基座，通常做回转运动，它的制造精度直接影响机器人的运转平稳性和运动精度。驱动装置包含了驱动器（actuator）和传动机构两个主要部分，并且都与执行机构连接，最常用的传动机构有齿轮传动、链传动、带传动等形式，常用的驱动器为交直流电动机以及气动和液压等方式。

控制系统是由计算机和伺服控制器实现。计算机协调机器人各个关节之间的运动，同时完成各种信息的传递工作，伺服控制器控制各个关节的驱动器，保证关节按照预定运动规律工作。智能系统由感知系统和分析决策系统组成。感知系统通过硬件实现，主要是指各种传感器，分析决策系统通过软件实现。

13.2.2　机器人的分类

机器人分类有多种方法，主要方法如下。

1. 按机器人的坐标形式分类

机器人的运动由手臂和手腕联合作用而实现，其中包含了多个关节（joint）的相互配合，因此用坐标特性进行分类。

1）笛卡儿坐标机器人（cartesian coordinate system）

笛卡儿坐标机器人能够完成前后、左右和上下运动，如图 13.4 所示。因法国数学家笛卡儿首先创造了这种在空间定义点的方法，因此以他的名字命名。笛卡儿坐标机器人有三个自由度，分别对应一个坐标运动。这种设计可使一个方向的运动与其他方向无关，同时臂越长刚度越低。笛卡儿坐标机器人的工作范围是一个立方体，机器人的运动在这个范围中。

2）柱面坐标机器人（cylindrical coordinate robot）

柱面坐标机器人主要由垂直柱、水平手臂和基座构成，如图13.5所示。水平手臂安装在垂直柱上，垂直柱安装在基座上并能够旋转。手臂安装在垂直柱上，能自由伸缩，并可沿着垂直柱上下移动。柱面坐标机器人具有一个回转自由度和两个平移自由度，每个自由度就是一个坐标运动。底座转角是第一个坐标，是绕 z 轴的转动角度。手臂的径向伸缩运动形成机器人的第二个坐标。第三个坐标对应上下运动，代表了 z 轴的位置。可见，柱面坐标机器人可达到

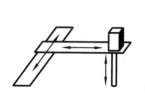

图 13.4　笛卡儿坐标机器人

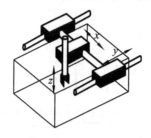

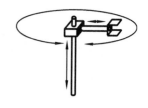

图 13.5　柱面坐标机器人

圆柱空间内的任意一点(要排除机器人占据的中心部分)。柱面坐标机器人能较快地到达回转平面内的一点,三个坐标的分辨率一般不同。

3) 球面坐标机器人(polar coordinate robot)

该型机器人结构形状类似于炮塔,机械手与基座连接,机械手能作里外伸缩径向运动和在垂直平面摆动,基座可在水平面绕垂直轴回转,如图 13.6 所示。球面坐标机器人通过一个直线运动和两个回转运动,达到空间的工作点。两个回转运动可保证机器人选择任何方向,直线运动可保证机器人能选择预定工作点。球面坐标机器人的运动范围在球形容积中。

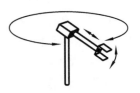

图 13.6 球面坐标机器人

4) 关节式机器人(articulated robot)

关节式机器人也称为拟人机器人,由基座、上臂和前臂组成,如图 13.7 所示。它的设计与人的上臂类似,可通过三个转动到达空间任意位置,包括肩部和肘部两个关节。运动时,首先基座绕垂直轴在水平面回转,而后肩部回转带动上臂运动,最后肘部回转确定上臂机械手位置。关节式机器人的工作范围外围为近似球形,而内部因机械连接限制为扇形区域。该型机器人可以通过不同方向、不同角度接近指定工作点。

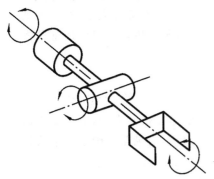

图 13.7 关节式机器人

2. 按机器人控制器的信息输入方式分类

1) 人工操作机器人

人工操作机器人用于操作人员直接进行机器人控制的场合,特别适合远距离操作的情况,比如战场上用到的排爆机器人就常用此类控制方式。包括主动机械手和从动机械手两部分,从动机械手用于直接工作且一般较大,主动机械手由人手操作,相应小些。

2) 程序机器人

程序机器人可以根据预定程序进行作业,程序中包含顺序、条件和位置等信息。按工作次序能否修改,可以分为定序机器人和变序机器人。定序机器人中预定的工作信息有些难以修改,无法实现动作的更改,因此限制了其应用场合。

3) 示教再现机器人

示教再现机器人能够复现原来由人操作示教的各个位置,相当于通过存储器将位置信息和顺序信息加以记录,以后的工作按示教动作自动重复执行。汽车厂广泛采用的点焊机器人就是典型的示教再现机器人。

4) 程控机器人

程控机器人是通过计算机直接控制机器人的行动,类似于数控机床的控制方式。比如机器人上的机械手在走圆周运动时,可通过编制计算机程序实现,得到的运动精度要远高于人手的操作。

5) 智能机器人

智能机器人能对工作环境和工作对象进行独立检测,通过智能程序进行决策分析,选择合适的应对策略,进而完成相应工作任务。与其他类型相比,智能机器人的系统更加复杂,真正实用化的产品不多。

3. 按机器人的用途分类

1) 工业机器人(industrial robot)

工业机器人又叫产业机器人,被应用于工业和农业生产中,特别是汽车工业自 20 世纪 70 年代以来一直是工业机器人的主要用户。工业机器人用于重复、繁重的生产过程中,如上下原料、焊接、组装和搬运等工作。

2) 探索机器人(exploration robot)

机器人代替人类从事太空和海洋探索,用在恶劣的环境中,如救灾、安全检查和处理核废料等作业。如美国宇航局在航天飞机上的遥控机械臂,主要用于从航天飞机轨道飞行器的货舱中将有效载荷取出,部署到太空指定位置,或将在太空飞行的有效载荷抓住,放入航天飞机货舱。

3) 服务机器人(service robot)

因意外事故肢体残缺、患各种疾病的病人,可使用服务机器人代替部分人工护理,辅助肢体恢复运动功能。服务机器人的另外一个重要应用场合是家庭,服务机器人可完成部分家务劳动,减轻家务负担,如图 13.8 所示。

4) 军事机器人(military robot)

如图 13.9 所示,军事机器人是为军事目的而设计的,围绕军事目标而行动的机械人。按照实现军事目的的环境,军事机器人分为地面军事机器人、空中军事机器人、水下军事机器人和空间军事机器人。目前无人机代表空中机器人的最高水平,是军用机器人中发展最快的家族,也是现代战争不断推动的结果。

图 13.8　服务机器人

图 13.9　军事机器人

13.2.3　机器人的技术指标

机器人的技术指标主要包括自由度、工作空间、承载能力、速度和定位精度等。

1) 自由度

自由度指物体运动需要的独立坐标数目,空间运动的刚体有 6 个自由度。机器人的手臂实现前 3 个自由度,其余的自由度决定手部的姿态方位。6 自由度的机器人可在其工作范围内使手部运动到任一位姿。当然,不是所有的机器人都需要 6 个自由度,机器人的自由度个数要与它的任务要求相符合,比如加工中心的换刀机械手一般是 2 到 4 个自由度。

2) 工作空间

工作空间是指机器人能实现的工作范围,包括机器人手腕参考点能够到达的所有空间区域。工作空间与机器人所用连杆尺寸有关,并且与机器人的坐标形式有关。工作空间内除了要注意机器人连杆自身的干涉,也要防止与其他物体发生碰撞。

3) 承载能力

承载能力直接影响机器人的工作能力,最直观的就是搬运重物的能力。因工作要求不同,机器人的承载能力差异较大,比如许多示教机器人的承载能力不超过 10 kg,而 ABB IRB 7600 型工业机器人具有 500 kg 的承载能力。近年来,为提高机器人的承载能力,采用并联机器人的工业应用也越来越多。

4) 速度和定位精度

为提高生产效率,对机器人的速度要求越来越高。同时为了提高产品质量,对机器人的定位精度也有较高要求。定位精度主要指机器人的重复定位精度,即机器人重复运动多次,得到位置的分散情况。

13.3 机器人操作机的运动分析

机器人操作过程中,须确定末端执行器的位置和姿态,这涉及各运动构件一直到末端执行器之间的运动学和动力学分析。首先定义坐标系并给出表达规则,然后用矩阵法来描述末端执行器的运动学和动力学问题。

13.3.1 位置和姿态的描述

1. 位置描述

在空间建立直角坐标系$\{A\}$,用一个 3×1 的位置矢量对坐标系中任意一点定位,如图 13.10 所示。由于应用中定义了多个坐标系,因此必须在位置矢量上附加信息,用于表明所定义的点在哪个坐标系。对于坐标系$\{A\}$中的^AP点,用一个矢量来表示,且等价地被认为是空间的一个位置,该矢量为 3×1 的列向量:

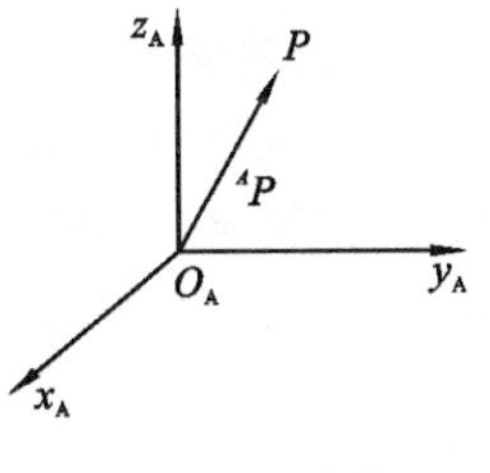

$$^AP = \begin{bmatrix} p_x \\ p_y \\ p_z \end{bmatrix} \quad (13.1)$$

图 13.10 位置描述

其中,^AP 的上标 A 代表参考坐标系$\{A\}$,p_x,p_y,p_z 表示点 P 在该坐标系中的三个坐标分量。

2. 姿态描述

不仅要表示空间的点,还需要表示空间中物体的姿态,采用的方法是在物体上固定一个坐标系。如图 13.11 所示,考虑一个直角坐标系$\{B\}$,该坐标系固接于刚体 B 上,用于表示物体的方位。用 x_B, y_B, z_B 表示坐标系$\{B\}$主轴方向的单位矢量。当用坐标系$\{A\}$的坐标表达时,分别可以写成 $^Ax_B, ^Ay_B, ^Az_B$ 三个矢量,将它们按照顺序排列成一个 3×3 的矩阵,得到的矩阵称为旋转矩阵,用 ^A_BR 表示,就得到

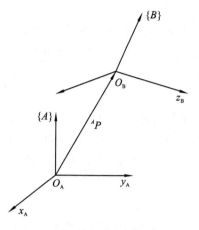

图 13.11 姿态描述

$$^A_BR = \begin{bmatrix} ^Ax_B & ^Ay_B & ^Az_B \end{bmatrix} = \begin{bmatrix} r_{11} & r_{12} & r_{13} \\ r_{21} & r_{22} & r_{23} \\ r_{31} & r_{32} & r_{33} \end{bmatrix} \quad (13.2)$$

^A_BR 表达了与坐标系$\{B\}$固接的刚体 B 相对于坐标系 $\{A\}$ 的方位,也就是说这三个矢量确定了姿态。旋转矩阵^A_BR 是正交的,其各分量被称为方向余弦,且满足条件

$$^A_BR = {^B_AR}^{-1} = {^B_AR}^T$$

如已知坐标系$\{A\}$上表示的坐标点^AP,和将坐标系$\{A\}$绕 x 轴沿正方向旋转 θ 角得到坐标系$\{B\}$上表示的坐标点^BP,两点之间的关系如下:

$$^AP = R(x,\theta)^CP = \begin{bmatrix} 1 & 0 & 0 \\ 0 & \cos\theta & -\sin\theta \\ 0 & \sin\theta & \cos\theta \end{bmatrix} {^BP} \quad (13.3)$$

即旋转矩阵为

$$R(x,\theta) = \begin{bmatrix} 1 & 0 & 0 \\ 0 & \cos\theta & -\sin\theta \\ 0 & \sin\theta & \cos\theta \end{bmatrix} \quad (13.4)$$

当对应 y 轴或 z 轴进行角度为 θ 的旋转变换时,旋转矩阵分别为

$$R(y,\theta) = \begin{bmatrix} \cos\theta & 0 & \sin\theta \\ 0 & 1 & 0 \\ -\sin\theta & 0 & \cos\theta \end{bmatrix} \quad (13.5)$$

$$R(z,\theta) = \begin{bmatrix} \cos\theta & -\sin\theta & 0 \\ \sin\theta & \cos\theta & 0 \\ 0 & 0 & 1 \end{bmatrix} \quad (13.6)$$

3. 位姿描述

机器人学中,位置和姿态成对出现,包含四个矢量,一个矢量表示位置,另外三个矢量表示姿态。要完全描述刚体 B 在空间的位置和姿态,通常将刚体 B 与一坐标系固接。相对参考系$\{A\}$,坐标系$\{B\}$的原点位置由$^AP_{B_0}$表示,方位由^A_BR 表示。因此,在坐标系$\{B\}$中原点处的位姿是:

$$\{B\} = \{^A_BR\ ^AP_{B_0}\} \quad (13.7)$$

坐标系$\{B\}$的原点通常表示刚体 B 的特征点。当旋转矩阵为单位矩阵时,上式代表了$\{B\}$中原点处的位置;当位置矢量是零矢量时,上式代表了坐标系$\{B\}$中原点处的姿态。

4. 平移旋转变换

姿态描述中只是提到了旋转运动时的坐标变换,实际中经常出现平移运动和旋转运动综合的情况,因此需要考查其变换方式。已知两个坐标系$\{A\}$和$\{B\}$,^AP 和^BP 分别表示两个坐标系中 P 点的位置。

(1) 已知坐标系$\{B\}$和$\{A\}$的原点不重合时,且两个坐标系具有同样方位,须进行平移变换(见图 13.12),则有

$$^AP = {^BP} + {^AP_{B_0}} \quad (13.8)$$

其中,$^AP_{B_0}$是$\{B\}$相对于$\{A\}$的平移矢量。

(2) 坐标系$\{B\}$和$\{A\}$的原点重合,但二者方位不同,须进行旋转变换(见图 13.13),则有

$$^AP = {}^A_BR\,{}^BP \tag{13.9}$$

其中,^A_BR 为旋转矩阵。

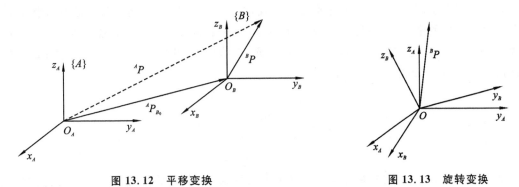

图 13.12 平移变换　　　　图 13.13 旋转变换

(3) 已知坐标系$\{B\}$和$\{A\}$的原点不重合,且二者方位也不同时,则须进行复合变换(见图 13.14),变换关系如下:

$$^AP = {}^A_BR\,{}^BP + {}^AP_{B_0} \tag{13.10}$$

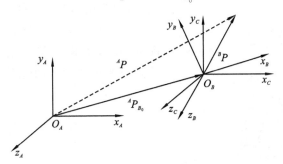

图 13.14 复合变换

(4) 取 $U_1 = \begin{pmatrix} {}^AP \\ 1 \end{pmatrix}$, $U_2 = \begin{pmatrix} {}^BP \\ 1 \end{pmatrix}$,则式(13.10)变为

$$\begin{pmatrix} {}^AP \\ 1 \end{pmatrix} = \begin{bmatrix} {}^A_BR & 0 \\ 0 & 0 \end{bmatrix} \begin{pmatrix} {}^BP \\ 1 \end{pmatrix} + \begin{bmatrix} 0 & {}^AP_{B_0} \\ 0 & 1 \end{bmatrix} \begin{pmatrix} {}^BP \\ 1 \end{pmatrix}$$

即

$$\begin{pmatrix} {}^AP \\ 1 \end{pmatrix} = \begin{bmatrix} {}^A_BR & {}^AP_{B_0} \\ 0 & 1 \end{bmatrix} \begin{pmatrix} {}^BP \\ 1 \end{pmatrix} \tag{13.11}$$

$$U_1 = AU_2 \tag{13.12}$$

此处 A 为齐次变换矩阵,或叫坐标变换矩阵。

13.3.2 机器人运动学方程

机器人是由诸多关节连接组成的。多关节机器人的坐标变换矩阵,可通过将各个关节的坐标变换矩阵相乘得到。用 A_1 表示第一个连杆相对于参考坐标系(如机身)的位姿,用 A_2 表示第二个连杆相对于第一个连杆坐标系的位姿,则第二个连杆在参考坐标系中的位置和姿态可用矩阵乘积得到:

$$T_2 = A_1 A_2 \tag{13.13}$$

因此对于一个六连杆机器人,机器人手部末端相对于参考坐标系的变换为

$$T_6 = A_1 A_2 A_3 A_4 A_5 A_6 \tag{13.14}$$

对于机器人手部,有三个自由度确定其位置,有三个自由度确定其姿态。将手部坐标系原点定在两个手指的中点,用向量 P 表示这个原点,用三个向量 n,o 和 a 来描述姿态。a 为接近矢量,表示机械手接近物体的方向;o 为方向矢量,表示从一个指尖指向另一个指尖;n 为法线矢量,且 $n = o \times a$。因此变换 T_6 为

$$T_6 = \begin{pmatrix} n_x & o_x & a_x & p_x \\ n_y & o_y & a_y & p_y \\ n_z & o_z & a_z & p_z \\ 0 & 0 & 0 & 1 \end{pmatrix} \tag{13.15}$$

例 13.1 考虑图 13.15 中表示的六自由度机器人,其中有平移关节 1 个,其余关节均为旋转关节。分别设定坐标系{0}到坐标系{3},代表从基座到机械手的坐标系,试求从机械手到基座的各个坐标变换矩阵 T。

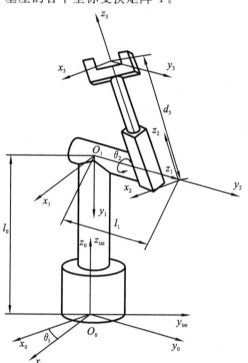

图 13.15 机器人示意图

从坐标系{1}到坐标系{0}的坐标变换矩阵 A_1^0,可以采用如下方法得到。

(1) 让坐标系{0}绕 z_0 轴旋转 θ_1 角度得到坐标系{0_{int}},使得 x_0 与 x_1 方向相同,此时从坐标系{0_{int}}到坐标系{0}的坐标变换矩阵为

$$A_{\text{int}}^0(\theta_1) = \begin{pmatrix} c_1 & -s_1 & 0 & 0 \\ s_1 & c_1 & 0 & 0 \\ 0 & 0 & 1 & 0 \\ 0 & 0 & 0 & 1 \end{pmatrix} \tag{13.16}$$

式中,c_1 表示 $\cos\theta_1$,s_1 表示 $\sin\theta_1$。

(2) 使坐标系{0_{int}}沿着 z_0 方向平行移动 l_0,并且围绕 x_{int} 轴旋转 $-90°$,最终得到坐标系{1},则坐标变换矩阵为

$$A_1^{\text{int}} = \begin{pmatrix} 1 & 0 & 0 & 0 \\ 0 & 0 & 1 & 0 \\ 0 & -1 & 0 & l_0 \\ 0 & 0 & 0 & 1 \end{pmatrix} \tag{13.17}$$

综合上述公式得到从坐标系{1}到坐标系{0}的坐标变换矩阵 A_1^0:

$$A_1^0 = A_{\text{int}}^0(\theta_1) A_1^{\text{int}} = \begin{pmatrix} c_1 & 0 & -s_1 & 0 \\ s_1 & 0 & c_1 & 0 \\ 0 & -1 & 1 & l_0 \\ 0 & 0 & 0 & 1 \end{pmatrix} \tag{13.18}$$

使用类似方法,建立所有坐标系之间的坐标变换矩阵:

$$A_2^1 = \begin{pmatrix} c_2 & 0 & s_2 & 0 \\ s_2 & 0 & -c_2 & 0 \\ 0 & 1 & 0 & l_1 \\ 0 & 0 & 0 & 1 \end{pmatrix} \tag{13.19}$$

$$A_3^2 = \begin{pmatrix} 1 & 0 & 0 & 0 \\ 0 & 1 & 0 & 0 \\ 0 & 0 & 1 & d_3 \\ 0 & 0 & 0 & 1 \end{pmatrix} \tag{13.20}$$

根据上面式子,可以得到从坐标系{3}到坐标系{0}的坐标变换矩阵:

$$T = A_1^0 A_2^1 A_3^2 \tag{13.21}$$

13.3.3 机器人的逆向运动学

对于具有 n 个自由度的机器人,它的运动方程可写成:

$$T_6 = \begin{pmatrix} n_x & o_x & a_x & p_x \\ n_y & o_y & a_y & p_y \\ n_z & o_z & a_z & p_z \\ 0 & 0 & 0 & 1 \end{pmatrix} = A_1 A_2 A_3 A_4 A_5 A_6 \tag{13.22}$$

根据机器人各个关节变量的值,可以计算得到机器人的位姿方程,称为机器人的正向运动学。反之,根据机器人的位姿要求,反求各个关节变量的值就是逆向运动学。其中正向运动学的解是唯一的,即关节变量都确定后,机械手的位姿是唯一的,而逆向运动学计算中经常有多重解,也可能不存在解,多重解的情况如图 13.16 所示。逆向运动学的求解方法较多,且需要从计算效率和计算精度等多方面考量。例如,当机器人的关节数小于 6 个时,总会存在不能实现的位姿,无论如何确定关节变量的值都无法达到。

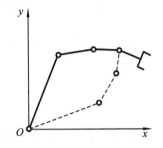

图 13.16 逆向运动学的多重解

正向运动学和逆向运动学统称为运动学。求解运动方程,得到各个机器人关节的坐标,有利于机器人的控制。逆向运动学的求解方法有代数法、几何法和数值解法,前两种方法与操作机的形式相关,其中数值解法计算工作量较大,实时性不好。

13.3.4 速度和加速度分析

机器人指尖相对于基准坐标系的平移速度,描述的是坐标原点在指尖上的基准坐标系的平移速度。已知基准坐标系{0}和指尖坐标系{1},则在基准坐标系{0}上指尖坐标系{1}原点 O_1 的坐标为 p_1:

$$p_1 = T \begin{pmatrix} 0 \\ 0 \\ 0 \\ 1 \end{pmatrix} = f(q) \tag{13.23}$$

得到指尖平移速度

$$v = \frac{dp_1}{dt} = \frac{df}{dq}\frac{dq}{dt} = J_L \frac{dq}{dt} = J_L \dot{q} \tag{13.24}$$

其中:q 是关节的变量,J_L 是与平移速度相关的雅可比矩阵。对于指尖的旋转速度 ω,可解释为在基准坐标系上,围绕各个轴旋转速度的合成,此时有

$$\omega = J_A \dot{q} \tag{13.25}$$

J_A 是与旋转速度相关的雅可比矩阵。

对于同时考虑指尖的平移和旋转速度的情况,此时 p_1 成为六维向量:

$$\dot{p}_1 = \begin{pmatrix} v \\ \omega \end{pmatrix} = J\dot{q} = \begin{pmatrix} J_L \\ J_A \end{pmatrix} \dot{q} \tag{13.26}$$

根据机器人的关节数,对上式进行分析可得到各个关节的速度。

13.4 机器人操作机的静力和动力分析

机器人的静力学关系式需要用虚功原理来推导。已知 δq 是关节的微小变位向量,δp 是指尖的微小变位向量。机器人指尖作用于外界的力,即手爪力为 F,它包括三维力向量 f_e 和基准坐标系上的三维力矩向量 n_e。τ 表示关节的驱动力。机械手的虚功表示为

$$\delta W = \tau^T \delta q + (-F)^T \delta p \tag{13.27}$$

根据关节的微小变位向量 δq 和指尖的微小变位向量 δp 间的关系,有

$$\delta p = J \delta q \tag{13.28}$$

根据虚功原理得到静力学关系式:

$$\tau^T - F^T J = 0$$

即

$$\tau = J^T F \tag{13.29}$$

此关系式表示了为产生手爪力所需要的驱动力。

机器人动力学问题包括动力学正问题和动力学逆问题。动力学正问题中,根据机器人各关节的作用力或力矩,求解各个关节的位移、速度、加速度,得到运动轨迹。动力学逆问题中,根据机器人的运动轨迹,求得各个关节需要的驱动力和力矩。动力学问题中将考虑惯性力的影响,求解时需要用矩阵形式求得动态方程,简化后求解。具体推导求解过程较为烦琐,本章不详细介绍。

13.5 机器人操作机机构的设计

1. 总体设计要求

为了实现机器人的机械臂的升降、回转或俯仰等运动,一般须在机身上安装驱动装置和传动元件。机械臂的自由度越多,运动功能越灵活,则机身的结构和受力情况越复杂。因此在设计时须考虑多方面问题以达到最优结果。

第一是刚度问题。刚度代表了机械臂在外力作用下抵抗变形的能力,一般用外力和变形量之比表示,刚度大的相应变形就小。为了提高刚度,需要选择合适的截面尺寸和轮廓形状。比如封闭的空心截面比实心截面和开口截面的刚度都好。当增大轮廓尺寸时,适当减小壁厚也可提高刚度。此外,内部空心的截面内还可以安装传动机构、驱动机构和管线等,这能保证

结构紧凑,节省空间。

第二是精度问题。机器人的精度是由机器人手部的位置精度决定的,保证了机械臂和机身的位置精度才能保证手部的精度。在机器人制造和装配过程中,提高各个构件的精度是基础,这也与机械设计阶段选用的导向装置和定位装置密切相关,同时设计过程中也必须考虑机械结构的耐磨性能,以保持工作中的精度。

第三是平稳性问题。机器人工作中处于不断运动的状态,冲击和振动不可避免,为了保持精度和操作安全,必须提高运转中的平稳性。在设计过程中,通常采用各种缓冲装置以吸收能量。设计中经常采用铝合金或非金属材料等,以减小机器人自身重量来减小惯性力。必须考虑运动部件相对转轴的分布情况,当臂部重心与支撑轴线不重合时就会产生附加的动压力,当转速较高时会产生较大的冲击和振动。

第四是机器人的保护。机器人经常在恶劣的环境下作业,为了提高其可靠性,需要在设计阶段充分考虑环境的影响,有针对性地从材料、传动方式和驱动装置等方面加以完善。

2. 驱动机构

机器人工作过程中的运动包括直角坐标系下不同轴向的移动和转动,圆柱坐标系下的径向移动、垂直升降运动和转动,极坐标下的径向伸缩驱动和绕中心轴的转动。根据不同坐标系下的运动,可以将机器人的运动分为移动和转动两种情况,因此机器人的驱动机构主要分为直线驱动机构和旋转驱动机构两类。

(1) 常用的直线驱动机构包括齿轮齿条、丝杠、液压和气动等多种实现方式。齿轮齿条装置中,齿轮带动齿条运动,即齿轮的旋转运动转换为齿条的直线运动。丝杠包括普通丝杠和滚珠丝杠,普通丝杠精度低,容易出现爬行现象,滚珠丝杠是在螺线槽中加入许多滚珠,丝杠中的摩擦被转换为滚动摩擦,精度较高,在装配时施加一定的预紧力可消除回差,传动效率可达到90%。液压驱动是通过液压缸和活塞实现的,调节液压缸中活塞两端的液体压力和油量来控制活塞的运动。液压驱动可用较小的体积得到较大的作用力或转矩,液压油的可压缩性小,故可达到较高的位置精度,液压系统还具有防锈性和自润滑性能,这有利于提高机械效率并增加寿命。液压系统也有其局限性,如液体泄漏难以避免,且需要相应的供油系统和伺服系统。气动方式也是机器人中常用的驱动方式,如图13.17所示,它与液压驱动方式相比,

图 13.17 气缸驱动的手部

工作压力低,气源容易获得,易于达到高速,使用安全无污染,但也有其缺点,如作用力小,气体的可压缩性导致平稳性差、精确控制困难等。

(2) 旋转驱动机构包括齿轮机构、同步带传动、谐波齿轮等。齿轮机构是通过两个或多个齿轮组成传动系统,同时传递力和力矩。齿轮机构可使得机构变得紧凑,提高伺服系统的可控性,同时由于齿轮加工中对精度有一定限度,会在齿和齿间接触时存在冲击的问题。另外齿轮机构有一定侧隙,这也将影响精度。同步带传动中,以横截面为矩形、工作面具有等距横向齿的环形传动带为介质进行传动。运动过程中带与带轮毂无相对滑动,因此能保持两轮的圆周速度同步,重复精度较高。谐波齿轮传动大量用于机器人的旋转关节,可获得较大的齿轮减速比,运动时同时啮合的齿数较多,力矩传递能力较强。

3. 手部机构

机器人手部直接用来夹持工具或工件以完成工作任务,如图 13.18 和图 13.19 所示。手部机构从形态上可划分为人类型和自由型两类。人类型主要指义手,它的设计除要达到工作要求外,其外形也要模仿人体手部。自由型不受手的外形限制,以工业需求为基础进行设计。手部机构按照夹持原理可以分为两大类,即夹持型和吸附型。夹持型包括内夹持和外夹持两种,二者的区别在于手爪的运动方向不同。吸附型包括气力吸附和磁力吸附两种,气力吸附常用负压式吸附头实现,磁力吸附利用永久磁铁或电磁铁通电后产生的磁力来吸附工件或工具。

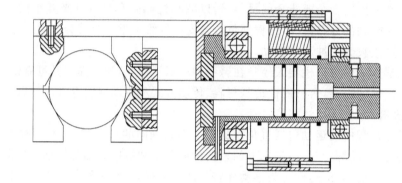

图 13.18　旋转式手部示意图

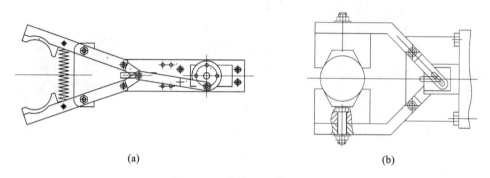

(a)　　　　　　　　　　(b)

图 13.19　夹持式手部示意图

思考题及练习题

13.1　什么是机器人,机器人如何分类?

13.2　机器人的主要技术指标有哪些?

13.3　简述柱面坐标机器人的工作性能。

13.4　举例说明机器人的姿态描述问题。

13.5　简述机器人的操作机构由哪些部分组成,并说明其相应的功能特点。

13.6　坐标系$\{1\}$和坐标系$\{0\}$在初始状态是重合,首先坐标系$\{1\}$相对于坐标系$\{0\}$的z轴旋转$60°$,然后再沿着坐标系$\{0\}$的y轴移动 4 个单位,再沿着坐标系$\{0\}$的x轴移动 8 个单位。求平移矢量$^{0}P_{1_0}$和旋转矩阵$^{A}_{B}R$。

第 14 章 机械传动系统的方案设计

14.1 概 述

现代机器由原动机、传动、执行三个基本部分组成。机械传动系统是指将原动机的运动和动力传递到执行部分的中间环节,是机械的重要组成部分,其质量和成本在整台机器的质量和成本中占有很大的比重。机械传动系统的作用不仅是转换运动形式,改变速度大小和保证各执行构件的协调配合工作等,而且还要将原动机的功率和转矩等传递给执行构件,以克服生产阻力。一部机器可以只有一个执行部分,也可以把机器的功能分解成好几个执行部分。

根据对产品要求的不同,机械传动系统方案设计的类型也不同,主要有下列三种。

(1) 全新设计。产品为全新的,它的工作原理、各种功能和构形等都需要有一定的创新特点。

(2) 改进设计。产品的部分功能和构形根据新的需要有局部的改进和变化。

(3) 系列设计。产品仅在功能规格上有量的变化。

通常进行机器全新设计的难度最大,其过程和步骤见表 14.1。其他类型设计则较为简单,步骤可因需而定,相应简化。

表 14.1 机械传动系统设计的步骤

序号	步 骤	目 标
1	进行产品规划,提出机器功能要求,明确设计任务	设计任务书(设计和审定的依据)
2	作功能分析,选择机器工作原理,确定工艺动作过程	工作原理和工艺过程图(初步的机器运动循环图)
3	分解工艺动作作为几个独立运动,确定实现该运动的构件(执行构件)	确定机器执行构件数目和运动规律
4	选择和组合能实现各执行构件所需运动的机构(执行构件)	机构示意图
5	确定机器各执行机构的运动协调关系	机器运动循环图和整机机构示意图
6	各机构根据运动规律、动力条件确定机构尺寸和各机构间的相对尺寸	各机构运动简图和整机组合尺寸、修订机器运动循环图
7	构形设计,选择主要零件用材,确定结构、外形和尺寸	结构和外形草图
8	总体设计	总体装配图
9	零、部件设计	零、部件图
10	编写技术文件	计算书、说明书等

表 14.1 中的步骤 1、2 是产品的规划阶段,其中的"功能要求"包括机器规格、执行、使用和制造等方面的有关要求。这是机器设计的前提。步骤 3 至 5 是机械运动方案的拟订阶段,主要实现机器的执行功能,并有承上启下的作用,是机器设计的关键。步骤 6 至 10 是详细设计阶段,确定了实现机器全部功能的具体构形,是机器设计的最后成果。各项步骤完成后都应有适当的审定,并进行必要的修改。

纵观全程,可见考虑周到的传动系统设计方案可以正确体现设计任务,保证后续工作的顺利进行,提高设计效率。所以机械传动系统设计方案的拟订在机器设计中的地位十分重要。

14.2 机械工作原理的拟订

设计机械产品时,首先应根据使用要求、技术条件及工作环境等情况,明确提出机械所要达到的总功能;然后拟订实现这些功能的工作原理及技术手段;最后设计出机械系统传动方案。

同一种功能可以应用不同的工作原理来实现,相应的工艺动作也可以不同,运动方案也必然各不相同。工作原理的选择与产品的批量、生产率、工艺要求、产品质量和市场定位等有密切关系。在选定机器的工作原理时,不应墨守成规,而是要进行创新构思,一个优良的工作原理可使机器的结构既简单又可靠,动作既巧妙又高效。

14.2.1 拟订工作原理的基本方法

1. 传统的辅助手段

(1) 文献检索。文献来源包括专业书籍、专刊以及产品说明等。

(2) 仿生学方法。从自然系统中引出具有多种用途而且技术新颖的方法。

(3) 类比考察。将系统与类比物进行比较以寻求合适的方法,并且提供了在早期开发阶段就通过仿真和模型技术来研究系统形态的可能性。

(4) 实验研究。包括产品检测、模型实验、样机实验等。

2. 直觉方法

利用设计者的个人直觉,以及联想法等群发效应,往往可以获得解决问题的方法。

3. 逻辑方法

运用逻辑思维的方法,可制定清晰的工作步骤。在逻辑方法中,应用最为成功的是设计目录法。该方法的基本原理是将为实现某一功能元的所有可能方法用矩阵表形式列出,形成方法目录。例如,表 14.2 所示为物料运送的方法目录。

表 14.2 运送物料的方法目录

功能元解	机 械 力			气 液 力		电 磁 力
	推力	重力	摩擦力	负压吸力	流体摩擦	磁吸力
简图						
特点	用途广	简单	可靠性差	耗能大	多条件限制	适用于较小物体

14.2.2 工作原理拟订实例

对于机械运动系统而言,在工作原理拟订阶段所确定的工艺过程对机械的生产率、结构、运动和使用性能具有决定性的影响。以螺纹生产为例,图 14.1(a)所示为早期使用传统方法的螺纹车床,通过几次进给切削完成,其机床与普通车床相似,但结构较为复杂,工效也较低。图 14.1(b)所示为按照复合运动原理设计的搓丝机,利用动搓丝板与送料板的往复运动来制造螺纹,其结构大大简化,而生产率、工件质量和材料利用率都有所提高。图 14.1(c)所示为对辊式搓丝机,把普通搓丝机中的动搓丝板的往复运动改成单向旋转运动,不但省掉了空行程,而且缩小了机器的体积。图 14.1(d)所示为根据行星轮系机构原理制造的行星搓丝机,工艺动作进一步简化,生产率成倍提高。

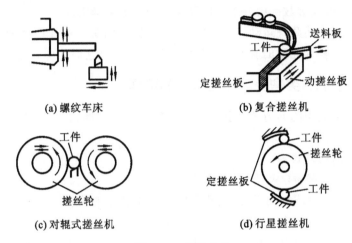

图 14.1 螺纹生产

14.3 执行机构的运动设计和原动机选择

机械传动系统的作用就是将原动机的运动和动力传递到执行构件,故原动机类型和执行构件的运动形式、运动参数及运动方位等都决定着传动系统的方案。执行构件和原动机的运动设计和选择,就是根据拟订的工作原理和工艺动作过程,确定执行构件的数目、运动形式、运动参数及运动协调关系,并选择恰当的原动机的类型和运动参数与之匹配,从而为机械传动系统方案设计奠定基础。

14.3.1 执行机构的运动设计

1. 执行机构的数目

执行构件的数目取决于机械分功能或分动作数目的多少,但两者不一定相等,要针对机械的工艺过程及结构复杂性等进行具体分析。例如在立式钻床中,可采用两个执行构件——钻头和工作台,分别实现钻削和进给功能;也可采用一个执行构件——钻头,同时实现钻削和进给功能。

2. 执行机构的运动形式和运动参数

执行构件的运动形式取决于要实现的分功能的运动要求。常见的运动形式有回转运动、直线运动、曲线运动及复合运动等。其中前两种运动形式是最基本的。

回转运动可分为连续回转、间歇回转和往复摆动三种。连续回转的运动参数为每分钟的转数；间歇回转的运动参数为每分钟的转动次数、转角大小和运动系数等；往复摆动的运动参数为每分钟摆动的次数、摆角大小和行程速比系数等。

直线运动可分为往复直线运动、带间歇的往复直线运动和带间歇的单向直线运动。往复直线运动的运动参数为每分钟的往返次数、行程大小和行程速比系数等；带间歇的往复直线运动的运动参数除了往复直线运动的运动参数，还包括一个运动循环周期内停歇的次数、位置及时间等；带间歇的单向直线运动的运动参数主要是停歇时间和运动的位移。

曲线运动可分为沿固定不变的曲线运动和沿可变的曲线运动两种。沿固定不变的曲线运动的运动参数为执行构件上某一点坐标的变化规律；沿可变的曲线运动往往是由两个或三个方向的移动组成，其运动参数须由各个方向移动的配合关系确定。

复合运动则是由上述几种运动组合而成的，如台钻中钻头一边作连续回转的切削运动一边作直线进给运动。复合运动的参数根据各单一运动形式及它们的协调配合关系而定。

14.3.2 原动机的类型及其运动参数的选择

目前机械设备中应用的动力源主要为电、液、气装置及内燃机，除此以外，有时也用重锤、发条、电磁铁等做原动机。

原动机主要的运动形式为：

(1) 连续转动——普通电动机、内燃机等；
(2) 往复移动——直线电动机、固定活塞式液压缸或气缸等；
(3) 往复摆动——双向电动机、摆动活塞式液压缸或气缸等；
(4) 可控转动——伺服电动机、调频电动机等。

原动机的选择对整个机械的性能及成本、对机械传动系统的组成及其繁简程度都有直接的影响。例如设计金属片冲制机时，冲头的运动既可以采用电动机带动，又可以采用液(气)压系统驱动，两者的性能及成本明显不同。

在一般的机械设备中，电动机的应用最为广泛，其中有交流异步电动机、直流电动机、伺服电动机、带减速装置的电动机、交流变频变速电动机、步进电动机等等。

各种原动机均有各自的特性和使用场合，选择时应从机械性能要求及成本等多方面进行考虑。例如应用最多的交流异步电动机，其同步转速有 3000、1500、1000、750、600 r/min 等多种，与线圈的磁极对数有关。在输出同样功率时，线圈的磁极对数越少，电动机转速越高，其尺寸和质量越小，价格也越低。但是当执行机构的速度较低时，若选用高速电动机必须配有大减速比的减速装置，也许所占的空间更大，耗资更高，这时就必须有一个详细的分析和比较。

14.3.3 各执行构件间运动的协调配合和机械的运动循环图

1. 各执行构件运动的协调配合关系

在有些机械中，各执行构件间的运动是彼此独立的，不需要协调配合。如图 14.2 所示的外圆磨床中，砂轮和工件都作连续回转，同时工件还作纵向往复运动，砂轮作横向进给运动。这几个运动是互相独立的，无严格的协调配合要求。这种情况可以分别为每一个运动设计一个独立的运动链，并单独驱动。

而在另一些机械中，则要求各执行构件的运动必须准确协调配合才能保证工作的完成。

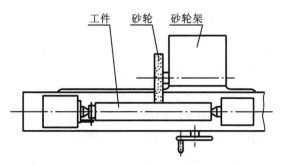

图 14.2 外圆磨床

它又可分为如下两种情况。

1) 各执行构件动作的协调配合

有些机械要求执行构件在时间及运动定位上必须准确协调配合。例如图 14.3 的金属片冲制机的两个执行构件,当送料构件将原料送入模孔上方后,冲头才可进入模孔,当冲头上移离开原料后,送料构架才能进行下一次送料运动。图 14.4 所示的饼干包装机的包装纸折边机构中,构件 1 和 4 是用以折叠包装纸两侧边的执行构件,为避免两构件在工作时发生干涉,则必须保证两构件不能同时位于区域 MAB 中。

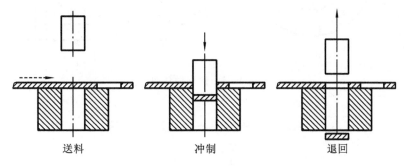

图 14.3 金属片冲制机

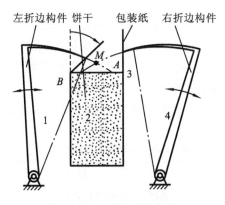

图 14.4 包装纸折边机构

2) 各执行构件运动速度的协调配合

有些机械要求各执行构件的运动速度必须保持协调。例如按范成法加工齿轮时,刀具和工件的范成运动必须保持某一个恒定的传动比;又如在平板印刷机中,在压印时,卷有纸张的滚筒表面线速度与嵌有铅板的台板移动速度必须相等。

2. 机械的运动循环图

为了保证机械在工作时各执行构件间动作的协调配合关系,在设计机械时应编制出用以表明机械在一个运动循环中各个执行构件移动配合关系的运动循环图,也称工作循环图。在编制运动循环图时,要从机械中选择一个构件作为定标件,用它的运动位置(转角或位移)作为确定其他执行构件运动先后次序的基准。运动循环图常用的有直线式、圆周式和直角坐标式三种。图 14.5 中(a)、(b)、(c)分别为牛头刨床的直线式、圆周式和直角坐标式三种运动循环图。它们都以曲柄导杆机构中的曲柄为定标件。曲柄回转一周为一个运动循环。

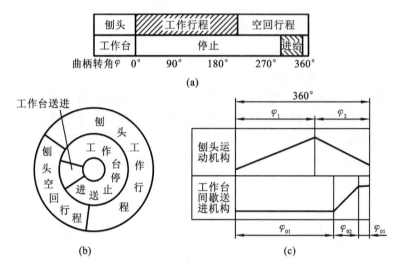

图 14.5 运动循环图

14.4 机构的选型和变异

14.4.1 机构的选型

设计机器时,当确定了执行构件的数目和运动后,就该选择能够实现本设计各个执行构件所需的运动机构,也就是通称的机构选型问题。当前机构选型还较多地以设计者个人的经验和主观意愿为依据,缺少系统的理论和有效的方法。要科学地设计新机器,必须在实践中逐步研究和建立机构选型的科学方法。

为了便于机构的选型,表 14.3 中列出了实现执行构件运动的常用相应机构,表 14.4 列出了几种常用传动机构的基本特性。

表 14.3 实现运动的相应机构

执行构件运动特点	相 应 机 构
匀速转动	齿轮机构、平行双曲柄机构、摩擦轮机构等
变速转动	非圆齿轮机构、双曲柄四杆机构、转动导杆机构、组合机构等
往复移动	曲柄滑块机构、移动导杆机构、移动从动件凸轮机构、齿轮齿条机构、螺旋机构、组合机构等
往复摆动	曲柄摇杆机构、曲柄摇块机构、摆动从动件凸轮机构、组合机构等

续表

执行构件运动特点	相 应 机 构
单向间歇运动	棘轮机构、槽轮机构、凸轮机构、不完全齿轮机构、组合机构等
间歇往复摆动	凸轮机构、组合机构等
给定运动轨迹	铰链四杆机构、组合机构等

表 14.4　几种常用传动机构的基本特性

	齿轮机构	蜗杆机构	带传动	链传动	连杆机构	凸轮机构	螺旋机构
优点	传动比准确,外廓尺寸小,效率高,寿命长,功率及速度范围广,适宜于短距离传动	传动比大,可实现反向自锁,用于空间交错轴传动,传动平稳	中心距变化范围广,可用于长距离传动,能起到缓冲及过载保护作用	中心距变化范围广,可用于长距离传动,平均传动比准确,特殊链可用于传送物料	适用于宽广的载荷范围,可实现不同的运动轨迹,可用于急回、增力、加大或缩小行程等	能实现各种运动规律,机构紧凑	可改变运动形式,即转动变移动,传力比较大
缺点	制造精度要求高	效率较低	有打滑现象,轴上受力较大	有振动冲击,有多边形效应	设计复杂,不宜高速运动	易磨损,主要用于运动的传递	滑动螺旋刚度较差,效率不高
效率	开式 0.92～0.96 闭式 0.96～0.99	开式 0.5～0.7 闭式 0.7～0.9 自锁 0.4～0.45	平带 0.92～0.98 V带 0.92～0.94 同步带 0.96～0.98	开式 0.9～0.93 闭式 0.95～0.97	在运动过程中效率随时发生变化	随运动位置和压力角不同,效率亦不同	滑动 0.3～0.6 滚动 0.85～0.98
速度	6 级精度直齿,≤18 m/s 6 级精度非直齿,≤36 m/s 5 级精度直齿,≤200 m/s 圆弧齿轮,≤100 m/s	滑动速度≤15～35 m/s	V带≤25 m/s 同步带≤50 m/s	滚子链≤15 m/s 齿形链≤30 m/s	—		

续表

	齿轮机构	蜗杆机构	带传动	链传动	连杆机构	凸轮机构	螺旋机构
功率	渐开线齿轮≤50000 kW 圆弧齿轮≤60000 kW 锥齿轮≤1000 kW	小于750 kW，常取50 kW以下	V带≤40 kW 同步带200～750 kW	最大可达3500 kW 通常为100 kW以下	—	—	—
传动比	一对圆柱齿轮≤10 通常≤5 一对圆锥齿轮≤8 通常≤3	开式≤100 常用15～60 闭式≤60 常用10～40	平带≤5 V带≤7 同步带≤10	滚子链≤7～10 齿形链≤15	—	—	—
其他	主要用于传动	主要用于传动	常用于传动链的高速端	常用于传动链中的速度较低处	既可作为传动机构又可作为执行机构	主要用于执行机构	主要用于转变运动形式，可作为调整机构

14.4.2 机构的变异

为了全面满足所选机构对机械提出的运动或动力要求，或者为了改善其中某些性能、结构，可以通过改变机构中一些构件的结构形状、运动尺寸、更换机架或原动件、增加辅助构件等方法来实现，此称为机构的变异。机构变异的方法很多，下面简要介绍几种。

1) 改变构件的结构形状

例如，在摆动导杆机构中，若在原直线导槽上设置一段圆弧槽，其圆弧半径与曲柄长度相等，则导杆在左极限位置时将作较长时间停歇，即变为单侧停歇的导杆机构，如图14.6所示。

2) 改变构件的运动尺寸

例如，在槽轮机构中，若使槽轮的直径变为无穷大，而槽的数量增加到无穷多，于是槽轮机构变为作间歇直线运动的槽条机构，如图14.7所示。

3) 选不同的构件为机架

此方法在平面连杆机构中学习过。此外，在第9章凸轮机构中图9.4所示的罐头盒封盖机构也采用了这个方法，让凸轮成为机架，原动件1连续等速转动，通过带有凹槽的固定凸轮3的高副，引导从动件2上的点C沿预期的轨迹——接合缝S移动，从而完成罐头盒的封盖任务。如果适

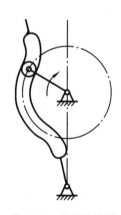

图14.6 单侧停歇的导杆机构

当调整构件的运动尺寸,还可以得到不同形状的结合缝。

4) 选用不同构件为原动件

在一般的机械中,常取连架杆为原动件,但在图 14.8 中,取连杆为原动件,这样可巧妙地将风扇转子的回转运动转化为连架杆的摇动,从而使传动链大为简化。

5) 增加辅助构件

图 14.7 槽条机构

图 14.9 所示为手动插秧机的分秧、插秧机构。当用手来回摇动摇杆 1 时,连杆 5 上的滚子 B 将沿着机架上的凸轮槽运动,迫使连杆 5 上的点 M 沿着图示点画线轨迹运动。装于点 M 处的插秧爪,先在秧箱 4 中取出一小撮秧苗,然后沿着铅垂路线向下运动,将秧苗插入泥土中,然后沿另一条路线返回(以免将已插好的秧苗带出)。为了保证插秧爪运行的正反路线不同,在凸轮机构中附加一个辅助构件——活动舌 3。当滚子 B 沿左侧凸轮廓线向下运动时,滚子压开活动舌左端而向下运动,当滚子离开活动舌后,活动舌在弹簧的作用下恢复原位,使滚子向上运动时只能沿右侧凸轮廓线返回。在通过活动舌的右端时,又将其压开而向上运动,待其通过以后,活动舌在弹簧作用下又恢复原位,使滚子只能继续向左下方运动,从而实现预期的运动。

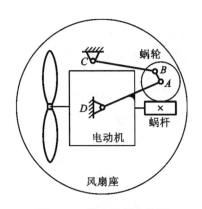

图 14.8 风扇的摇头装置

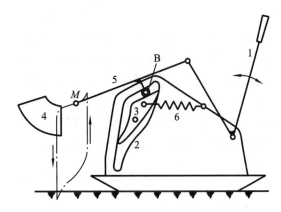

图 14.9 手动插秧机

除上述各种变异方法外,在进行机械传动系统设计时,还常利用最小阻力定律来使传动机构简化。对于一个多自由度的机构,当给定的原动件数小于机构的自由度时,机构的运动在理论上是不确定的。但在实际应用中,这时的运动是遵循最小阻力定律,即沿阻力最小的方向运动。例如,在图 14.10 所示的送料机构中,自由度为 2,但是原动件只有曲柄 1 一个,故运动在理论上是不确定。曲柄 1 进行逆时针转动,根据最小阻力定律,在推程时,摇杆 3 将首先沿逆时针方向转动(因为转动摩擦力小于滑动摩擦力),直到推爪臂 3′ 碰上挡销 a′ 为止,这一过程使推爪向下运动,并插入工件的凹槽中,此后,摇杆 3 和滑块 4 成为一体,一起向左推送工件;在回程时,摇杆 3 要先沿顺时针方向转动,直到推爪臂 3′ 碰上挡销 a″ 为止,这一过程是推爪向上抬起脱离工件,此后,摇杆 3 和滑块 4 成为一体,一起返回。如此继续,就可将工件一个个地向前推送。该结构虽然简单,但是在使用时应当注意,由于运动不是强制性的,很有可能受到意外干扰造成无法正常工作。

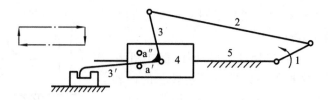

图 14.10 送料机构

14.5 机构的组合

常用机构中,结构最简单的机构通称为基本机构。如单自由度的四杆机构、凸轮机构、齿轮机构、螺旋机构、间歇运动机构和二自由度的五连杆机构、四杆高副机构、差动轮系等。实现简单的运动可以选用一个基本机构就能实现。当要实现的运动较为复杂时,则需要将几个基本机构组合起来应用。基本机构的组合方式有下列四种。

14.5.1 机构的串联式组合

几个基本机构依次连接的组合方式称为串联式组合。其优点是可以改善单一基本机构的运动特性。

例如,一个对心曲柄滑块机构没有急回特性。如果要求有急回特性,便可用图 14.11 所示,将一个曲柄摇杆机构 1-2-3-4 的输出构件 3 与曲柄滑块机构 3′-5-6-4 的输入构件 3′ 固连在一起,这样整个机构的输出构件 6 就有急回特性了。

串联式机构的另一种常见形式是后一个机构为二自由度基本机构,需要两个输入构件才能输出确定运动。这样,前一个基本机构需要有两个输出构件与之固连。如图 14.12 所示的串联机构是由四杆机构 1-2-3-4 和差动轮系 2′-3(H)-5-4 所组成。构件 1 为原动件,齿轮 5 绕轴心 D 转动。

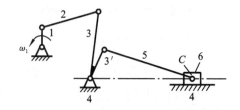

图 14.11 曲柄摇杆和曲柄滑块的串联组合

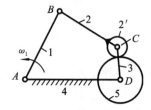

图 14.12 四杆机构和差动轮系的串联组合

14.5.2 机构的并联式组合

一个机构产生若干分支后续机构,或若干分支机构汇合于一个后续机构的组合称为机构的并联式组合。各分支机构间常常有运动协调要求,根据不同的情况分为:速比要求,轨迹配合要求,时序要求,运动形式配合要求等。

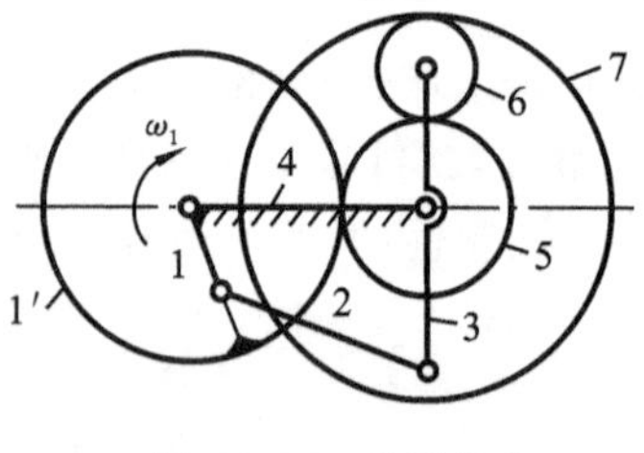

图 14.13 所示机构是由定轴轮系 1′-5-4、曲柄摇杆机构 1-2-3-4 和差动轮系 5-6-7-3-4 所组成。原动齿轮 1′ 和曲柄 1 固连在一起,其运动同时传给并列布置的定轴轮系和曲柄摇杆机构,从而转换成两个转动。这两个转动又传给差动轮系合成一

图 14.13 并联组合

个输出运动——内齿轮 7 的转动。当原动件作匀速转动时,齿轮 5 作匀速转动,而摇杆 3 为变速转动,所以内齿轮 7 也作变速运动。

14.5.3 机构的封闭式组合

将一个多自由度的基本机构中的某两个构件的运动用另一机构将其联系起来,使整个机构成为一个单自由度机构的组合方式称为封闭式组合。图 14.14 所示的三种机构均属这种方式。

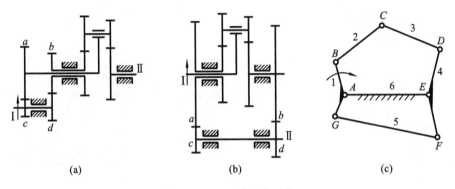

图 14.14 封闭式组合机构

在封闭式组合中还有一种特殊的组合,即原动件的运动先输入一个多自由度基本机构,该机构的一个输出运动经过一个单一自由度基本机构转换为另一种运动后,又反馈给原来的多自由度基本机构,这种组合又被称为反馈式组合。图 14.15 所示机构为滚齿机上所用的校正机构,由直动从动件盘形凸轮机构 3'-4-1 和带有滑架 4(同时也是凸轮机构的从动件)的蜗杆机构 2-3-4-1 组合而成。其中蜗杆 2 能转动和由滑架 4 带着移动,蜗杆机构实际上为一个二自由度的高副四杆机构。输出构件蜗轮 3 的运动由两部分组成:一是蜗杆的转动带来的转动;二是凸轮机构将蜗轮运动反馈至蜗杆,使蜗杆移动所产生的附加转动。此机构中蜗轮的实际转动应传动误差而与理想的转动不符时,就可根据所测的误差设计凸轮机构,以补偿运动误差。

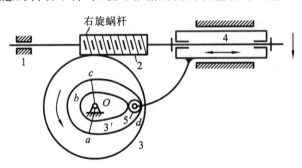

图 14.15 滚齿机的校正机构

14.5.4 机构的装载式组合

将一个机构装载在另一个机构的某一个活动构件上的组合方式称为装载式组合。与前面的组合方式最大的区别就是各个基本机构没有共同的机架,而是互相叠联在一起,也称叠联式组合。其特点是:每一个基本机构各有一个动力源;后一个基本机构的相对机架就是前一个基本构件的输出构件。

图 14.16 所示的电动木马机构,其中装载机构本身作回转运动,被回转机构(摇块机构)的

曲柄也作主动运动,两个运动的组合使木马产生飞跃向前的运动效果。图14.17所示的挖掘机的工作机构,由3个液压缸机构(四连杆机构的一种演化)组成。第一个机构3-2-1-4的机架4是挖掘机的机身;第二个机构7-6-5-3装载在第一个基本机构的输出构件3上;第三个机构10-9-8-7又装载在第二个基本机构的输出构件7上。这三个基本机构各有一个动力源,即构件2、5、8这3个液压缸,分别带动动臂3、斗柄7和铲斗10运动,完成挖掘机的挖土、提升和卸载等动作。

图14.16 电动木马机构

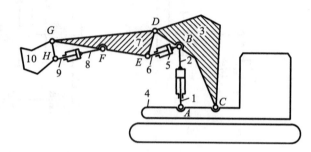

图14.17 挖掘机的工作机构

14.6 机械传动系统方案的拟订

在确定了机械工作原理,并完成了执行构件和原动机的运动设计之后,通过机构选型、变异及组合,即可初步确定机械传动系统方案。最后再通过分析与评审,从众多方案中选出最佳方案。

14.6.1 拟订机械传动系统方案的一般原则

由于机械功能、工作原理和使用场合等的不同,对传动系统的要求也就不同,但在拟订传动系统方案都应遵循下列一般原则。

1. 传动链应尽可能短

在一个机器中,如果中间环节过于复杂、动力源安装位置离执行机构过远、运动形式变换过多等,都会造成传动链过长。而传动链过长会引起传动精度和传动效率下降,增加成本和故障率。因此设计中应避免过长的传动链。

2. 优先选用基本机构

由于基本机构结构简单,设计方便,技术成熟,故在满足功能要求的条件下,应优先选用基本机构。若基本机构不能满足或不能很好地满足机械运动或动力要求时,可适当对其进行变异或组合。

3. 机械效率尽可能高

不同机构传动的效率有高有低,如齿轮传动效率较高,蜗杆传动和螺旋传动则效率较低。一部机器的效率取决于组成机器的各个机构的效率。尤其是在主传动中,功率一般较大,如果当中包含有效率较低的机构时,整个机器的总效率也随之降低,能量损失非常大。因此合理选择传动机构非常重要。但也并不能因某机构传动效率低而完全不在主传动中应用,应全面比较其利弊,再作决定。所占空间的大小、成本的高低、使用寿命的长短等都应作为比较条件。对于辅助传动链,因传动功率小,则可将传动效率的高低置于次要地位,而着眼于其他更重要的方面,如机构的简化、体积的减小等。

4. 传动的顺序要恰当

机构的排列顺序一般有这些规律:改变运动形式的机构通常放置在运动链的末端,靠近执行构件;摩擦传动不宜传递大转矩,多安排在传动链的起始端。如凸轮机构能实现复杂的运动规律,但不宜承受太大的载荷,所以常用于传动链的低速末端;连杆机构由于附加动载荷较大,不宜用于高速,常用于低速机械或机械传动的末端;齿轮传动优点很多,可以适应很多场合;带传动为摩擦传动,一般直接与电动机连接,还能起减振作用;链传动有速度波动,不宜用于高速运转,多应用于低速机械或机械传动的末端。

传动机构的顺序的安排有极大的灵活性,它与机器的功用、运转速度、运动形式等都有密切的关系,所以其顺序绝非一成不变。

5. 传动比分配要合理

机器的总传动比确定后,就应合理地分配给整个传动链中的各级机构。传动比的大小应确定在各种机构的常规范围。否则将造成机构尺寸增大,性能降低。

当传动比过大时,可设计成两级或以上的传动,传动比的分配从电动机至执行构件的一端一般按照"前小后大"的原则,这样有利于中间轴的高转速低转矩,使轴及轴上零件有较小的尺寸,机构结构紧凑。

6. 保证机械安全运行

机械运转必须满足其使用性能要求,但是绝不可忽视设计中的安全问题。如起重机械不允许在重物作用下产生倒转,为此可使用自锁机构或安装逆止器完成此项要求。又如为了防止过载而损坏,可安装安全联轴器或采用过载打滑的摩擦传动机构。

14.6.2 拟订机械传动系统方案的方法

机械传动系统方案的拟订,是一个从无到有的创造性设计过程,涉及设计方法学的问题。掌握一定的设计方法,可以加快设计进程,并有利于获得较好的设计方案。拟订机械传动系统的方法较多,例如功能分解组合法和模仿改造法。

功能分解组合法的基本思路是,首先对设计任务进行深入分析,将机械要实现的总功能分解为若干个分功能,再将各分功能细分为若干个元功能,然后为每一个元功能选择一种合适的功能载体(机构)来完成该元功能,最后将各元功能的功能载体加以适当地组合和变异,就可构成机械传动的一个运动方案。由于一个元功能往往存在多个可用的功能载体,所以用这个方法经过适当排列组合,可获得很多种传动系统方案。

模仿改造法的基本思路是经过对设计任务的分析,先找出完成任务的核心技术,然后寻找具有类似技术的设备装置,分析利用原装置来完成现设计任务时有哪些有利条件,哪些不利条件,缺少哪些条件。保留原装置的有利条件,消除不利条件,增设缺少条件,将原装置加以改造,从而使之能满足现代设计的需要。这种设计方法在有资料和实物可参考的情况下,常常采用。

14.6.3 机械传动系统方案的评价

给定一种运动要求往往可以选择几种机构来实现。因此需要建立机械传动系统方案的评价体系,以衡量被选方案的优劣。

1. 评价指标

一般来说,机械传动方案的评价指标可从五方面考虑。

(1) 机械功能的实现质量 有时众多方案都基本能满足机械的功能要求,但是在实现功能的质量上还是有差别的,如运动的精确性等。

(2) 机械的工作性能 机械在满足功能要求的条件下,还应具有良好的工作性能,如运转的平稳性、承载能力、传动效率等。

(3) 机械的动力性能 主要为冲击、振动、噪声及耐磨性等方面的性能。

(4) 机械的经济性 整个机器的成本应当最低,其中包括设计工作量的大小、制造成本、维修难易程度、能耗大小及耗材成本等。

(5) 机械结构的合理性 结构的合理性包括结构的复杂程度、尺寸及质量大小等。

2. 评价方法

以上评价指标很多是互相矛盾的,如精确性和经济性就很难两全。因此需要一个合理的评价方法来综合运用评价标准进行科学评价。常用的方案如下所述。

(1) 技术评价法 通过求方案的技术价值进行评价。将各项评价标准作为技术指标,定出评分值和加权系数,最后求出技术价值。理想方案的技术评价为满分,得分最高者为最佳方案。

(2) 系统工程评价法 将整个机械运动方案作为一个系统,从系统上评价方案适合总体功能要求的情况,以便从众多方案中选择最佳方案。

(3) 模糊综合评价法 如果很难对某些评价标准进行定量分析,只能用"很好"、"好"、"较好"、"不好"等模糊概念来表示,可以采用集合与模糊数学将模糊信息数值化后进行定量评价。

14.6.4 机械传动系统方案设计举例

设计任务是要求设计一个多头专用自动钻床的传动装置,用来同时加工图 14.18 所示零件上的三个孔,并能自动送料。

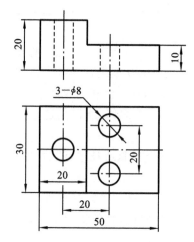

图 14.18 工件零件图

1. 工作原理

由于设计要求为钻孔,故工作原理就是利用钻头与工件之间的相对回转和进给移动来切除材料形成孔。如图 14.19 所示,钻孔的方案一般有三种:(a) 钻头既作回转运动又作进给运动,工件放置在工作台上静止不动;(b) 钻头只作回转运动,工件放置在工作台上作进给运动;(c) 钻头作进给运动,工件随工作台作回转运动。为提高效率需要同时钻三个孔,显然第三个方案不适合,又由于工件尺寸小,连同工作台的质量很轻,相比较而言,移动三根钻头更简单,故选择第二种方案相对合理一些。送料方案可以采用送料杆从工件仓内推送工件的方式。

最终,多头专用自动钻床的传动装置的工艺动作如图 14.20 所示。

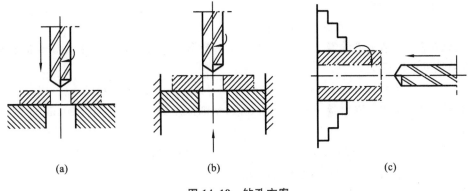

图 14.19 钻孔方案

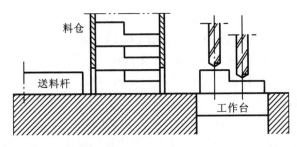

图 14.20 工艺动作示意图

2. 执行构件运动设计

根据所确定的运动方案,共有三个执行构件:钻头、工作台和送料杆。工艺动作过程为:首先,送料杆从工件料仓里推出一个待加工工件,并将已加工好的工件从工作台上的夹具中顶出,使待加工工件被夹具(图中未画)定位并夹紧在工作台上,送料杆返回;然后工作台带着工件向上快速靠近回转着的钻头,然后慢速工进,钻孔结束后,又带着工件快速退回,等待更换工件,进入下一个工作循环。

钻头的运动形式为连续旋转,其转速为

$$n_c = 1000v/(\pi d)$$

式中:d——钻头直径(mm),根据图中标注可知 $d=8$ mm;

v——切削速度(m/min),根据金属切削手册可查得,当工件为 45 钢,孔径为 8 mm 时,可选 $v=12.5$ m/min。

于是 $n_c = 1000 \times 12.5/(\pi \times 8) \approx 500$ r/min

工作台为上下往复直动。根据加工要求,先迅速靠近钻头,再改用工作进给速度进行钻孔。由于孔的深度不一致,所以需要先钻削凸台上的单孔,钻到一定深度后,三个钻头同时钻削。因为单孔钻削和三孔钻削阻力不一致,所以进给的速度有所差异。钻削完成后,工作台快速返回。从以上分析可见,工作台的运动规律是比较复杂的。

设工作台的一个工作循环时间为 T_f,由五个部分组成:

$$T_f = t_1 + t_2 + t_3 + t_4 + t_5$$

式中:t_1——单孔钻削所需时间;

t_2——三孔钻削所需时间;

t_3——快进时间,取 1.5 s;

t_4——快退时间,取 2.5 s;

t_5——工作台静止等待更换工件时间,取 3 s。

单孔钻削时,设钻头进给量 $s_1 = 0.2$ mm/r,钻削深度为 10 mm,加上 3 mm 的提前工进量,求得单孔钻削时间为

$$t_1 = (10+3)/(s_1 n_c) = 13/(0.2 \times 500) = 0.13 \text{ min} = 7.8 \text{ s}$$

三孔钻削时,设钻头进给量 $s_2 = 0.16$ mm/r,钻削深度为 10 mm,加上 3 mm 的钻头越程,求得三孔钻削时间为

$$t_2 = (10+3)/(s_2 n_c) = 13/(0.16 \times 500) = 0.163 \text{ min} = 9.8 \text{ s}$$

这样,工作台完成一个工作循环的时间为

$$T_f = (7.8 + 9.8 + 1.5 + 2.5 + 3) \text{ s} = 24.6 \text{ s}$$

工作台的行程为

$$H_f = h_0 + h_1 + h_2$$

式中:h_0——工作台快速靠近钻头的位移量,取 15 mm;

h_1——单孔钻削所需位移,由前面可知为 13 mm;

h_2——三孔钻削所需位移,由前面可知为 13 mm。

这样工作台的行程为

$$H_f = 15 + 13 + 13 = 41 \text{ mm}$$

送料台的运动形式为左右往复运动,其一个工作循环时间 T_s 与工作台相同,即 $T_s = T_f = 24.6$ s。

送料台的行程取工件长的 2 倍,即 $H_s = 100$ mm。

送料杆的运动与工作台的运动必须协调,而钻头回转与送料杆和工作台的运动是独立的。其运动循环图如图 14.21 所示,以凸轮轴来协调行程。

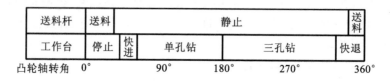

图 14.21 多头自动钻床的运动循环图

3. 原动机的选择

根据对机床的工作要求确定原动机的类型为交流异步感应电动机。根据钻头的转速,选用同步转速为 1500 r/min 的电动机,其额定转速 $n_n = 1440$ r/min。为了减少原动机的数量,考虑将三个执行构件的运动链并联,用同一个电动机驱动。

4. 计算传动链的总传动比

切削运动链的传动比

$$i_c = n_n/n_c = 1440/500 = 2.88$$

进给运动链和送料运动链因循环时间一样,所以传动比相等

$$i_f = i_s = n_n/n_f = n_n T_f/60 = 1440 \times 24.6/60 = 590$$

5. 机构选型

1）切削运动链的设计

将切削运动细分为下列元功能。

(1) 钻头的连续回转,总传动比为 2.88,除了减速,无其他运动变化。

(2) 有三个钻头同时回转,间距非常小,要求有运动分解功能且尺寸受到严格限制。

(3) 电动机轴一般为水平放置,而钻头回转轴线为垂直放置,要求有改变运动轴线方向的功能。

(4) 电动机一般安装在机床的下部,而钻头在上部,要求运动链作较长距离传动。

能实现减速传动的机构主要有齿轮传动、链传动和带传动等。综合传动距离较大和速度较高等因素,采用 V 带传动实现减速和远距离传动较适宜。能够变换运动轴线方向的传动主要有圆锥齿轮传动、交错轴斜齿轮传动和蜗杆传动等,考虑综合传动比较小和改变角度,采用圆锥齿轮传动较适宜。能够使三个钻头同时回转,可以采用一个齿轮带动周围三个从动齿轮的定轴轮系。但是尺寸受到限制,为了将三个从动齿轮的回转运动传递给三个钻头,可采用双万向节。将上述所选机构经适当组合后,即可形成钻削运动链。

2）进给运动链的设计

将进给运动细分为下列元功能。

(1) 工作台作往复直线运动,行程不大,但运动规律复杂。

(2) 进给运动链传动比很大,但载荷较小。

(3) 进给运动的方向和位置与电动机不一致,要求有改变回转轴线方向和空间位置的功能。

第一个元功能采用直动从动件盘状凸轮机构作为执行机构比较合理。因为载荷小、传动比大、换向要求,所以考虑减速换向采用蜗杆传动相对简单。

3）送料运动链设计

和进给运动链的要求基本相同,只是执行机构的运动方向由垂直变为水平,所以采用和进给运动链相似的机构。但是相对而言,送料运动链的行程较大,因此可以采用连杆机构等进行行程放大。

6. 机构的组合

将三个运动链进行组合即可形成三头自动钻床的机械传动方案。如图 14.22 所示,图中 1 是电动机;2 是 V 带传动,传动比为 2.88;3 也是 V 带传动,传动比为 1,作用是增加传递距离;4 是圆锥齿轮传动,传动比是 1,作用是改变回转轴线方向;5 是齿轮传动,传动比也是 1,作用是分支传动;6 是双万向节,作用是改变轴间距;7 是钻头;8 是另一路 V 带传动,传动比为 3;9 是蜗杆传动,传动比为 $590/(2.88 \times 3) = 68.3$;10 是直动从动件凸轮机构,作用是实现工作台的运动要求;12 为摆动从动件凸轮机构,作用是实现送料杆 14 的运动要求;15 为待加工的工件。图 14.23 为该机械传动系统的机构组合示意框图。

要完成该机器的全部方案设计,还有工件的定位、夹紧等问题。工件的定位和夹紧也可有很多方案,这里就不再讨论了。

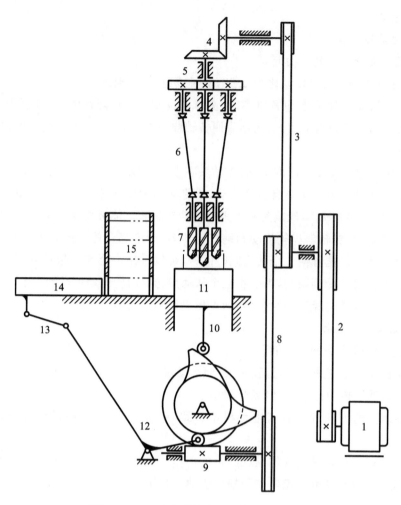

图 14.22 三头自动钻床的机械传动方案图

1—电动机;2,3,8—V 带传动;4—圆锥齿轮传动;5—齿轮传动;6—双万向节;7—钻头;9—蜗杆传动;10—直动从动件凸轮机构;11—工作台;12—摆动从动件凸轮机构;13—连杆;14—送料杆;15—待加工工件

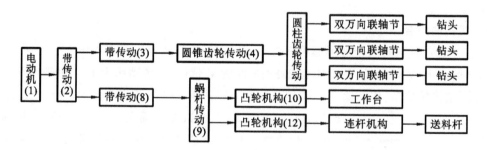

图 14.23 三头自动钻床的机械传动系统的组合示意框图

思考题及练习题

14.1 机械运动方案的拟订过程包括哪些步骤?

14.2 为什么要对机械进行功能分析？这对机械传动系统设计有何指导意义？

14.3 什么叫机械的运动循环图？有哪些形式？在机械传动系统设计中有什么作用？

14.4 机构选型时需要考虑哪些问题？

14.5 拟订机械运动方案的基本原则有哪些？

14.6 评价机械传动方案优劣的指标有哪些？

14.7 某执行机构作往复移动，行程为 150 mm，工作行程为近似等速运动，并要求能急回，行程速比系数 $K=1.5$。回程结束后，有 4 s 停歇，工作行程所需时间为 8 s。如果用额定转速 960 r/min 的电动机带动，请设计该执行机构的传动系统。

14.8 设计一个观察窗户玻璃的雨水清擦装置。已知窗户尺寸：长×高＝600 mm×400 mm，要求全部清擦。

14.9 根据你掌握的牛头刨床的工作情况，自拟工艺参数，不考虑受力的影响，进行运动方案设计。

14.10 设计一台盒装牛奶的日期打印机，牛奶盒为硬纸板制作，尺寸为长×宽×高＝50 mm×30 mm×150 mm，生产率为每分钟 60 件。请设计该执行机构的传动系统。

附 录

机械原理重要名词术语中英文对照表

A

absolute instantaneous center of velocity	绝对瞬心
acceleration vector polygon	加速度多边形
actuator	驱动器
addendum	齿顶高
addendum circle	齿顶圆
allowable amount unbalance	许用不平衡量
angle of friction	摩擦角
anti parallel-crank mechanism	逆平行四边形机构
arm mechanism	手臂机构
arms	大臂和小臂
articulated robot	关节型

B

back cone	背锥
backlash	齿侧间隙
balance of mechanism	机构的平衡
balancing mass	平衡质量
balancing plane	平衡基面
bar or link	杆
basic circle	基圆
bottom clearance	顶隙
Burmester	布尔梅斯特尔

C

cam	凸轮
cam contour	实际轮廓
cam pitch curve	凸轮的理论轮廓
cartesian coordinate robot	直角坐标型
centre distance modifying coefficient	中心距变动系数
centric slider-crank mechanism	对心曲柄滑块机构

change point	转折点
circle of friction	摩擦圆
circular-arc gear	圆弧齿轮
closed kinematic chain	封闭链
coefficient of non-uniformity of operating velocity of machinery	机械运转速度不均匀系数
coefficient of travel speed variation	行程速度变化系数或行程速比系数
combined mechanism	组合机构
compound hinges	复合铰链
compound planetary train	混合轮系
compound screw mechanism	复式螺旋机构
concentric condition	同心条件
cone distance	锥距
conjugate cam	共轭凸轮
conjugate cam mechanism	共轭凸轮式间歇运动机构
constant acceleration and deceleration motion curve	等加速等减速运动规律
constant velocity curve	等速运动规律
constraint	约束
contact ratio	重合度
control system	控制系统
coupler	连杆
coupler-point curve	连杆曲线
crank	曲柄
crank and rotating guide-bar mechanism	回转导杆机构
crank and swing guide-bar mechanism	摆动导杆机构
crank and swing slider mechanism	曲柄摇块机构
crank angle between two limit positions	极位夹角
crank-rocker mechanism	曲柄摇杆机构
crossed helical gear mechanism	交错轴斜齿圆柱齿轮机构
crossover impulse	跨越冲击
cyclogram of machine	工作循环图
cycloid gear	摆线齿轮
cycloidal drive	摆线针轮行星传动
cylindrical cam	圆柱凸轮
cylindrical cam intermittent motion mechanism	圆柱凸轮间歇运动机构
cylindrical coordinate robot	圆柱坐标型

D

dead point	死点
decrement of work	亏功
dedendum	齿根高
dedendum circle	齿根圆
degree of freedom	自由度
degree of freedom of mechanism	机构的自由度
detrimental resistance	有害阻力
differential gear train	差动轮系
differential screw mechanism	微动螺旋机构
double- slider mechanism	双滑块四杆机构
double-crank mechanism	双曲柄机构
double-rocker mechanism	双摇杆机构
drived link	从动件
driving force	驱动力
driving link	原动件
driving work	驱动功或输入功
dynamic balance of rotor	转子的动平衡
dynamic balancing machine	动平衡机
dynamic substitution	动代换
dynamic unbalance	动不平衡

E

eccentric mechanism	偏心轮机构
effective resistance	有效阻抗力
effective work	有效功或输出功
end effector	末端执行器
epicyclic gear train	周转轮系
equation of engagement with zero backlash	无齿侧间隙啮合方程式
equilibrant force	平衡力
equilibrant moment	平衡力偶
equivalent coefficient of friction	当量摩擦系数
equivalent dynamic models	等效动力学模型
equivalent force	等效力
equivalent link	等效构件
equivalent mass	等效质量
equivalent moment	等效力矩

equivalent moment of inertia	等效转动惯量
escapement	擒纵机构
evolving angle	展角
execute link or output link	执行构件
execute mechanism	执行机构
expectative function	期望函数
external Geneva mechanism	外槽轮机构

F

face gear drive	面齿轮传动
far angle of repose	远休止角
field balancing	现场平衡
fixed axis gear train	定轴轮系
fixed link	机架
flat-faced follower	平底推杆
flexible rotor	挠性转子
flywheel	飞轮
follower	从动件
force-drive cam mechanism	力封闭凸轮机构
function generation	函数生成问题

G

gear train	轮系
generating function	再现函数
generating line	渐开线的发生线
geneva mechanism	槽轮机构
groove cam	沟槽凸轮
guide bar	导杆
guide-bar mechanism	导杆机构

H

harmonic gear drive	谐波齿轮传动
helical pair	螺旋副
helix angle	螺旋角
high pair	高副
homogeneity distribution condition	均布条件
horologe gear	钟表齿轮

I

ideal driving force	理想驱动力

ideal machinery	理想机械
incomplete gear mechanism	不完全齿轮机构
increment of work	盈功
induced movement	诱导运动
industrial robot	工业机器人
instantaneous center of velocity	速度瞬心
intelligence system	智能系统
intelligent robot	智能型机器人
internal Geneva mechanism	内槽轮机构
interpolating method of linkage mechanism synthesis	插值逼近法
interpolating node	插值结点
inverse cam mechanism	反凸轮机构
inversion of mechanism	机构的倒置
inverted gear train method	转化轮系法
involute	渐开线
involute function	渐开线函数

J

joint	关节
joint movement	关节位移

K

Kennedy-Aronhold theorem	三心定理
kinematic chain	运动链
kinematic diagram of mechanism	机构运动简图
kinematic pair	运动副
knife-edge follower	尖顶推杆

L

line of action	啮合线
link	构件
link length	杆长
link vector	杆矢量
linkage mechanism	连杆机构
load balancing mechanism	均载装置
lost work	损耗功
lower pair	低副

M

machine	机器

machinery	机械
manipulator	机械手
mass-radius product	质径积
matrix method	矩阵法
maximum increment or decrement of work	最大盈亏功
mechanical behavior	机械特性
mechanical efficiency	机械效率
mechanism	机构
method of complex vector	复数矢量法
method of point position reduction	点位归并(缩减)法
mobility	灵敏度
modification coefficient	变位系数
modified gear	变位齿轮
module	分度圆模数
moment of flywheel	飞轮矩
motion angle for actuating travel	推程运动角
motion angle for return travel	回程运动角

N

near angle of repose	近休止角
negative sign mechanism	负号机构
neighbor condition	邻接条件
non-circular gear mechanism	非圆齿轮机构
number of teeth	齿数

O

offset slider-crank mechanism	偏置曲柄滑块机构
open kinematic chain	开链
orientation matrix	姿态矩阵
oscillating follower	摆动推杆

P

pairing element	运动副元素
parallel mechanism	并联机构
parallel-crank mechanism	平行四边形机构
passive degree of freedom	局部自由度
path generation	轨迹生成问题
pawl	棘爪
perceptual robot	感觉型机器人

pitch	齿距
pitch circle	节圆
pitch point	节点
planet carrier	系杆
planetary gear	行星轮
planetary gear train	行星轮系
planetary involute gear drive with small teeth difference	渐开线少齿差行星齿轮
plate cam	盘形凸轮
playback robot	示教再现型机器人
polar coordinate robot	球坐标型
polynomial motion	多项式
pose matrix	位姿矩阵
pose mechanism	姿态机构
position mechanism	位置机构
positive sign mechanism	正号机构
positive-drive cam mechanism	几何封闭凸轮机构
pressure angle	压力角

Q

quick-return motion	急回运动

R

ratchet	棘轮
ratchet mechanism	棘轮机构
ratio of loss	损失率
reaction of kinematic pair	运动副反力
redundant constraint	虚约束
reference circle	分度圆
reference cone angle	分度圆锥角
relative instantaneous center of velocity	相对瞬心
resistance	阻抗力
revolute pair	转动副
revolute pair of revolving motion	周转副
revolute pair of swing motion	摆动副
rigid body guidance	刚体引导问题
rigid impulse	刚性冲击
rigid rotor	刚性转子
rocker	摇杆

roller follower	滚子推杆
rotor	转子

S

scotch-yoke mechanism	正弦机构
screw mechanism	螺旋机构
self locking	自锁
shaft angle	交错角
side link	连架杆
simple harmonic motion	简谐运动规律
sine acceleration curve	摆线运动规律
single-plane balance	单面平衡
slider-crank mechanism	曲柄滑块机构
sliding pair	移动副
soft impulse	柔性冲击
space width	槽宽
speed regulator	调速器
spherical Geneva mechanism	球面槽轮机构
spherical pair	球面副
staring period of machinery	起动阶段
static balance of rotor	转子的静平衡
static substitution	静代换
static unbalanced	静不平衡
steady motion period of machinery	稳定运转阶段
stopping period of machinery	停车阶段
substitute higher pair mechanism by lower pair mechanism	高副低代
substitution method of masses	质量代换法
substitutional mass	代换质量
substitutional point	代换点
sun gear	中心轮

T

teach pendant	示教盒
theory of machines and mechanisms	机械原理
tooth depth	全齿高
tooth thickness	齿厚
total reaction	总反力

transfer function	传递函数
translating cam	移动凸轮
translating follower	直动推杆
transmission angle	传动角
transmission ratio of mechanism	传动比
twist angle	扭角
two-plane balance	双面平衡

U

universal joint mechanism	万向铰链机构

V

vector graphic method	矢量方程图解法
velocity image of link	速度影像
velocity vector polygon of mechanism	速度多边形
virtual gear	当量齿轮

W

work of resistance	阻抗功
working pressure angle	啮合角
worm and worm wheel mechanism	蜗轮蜗杆机构
worm-type cam intermittent motion mechanism	蜗杆凸轮间歇运动机构
wrist mechanism	手腕机构

Y

yaw angle	偏角
yoke radial cam with flat-faced follower	等宽凸轮机构
yoke radial cam with roller follower	等径凸轮机构

参 考 文 献

[1] 申永胜.机械原理教程[M].北京:清华大学出版社,2005.
[2] 孙桓,陈作模.机械原理[M].7版.北京:高等教育出版社,2006.
[3] 陆品,秦彦斌.机械原理导教导学导考[M].6版.西安:西北工业大学出版社,2004.
[4] 葛文杰.机械原理常见题型解析及模拟题[M].西安:西北工业大学出版社,1999.
[5] 魏文军.机械原理[M].北京:中国农业大学出版社,2005.
[6] 朱理.机械原理[M].北京:高等教育出版社,2003.
[7] 郑文纬,吴克坚.机械原理[M].7版.北京:高等教育出版社,1997.
[8] 邹慧君,张春林,李棍仪.机械原理[M].2版.北京:高等教育出版社,2006.
[9] 张策.机械原理与机械设计[M].2版.北京:机械工业出版社,2010.
[10] 廖汉元,孔建益.机械原理[M].2版.北京:机械工业出版社,2007.
[11] 黄锡恺.机械原理[M].北京:人民教育出版社,1981.
[12] 杨家军.机械原理[M].武汉:华中科技大学出版社,2009.
[13] 张春林.机械原理教学参考书(上)[M].北京:高等教育出版社,2009.
[14] 邹慧君.机械原理课程设计手册[M].北京:高等教育出版社,2009.
[15] 上海工业大学.机械设计(下)[M].上海:上海科学技术出版社,1981.
[16] 李学荣.四杆机构综合概论(第二分册)[M].北京:机械工业出版社,1965.
[17] 李学荣.四杆机构综合概论(第三分册)[M].北京:机械工业出版社,1983.
[18] 沈世德,徐学忠.机械原理[M].2版.北京:机械工业出版社,2009.